Hochschultext

P. Hippe · Ch. Wurmthaler

Zustandsregelung

Theoretische Grundlagen und anwendungsorientierte Regelungskonzepte

Mit 98 Abbildungen

Springer-Verlag
Berlin Heidelberg New York Tokyo 1985

Dr.-Ing. Peter Hippe
Akademischer Direktor
Institut für Regelungstechnik, Universität Erlangen-Nürnberg

Dr.-Ing. Christoph Wurmthaler
Akademischer Rat

CIP-Kurztitelaufnahme der Deutschen Bibliothek

Hippe, Peter:
Zustandsregelung: theoret. Grundlagen u.
anwendungsorientierte Regelungskonzepte/Peter Hippe; Christoph Wurmthaler.–
Berlin; Heidelberg; New York; Tokyo: Springer, 1985.
NE: Wurmthaler, Christoph.

ISBN-13: 978-3-540-15282-8   e-ISBN-13: 978-3-642-82476-0
DOI: 10.1007/978-3-642-82476-0

Bindearbeiten: Lüderitz & Bauer, Berlin
2362/3020-543210

Geleitwort

Ein nicht ins Detail gehender Rückblick auf die Entwicklung der Regelungstechnik in den vergangenen zwei bis drei Jahrzehnten läßt erkennen, daß deutlicher als in der davor liegenden Zeit die verschiedenen Regelungskonzepte fast synchron mit der zunehmend detaillierteren Beschreibung der zu regelnden Strecken und Anlagen entstanden sind.

Für einen langen Zeitabschnitt waren auf den klassischen, stetig und unstetig arbeitenden Regler-Grundtypen fußende Konzepte wie Vorregelung, Störgrößenaufschaltung, zusätzliche Regelschleifen mit Hilfsregel- und Hilfsstellgrößen dominierend. Diese Konzepte waren zum Teil zweifelsfrei Vorläufer dessen, was wir heute unter "Zustandsregelung" verstehen.

Die Wurzeln dieser Begriffswelt reichen jedoch noch viel weiter in den Grundlagenbereich der Physik hinein als man heute gemeinhin zum Ausdruck bringt.

Hier ist zunächst der Begriff der enorm ausgebauten und verfeinerten Modellbildung zu nennen, die im Grunde genommen schon in dem Augenblick vollzogen wird, in dem man einen naturwissenschaftlich gesicherten Sachverhalt in eine mathematische Form bringt. Mit der Verfeinerung dieser Modellbildung erhebt sich für den Regelungstechniker zwangsläufig die Frage nach der Ausnutzbarkeit genauerer Streckenkenntnisse für entsprechend ausgefeilte und angepaßte Regelungskonzepte.

Die Suche nach weiteren Grundlagen der modernen Zustandsdarstellung dynamischer Systeme führt sehr schnell zu zwei zentralen Begriffen: zu den Wurzeln der "Zustandsgröße" und der "beobachtbaren Größe". Lange bevor diese Vokabeln in die Regelungstechnik Eingang fanden, waren sie der klassischen und später der modernen Physik geläufig. So beschreibt man seit vielen Jahrzehnten den Zustand einer abgegrenzten Materiemenge durch die drei thermischen "Zustandsgrößen" Volumen, Druck und Temperatur; wenn nur jeweils eine stoffliche Phase existiert, sind die drei Größen durch eine "Zustandsgleichung" miteinander verknüpft; auch die Anzahl der zur Beschreibung erforderlichen Zustandsgrößen wurde schon im vorigen Jahrhundert festgelegt durch das "Gibbs'sche Gesetz".

Als Ergänzung zu diesen Zustandsgrößen hat man die innere Energie, die Enthalpie und die Entropie als "abgeleitete" oder "kalorische" Zustandsgrößen eingeführt, während die äußere Arbeit sowie Wärmemengen keine Zustandsgrößen sind.

In der modernen Regelungstechnik sind Zustandsgrößen eindeutig als Zeitfunktionen zur Kennzeichnung von Energiespeichern definiert, ihre Anzahl zur Beschreibung eines Systems ist durch die Zahl der linear unabhängigen Energiespeicher festgelegt. Hier hat also gegenüber den herkömmlichen Begriffen ein deutlicher Wandel, zum Teil eine Begriffsverschärfung, stattgefunden; ähnliches gilt für die "Zustandsgleichungen" eines dynamischen Systems.

Bemerkenswert ist weiterhin, daß der Begriff der beobachtbaren Größe 1930 von Dirac unter der Bezeichnung "Observable" über die Quantenmechanik in die Physik eingeführt worden ist. Der klassischen Physik hat sich die Frage nach der "Beobachtbarkeit" einer Größe gar nicht gestellt, denn dort waren die schon bekannten Zustandsgrößen definierte Funktionen der Zeit, was in der Quantenmechanik wegen der dualistischen Eigenschaften der Elementarteilchen nicht mehr sinnvoll ist. Als "Observable" deklarierten Heisenberg et. al. eine Größe dann, wenn sie zu jeder zugelassenen Zeit meßbar war.

Entscheidend war die Erkenntnis, daß man Teilcheneigenschaften und Welleneigenschaften prinzipiell nicht gleichzeitig messen kann, und dies ist der Ausgangspunkt für die Definition kanonisch konjugierter Observabler, deren Paarprodukte die Dimensionen einer Wirkung haben; die betreffenden Zustände werden durch die Schrödinger'sche Wellenfunktion beschrieben.

Auch hier stehen wir vor einer Modifikation eines begrifflichen Vorläufers: die Beobachtbarkeit (und die Steuerbarkeit) einer Zustandsgröße der Systemdynamik wurde von Kalman mit ganz anderer Zielsetzung definiert und hat nichts mit einer Unschärferelation gemeinsam, sondern sie stützt sich auf die Eigenwerte eines Systems.

Die bemerkenswerte Universalität der modernen Zustands-Beschreibung und -Regelung rechtfertigt gewiß eine Rückbesinnung auf die Herkunft einiger zentraler Grundbegriffe; trotz ihrer Wandlung verbleibt eine hintergründige gemeinsame Substanz. Hierzu gehört durchaus auch der verallgemeinerte Begriff des "Beobachters", der zweifellos ein noch nicht abschließend geklärter Begriff der modernen theoretischen Physik und Chemie ist.

Vor diesem Hintergrund stellen Zustandsbeschreibung und Zustandsregelung alles andere als eine Spezialdisziplin dar; sie haben vielmehr eine Klammerfunktion für die systemorientierten Ingenieurwissenschaften.

Die beiden Verfasser können auf mehr als ein Jahrzehnt währende Erfahrung zurück-
blicken, gewachsen durch eigene theoretische und anwendungsbezogene Forschung sowie
eine Vielzahl thematisch breit gestreuter Diplom- und Studienarbeiten am Institut
für Regelungstechnik der Universität Erlangen-Nürnberg.

Möge dieses Buch zu der schwierigen Aufgabe beitragen, dem mit gesichertem Grundla-
genwissen ausgestatteten Ingenieur den Zugang zu der reichhaltigen Palette der
modernen Verfahren der Zustandsregelung zu eröffnen, die sicher noch ein weites
Feld individueller Einfälle und zunehmender praktischer Einsatzmöglichkeiten vor
sich hat.

                                                              Herbert Schlitt

Vorwort

Nachdem in den sechziger Jahren die grundlegenden Arbeiten zur Zustandsschätzung und Zustandsbeobachtung von Kalman und Luenberger erschienen waren, setzte eine stürmische Entwicklung auf dem Gebiet der Zustandsregelung ein. Sie wurde sicher auch dadurch beschleunigt, daß für die Durchführung der teils komplexen Berechnungen leistungsfähige Digitalrechner zur Verfügung standen. Hinzu kam, daß der technologische Fortschritt auf dem Gebiet der Kleinrechner eine Umsetzung der theoretischen Verfahren auf praktische Anwendungen erleichterte.

Da die Entwicklung der Theorie nun zu einem gewissen Abschluß gekommen ist, erschien es sinnvoll, eine zusammenfassende Darstellung der verschiedenen Arbeiten zum Thema Zustandsregelung zu versuchen. Das Ergebnis liegt nun vor, wobei ein Anspruch auf Vollständigkeit bei der Fülle der Veröffentlichungen in den letzten zwanzig Jahren nicht erhoben werden kann und soll. Vielmehr ist versucht worden, die wesentlichen Methoden herauszuarbeiten, und sie durch Verwendung einer einheitlichen Nomenklatur und interpretierende Gegenüberstellung transparent zu machen.

Aus Platzgründen mußte dabei auf eine breite Darstellung der mathematischen und regelungstechnischen Grundlagen verzichtet werden. Der Leser sollte daher mit der Beschreibung linearer Systeme durch Vektor-Differentialgleichungen (Zustandsgleichungen) und Übertragungsfunktionen vertraut sein. Darüber hinaus werden an verschiedenen Stellen des Buches Querverbindungen zu Verfahren der klassischen Regelungstechnik aufgezeigt, die Grundkenntnisse regelungstechnischer Methoden voraussetzen.

Kapitel 1 enthält jedoch als Gedächtnisstütze eine kurze Zusammenstellung der wesentlichen Definitionen und mathematischen Zusammenhänge. Etwas ausführlicher wird dabei auf die Eigenschaften und Methoden zum Umgang mit Polynommatrizen eingegangen, da dies im deutschen Sprachraum selten geschieht.

Grundsätzlich wird empfohlen, Kapitel 1 zu überblättern und mit der Einführung in das Gebiet der Zustandsregelung in Kapitel 2 zu beginnen. Ein Rückgriff auf die mathematischen Grundlagen ist jederzeit möglich, da in den folgenden Kapiteln auf die entsprechenden Abschnitte aus Kapitel 1 verwiesen wird.

Die wesentlichen Methoden der Zustandsregelung und Zustandsbeobachtung wurden ausschließlich im Zeitbereich, d.h. unter Verwendung der Systembeschreibung durch Vektor-Differentialgleichungen entwickelt. Kapitel 3 enthält eine Zusammenstellung dieser Zeitbereichsverfahren. Nach dem Problem der reinen Zustandsrückführung zur Verbesserung der Regelkreisdynamik wird die Rekonstruktion der benötigten Zustandsgrößen aus den vorhandenen Meßgrößen mit Hilfe von Beobachtern untersucht. Daran schließen sich Überlegungen zur Ausregelung des Einflusses ständig einwirkender Störungen mit Hilfe von Signalmodellen an. Mit denselben Methoden läßt sich auch sicherstellen, daß die Regelgrößen bestimmten Führungssignalen ohne bleibende Regelabweichung folgen.

In der klassischen Regelungstechnik hat sich die Behandlung linearer, zeitinvarianter Systeme im Frequenzbereich, d.h. im Bildbereich der Laplace-Transformation, als äußerst tragfähig erwiesen. Bei Zustandsregelungen ermöglicht ein Übergang in den Frequenzbereich den Anschluß an die Denkweise der klassischen Regelungstechnik. Dieser Übergang und die Entwicklung der Entwurfsbeziehungen im Frequenzbereich werden in Kapitel 4 durchgeführt. Insbesondere für Regelkreise mit nur einer Stellgröße ergeben sich dadurch erhebliche Rechenvereinfachungen gegenüber den Zeitbereichsmethoden, weshalb dieser Problemkreis in Abschnitt 4.2 besonders ausführlich dargestellt ist.

Die Entwurfsverfahren im Zeitbereich sind zwar rechenintensiver, sie erlauben jedoch vielfach eine anschaulichere Interpretation bestimmter Effekte, wie z.B. des Einflusses von Stellsignalbegrenzungen oder anderer Nichtlinearitäten. Man sollte folglich die strukturellen Informationen der Zeitbereichsinterpretationen und die Einfachheit des Frequenzbereichsentwurfes gleichzeitig ausnützen.

Die in den Kapiteln 3 und 4 vorgestellten Verfahren zur Reglerdimensionierung stellen sicher, daß der Regelkreis die vom Benutzer vorgegebenen dynamischen Eigenschaften aufweist. Die Festlegung dieser dynamischen Eigenschaften stellt das eigentliche Entwurfsproblem dar. In einfachen Fällen gelingt eine zufriedenstellende Regelkreissynthese durch geschickte Polvorgabe. Bei komplexeren Systemen ist man dagegen auf Verfahren zur systematischen Verbesserung interessierender Regelkreiseigenschaften angewiesen.

Kapitel 5 enthält Vorgehensweisen zur Lösung der Entwurfsaufgabe, nämlich beliebige Polvorgabe, optimale Regelung und Filterung sowie die Regelkreisauslegung durch Minimierung eines vektoriellen Gütekriteriums.

Kapitel 6 beschäftigt sich mit Problemen, die bei einer Übertragung der theoretischen Ergebnisse auf reale Systeme entstehen können. Schon die Gewinnung eines geeigneten Streckenmodells für die Reglerauslegung stellt z.B. ein großes eigenständiges Gebiet der Regelungstechnik dar, das - mit entsprechenden Literaturhinweisen versehen - kurz angesprochen wird.

Daran schließen sich Überlegungen zur Regelung bei ungenauen Streckenmodellen und zur Betriebspunktproblematik an. Ausführlich werden Einflüsse von Stellsignalbegrenzungen erörtert und Maßnahmen vorgestellt, mit denen sich unerwünschte Effekte durch diese Nichtlinearitäten vermeiden lassen. Kapitel 6 endet mit der Untersuchung strukturvariabler Regelungen, speziell ablösende und Kaskaden-Zustandsregelungen, die eine Ausweitung des Anwendungsbereiches linearer Regelungskonzepte auf bestimmte nichtlineare Systeme ermöglichen.

Den Abschluß des Buches bilden Überlegungen zur digitalen Realisierung der betrachteten Regelungskonzepte. Die unterschiedlichen Verfahren und die bei der praktischen Ausführung auftretenden Probleme werden diskutiert und Lösungsvorschläge angegeben.

Das vorliegende Buch entstand im Rahmen unserer Arbeit am Institut für Regelungstechnik der Universität Erlangen-Nürnberg. Wir danken dem Leiter dieses Instituts, Herrn Prof. Dr. phil. nat. H. Schlitt, für seine wohlwollende Unterstützung und zahlreichen Anregungen zu dieser Arbeit. Dank gilt auch Herrn Dr.-Ing. U. Forster vom Lehrstuhl für Allgemeine und Theoretische Elektrotechnik für seine kritischen Anmerkungen und seine nie ermüdende Diskussionsbereitschaft. Ferner danken wir unseren Kollegen, insbesondere Herrn Dipl.-Ing. A. Oberhofer, für manche klärende Diskussion und schließlich dem Springer-Verlag für die gute Zusammenarbeit.

Erlangen   Peter Hippe und
im Januar 1985   Christoph Wurmthaler

Inhaltsverzeichnis

1 Mathematische Grundlagen 1

   1.1 Einführende Bemerkungen 1

   1.2 Lineare, zeitinvariante Systeme 2

      1.2.1 Die allgemeine Form der Zustandsgleichungen 2

      1.2.2 Wichtige Normalformen für die Zustandsgleichungen eines Systems 4

      1.2.3 Steuerbarkeit, Beobachtbarkeit, Regelbarkeit 9

      1.2.4 Kriterien für die Überprüfung der Steuerbarkeit,
           Beobachtbarkeit und Regelbarkeit 11

   1.3 Die Rosenbrock-Matrix 14

   1.4 Polynommatrizen 17

      1.4.1 Definitionen und Eigenschaften 17

      1.4.2 Multiplikation von Polynommatrizen 23

      1.4.3 Die erweiterte Eliminante 25

   1.5 Systemdarstellung in Differentialoperatorform 27

   1.6 Primzerlegung von Übertragungsmatrizen 29

   1.7 Lösung von Polynommatrix-Gleichungen 35

      1.7.1 Lösung durch Polynomoperationen 35

      1.7.2 Lösung durch Koeffizientenvergleich 38

   1.8 Modellierung von Signalprozessen 41

      1.8.1 Darstellung im Zeitbereich 41

      1.8.2 Darstellung im Frequenzbereich 44

2 Einführung 46

3 Der Entwurf von Zustandsreglern im Zeitbereich 56

   3.1 Der ideale Zustandsregelkreis 57

   3.2 Die Zustandsbeobachtung 60

      3.2.1 Einführende Bemerkungen 60

      3.2.2 Der Einheitsbeobachter 61

3.2.3   Beobachter reduzierter Ordnung   63

3.2.4   Beobachterentwurf am Beispiel eines Hubschraubermodells   . . .   66

3.2.5   Beobachter für lineare Funktionale   69

3.2.6   Entwurf eines Beobachters für zwei lineare Funktionale   72

3.3   Der Beobachter im Regelkreis   74

3.4   Störgrößenkompensation   77

3.4.1   Einführende Bemerkungen   77

3.4.2   Das Prinzip asymptotischer Störunterdrückung   77

3.4.3   Störkompensation bei meßbaren Zustandsgrößen des Störprozesses   83

3.5   Zustandsregelung mit Führungsmodell   91

3.6   Stör- und Führungsbeobachtung   95

3.6.1   Das allgemeine Beobachtungsproblem   95

3.6.2   Ausnutzung des Strecken- und Störbeobachters zur
        Führungsbeobachtung   99

3.6.3   Weitere Reduktion der Beobachterordnung   101

3.6.4   Entwurf eines Zustandsreglers mit Stör- und Führungsbeobachter   102

3.7   Asymptotische Störkompensation und asymptotisches Folgen nach Davison   106

3.7.1   Einleitende Bemerkungen   106

3.7.2   Der Ansatz nach Davison   107

3.7.3   Beispiel für den Reglerentwurf nach Davison   115

3.8   Die Beobachtung von Stellsignalen im Frequenzbereich betrachtet:
      Der Kontrollbeobachter   118

4   Reglerentwurf im Frequenzbereich   125

4.1   Formulierung der Entwurfsbeziehungen   128

4.1.1   Die Gleichungen des Regelkreises mit Zustandsbeobachter   . . .   130

4.1.2   Im Frequenzbereich formulierte Bedingungen für
        asymptotische Störkompensation   135

4.1.3   Störkompensation bei nicht meßbaren Regelgrößen   139

4.1.4   Reglerentwurf mit Führungsmodell im Frequenzbereich   141

4.1.5   Diskussion und Zusammenstellung der Entwurfsgleichungen . . .   144

4.1.6   Formulierung der Lösbarkeitsbedingungen im Frequenzbereich . .   146

4.2   Die Lösung der Entwurfsgleichung im Eingrößenfall   150

4.2.1   Lösung der Entwurfsgleichung mit Zustandsbeobachter   150

4.2.2   Vergleich mit dem Zeitbereichsentwurf von Zustandsreglern . .   155

4.2.3   Regelung einer fremderregten Gleichstrommaschine mit
        konstanter Felderregung   158

4.2.4   Reglerentwurf für asymptotische Störkompensation:
        Der Ansatz nach Davison   160

4.2.5   Beispiel für den Entwurf eines Zustandsreglers mit Störmo-
        dell: Aktive Schwingungsisolation bei einem Hubschrauber . . .   168

4.2.6   Allgemeine Störkompensation   172

4.2.7   Entwurf eines Zustandsreglers mit reduziertem Störbeobachter
        für eine Strecke mit nicht meßbarer Regelgröße   174

4.2.8   Reglerentwurf mit Führungsmodell   178

4.2.9   Beispiel für einen Reglerentwurf mit Führungsmodell: Regel-
        einrichtung zum Tiefgefrieren von biologischem Material . . .   182

4.3   Lösung der Entwurfsgleichung im Mehrgrößenfall   187

4.3.1   Lösung der Entwurfsgleichung für Mehrgrößen-Zustandsregler
        mit Beobachter   189

4.3.2   Beispiel für den Entwurf eines Zustandsreglers
        im Mehrgrößenfall   192

4.3.3   Mehrgrößen-Zustandsregelung mit asymptotischer
        Störgrößenkompensation   194

4.3.4   Beispiel für einen Reglerentwurf mit Störmodell
        im Mehrgrößenfall   198

4.4   Zusammenfassung   201

5   Festlegung der Strecken- und Beobachterdynamik   204

5.1   Polvorgabeverfahren   205

5.1.1   Polvorgabe bei Eingrößensystemen im Zeitbereich   205

5.1.2   Polvorgabe bei Mehrgrößensystemen im Zeitbereich   208

5.1.3   Polvorgabe beim Frequenzbereichsentwurf   210

5.2   Optimale Zustandsregelung   218

5.2.1   Vorbemerkungen   218

5.2.2   Das optimale Regelungsproblem   219

5.2.3   Optimierung mit vorgeschriebenem Stabilitätsgrad   224

5.2.4   Ein einfaches Polfestlegungsverfahren für Eingrößensysteme . .   226

5.2.5   Optimierung im Frequenzbereich   228

5.2.6   Interpretation der optimalen Regelung im Frequenzbereich . . .   231

5.3   Kalman-Filter und optimale Beobachter   234

5.3.1   Vorbemerkungen   234

5.3.2   Das stationäre Kalman-Filter   235

5.3.3   Das reduzierte Kalman-Filter und der "optimale Beobachter" . .   237

5.3.4   Interpretation des idealen Beobachters im Frequenzbereich . .   248

5.3.5   Wertung der bisher vorgestellten Verfahren
        zur Reglerauslegung   249

5.4   Auslegung des Regelkreises durch Optimierung eines vektoriellen
      Gütekriteriums 252

      5.4.1 Einleitende Bemerkungen 252

      5.4.2 Konstruktion von Gütemaßen 253

      5.4.3 Reglerauslegung durch das Verfahren der Gütevektor-
             optimierung nach Kreisselmeier und Steinhauser 256

      5.4.4 Zur Berechnung der Gütemaße 258

      5.4.5 Beispiel für die Reglerauslegung durch Gütevektoroptimierung . 259

6 Einbeziehung praktischer Randbedingungen 265

   6.1   Ungenaue Streckenmodelle 266

         6.1.1 Zur Modellbildung 266

         6.1.2 Zur Regelung bei ungenauen Streckenmodellen 267

   6.2   Überlegungen zum Betriebspunkt 270

   6.3   Berücksichtigung von Stellgrößenbeschränkungen 272

         6.3.1 Einführende Bemerkungen 272

         6.3.2 Einhaltung maximaler Stellamplituden
                über Frequenzgangbetrachtungen 274

         6.3.3 Festlegung einer Regelkreisdynamik, die das Einlaufen des
                Stellsignals in die Begrenzung erlaubt 276

         6.3.4 Beispiel zur Regelung mit Stellbegrenzung 281

   6.4   Zustandsregelung mit Strukturumschaltung 284

         6.4.1 Einführende Bemerkungen 284

         6.4.2 Ablöseregelungen zur Einhaltung von Beschränkungen 285

         6.4.3 Ablösende Zustandsregler für Regelstrecken mit stark
                variierenden Parametern 289

         6.4.4 Kaskaden-Zustandsregelung 291

         6.4.5 Beispiel zur Kaskadenregelung mit Zustandsreglern 298

7 Digitale Zustandsregelung 306

   7.1   Einführende Bemerkungen 306

   7.2   Der Abtastregelkreis 307

   7.3   Diskrete Realisierung des kontinuierlichen Reglers 308

   7.4   Diskrete Streckenbeschreibung 312

   7.5   Regelkreissynthese und Wahl der Abtastzeit 316

   7.6   Verschiedene Fehlereinflüsse 322

Literaturverzeichnis 324

Sachverzeichnis 333

1 Mathematische Grundlagen

1.1 Einführende Bemerkungen

Den im Rahmen dieses Buches diskutierten Entwurfsverfahren für Zustandsregler wird ein kurzer Vorspann über die verwendeten mathematischen bzw. systemtheoretischen Methoden vorangestellt. Grundlegende Verfahren für die Untersuchung linearer, zeitinvarianter dynamischer Systeme im Zustandsraum und im Laplace-Bereich sowie deren Darstellung mit Hilfe von Signalflußgraphen sind als bekannt vorausgesetzt. Methoden, die auf einer Zustandsdarstellung von Systemen aufbauen werden als "Zeitbereichsmethoden" und diejenigen, die an eine Darstellung in Form von Übertragungsfunktionen und -Matrizen anknüpfen, als "Frequenzbereichsmethoden" bezeichnet. Entsprechende Anwendung finden auch die Begriffe "Zeitbereich" und "Frequenzbereich".

Neben bekannten Büchern über die grundlegenden Methoden der Regelungstechnik und der Systemtheorie, wie z.B. Föllinger /F4/, Oppelt /O2/, Pestel/Kollmann /P1/, Thoma /T1/, Schlitt /S2/, Unbehauen /U1/ oder Schwarz /S11/ existiert eine Vielzahl von gut lesbaren Werken über die Systembehandlung im Zustandsraum. Hier seien exemplarisch die Bücher von Föllinger/Franke /F5/, Csaki /C2/, DeRusso et al. /D5/, Zadeh/Desoer /Z1/, Schultz/Melsa /S8/, Ogata /O1/ oder Ackermann /A1/ genannt.

Kapitel 1 beginnt mit einer kurzen Wiederholung der Methoden zur Beschreibung linearer Systeme, soweit es bezüglich der Festlegung von Bezeichnungen und Begriffen erforderlich ist.

Einen größeren Raum nimmt die Behandlung von Polynommatrizen ein. Diese Matrizen bilden die Grundlage für die in Kapitel 4 dargestellte Synthese von Regelungssystemen im Frequenzbereich. Da hierauf im deutschen Schrifttum selten eingegangen wird, sind die Eigenschaften und die mathematischen Hilfsmittel zur Behandlung von Polynommatrizen relativ ausführlich dargestellt. Eine kurze Einführung in die Modellierung von Signalprozessen schließt die mathematischen Grundlagen ab.

Ausgangspunkt und Ziel für die Überlegungen zur Synthese einer Regelung sind reale, physikalisch - technische Systeme. Es ist deshalb erforderlich, die physikalischen Dimensionen der einzelnen Größen im Auge zu behalten. Andererseits würde das ständige Mitführen dieser Dimensionen den Berechnungsgang unnötig belasten.

Deshalb wird im folgenden die bewährte Darstellung verwendet, bei der jede Größe auf ihre physikalische Einheit bezogen, und damit für den Rechenvorgang dimensionslos ist. Dieses Vorgehen erleichtert die mathematische Behandlung außerordentlich und erlaubt jederzeit eine Rückrechnung auf die aktuellen Dimensionen.

Schließlich sei auf einige Vereinbarungen für die Darstellung von Vektoren und Matrizen im Rahmen dieses Buches hingewiesen. Matrizen werden durch unterstrichene Großbuchstaben, z.B. $\underline{A}$, Spaltenvektoren durch unterstrichene Kleinbuchstaben, z.B. $\underline{x}$ und Zeilenvektoren durch hochgestelltes T, z.B. $\underline{x}^T$ gekennzeichnet. Um die Zahl der Symbole so gering wie möglich zu halten, wird für Zeitbereichsgrößen und deren Laplace-Transformierte oder z-Transformierte derselbe Buchstabe verwendet und dort, wo Verwechslungen möglich sind, eine Kennzeichnung mit Hilfe des Argumentes t, k, s oder z vorgenommen. Die Laplace-Transformierte des Vektors $\underline{x}(t)$ lautet also $\underline{x}(s)$ und die z-Transformierte der Zeitfolge $\underline{x}(k)$ lautet $\underline{x}(z)$.

Dem Leser, der mit den mathematischen Grundlagen, insbesondere mit den Zeitbereichsmethoden vertraut ist, wird empfohlen, die nächsten Abschnitte zu überblättern und in Kapitel 2 weiterzulesen. Im Text wird an den entsprechenden Stellen auf Kapitel 1 verwiesen, so daß ein Rückgriff auf die benötigten mathematischen Zusammenhänge jederzeit möglich ist.

1.2 Lineare, zeitinvariante Systeme

1.2.1 Die allgemeine Form der Zustandsgleichungen

Im folgenden werden lineare, zeitinvariante dynamische Systeme betrachtet, die sich im Zeitbereich durch Zustandsgleichungen der Form

$$\underline{\dot{x}}(t) = \underline{A}\underline{x}(t) + \underline{B}\underline{u}(t)$$

$$\underline{y}(t) = \underline{C}\underline{x}(t) + \underline{D}\underline{u}(t)$$

$$(1.1)$$

beschreiben lassen. Dabei sind

$\underline{x}(t)$ der n-dimensionale Zustandsvektor

$\underline{y}(t)$ der m-dimensionale Ausgangsvektor mit $m \leqslant n$

$\underline{u}(t)$ der p-dimensionale Eingangs- oder Stellvektor mit $p \leqslant n$

$\underline{A}$ die nxn-dimensionale Systemmatrix

$\underline{B}$ die nxp-dimensionale Steuer- oder Eingangsmatrix

$\underline{C}$ die mxn-dimensionale Ausgangsmatrix

$\underline{D}$ die mxp-dimensionale Durchgangsmatrix ,

wobei $\underline{A}$, $\underline{B}$, $\underline{C}$ und $\underline{D}$ konstante und im allgemeinen reelle Matrizen darstellen.

Wichtigste Systemkenngröße ist die Matrix $\underline{A}$, welche die Ordnung des Systems, seine innere Struktur und seine Eigenwerte über die charakteristische Gleichung

$$\det(s\underline{I} - \underline{A}) = 0 \qquad\qquad (1.2)$$

festlegt. Die Matrix $\underline{B}$ beschreibt·die Beeinflussungsmöglichkeiten des Systems durch die Stelleingriffe und $\underline{C}$ gibt an, in welcher Form die Zustandsgrößen auf den Ausgang wirken.

Das Auftreten redundanter Stelleingriffe oder Meßwerte sei ausgeschlossen. Daraus folgt, daß $\underline{B}$ spalten- und $\underline{C}$ zeilenregulär sind, also jeweils vollen Spaltenrang bzw. Zeilenrang aufweisen.

Die Durchgangsmatrix $\underline{D}$ kennzeichnet den Fall, daß Stelleingriffe ohne Verzögerung auf den Ausgang wirken.

Im Rahmen dieses Buches wird angenommen, daß die Regelstrecken keinen direkten Durchgriff vom Eingang auf den Ausgang besitzen. Die Berücksichtigung des Falles $\underline{D} \neq \underline{0}$ ist ohne weiteres möglich, belastet jedoch die Darstellung der Entwurfsverfahren unnötig, da die Bedingung $\underline{D} - \underline{0}$ "für die überwiegende Anzahl der realen Systeme zutrifft" /F4/.

Im Gegensatz zu den Strecken besitzen die meisten Regler einen direkten Durchgriff vom Meßeingang zum Stellausgang (P-Anteil), so daß für sie die Bedingung $\underline{D} \neq \underline{0}$ gelten wird.

Bild 1.1 zeigt das Blockschaltbild eines Systems nach Gl.(1.1).

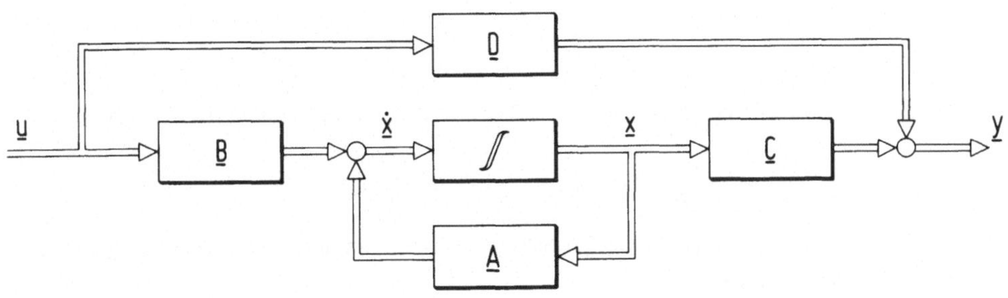

Bild 1.1 Blockschaltbild eines linearen Systems

Besteht der Stellvektor $\underline{u}(t)$ aus mehreren Komponenten, spricht man von "Mehrgrößensystemen", und wenn lediglich eine einzige Eingangsgröße $u(t)$ vorhanden ist, von "Eingrößensystemen". Systeme mit einem Eingang und einem Ausgang werden häufig als "skalare Systeme" bezeichnet.

1.2.2 Wichtige Normalformen für die Zustandsgleichungen eines Systems

Den natürlichen Zugang zur Zustandsbeschreibung eines Systems stellen die Differentialgleichungen erster Ordnung dar, die man für jeden (konzentrierten) physikalischen Speicher aufstellen kann. Dabei ergibt sich eine direkte Zuordnung der inneren Systemstruktur zur Form der resultierenden Zustandsgleichungen. Andererseits ist es möglich, ausgehend von anderen Beschreibungsformen wie Übertragungsfunktionen oder Differentialgleichungen höherer Ordnung Zustandsdarstellungen zu finden, die zwar das Eingangs- Ausgangsverhalten, nicht aber notwendigerweise die innere Struktur des zugrundeliegenden Systems wiedergeben. Dabei existieren einige ausgewählte "Normalformen" für die Zustandsgleichungen, die sich dadurch auszeichnen, daß für sie entweder ein sehr enger Zusammenhang mit der Übertragungsfunktion des Systems besteht (z.B. Regelungs- oder Beobachternormalform), oder daß sie Informationen über bestimmte Systemeigenschaften liefern (Diagonalform).

Transformation auf Diagonalform

Ein lineares, zeitinvariantes System möge durch die Zustandsgleichungen

$$\dot{\underline{x}} = \underline{A}\underline{x} + \underline{B}\underline{u}$$
$$\underline{y} = \underline{C}\underline{x} + \underline{D}\underline{u} \tag{1.3}$$

beschreibbar sein. Vermittels einer regulären Transformation

$$\underline{x} = \underline{T}\underline{z} \tag{1.4}$$

gehen diese Zustandsgleichungen über in die Form

$$\dot{\underline{z}} = \underline{A}^{*}\underline{z} + \underline{B}^{*}\underline{u}$$
$$\underline{y} = \underline{C}^{*}\underline{z} + \underline{D}^{*}\underline{u} \tag{1.5}$$

wobei für den Zusammenhang zwischen den Darstellungen (1.3) und (1.5) die Beziehungen

$$\underline{A}^{*} = \underline{T}^{-1}\underline{A}\underline{T} \; ; \quad \underline{B}^{*} = \underline{T}^{-1}\underline{B} \; ; \quad \underline{C}^{*} = \underline{C}\underline{T} \quad \text{und} \quad \underline{D}^{*} = \underline{D} \tag{1.6}$$

gelten. Eine ausgezeichnete Transformation ist diejenige, bei der die Systemmatrix auf Jordansche Normalform

$$\underline{T}^{-1}\underline{A}\underline{T} = \underline{\Lambda} \tag{1.7}$$

gebracht wird. Wenn die Eigenwerte s_i von $\underline{A}$ einfach sind, hat $\underline{\Lambda}$ die Gestalt

$$\underline{\Lambda} = \begin{bmatrix} s_1 & & & \underline{0} \\ & s_2 & & \\ & & \ddots & \\ \underline{0} & & & s_n \end{bmatrix} . \tag{1.8}$$

Die resultierenden Zustandsgleichungen

$$\dot{\underline{z}} = \underline{\Lambda}\underline{z} + \underline{B}^{*}\underline{u}$$
$$\underline{y} = \underline{C}^{*}\underline{z} + \underline{D}\underline{u} \tag{1.9}$$

liegen dann in sogenannter Diagonalform vor, in der alle Zustandsgrößen entkoppelt sind. Diese Diagonalform der Zustandsgleichungen eines Systems hat den Vorteil, daß ihr sowohl dynamische Eigenschaften (Eigenwerte) als auch Informationen über die Systemstruktur (Steuerbarkeit, Beobachtbarkeit) ohne weiteres entnommen werden können.

Sowohl die Transformation auf Jordansche Normalform als auch die darauf basierenden Diskussionen struktureller Eigenschaften werden beim Auftreten mehrfacher Eigenwerte erheblich komplizierter. Der interessierte Leser findet ausführliche Darstellungen hierzu z.B. in /S12/.

<u>Aufstellen der Zustandsgleichungen aus einer Differentialgleichung höherer Ordnung</u>

Geht man auf der anderen Seite von der Differentialgleichung

$$y^{(n)} + a_{n-1}y^{(n-1)} + \ldots + a_1\dot{y} + a_0 y - b_0 u + b_1\dot{u} + \ldots + b_n u^{(n)} \tag{1.10}$$

bzw. der zugehörigen Übertragungsfunktion

$$F(s) = \frac{y(s)}{u(s)} = \frac{b_n s^n + \ldots\ldots + b_1 s + b_0}{s^n + a_{n-1}s^{n-1} + \ldots + a_1 s + a_0} \tag{1.11}$$

eines skalaren Systems aus, dann erweist sich die Verwendung derjenigen Formen der Zustandsgleichungen als günstig, bei denen die Koeffizienten a_i und b_i direkt auftreten, so daß sie, ausgehend von einer Differentialgleichung (1.10) oder von einer Übertragungsfunktion (1.11) ohne zusätzlichen Rechenaufwand aufgestellt werden können. Die wichtigsten dieser Normalformen sind die sogenannte Regelungs- und Beobachternormalform. Es ist aber auch möglich, die Diagonalform der Zustandsgleichungen aus der Übertragungsfunktion herzuleiten.

Im folgenden sollen drei der gebräuchlichsten Normalformen für die Zustandsgleichungen und die zugehörigen Signalflußgraphen für ein skalares System, gekennzeichnet durch die Übertragungsfunktion (1.11), angegeben werden.

Für die Diskussion von Normalformen für die Zustandsgleichungen von Mehrgrößensystemen siehe z.B. /A1/ oder /L12/.

Die Diagonalform

Bestimmt man die (einfachen) Eigenwerte s_i eines Systems mit der Übertragungsfunktion (1.11), dann läßt sich eine Partialbruchzerlegung von $F(s)$ in der Form

$$F(s) = \frac{\alpha_1}{s-s_1} + \frac{\alpha_2}{s-s_2} + \ldots \ldots + \frac{\alpha_n}{s-s_n} + b_n \tag{1.12}$$

mit

$$\alpha_i = (s-s_i)F(s)\Big|_{s=s_i} \quad ; \quad i=1,2,\ldots,n \tag{1.13}$$

durchführen. Die Diagonalform

$$\dot{\underline{x}} = \underline{\Lambda}\underline{x} + \underline{b}_D u$$
$$y = \underline{c}_D^T \underline{x} + du \tag{1.14}$$

der Zustandsgleichungen mit

$$\underline{\Lambda} = \begin{bmatrix} s_1 & & & \underline{0} \\ & s_2 & & \\ & & \ddots & \\ \underline{0} & & & s_n \end{bmatrix} \quad ; \quad \underline{b}_D = \begin{bmatrix} b_1^* \\ b_2^* \\ \vdots \\ b_n^* \end{bmatrix} \quad ; \quad \underline{c}_D = \begin{bmatrix} c_1^* \\ c_2^* \\ \vdots \\ c_n^* \end{bmatrix} \quad ; \quad d = b_n$$

läßt sich hieraus sofort angeben, wobei die Bedingung

$$\alpha_i = b_i^* c_i^* \quad ; \quad i=1,2,\ldots,n \tag{1.15}$$

gilt. Wählt man speziell die b_i^* oder die c_i^* ; $i=1,2,\ldots,n$ zu Eins, so sind die c_i^* oder die b_i^* identisch mit α_i. Berechnet man die Zustandsgleichungen (1.14) über eine Transformation (1.4) aus einer allgemeinen Zustandsdarstellung (1.1), dann ergeben sich die b_i^* und c_i^* in Abhängigkeit von $\underline{T}$, wobei (1.15) natürlich immer gilt. Bild 1.2 zeigt den Signalflußgraphen eines Systems in Diagonalform.

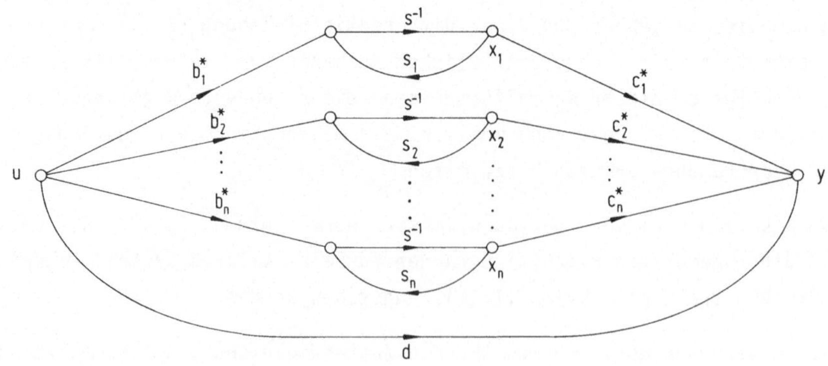

Bild 1.2 Signalflußgraph eines Systems in Diagonalform

Die Regelungsnormalform

Die sogenannte Regelungsnormalform eines Systems besitzt die Zustandsgleichungen

$$\dot{\underline{x}} = \underline{A}_R\underline{x} + \underline{b}_R u$$
$$y = \underline{c}_R^T\underline{x} + du \qquad\qquad (1.16)$$

mit

$$\underline{A}_R = \begin{bmatrix} 0 & 1 & 0 \ldots\ldots 0 \\ 0 & 0 & 1 \ldots\ldots 0 \\ \cdot & \cdot\cdot\cdot\cdot\cdot\cdot\cdot\cdot\cdot & \cdot \\ 0 & 0 & 0 \ldots\ldots 1 \\ -a_0 & -a_1 & -a_2 \cdots -a_{n-1} \end{bmatrix} \;;\; \underline{b}_R = \begin{bmatrix} 0 \\ 0 \\ \vdots \\ 0 \\ 1 \end{bmatrix} \;;\; \underline{c}_R = \begin{bmatrix} c_0 \\ c_1 \\ \vdots \\ c_{n-2} \\ c_{n-1} \end{bmatrix} \;;\; d = b_n \;.$$

Die Koeffizienten c_i berechnen sich zu

$$c_i = b_i - a_i b_n \;;\quad i=0,1,\ldots,n-1 \qquad\qquad (1.17)$$

so daß für verschwindenden Durchgriff ($d=b_n=0$) der Vektor $\underline{c}_R$ gerade die Koeffizienten des Zählerpolynoms von F(s) enthält. Bild 1.3 zeigt den Signalflußgraphen eines Systems in Regelungsnormalform.

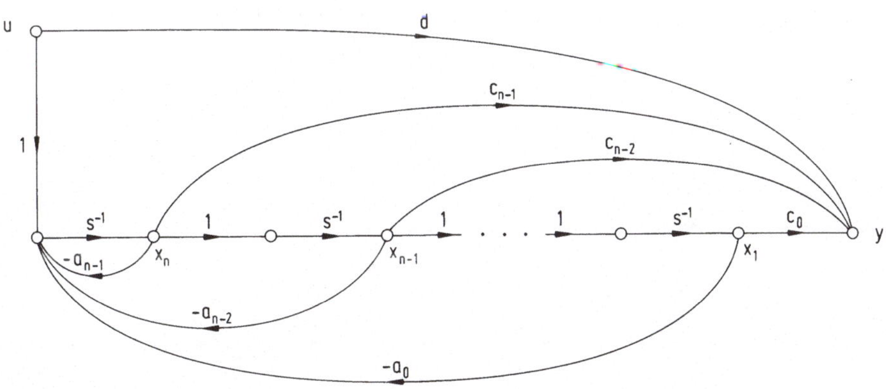

Bild 1.3   Signalflußgraph eines Systems in Regelungsnormalform

Die normierte Form des Vektors $\underline{b}_R$ impliziert, daß das System vollständig steuerbar ist. Ein eventueller Regelbarkeitsdefekt entspricht also in der Regelungsnormalform einem Beobachtbarkeitsdefekt (s. hierzu Abschn. 1.2.3). Die "Regelungsnormalform" besitzt die angenehme Eigenschaft, daß nach einer Rückführung aller Zustandsgrößen auf den Stelleingang die Koeffizienten des charakteristischen Polynoms der geregelten Strecke direkt in der letzten Zeile der Systemmatrix des rückgeführten Systems auftreten.

Die Beobachternormalform

Die Beobachternormalform eines Systems ist gekennzeichnet durch die Zustandsgleichungen

$$\dot{\underline{x}} = \underline{A}_B \underline{x} + \underline{b}_B u$$
$$y = \underline{c}_B^T \underline{x} + du \tag{1.18}$$

mit

$$\underline{A}_B = \begin{bmatrix} -a_{n-1} & 1 & 0 & . & . & . & . & . & 0 \\ -a_{n-2} & 0 & 1 & . & . & . & . & . & 0 \\ . & . & . & . & . & . & . & . & . \\ -a_1 & 0 & 0 & . & . & . & . & 1 \\ -a_0 & 0 & 0 & . & . & . & . & 0 \end{bmatrix} \; ; \; \underline{b}_B = \begin{bmatrix} c_{n-1} \\ c_{n-2} \\ \vdots \\ c_1 \\ c_0 \end{bmatrix} \; ; \; \underline{c}_B = \begin{bmatrix} 1 \\ 0 \\ \vdots \\ 0 \\ 0 \end{bmatrix} \; ; \; d = b_n \; .$$

Dabei sind die Koeffizienten c_i wie bei der Regelungsnormalform durch Gl.(1.17)
definiert.

Bild 1.4 zeigt den Signalflußgraphen eines Systems in Beobachternormalform, bei dem
die Einspeisung von u über den Vektor $\underline{b}_B$ und der Durchgriff $d = b_n$ geschickt kombiniert sind, so daß an den einzelnen Pfaden direkt die Koeffizienten der Übertragungsfunktion erscheinen.

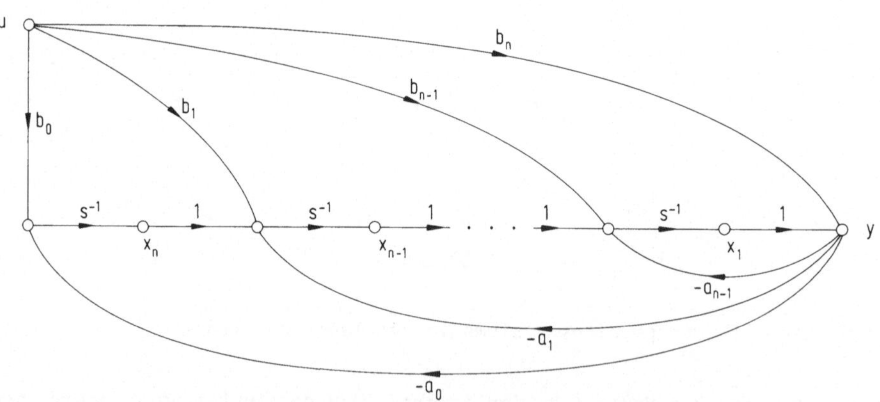

Bild 1.4 Signalflußgraph eines Systems in Beobachternormalform

Die normierte Form von $\underline{c}_B$ setzt implizit voraus, daß das System vollständig beobachtbar ist.

1.2.3 Steuerbarkeit, Beobachtbarkeit, Regelbarkeit

Ein gewünschtes Verhalten des Regelkreises ist nur dann erzielbar, wenn man die Dynamik der geregelten Strecke entsprechend beeinflussen kann. Vor dem Entwurf eines Reglers sollte deshalb geklärt werden, ob dies ohne Einschränkungen möglich ist.

Bei einer Untersuchung des Streckenverhaltens anhand der Zustandsgleichungen kann man die Frage nach der beliebigen Beeinflußbarkeit der Streckeneigenwerte durch einen Regler, kurz "vollständige Regelbarkeit" genannt, in zwei Aspekte unterteilen. Zum einen ist zu klären, in welcher Weise Stelleingriffe auf die Eigenbewegungen des Systems wirken und zum anderen stellt sich die Frage, wie gut die von den Meßgrößen gelieferten Informationen über diese Eigenbewegungen sind.

Eine qualitative Ja/Nein-Aussage über die Frage, ob alle Eigenbewegungen von außen anregbar und im Streckenausgang erkennbar sind, liefern Kriterien für die Steuerbarkeit und Beobachtbarkeit eines Systems. Spezielle Kriterien erlauben auch die Entscheidung darüber, welche der Eigenbewegungen nicht steuerbar und/oder beobachtbar sind.

In einer Reihe von Arbeiten wurde darüber hinaus versucht, quantitative Aussagen über die Güte der Steuerbarkeit, Beobachtbarkeit und Regelbarkeit herzuleiten /L6/, /H7/, /M7/. Diese Maße besitzen jedoch eine Reihe von Schwachstellen, die ihre Aussagekraft relativieren /L3/.

Definition 1.1 Ein System mit den Zustandsgleichungen (1.1) ist dann und nur dann
    vollständig steuerbar, wenn eine Steuerung $\underline{u}(t)$ existiert, welche jeden Anfangszustand $\underline{x}(t_0)$ zum Zeitpunkt $t=t_0$ in jeden beliebigen Endzustand $\underline{x}(t_1)$ zu einem beliebigen Zeitpunkt $t_1 > t_0$ überführt.

Dies bedeutet auf der anderen Seite, daß alle Eigenbewegungen des Systems von $\underline{u}$ aus gezielt angeregt werden können. Ist dies nicht der Fall, existieren nicht steuerbare Systemanteile, die auch von einem Regler nicht beeinflußbar sind.

Definition 1.2 Ein System mit den Zustandsgleichungen (1.1) ist dann und nur dann
    vollständig beobachtbar, wenn der gesamte Zustand $\underline{x}(t)$ des Systems in jedem endlichen Zeitintervall $[t_0, \ t_1)$ bestimmt werden kann aufgrund der Kenntnis des Eingangs $\underline{u}(t)$ und des Ausgangs $\underline{y}(t)$ im Intervall $[t_0, \ t_1]$ mit $t_1 > t_0$.

Die vollständige Beobachtbarkeit besagt andererseits, daß aufgrund der Kenntnis des Ausgangs $\underline{y}(t)$ und des Streckeneingangs $\underline{u}(t)$ auf den Verlauf aller Eigenbewegungen des Systems rückgeschlossen werden kann. Ist dies nicht der Fall, existieren nicht beobachtbare Systemanteile, die folglich auch von keinem Regler gezielt beeinflußbar sind. Damit liegt aber folgende Definition nahe.

<u>Definition 1.3</u> Ein System ist dann und nur dann vollständig regelbar, wenn es so-
    wohl vollständig steuerbar als auch vollständig beobachtbar ist.

Durch den Begriff der Regelbarkeit werden keine neuen Eigenschaften beschrieben.
Er erlaubt jedoch eine knappe und präzise Kennzeichnung der für regelungstechnische
Untersuchungen relevanten Information, ob nämlich die Dynamik der Strecke unter
Verwendung der gegebenen Meß- und Stellgrößen beliebig beeinflußbar ist oder nicht.

Im Hinblick auf die Behebung eines eventuellen Regelbarkeitsdefektes ist es durchaus von Interesse, ob die mangelnde Regelbarkeit durch einen Steuer- oder Beobachtbarkeitsdefekt bedingt ist. So kann eine mangelnde Beobachtbarkeit unter Umständen
durch einen weiteren Sensor relativ einfach behoben werden, während ein Steuerbarkeitsdefekt die Installation eines meist wesentlich teureren Stellorgans erfordert.

Auf dem Hintergrund der obigen Definitionen läßt sich folglich jedes System, wie in
Bild 1.5 graphisch dargestellt, in vier mögliche Untersysteme aufteilen /G3/. Lediglich der vollständig regelbare Streckenteil kann in die Überlegungen zur Regelkreissynthese eingehen. Nicht steuer- oder nicht beobachtbare, bzw. weder steuer-
noch beobachtbare Streckenteile sind keinem gezielten Reglereingriff zugänglich und
müssen aus der Streckenbeschreibung eliminiert werden.

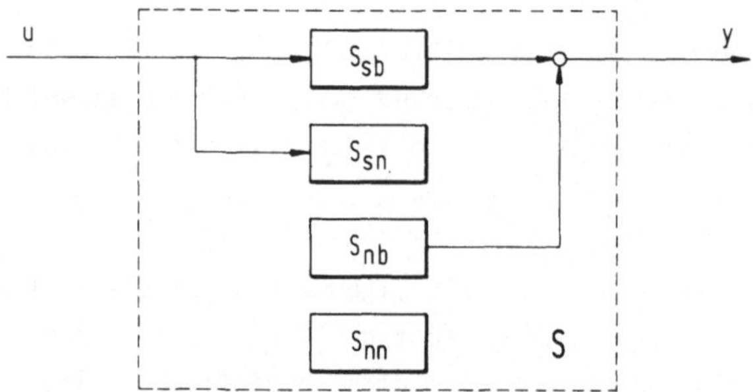

Bild 1.5   Aufteilung eines Systems S in vier mögliche Untersysteme. Dabei sind
        S_{sb} der steuer- und beobachtbare, also regelbare,
        S_{sn} der zwar steuer-, aber nicht beobachtbare,
        S_{nb} der nicht steuer- aber beobachtbare und
        S_{nn} der weder steuer- noch beobachtbare Systemteil

Die wichtigste Anforderung an den Regelkreis ist, daß er stabil arbeitet. Eine Regelstrecke ist aber offensichtlich schon dann "stabilisierbar", wenn alle instabilen Eigenbewegungen regelbar sind.

Daher wird im Rahmen von Beweisen für die Funktionstüchtigkeit von Regelungsverfahren häufig nur gefordert, daß die Regelstrecke schwach steuerbar (stabilizable) und schwach beobachtbar (detectable) ist.

__Definition 1.4__ Ein System ist dann schwach steuerbar, wenn mindestens alle instabilen Eigenbewegungen steuerbar sind.

__Definition 1.5__ Ein System ist dann schwach beobachtbar, wenn mindestens alle instabilen Eigenbewegungen beobachtbar sind.

__Definition 1.6__ Ein System ist dann stabilisierbar, wenn es sowohl schwach steuerbar als auch schwach beobachtbar ist.

Es erscheint sinnvoll, abweichend vom angelsächsischen Sprachgebrauch, bei dem die schwache Steuerbarkeit nach Definition 1.4 als "stabilizability" bezeichnet wird, den Begriff der Stabilisierbarkeit eines Systems nach Definition 1.6 einzuführen, da die schwache Steuerbarkeit eines Systems zwar notwendig, nicht aber hinreichend dafür ist, daß es durch einen Regler stabilisiert werden kann.

1.2.4 Kriterien für die Überprüfung der Steuerbarkeit, Beobachtbarkeit und Regelbarkeit

Für die konkrete Überprüfung der im Abschnitt 1.2.3 definierten Streckeneigenschaften existieren algebraische Kriterien, die im folgenden kurz angegeben werden.

__Satz 1.1__ Ein System mit den Zustandsgleichungen (1.1) ist dann und nur dann vollständig steuerbar, wenn die nx(np)-Matrix

$$\underline{P} = \left[\underline{B}, \ \underline{A}\underline{B}, \ \underline{A}^2\underline{B}, \ \ldots \ldots, \ \underline{A}^{n-1}\underline{B} \right] \qquad (1.19)$$

den Rang n hat. Der eventuell auftretende Rangdefekt gibt die Ordnung des nicht steuerbaren Teilsystems an.

__Satz 1.2__ Ein System mit den Zustandsgleichungen (1.1) ist dann und nur dann vollständig beobachtbar, wenn die (nm)xn-Matrix

$$\underline{Q} = \begin{bmatrix} \underline{C} \\ \underline{C}\underline{A} \\ \cdot \\ \cdot \\ \cdot \\ \underline{C}\underline{A}^{n-1} \end{bmatrix} \qquad (1.20)$$

den Rang n besitzt. Ein Rangdefekt gibt die Ordnung des Teilsystems an, das nicht beobachtbar ist.

Eine für die Festlegung der Reglerordnung relevante Größe ist der sogenannte Beobachtbarkeitsindex einer Strecke, der folgendermaßen definiert ist.

Definition 1.7 Der Beobachtbarkeitsindex einer vollständig beobachtbaren Strecke ist die kleinste ganze Zahl ν , für die

$$\mathrm{Rang} \begin{bmatrix} \underline{C} \\ \underline{CA} \\ \vdots \\ \underline{CA}^{\nu-1} \end{bmatrix} = n \tag{1.21}$$

gilt.

Satz 1.3 Ein System ist dann und nur dann vollständig regelbar, wenn die Hankel-Matrix

$$\underline{H}_n = \underline{QP} = \begin{bmatrix} \underline{CB} & \underline{CAB} & \cdots\cdots & \underline{CA}^{n-1}\underline{B} \\ \underline{CAB} & \underline{CA}^2\underline{B} & \cdots\cdots & \underline{CA}^n\underline{B} \\ \vdots & \vdots & & \vdots \\ \underline{CA}^{n-1}\underline{B} & \underline{CA}^n\underline{B} & \cdots\cdots & \underline{CA}^{2n-2}\underline{B} \end{bmatrix} \tag{1.22}$$

den Rang n besitzt.

Für die praktische Überprüfung der Regelbarkeit braucht man unter Umständen nicht die gesamte Hankel-Matrix $\underline{H}_n$ aufzustellen. Es genügt, wenn für m und $p > 1$ der linke obere Teil von (1.22) mindestens der Ordnung nxn aufgestellt und dann unter sukzessiver Hinzunahme von zusätzlichen Spalten und Zeilen bis zur maximal angegebenen Dimension schrittweise überprüft wird, ob eine Matrix mit Rang n entsteht.

Eine weitere Überprüfung der Regelbarkeit ist anhand der Übertragungsfunktionen eines Systems möglich. Das folgende Kriterium ist eigenwertbezogen und erlaubt daher auch eine Beurteilung der Stabilisierbarkeit.

Betrachtet man den Übertragungsvektor

$$\underline{F}(s) = \underline{C}(s\underline{I} - \underline{A})^{-1}\underline{b} = \begin{bmatrix} Z_1(s) \\ \vdots \\ Z_m(s) \end{bmatrix} \frac{1}{\det(s\underline{I} - \underline{A})} \tag{1.23}$$

eines Eingrößensystems (hier ist wieder ein verschwindender Durchgriff angenommen), so gilt für die Beurteilung seiner Regelbarkeit folgender Satz.

Satz 1.4 Ein Eingrößensystem ist dann und nur dann vollständig regelbar, wenn dieselbe Pol-Nullstellen-Kompensation nicht in allen Einzelübertragungsfunktionen $Z_i(s)/\det(s\underline{I} - \underline{A})$; i = 1,2,...,m zugleich auftritt /01/.

Ohne Modifikationen ist dieser Satz nicht auf Mehrgrößensysteme anwendbar, da das
Fehlen eines gemeinsamen Faktors in allen Elementen der Übertragungsmatrix

$$\underline{F}(s) = \underline{C}(s\underline{I} - \underline{A})^{-1}\underline{B} = \begin{bmatrix} Z_{11}(s) \cdots Z_{1p}(s) \\ \vdots \qquad\qquad \vdots \\ Z_{m1}(s) \cdots Z_{mp}(s) \end{bmatrix} \frac{1}{\det(s\underline{I} - \underline{A})} \qquad (1.24)$$

zwar hinreichend, aber nicht notwendig für die vollständige Regelbarkeit des Systems ist. Letzteres läßt sich sehr einfach am Beispiel des vollständig steuer- und
beobachtbaren Systems mit den Matrizen $\underline{A} = \underline{B} = \underline{C} = \underline{I}$ verdeutlichen.

Der Zusammenhang zwischen Übertragungsmatrix und Regelbarkeit eines Systems wird in
Abschn. 1.5 diskutiert.

Eine eigenwertbezogene Möglichkeit zur Überprüfung von Steuer- und Beobachtbarkeit
bieten die von Gilbert /G3/ formulierten Bedingungen, die an eine Darstellung der
Zustandsgleichungen in Diagonalform anknüpfen.

<u>Satz 1.5</u> Ein System mit den Zustandsgleichungen (1.9) ist dann und nur dann voll-
ständig steuerbar, wenn in der Matrix $\underline{B}^{*}$ keine Nullzeile auftritt.

<u>Satz 1.6</u> Ein System mit den Zustandsgleichungen (1.9) ist dann und nur dann voll-
ständig beobachtbar, wenn in der Matrix $\underline{C}^{*}$ keine Nullspalte auftritt.

Damit ist sofort erkennbar, welcher der Eigenbewegungen ein eventuell auftretender
Steuer- und/oder Beobachtbarkeitsdefekt zugeordnet ist, und damit sind die Fragen
nach schwacher Steuer- und/oder Beobachtbarkeit sowie nach Stabilisierbarkeit anhand der Kriterien von Gilbert unmittelbar beantwortbar.

Für eine Formulierung dieser Kriterien für Systeme mit mehrfachen Eigenwerten wird
auf /G3/ oder z.B. /S12/ verwiesen.

Ebenfalls eigenwertbezogen sind die folgenden, von Hautus /H1/ und Davison/Wang
/D4/ entwickelten Kriterien.

<u>Satz 1.7</u> Ein System mit den Zustandsgleichungen (1.1) ist dann und nur dann voll-
ständig steuerbar, wenn für jeden Eigenwert s_i von $\underline{A}$ gilt

$$\text{Rang}\left[s_i\underline{I} - \underline{A} \mid \underline{B}\right] = n \quad . \qquad (1.25)$$

Tritt für einen Eigenwert s_i ein Rangdefekt auf, so ist die zugehörige Eigenbewegung nicht steuerbar.

<u>Satz 1.8</u> Ein System mit den Zustandsgleichungen (1.1) ist dann und nur dann vollständig beobachtbar, wenn für jeden Eigenwert s_i von $\underline{A}$ gilt

$$\text{Rang}\begin{bmatrix} s_i\underline{I} - \underline{A} \\ \hline - \underline{C} \end{bmatrix} = n \quad . \tag{1.26}$$

Tritt für einen Eigenwert s_i ein Rangdefekt auf, so ist die zugehörige Eigenbewegung nicht beobachtbar.

Damit ist eine Überprüfung der schwachen Steuer- und Beobachtbarkeit wie natürlich auch der Frage, welche Streckenteile nicht steuer- oder beobachtbar sind, ohne eine Transformation der Zustandsgleichungen auf Jordansche Normalform möglich.

1.3 Die Rosenbrock-Matrix

Unterwirft man die Zustandsgleichungen (1.1) eines linearen, zeitinvarianten Systems n-ter Ordnung mit p Eingängen und m Ausgängen der Laplace-Transformation, so erhält man

$$s\underline{x}(s) - \underline{x}_0 = \underline{A}\underline{x}(s) + \underline{B}\underline{u}(s)$$
$$\underline{y}(s) = \underline{C}\underline{x}(s) + \underline{D}\underline{u}(s) \quad , \tag{1.27}$$

wobei $\underline{x}_0$ die Anfangsbedingung des Systems zu Zeitpunkt $t = 0$ sein möge. Für verschwindende Anfangsbedingungen folgt hieraus die Übertragungsmatrix

$$\underline{F}(s) = \underline{C}(s\underline{I} - \underline{A})^{-1}\underline{B} + \underline{D} \tag{1.28}$$

des Systems, welche das Eingangs-Ausgangsverhalten im Bildbereich der Laplace-Transformation gemäß

$$\underline{y}(s) = \underline{F}(s)\underline{u}(s) \tag{1.29}$$

beschreibt. Nach einer einfachen Umformung können die beiden Gleichungen (1.27) andererseits folgendermaßen zusammengefaßt werden

$$\begin{bmatrix} s\underline{I} - \underline{A} & \underline{B} \\ - \underline{C} & \underline{D} \end{bmatrix}\begin{bmatrix} \underline{x}(s) \\ -\underline{u}(s) \end{bmatrix} = \begin{bmatrix} \underline{x}_0 \\ -\underline{y}(s) \end{bmatrix} \quad . \tag{1.30}$$

Die in dieser Zusammenfassung auftretende Matrix

$$\underset{\underline{u}}{\overset{\underline{y}}{\underline{P}}}(s) = \begin{bmatrix} s\underline{I} - \underline{A} & \underline{B} \\ - \underline{C} & \underline{D} \end{bmatrix} \tag{1.31}$$

kennzeichnet ebenfalls das Eingangs-Ausgangsverhalten des Systems nach Gl.(1.1).

Sie wurde von Rosenbrock /R5/ eingeführt und von ihm als "Systemmatrix" bezeichnet.
Hier wird für sie die Bezeichnung "Rosenbrock-Matrix" gewählt und durch Indizie-
rung links unten und oben gekennzeichnet, für welches Eingangs-Ausgangspaar sie betrachtet wird.

Diese Rosenbrock-Matrix hat eine Reihe nützlicher Eigenschaften. Im Fall skalarer
Systeme (m=p=1) ist die Matrix

$$\underset{u}{\overset{y}{\underline{P}}}(s) = \begin{bmatrix} s\underline{I} - \underline{A} & \underline{b} \\ - \underline{c}^T & d \end{bmatrix} \tag{1.32}$$

quadratisch. Der Zähler $Z(s)$ der Übertragungsfunktion

$$F(s) = \frac{y(s)}{u(s)} = \frac{Z(s)}{N(s)} = \frac{\underline{c}^T(s\underline{I} - \underline{A})_{adj}\underline{b} + \det(s\underline{I} - \underline{A})d}{\det(s\underline{I} - \underline{A})} \tag{1.33}$$

ergibt sich einfach als Determinante der Rosenbrock-Matrix (1.32) zu

$$Z(s) = \det \underset{u}{\overset{y}{\underline{P}}}(s) \quad . \tag{1.34}$$

Da sich der Wert einer Determinante durch elementare Umformungen höchstens um einen
nichtverschwindenden reellen Faktor ändert, eignet sich die Rosenbrock-Matrix sehr
gut, um Nullstellen von Strecken und Regelkreisen zu untersuchen.

Bei Mehrgrößensystemen (p > 1) ist die Rosenbrock-Matrix nur noch im Fall p = m quadratisch. Betrachtet man vollständig steuerbare und beobachtbare Systeme nach Gleichung (1.1), dann lassen sich die Nullstellen eines Mehrgrößensystems anhand der
Rosenbrock-Matrix bestimmen /W7/.

<u>Definition 1.8</u> Der Rang $rg[\underline{P}(s)]$ einer Polynommatrix $\underline{P}(s)$ ist der maximale Rang
    von $\underline{P}$, der sich für feste Werte des komplexen Parameters s ergibt.

<u>Definition 1.9</u> Die Nullstellen eines vollständig regelbaren Mehrgrößensystems sind
    diejenigen Werte $s = s_N$, für welche

$$Rang \begin{bmatrix} s_N\underline{I} - \underline{A} & \underline{B} \\ - \underline{C} & \underline{D} \end{bmatrix} < rg\left[\underset{u}{\overset{y}{\underline{P}}}(s)\right] \tag{1.35}$$

    gilt.

Für die Nullstellen eines Mehrgrößensystems existieren unterschiedliche Definitionen und Bezeichnungen /R4,M2,W5,F2/. Hier wird bewußt nur diejenige Nullstellendefinition verwendet, die für den Reglerentwurf relevant ist.

Roppenecker und Preuss /R4/ bezeichnen die Nullstellen aus Definition 1.9 als "invariante Nullstellen". Dies ist im Hinblick auf die Regelung von Strecken mit $\underline{D} = \underline{0}$ sinnvoll, da sie in Analogie zu den Nullstellen eines Eingrößensystems gegenüber einer Zustandsrückführung invariant sind.

Setzt man eine Zustandsrückführung

$$\underline{u}(t) = - \underline{K}\underline{x}(t) + \underline{L}\underline{w}(t) \; , \tag{1.36}$$

wobei $\underline{L}$ eine reguläre und reelle Aufschaltmatrix für den Vektor $\underline{w}$ der Führungsgrößen ist, in die Streckengleichungen (1.1) ein, so erhält man ($\underline{D} = \underline{0}$)

$$\underline{\dot{x}}(t) = (\underline{A} - \underline{B}\underline{K})\underline{x}(t) + \underline{B}\underline{L}\underline{w}(t)$$

$$\underline{y}(t) = \underline{C}\underline{x}(t) \; . \tag{1.37}$$

Daß die Nullstellen des Systems dabei unverändert liegen bleiben, läßt sich anhand der Rosenbrock-Matrix $\underset{\underline{w}}{\overset{y}{}}P(s)$ einfach zeigen. Für die geregelte Strecke erhält man nämlich

$$\underset{\underline{w}}{\overset{y}{}}P(s) = \begin{bmatrix} s\underline{I} - \underline{A} + \underline{B}\underline{K} & \underline{B}\underline{L} \\ - \underline{C} & \underline{0} \end{bmatrix} = \begin{bmatrix} s\underline{I} - \underline{A} & \underline{B} \\ - \underline{C} & \underline{0} \end{bmatrix}\begin{bmatrix} \underline{I} & \underline{0} \\ \underline{K} & \underline{L} \end{bmatrix} \tag{1.38}$$

woraus unmittelbar folgt, daß die Nullstellen nach Definition 1.9 von der Regelung unbeeinflußt bleiben.

Zwei nützliche Determinantenformeln

Für die Auswertung von Determinanten zusammengesetzter Matrizen der Form

$$\begin{bmatrix} \underline{N} & \underline{P} \\ \underline{Q} & \underline{R} \end{bmatrix}$$

existieren nützliche Beziehungen, die hier kurz angefügt seien. Wenn $\underline{N}$ regulär ist, gilt

$$\det\begin{bmatrix} \underline{N} & \underline{P} \\ \underline{Q} & \underline{R} \end{bmatrix} = \det \underline{N} \, \det\left[- \underline{Q}\underline{N}^{-1}\underline{P} + \underline{R} \right] \tag{1.39}$$

und wenn $\underline{R}$ regulär ist

$$\det\begin{bmatrix} \underline{N} & \underline{P} \\ \underline{Q} & \underline{R} \end{bmatrix} = \det \underline{R} \, \det\left[\underline{N} - \underline{P}\underline{R}^{-1}\underline{Q} \right] \; . \tag{1.40}$$

Der durch die Gleichungen (1.32)-(1.34) beschriebene Zusammenhang ergibt sich direkt bei Verwendung der Determinantenformel (1.39).

1.4 Polynommatrizen

1.4.1 Definitionen und Eigenschaften

Matrizen, deren Elemente aus Polynomen in s mit reellen Koeffizienten bestehen, stellen ein nützliches Hilfsmittel bei der Untersuchung linearer Regelungssysteme dar. Die folgende Übersicht über die mathematische Behandlung von Polynommatrizen und Polynommatrix-Gleichungen ist dabei im wesentlichen an die Darstellung in /W6/ angelehnt.

Eine Polynommatrix hat z.B. die Form

$$\underline{P}(s) = \begin{bmatrix} s^2 - 3 & 1 & 2s \\ 4s + 2 & 2 & 0 \\ -s^2 & s + 3 & -3s + 2 \end{bmatrix} . \qquad (1.41)$$

Bevor Operationen mit solchen Matrizen durchgeführt werden können, sei zunächst eine Reihe von Definitionen vorangestellt.

<u>Definition 1.10</u> Elementare Operationen für Polynommatrizen sind

    (a) die Vertauschung von Zeilen (Spalten) i und j,

    (b) die Multiplikation der Zeile (Spalte) i mit einer nicht verschwindenden reellen Zahl,

    (c) die Substitution einer Zeile (Spalte) i durch die Summe aus dieser Zeile (Spalte) und einer mit einem beliebigen Polynom multiplizierten anderen Zeile (Spalte) j.

Elementare Operationen sind damit rangneutral (s. Def. 1.8), und verändern folglich die Determinante einer quadratischen Polynommatrix höchstens um einen nichtverschwindenden reellen Faktor.

<u>Definition 1.11</u> Eine unimodulare Polynommatrix ist jede quadratische Matrix, die aus einer Einheitsmatrix $\underline{I}$ durch elementare Umformungen gewonnen werden kann.

Die Determinante einer unimodularen Matrix ist also eine reelle Zahl und jede quadratische Matrix, deren Determinante einen nichtverschwindenden reellen Wert besitzt ist folglich eine unimodulare Matrix.

Damit sind elementare Zeilenoperationen durch Linksmultiplikation mit einer unimodularen Matrix $\underline{U}_L(s)$ und elementare Spaltenoperationen durch Rechtsmultiplikation mit einer unimodularen Matrix $\underline{U}_R(s)$ darstellbar.

Beispiel 1.1

Durch elementare Zeilen- und Spaltenoperationen kann die Matrix

$$\underline{P}_1(s) = \begin{bmatrix} s^2 + s + 2 & - s(s + 1) \\ 4(s + 1) & s + 1 \end{bmatrix}$$

auf Diagonalgestalt

$$\underline{P}_2(s) = \begin{bmatrix} 5s^2 + 5s + 2 & 0 \\ 0 & s + 1 \end{bmatrix}$$

gebracht werden. Die entsprechenden Zeilen- und Spaltenoperationen sind

(a) Addition der mit - 4 multiplizierten zweiten Spalte zur ersten

$$\begin{bmatrix} s^2 + s + 2 & - s(s + 1) \\ 4(s + 1) & s + 1 \end{bmatrix} \begin{bmatrix} 1 & 0 \\ -4 & 1 \end{bmatrix} = \begin{bmatrix} 5s^2 + 5s + 2 & - s(s + 1) \\ 0 & s + 1 \end{bmatrix} ,$$

(b) Addition der mit s multiplizierten zweiten Zeile zur ersten

$$\begin{bmatrix} 1 & s \\ 0 & 1 \end{bmatrix} \begin{bmatrix} 5s^2 + 5s + 2 & - s(s + 1) \\ 0 & s + 1 \end{bmatrix} = \begin{bmatrix} 5s^2 + 5s + 2 & 0 \\ 0 & s + 1 \end{bmatrix} .$$

Mit

$$\underline{U}_L(s) = \begin{bmatrix} 1 & s \\ 0 & 1 \end{bmatrix} \quad \text{und} \quad \underline{U}_R(s) = \begin{bmatrix} 1 & 0 \\ -4 & 1 \end{bmatrix}$$

lautet die elementare Umformung folglich

$$\underline{P}_2(s) = \underline{U}_L(s)\underline{P}_1(s)\underline{U}_R(s) \quad . \tag{1.42}$$

Definition 1.12 Zwei Polynommatrizen $\underline{P}_1(s)$ und $\underline{P}_2(s)$ sind dann und nur dann äqui-
valent, wenn sie durch elementare Umformungen ineinander überführt werden kön-
nen. Das bedeutet andererseits, daß sie über unimodulare Matrizen gemäß (1.42)
miteinander verknüpft sind.

Definition 1.13 Der Grad einer Polynommatrix $\underline{P}(s)$ ist gleich dem Grad des Polynom-
elementes mit der höchsten Potenz in s. Entsprechend ergibt sich der i-te
Spaltengrad $\partial_{si}\left[\underline{P}(s)\right]$ als der Grad der i-ten Spalte und der j-te Zeilengrad
$\partial_{zj}\left[\underline{P}(s)\right]$ als der Grad der j-ten Zeile von $\underline{P}(s)$.

Ferner führt man die Matrix $\Gamma_s\left[\underline{P}(s)\right]$ ein, die aus den Koeffizienten bei der höchsten Potenz in s in jeder Spalte gebildet wird bzw. die Matrix $\Gamma_z\left[\underline{P}(s)\right]$,bestehend aus den Koeffizienten bei der höchsten Potenz in s in jeder Zeile. In den Überlegungen in Kapitel 4 wird lediglich die Matrix $\Gamma_s\left[\underline{P}(s)\right]$ benötigt und im folgenden abgekürzt $\Gamma\left[\underline{P}(s)\right]$ genannt.

Beispiel 1.2

Für die Polynommatrix (1.41) lauten die beiden Matrizen Γ_s und Γ_z

$$\Gamma_s\left[\underline{P}(s)\right] = \begin{bmatrix} 1 & 0 & 2 \\ 0 & 0 & 0 \\ -1 & 1 & -3 \end{bmatrix} = \Gamma\left[\underline{P}(s)\right]$$

und

$$\Gamma_z\left[\underline{P}(s)\right] = \begin{bmatrix} 1 & 0 & 0 \\ 4 & 0 & 0 \\ -1 & 0 & 0 \end{bmatrix} .$$

Definition 1.14 Eine mxp-Polynommatrix $\underline{P}(s)$ wird spalten- bzw. zeilenregulär genannt, wenn die Matrix $\Gamma_s\left[\underline{P}(s)\right]$ bzw. $\Gamma_z\left[\underline{P}(s)\right]$ vollen Rang besitzt, d.h. wenn

$$\text{Rang } \Gamma_s\left[\underline{P}(s)\right] = \min(m,p) \quad \text{bzw.}$$

$$\text{Rang } \Gamma_z\left[\underline{P}(s)\right] = \min(m,p) \tag{1.43}$$

gilt.

Satz 1.9 Jede mxp-Polynommatrix $\underline{P}(s)$ kann durch elementare Zeilen- (Links-) Operationen auf eine obere rechte Dreiecksmatrix (Fall $m \geqslant p$)

$$\tilde{\underline{P}}(s) = \begin{bmatrix} \tilde{p}_{11}(s) & \tilde{p}_{12}(s) & \cdots & \cdots & \tilde{p}_{1p}(s) \\ 0 & \tilde{p}_{22}(s) & \cdots & \cdots & \tilde{p}_{2p}(s) \\ \vdots & & \ddots & & \vdots \\ \vdots & & & \ddots & \vdots \\ 0 & \cdots & \cdots & \cdots & \tilde{p}_{pp}(s) \\ 0 & \cdots & \cdots & \cdots & 0 \\ \vdots & & & & \vdots \\ 0 & \cdots & \cdots & \cdots & 0 \end{bmatrix} \tag{1.44}$$

transformiert werden, wobei die Polynome $\tilde{p}_{ik}(s)$, $i=1,2,\ldots,k-1$ oberhalb der Diagonalen von geringerem Grad als die Polynome $\tilde{p}_{kk}(s)$ auf der Hauptdiagonalen oder gleich Null sind.

Entsprechend kann jede mxp-Polynommatrix $\underline{P}(s)$ durch elementare Spalten-(Rechts-) Operationen auf eine linke untere Dreiecksmatrix (Fall $m \leqslant p$)

$$\underline{\hat{P}}(s) = \begin{bmatrix} \hat{p}_{11}(s) & 0 & \cdots\cdots\cdots & 0 & 0 \cdots 0 \\ \hat{p}_{21}(s) & \hat{p}_{22}(s) & \cdots\cdots\cdots & 0 & 0 \cdots 0 \\ \vdots & \vdots & \ddots & \vdots & \vdots \quad \vdots \\ \vdots & \vdots & & \vdots & \vdots \quad \vdots \\ \hat{p}_{m1}(s) & \hat{p}_{m2}(s) & \cdots\cdots\cdots & \hat{p}_{mm}(s) & 0 \cdots 0 \end{bmatrix} \tag{1.45}$$

gebracht werden, wobei die Polynome $\hat{p}_{ki}(s)$, $i=1,2,\ldots,k-1$ links von der Diagonalen von geringerem Grad als die Polynome $\hat{p}_{kk}(s)$ auf der Hauptdiagonalen oder gleich Null sind.

Die Matrizen $\underline{\tilde{P}}(s)$ bzw. $\underline{\hat{P}}(s)$ sind für die im folgenden stets auftretenden Fälle $(m \geqslant p)$ bei Links- und $(m \leqslant p)$ bei Rechtsoperationen dargestellt. Diese Bedingung muß allgemein jedoch nicht erfüllt sein (siehe dazu die Ausführungen in /W6/).

<u>Definition 1.15</u> Wenn drei Polynommatrizen die Beziehung

$$\underline{P}(s) = \underline{H}(s)\underline{G}(s) \tag{1.46}$$

erfüllen, dann wird $\underline{G}(s)$ ein Rechtsteiler bzw. $\underline{H}(s)$ ein Linksteiler von $\underline{P}(s)$ genannt und $\underline{P}(s)$ ist das sogenannte Linksvielfache von $\underline{G}(s)$ bzw. das Rechtsvielfache von $\underline{H}(s)$.

Ein größter gemeinsamer Rechtsteiler von zwei Polynommatrizen $\underline{P}(s)$ und $\underline{Q}(s)$ ist ein gemeinsamer Rechtsteiler, der ein Linksvielfaches von jedem gemeinsamen Rechtsteiler von $\underline{P}(s)$ und $\underline{Q}(s)$ ist.

Entsprechend ist ein größter gemeinsamer Linksteiler zweier Polynommatrizen $\underline{P}(s)$ und $\underline{Q}(s)$ ein gemeinsamer Linksteiler, der ein Rechtsvielfaches von jedem gemeinsamen Linksteiler von $\underline{P}(s)$ und $\underline{Q}(s)$ ist.

Im Rahmen dieses Buches werden die größten gemeinsamen Rechts- bzw. Linksteiler nichtsinguläre Matrizen $\underline{R}(s)$ bzw. $\underline{L}(s)$ sein, für die eine vereinfachte Definition gilt.

<u>Definition 1.16</u> Ein größter (regulärer) gemeinsamer Rechts- (Links-) Teiler von zwei Polynommatrizen $\underline{P}(s)$ und $\underline{Q}(s)$ ist ein gemeinsamer Rechts- (Links-) Teiler, dessen Determinante den höchsten Grad in s besitzt.

<u>Satz 1.10</u> Betrachtet werden zwei Polynommatrizen $\underline{P}(s)$, $\underline{T}(s)$ bzw. $\underline{P}(s)$, $\underline{Q}(s)$, wel-
che dieselbe Anzahl von Spalten bzw. von Zeilen besitzen. Wenn die zusammenge-
setzte Matrix

$$\begin{bmatrix} \underline{P}(s) \\ \underline{T}(s) \end{bmatrix} \qquad \text{bzw.} \qquad \begin{bmatrix} \underline{P}(s) & \underline{Q}(s) \end{bmatrix} \tag{1.47}$$

auf obere rechte bzw. untere linke Dreiecksmatrix (siehe Satz 1.9)

$$\begin{bmatrix} \underline{R}(s) \\ \underline{0} \end{bmatrix} \qquad \text{bzw.} \qquad \begin{bmatrix} \underline{L}(s) & \underline{0} \end{bmatrix} \tag{1.48}$$

gebracht wird, dann ist $\underline{R}(s)$ bzw. $\underline{L}(s)$ ein größter gemeinsamer Rechts- bzw.
Linksteiler von $\underline{P}(s)$, $\underline{T}(s)$ bzw. von $\underline{P}(s)$, $\underline{Q}(s)$ und es gilt

$$\underline{P}(s) = \bar{\underline{P}}(s)\underline{R}(s) \quad \text{und} \quad \underline{T}(s) = \bar{\underline{T}}(s)\underline{R}(s)$$
bzw. $\tag{1.49}$
$$\underline{P}(s) = \underline{L}(s)\tilde{\underline{P}}(s) \quad \text{und} \quad \underline{Q}(s) = \underline{L}(s)\tilde{\underline{Q}}(s) \quad .$$

Die Form der Matrizen (1.48) impliziert, daß die zusammengesetzten Matrizen mehr
Zeilen als Spalten bzw. mehr Spalten als Zeilen besitzen. Dies muß nicht unbedingt
der Fall sein, wie in /W6/ diskutiert wird. Für die Anwendungsfälle im Rahmen dieses Buches ist es jedoch stets gegeben.

<u>Beispiel 1.3</u>
Als Beispiel seien die beiden Polynommatrizen

$$\underline{P}(s) = \begin{bmatrix} s^2 & -1 \\ -s & s^2 \end{bmatrix} \quad \text{und} \quad \underline{Q}(s) = \begin{bmatrix} s & -s \\ 0 & 1 \end{bmatrix}$$

betrachtet, die dieselbe Spalten- und Zeilenzahl besitzen, so daß für sie ein
größter gemeinsamer Rechts- und Linksteiler bestimmt werden kann. Reduziert
man

$$\begin{bmatrix} \underline{P}(s) \\ \hline \underline{Q}(s) \end{bmatrix} = \left[\begin{array}{cc} s^2 & -1 \\ -s & s^2 \\ \hline s & -s \\ 0 & 1 \end{array}\right]$$

auf obere rechte Dreiecksform, so erhält man

$$\left[\begin{array}{cc} s & 0 \\ 0 & 1 \\ \hline 0 & 0 \\ 0 & 0 \end{array}\right],$$

so daß ein größter gemeinsamer Rechtsteiler

$$\underline{R}(s) = \begin{bmatrix} s & 0 \\ 0 & 1 \end{bmatrix}$$

ist. Es gilt nämlich

$$\underline{P}(s) = \begin{bmatrix} s & -1 \\ -1 & s^2 \end{bmatrix}\begin{bmatrix} s & 0 \\ 0 & 1 \end{bmatrix}$$

und

$$\underline{Q}(s) = \begin{bmatrix} 1 & -s \\ 0 & 1 \end{bmatrix}\begin{bmatrix} s & 0 \\ 0 & 1 \end{bmatrix} \ .$$

Reduziert man andererseits die Matrix

$$\begin{bmatrix} \underline{P}(s) & \underline{Q}(s) \end{bmatrix} = \begin{bmatrix} s^2 & -1 & s & -s \\ -s & s^2 & 0 & 1 \end{bmatrix}$$

auf linke untere Dreiecksform

$$\begin{bmatrix} -1 & 0 & 0 & 0 \\ 0 & 1 & 0 & 0 \end{bmatrix} ,$$

so folgt, daß die unimodulare Matrix

$$\underline{L}(s) = \begin{bmatrix} -1 & 0 \\ 0 & 1 \end{bmatrix}$$

ein größter gemeinsamer Linksteiler von $\underline{P}(s)$ und $\underline{Q}(s)$ ist.

Dies zeigt, daß das Auftreten eines unimodularen größten gemeinsamen Linksteilers nicht unbedingt bedeutet, daß das entsprechende Matrizenpaar auch einen unimodularen größten gemeinsamen Rechtsteiler besitzt und umgekehrt.

Definition 1.17 Zwei Polynommatrizen $\underline{P}(s)$, $\underline{T}(s)$ bzw. $\underline{P}(s)$, $\underline{Q}(s)$ mit jeweils gleicher Spalten- bzw. Zeilenzahl werden dann und nur dann relativ rechtsprim bzw. relativ linksprim genannt, wenn ihr größter gemeinsamer Rechts- bzw. Linksteiler eine unimodulare Matrix darstellt.

Wie das Beispiel 1.3 zeigt, müssen zwei relativ rechtsprime Matrizen nicht unbedingt auch relativ linksprim sein und umgekehrt. Die Tatsache, daß zwei Polynommatrizen prim zueinander sind, wird bei der Behandlung von Regelkreisen im Frequenzbereich von besonderer Bedeutung sein.

1.4.2 Multiplikation von Polynommatrizen

Die Berechnung des Produktes zweier Polynommatrizen $\underline{P}(s)$ und $\underline{Q}(s)$ kann auf die Multiplikation zweier Matrizen zurückgeführt werden, deren Elemente aus den Koeffizienten der beiden Polynommatrizen bestehen. Dies ist insbesondere im Hinblick auf eine Durchführung solcher Operationen am Digitalrechner von Interesse.

Die Polynommatrizen $\underline{P}(s)$ und $\underline{Q}(s)$ seien in der Form

$$\underline{P}(s) = \underline{P}_n s^n + \underline{P}_{n-1} s^{n-1} + \ldots \ldots + \underline{P}_1 s + \underline{P}_0 \tag{1.50}$$

und

$$\underline{Q}(s) = \underline{Q}_x s^x + \underline{Q}_{x-1} s^{x-1} + \ldots \ldots + \underline{Q}_1 s + \underline{Q}_0 \tag{1.51}$$

dargestellt. Das Produkt hat dann die Gestalt

$$\underline{P}(s)\underline{Q}(s) = \underline{T}(s) = \underline{T}_{n+x} s^{n+x} + \underline{T}_{n+x-1} s^{n+x-1} + \ldots \ldots + \underline{T}_1 s + \underline{T}_0 \ . \tag{1.52}$$

Die Koeffizientenmatrizen von $\underline{T}(s)$ ergeben sich dabei entweder über

$$
\begin{bmatrix} \underline{T}_{n+x} \\ \underline{T}_{n+x-1} \\ \cdot \\ \cdot \\ \cdot \\ \cdot \\ \cdot \\ \underline{T}_1 \\ \underline{T}_0 \end{bmatrix}
=
\begin{bmatrix}
\underline{P}_n & & & & \underline{0} \\
\cdot & \underline{P}_n & & & \\
\cdot & \cdot & \ddots & & \\
\cdot & \cdot & & \ddots & \\
\cdot & \cdot & & & \underline{P}_n \\
\underline{P}_0 & \cdot & & & \cdot \\
& \underline{P}_0 & & & \cdot \\
& & \ddots & & \cdot \\
\underline{0} & & & \ddots & \cdot \\
& & & & \underline{P}_0
\end{bmatrix}
\begin{bmatrix} \underline{Q}_x \\ \underline{Q}_{x-1} \\ \cdot \\ \cdot \\ \cdot \\ \underline{Q}_1 \\ \underline{Q}_0 \end{bmatrix}
\tag{1.53}
$$

oder über das Produkt

$$
\begin{bmatrix} \underline{T}_{n+x} & \underline{T}_{n+x-1} \cdot \cdots \cdots \underline{T}_1 & \underline{T}_0 \end{bmatrix} =
$$

$$
= \begin{bmatrix} \underline{P}_n & \underline{P}_{n-1} \cdot \cdots \cdot \underline{P}_1 & \underline{P}_0 \end{bmatrix}
\begin{bmatrix}
\underline{Q}_x \cdot \cdots \cdots \underline{Q}_1 & \underline{Q}_0 & & & \underline{0} \\
& \underline{Q}_x \cdot \cdots \cdots \underline{Q}_1 & \underline{Q}_0 & & \\
& & \cdot & & \cdot & \cdot \\
& & \cdot & & \cdot & \cdot \\
\underline{0} & & & & \cdot & \cdot \\
& & \underline{Q}_x \cdot \cdots \cdots \underline{Q}_1 & \underline{Q}_0
\end{bmatrix} \ .
\tag{1.54}
$$

Die Form (1.54) eignet sich zur Lösung der Reglerentwurfsgleichung über Koeffizientenvergleich (siehe Abschn. 1.7).

Beispiel 1.4

Gesucht wird das Produkt der beiden Polynommatrizen

$$\underline{P}(s) = \begin{bmatrix} -s^3 & 2s+5 \\ 4s^2+3 & 5s^2+6 \end{bmatrix} = \begin{bmatrix} -1 & 0 \\ 0 & 0 \end{bmatrix}s^3 + \begin{bmatrix} 0 & 0 \\ 4 & 5 \end{bmatrix}s^2 + \begin{bmatrix} 0 & 2 \\ 0 & 0 \end{bmatrix}s + \begin{bmatrix} 0 & 5 \\ 3 & 6 \end{bmatrix}$$

und

$$\underline{Q}(s) = \begin{bmatrix} 4s+5 & 2 \\ -s^2 & 2s-6 \end{bmatrix} = \begin{bmatrix} 0 & 0 \\ -1 & 0 \end{bmatrix}s^2 + \begin{bmatrix} 4 & 0 \\ 0 & 2 \end{bmatrix}s + \begin{bmatrix} 5 & 2 \\ 0 & -6 \end{bmatrix} \; .$$

Das Produkt $\underline{T}(s) = \underline{P}(s)\underline{Q}(s)$ ergibt sich über die Beziehung (1.53), die hier die Form

$$\begin{bmatrix} \underline{T}_5 \\ \\ \underline{T}_4 \\ \\ \underline{T}_3 \\ \\ \underline{T}_2 \\ \\ \underline{T}_1 \\ \\ \underline{T}_0 \end{bmatrix} = \begin{bmatrix} -1 & 0 & 0 & 0 & 0 & 0 \\ 0 & 0 & 0 & 0 & 0 & 0 \\ 0 & 0 & -1 & 0 & 0 & 0 \\ 4 & 5 & 0 & 0 & 0 & 0 \\ 0 & 2 & 0 & 0 & -1 & 0 \\ 0 & 0 & 4 & 5 & 0 & 0 \\ 0 & 5 & 0 & 2 & 0 & 0 \\ 3 & 6 & 0 & 0 & 4 & 5 \\ 0 & 0 & 0 & 5 & 0 & 2 \\ 0 & 0 & 3 & 6 & 0 & 0 \\ 0 & 0 & 0 & 0 & 0 & 5 \\ 0 & 0 & 0 & 0 & 3 & 6 \end{bmatrix} \begin{bmatrix} 0 & 0 \\ -1 & 0 \\ 4 & 0 \\ 0 & 2 \\ 5 & 2 \\ 0 & -6 \end{bmatrix} = \begin{bmatrix} 0 & 0 \\ 0 & 0 \\ -4 & 0 \\ -5 & 0 \\ -7 & -2 \\ 16 & 10 \\ -5 & 4 \\ 14 & -22 \\ 0 & -2 \\ 12 & 12 \\ 0 & -30 \\ 15 & -30 \end{bmatrix}$$

hat, in Koeffizientenmatrix-Schreibweise zu

$$\underline{T}(s) = \begin{bmatrix} 0 & 0 \\ 0 & 0 \end{bmatrix}s^5 + \begin{bmatrix} -4 & 0 \\ -5 & 0 \end{bmatrix}s^4 + \begin{bmatrix} -7 & -2 \\ 16 & 10 \end{bmatrix}s^3 + \begin{bmatrix} -5 & 4 \\ 14 & -22 \end{bmatrix}s^2 +$$

$$+ \begin{bmatrix} 0 & -2 \\ 12 & 12 \end{bmatrix}s + \begin{bmatrix} 0 & -30 \\ 15 & -30 \end{bmatrix}$$

oder zusammengefaßt

$$\underline{T}(s) = \begin{bmatrix} -4s^4 - 7s^3 - 5s^2 & -2s^3 + 4s^2 - 2s - 30 \\ -5s^4 + 16s^3 + 14s^2 + 12s + 15 & 10s^3 - 22s^2 + 12s - 30 \end{bmatrix} \; .$$

1.4.3 Die erweiterte Eliminante

Mit der von Sylvester eingeführten Eliminante läßt sich überprüfen, ob zwei Polynome teilerfremd, also relativ prim sind. Nach geeigneter Anordnung der Polynomkoeffizienten in einer Matrix gibt deren Rang Auskunft über die Anzahl eventuell vorhandener gemeinsamer Teiler beider Polynome.

Von verschiedenen Autoren (z.B. /W4/ oder /H2/) wurde dieses Vorgehen auf Polynommatrizen übertragen, so daß auch die Frage, ob zwei Polynommatrizen prim zueinander
sind, anhand einer Rangprüfung geklärt werden kann. Die im folgenden verwendete
"erweiterte Eliminante" für zwei Polynommatrizen besitzt eine Form, die für die
späteren Anwendungen besonders geeignet ist.

Betrachtet werden die mxp-Polynommatrix

$$\underline{Z}(s) = \underline{Z}_x s^x + \underline{Z}_{x-1} s^{x-1} + \ldots \ldots + \underline{Z}_1 s + \underline{Z}_0 \tag{1.55}$$

und die pxp-Polynommatrix

$$\underline{N}(s) = \underline{N}_x s^x + \underline{N}_{x-1} s^{x-1} + \ldots \ldots + \underline{N}_1 s + \underline{N}_0 \; , \tag{1.56}$$

die höchstens Polynomelemente der Potenz x in s besitzen mögen. Ferner gelte, daß
der Spaltengrad von $\underline{Z}(s)$ höchstens gleich dem Spaltengrad von $\underline{N}(s)$ ist, daß folglich

$$\partial_{si}\left[\underline{Z}(s)\right] \leqslant \partial_{si}\left[\underline{N}(s)\right] \quad , \; i=1,2,\ldots,p \tag{1.57}$$

gilt und daß $\underline{N}(s)$ spaltenregulär ist, d.h.

$$\text{Rang } \underline{\Gamma}\left[\underline{N}(s)\right] = p \tag{1.58}$$

ist. Das Polynom det $\underline{N}(s)$ habe den Grad n. Im folgenden wird die Tatsache benutzt,
daß die Polynommatrix (1.56) z.B. auch in der Form

$$\underline{N}(s) = \begin{bmatrix} \underline{N}_x & \underline{N}_{x-1} & \cdots & \underline{N}_1 & \underline{N}_0 \end{bmatrix} \begin{bmatrix} \underline{I}s^x \\ \underline{I}s^{x-1} \\ \cdot \\ \cdot \\ \cdot \\ \underline{I}s \\ \underline{I} \end{bmatrix} \tag{1.59}$$

angegeben werden kann.

Nun ordnet man die Matrizen $\underline{Z}(s)$ und $\underline{N}(s)$ folgendermaßen an

$$
\begin{bmatrix}
\underline{N}(s)s^{k-1} \\
\underline{N}(s)s^{k-2} \\
\vdots \\
\underline{N}(s)s \\
\underline{N}(s) \\
\hline
\underline{Z}(s)s^{k-1} \\
\underline{Z}(s)s^{k-2} \\
\vdots \\
\underline{Z}(s)s \\
\underline{Z}(s)
\end{bmatrix}
=
\begin{bmatrix}
\underline{N}_x \cdots \underline{N}_1 \ \underline{N}_0 & & \underline{0} \\
& \underline{N}_x \cdots \underline{N}_1 \ \underline{N}_0 & \\
& \ddots & \\
\underline{0} & & \underline{N}_x \cdots \underline{N}_1 \ \underline{N}_0 \\
\hline
\underline{Z}_x \cdots \underline{Z}_1 \ \underline{Z}_0 & & \underline{0} \\
& \underline{Z}_x \cdots \underline{Z}_1 \ \underline{Z}_0 & \\
& \ddots & \\
\underline{0} & & \underline{Z}_x \cdots \underline{Z}_1 \ \underline{Z}_0
\end{bmatrix}
\begin{bmatrix}
\underline{I}s^{k+x-1} \\
\underline{I}s^{k+x-2} \\
\vdots \\
\underline{I}s \\
\underline{I}
\end{bmatrix}
=
$$

$$
= \underline{M}_{ek}\underline{S}_{ek} \ . \tag{1.60}
$$

Die Matrix $\underline{M}_{ek}$ hat $p(x+k)$ Spalten, von denen $(px-n)$ Nullspalten sind. Erhöht man k von eins aus beginnend, so hat $\underline{M}_{ek}$ von einem bestimmten $k = k_1$ an mindestens ebensoviele Zeilen wie Spalten. Nun können zwei von Wolovich /W4/ bewiesene Aussagen getroffen werden.

<u>Satz 1.11</u> Die Polynommatrizen $\underline{Z}(s)$ und $\underline{N}(s)$ sind relativ rechtsprim, wenn

$$
\text{Rang } \underline{M}_{ek} = n + pk \tag{1.61}
$$

für ein $k \geqslant k_1$ gilt.

<u>Satz 1.12</u> Sind $\underline{Z}(s)$ und $\underline{N}(s)$ relativ rechtsprime Polynommatrizen der Streckenübertragungsfunktion $\underline{F}(s) = \underline{Z}(s)\underline{N}^{-1}(s)$ (s. Abschn.1.5), so ist das kleinste k, für das die Bedingung (1.61) erfüllt ist, der in Definition 1.7 eingeführte Beobachtbarkeitsindex der Strecke.

Die Matrix $\underline{M}_{ek}$ stellt die erweiterte Eliminante für Polynommatrizen dar. Für den Fall, daß $Z(s)$ und $N(s)$ reine Polynome sind, ist $\underline{M}_{ek}$ gerade die von Sylvester eingeführte Eliminante zweier Polynome.

1.5 Systemdarstellung in Differentialoperatorform

Lineare, zeitinvariante dynamische Systeme beschreibt man für Zeitbereichsbetrachtungen in der Regel durch ihre Zustandsgleichungen (1.1). Eine weitere Möglichkeit zur Systembeschreibung liefert die sogenannte Differentialoperator-Darstellung

$$\underline{N}(D)\underline{p}(t) = \underline{u}(t)$$
$$\underline{y}(t) = \underline{Z}(D)\underline{p}(t) \ . \tag{1.62}$$

Dabei ist $\underline{p}(t)$ der p-dimensionale "Partialzustand" des Systems, $\underline{u}(t)$ der p-dimensionale Eingangsvektor, $\underline{y}(t)$ der m-dimensionale Ausgangsvektor, D der Differentialoperator D = d/dt, und die Matrizen $\underline{N}$ und $\underline{Z}$ sind Polynommatrizen mit dazu passenden Dimensionen pxp und mxp, wobei $\underline{N}(D)$ regulär ist.

Diese Form der Systemdarstellung ist besonders geeignet für die Untersuchung von Mehrgrößensystemen im Frequenzbereich. Nach Laplace-Transformation ergibt sich aus Gl.(1.62) bei verschwindenden Anfangsbedingungen

$$\underline{N}(s)\underline{p}(s) = \underline{u}(s)$$
$$\underline{y}(s) = \underline{Z}(s)\underline{p}(s) \tag{1.63}$$

oder umgeformt

$$\underline{y}(s) = \underline{Z}(s)\underline{N}^{-1}(s)\underline{u}(s) \ . \tag{1.64}$$

Damit lautet die Übertragungsmatrix des Systems

$$\underline{F}(s) = \underline{Z}(s)\underline{N}^{-1}(s) \ . \tag{1.65}$$

Diese Form der Übertragungsmatrix stellt eine Analogie zur Übertragungsfunktion eines skalaren Systems dar, wobei die Zähler- und Nennerpolynome durch entsprechende Polynommatrizen $\underline{Z}(s)$ und $\underline{N}(s)$ ersetzt sind. So wie das Nennerpolynom N(s) die Eigenwerte eines skalaren Systems festlegt, so erhält man die Eigenwerte des Mehrgrößensystems als Lösung von

$$\det \underline{N}(s) = 0 \ . \tag{1.66}$$

Die Matrix $\underline{Z}(s)$ legt die Nullstellen des Systems fest, wobei die Analogie zum Eingrößenfall nicht so vordergründig ist wie bei den Eigenwerten.

<u>Definition 1.18</u> Die Nullstellen eines Mehrgrößensystems sind jene Werte $s = s_N$, für welche $\underline{Z}(s)$ einen Rangdefekt aufweist, also

$$\text{Rang } \underline{Z}(s_N) < rg\left[\underline{Z}(s)\right]$$

gilt (vgl. Def. 1.8) und die nicht gleichzeitig Nullstellen von det $\underline{N}(s)$ sind.

Die so definierten Nullstellen entsprechen denen aus Def. 1.9 in Abschnitt 1.3.

Dual zur Zerlegung (1.62) existiert auch die Darstellung

$$\underline{p}^*(t) = \underline{Z}^*(D)\underline{u}(t)$$
$$\underline{N}^*(D)\underline{y}(t) = \underline{p}^*(t) \quad , \tag{1.67}$$

die nach Laplace-Transformation auf die Übertragungsmatrix

$$\underline{F}(s) = \underline{N}^{*-1}(s)\underline{Z}^*(s) \tag{1.68}$$

führt. Hier ist $\underline{N}^*(s)$ eine reguläre mxm-Matrix und $\underline{Z}^*(s)$ hat die Dimension mxp.
Bezüglich der Eigenwerte und der Nullstellen gelten sinngemäß die Aussagen, die zur
Zerlegung (1.65) gemacht wurden.

<u>Definition 1.19</u> Eine Faktorisierung (1.65) wird rechtsprim genannt, wenn die größ-
ten gemeinsamen Rechtsteiler der Matrizen $\underline{Z}(s)$ und $\underline{N}(s)$ unimodulare Matrizen
sind.

Eine Faktorisierung (1.68) wird linksprim genannt, wenn die größten gemeinsamen Linksteiler von $\underline{N}^*(s)$ und $\underline{Z}^*(s)$ unimodular sind.

Vereinfachend spricht man in beiden Fällen von einer primen Zerlegung. In Satz 1.4
wurde die Regelbarkeit mit den Übertragungsfunktionen von Eingrößensystemen in Zusammenhang gebracht. Durch die Verwendung der Operatorendarstellung für dynamische
Systeme läßt sich dieser Satz auch auf Mehrgrößensysteme übertragen.

<u>Satz 1.13</u> Wenn und nur wenn die Faktorisierungen (1.65) und (1.68) prim sind, ist
das zugehörige System vollständig steuerbar und beobachtbar, also vollständig
regelbar /W6/.

Bestimmt man also die Übertragungsmatrix (1.28), ausgehend von den Zustandsgleichungen (1.1) und führt anschließend eine prime Zerlegung dieser Übertragungsmatrix
durch, dann ist das System genau dann vollständig regelbar, wenn det $\underline{N}(s)$ bzw.
det $\underline{N}^*(s)$ nach der primen Faktorisierung alle Eigenwerte von $\underline{A}$ als Nullstellen enthält.
Geht man andererseits von einer beliebigen Übertragungsmatrix $\underline{F}(s)$ aus, dann wird
durch eine Primzerlegung (1.65) bzw. (1.68) nur der regelbare Anteil zur Beschreibung des Eingangs-Ausgangs-Verhaltens herangezogen und die nicht steuerbaren und/
oder beobachtbaren Systemanteile eliminiert.

Damit liefert die Primzerlegung einer Übertragungsmatrix alle für die Regelung relevanten Daten des Systems und ermöglicht, wie in Kapitel 4 gezeigt wird, die Darstellung des Reglerentwurfs für Mehrgrößensysteme in völliger Analogie zum Vorgehen
im Eingrößenfall.

1.6 Primzerlegung von Übertragungsmatrizen

Häufig liegt die Systembeschreibung nicht in der Operatorendarstellung (1.62) bzw.
(1.67) oder in der entsprechenden faktorisierten Übertragungsmatrix (1.65) bzw.
(1.68), sondern z.B. in Form der Zustandsgleichungen (1.1) oder einer allgemeinen
Übertragungsmatrix $\underline{F}(s)$ vor.

Wolovich gibt in /W6/, S.105f ein Verfahren an, das ausgehend von den Zustandsgleichungen (1.1) eine direkte Berechnung der Übertragungsmatrix in faktorisierter Form
erlaubt.

Hier sei jedoch der Fall betrachtet, daß eine allgemeine, nicht primzerlegte Übertragungsmatrix $\underline{F}(s)$ vorliegt, die entweder aus Messungen gewonnen wurde, oder die
aus der Zustandsdarstellung

$$\dot{\underline{x}}(t) = \underline{A}\,\underline{x}(t) + \underline{B}\,\underline{u}(t)$$
$$\underline{y}(t) = \underline{C}\,\underline{x}(t) \tag{1.69}$$

zu

$$\underline{F}(s) = \underline{C}(s\underline{I} - \underline{A})^{-1}\underline{B} \tag{1.70}$$

berechnet werden kann (z.B./F1/ oder /D1/). Für diese Übertragungsmatrix wird jetzt
eine Primzerlegung

$$\underline{F}(s) = \underline{Z}(s)\underline{N}^{-1}(s) \tag{1.71}$$

bzw.

$$\underline{F}(s) = \underline{N}^{*-1}(s)\underline{Z}^{*}(s) \tag{1.72}$$

gesucht. Die Pole des Systems sind identisch mit den Nullstellen von det $\underline{N}(s)$ bzw.
von det $\underline{N}^{*}(s)$, so daß bei einer primen Zerlegung gilt, daß det $\underline{N}(s)$ und det $\underline{N}^{*}(s)$
von gleichem Grad in s sind.

Zunächst sei die Bestimmung der rechtsprimen Zerlegung betrachtet.

Aus den kleinsten gemeinsamen Zeilenhauptnennern der mxp-Matrix $\underline{F}(s)$ forme man zunächst die mxm-Diagonalmatrix $\underline{N}_H^{*}(s)$. Dann läßt sich die Zerlegung

$$\underline{F}(s) = \underline{N}_H^{*-1}(s)\underline{Z}_H^{*}(s) \tag{1.73}$$

ohne weiteres aufstellen, wobei sich die Elemente in $\underline{Z}_H^{*}(s)$ automatisch ergeben,
wenn $\underline{F}(s)$ zeilenweise auf Hauptnenner gebracht wird. Die Verwendung des kleinsten
gemeinsamen Hauptnenners ist keine notwendige Voraussetzung für das Folgende, sie
reduziert jedoch die Schreibarbeit beim konkreten Durchrechnen.

Die Zerlegung (1.73) ist in der Regel nicht prim. Bringt man die mx(p+m)-Matrix

$$\left[\underline{Z}^*_{\underline{H}}(s) \quad \underline{N}^*_{\underline{H}}(s)\right] \Big\} m \tag{1.74}$$

$$\underbrace{}_{p} \quad \underbrace{}_{m}$$

mit Hilfe von unimodularen Rechtsoperationen auf eine linke untere Dreiecksform

$$\left[\underline{L}(s) \quad \underline{0}\right] \Big\} m \quad , \tag{1.75}$$

$$\underbrace{}_{m} \quad \underbrace{}_{p}$$

dann ist gemäß Satz 1.10 die Matrix $\underline{L}(s)$ gerade ein größter gemeinsamer Linksteiler von $\underline{N}^*_{\underline{H}}(s)$ und $\underline{Z}^*_{\underline{H}}(s)$. Damit wäre eine prime Zerlegung (1.72) über die Beziehungen

$$\underline{N}^*(s) = \underline{L}^{-1}(s)\underline{N}^*_{\underline{H}}(s) \quad \text{und} \quad \underline{Z}^*(s) = \underline{L}^{-1}(s)\underline{Z}^*_{\underline{H}}(s) \tag{1.76}$$

berechenbar. Diesen Weg gehen Aracil und Montes in /A8/. Einfacher erscheint die folgende, von Kaczorek in /K1/ vorgeschlagene Methode. Die Matrix

$$\begin{bmatrix} \underline{U}_{r1}(s) & \underline{N}(s) \\ \underline{U}_{r2}(s) & -\underline{Z}(s) \end{bmatrix} \begin{matrix} \} p \\ \} m \end{matrix} \quad , \tag{1.77}$$

$$\underbrace{\phantom{U_{r2}}}_{m} \quad \underbrace{}_{p}$$

in der die durchgeführten Rechtsoperationen zusammengefaßt sind, enthält gerade die gesuchte rechtsprime Zerlegung (1.71), so daß ausgehend von einer nicht notwendigerweise primen Linkszerlegung durch unimodulare Rechtsoperationen eine rechtsprime Zerlegung gewonnen wird.

<u>Beweis:</u>

Wendet man die Umformung (1.77) auf die mit einer Einheitsmatrix erweiterte Matrix (1.74) an, so folgt

$$\begin{matrix} m \{ \\ p \{ \\ m \{ \end{matrix} \begin{bmatrix} \underline{Z}^*_{\underline{H}}(s) & \underline{N}^*_{\underline{H}}(s) \\ \underline{I} & \underline{0} \\ \hline \underline{0} & \underline{I} \end{bmatrix} \begin{bmatrix} \underline{U}_{r1}(s) & \underline{N}(s) \\ \underline{U}_{r2}(s) & -\underline{Z}(s) \end{bmatrix} = \begin{bmatrix} \underline{L}(s) & \underline{0} \\ \underline{U}_{r1}(s) & \underline{N}(s) \\ \hline \underline{U}_{r2}(s) & -\underline{Z}(s) \end{bmatrix} \begin{matrix} \} m \\ \} p \\ \} m \end{matrix} \tag{1.78}$$

$$\underbrace{}_{p} \quad \underbrace{}_{m} \qquad\qquad\qquad \underbrace{}_{m} \quad \underbrace{}_{p} \quad .$$

Das Element (1,2) dieser Beziehung lautet

$$\underline{Z}^*_{\underline{H}}(s)\underline{N}(s) - \underline{N}^*_{\underline{H}}(s)\underline{Z}(s) = \underline{0} \tag{1.79}$$

oder

$$\underline{N}^{*-1}_{\underline{H}}(s)\underline{Z}^*_{\underline{H}}(s) = \underline{Z}(s)\underline{N}^{-1}(s) \quad . \tag{1.80}$$

Da andererseits die Determinanten der beiden $(m+p) \times (m+p)$-Matrizen

$$\begin{bmatrix} \underline{Z}_H^*(s) & \underline{N}_H^*(s) \\ \underline{I} & \underline{0} \end{bmatrix} \quad \text{und} \quad \begin{bmatrix} \underline{L}(s) & \underline{0} \\ \underline{U}_{r1}(s) & \underline{N}(s) \end{bmatrix} \tag{1.81}$$

bis auf einen konstanten reellen Faktor k_R übereinstimmen (die Matrix (1.77)
der Rechtsoperationen ist nach Voraussetzung unimodular), gilt offensichtlich
die Beziehung

$$k_R \det \underline{N}_H^*(s) = \det \underline{L}(s) \det \underline{N}(s) \; , \tag{1.82}$$

wobei $\underline{L}(s)$ ein größter gemeinsamer Linksteiler von $\underline{Z}_H^*(s)$ und $\underline{N}_H^*(s)$ ist. Daraus
folgt, daß det $\underline{N}(s)$ gerade die minimale Ordnung der linksprimen Zerlegung be-
sitzt, also $\underline{Z}(s)$ und $\underline{N}(s)$ relativ rechtsprim sind.   Q.e.d.

Völlig analog hierzu verläuft die Bestimmung der linksprimen Zerlegung (1.72). Aus
den kleinsten gemeinsamen Spaltenhauptnennern von $\underline{F}(s)$ bilde man die $p \times p$-Diagonal-
matrix $\underline{N}_H(s)$ und die $m \times p$-Matrix $\underline{Z}_{11}(s)$. Mit diesen Matrizen kann eine im allgemeinen
nicht rechtsprime Zerlegung

$$\underline{F}(s) = \underline{Z}_H(s)\underline{N}_H^{-1}(s) \tag{1.83}$$

direkt angegeben werden. Durch unimodulare Linksoperationen, zusammengefaßt in der
Matrix

$$\begin{bmatrix} \underline{U}_{11}(s) & \underline{U}_{12}(s) \\ \underline{N}^*(s) & -\underline{Z}^*(s) \end{bmatrix} \begin{matrix} \} \; p \\ \} \; m \end{matrix} \tag{1.84}$$
$$\underbrace{\phantom{\underline{U}_{11}(s)}}_{m} \quad \underbrace{\phantom{\underline{U}_{12}(s)}}_{p}$$

kann die $(m+p) \times p$-Matrix

$$\begin{bmatrix} \underline{Z}_H(s) \\ \underline{N}_H(s) \end{bmatrix} \begin{matrix} \} \; m \\ \} \; p \end{matrix} \tag{1.85}$$
$$\underbrace{\phantom{\underline{N}_H(s)}}_{p}$$

auf rechte obere Dreiecksform

$$\begin{bmatrix} \underline{R}(s) \\ \underline{0} \end{bmatrix} \begin{matrix} \} \; p \\ \} \; m \end{matrix} \tag{1.86}$$
$$\underbrace{\phantom{\underline{R}(s)}}_{p}$$

gebracht werden, wobei $\underline{R}(s)$ einen größten gemeinsamen Rechtsteiler der Matrizen
$\underline{Z}_H(s)$ und $\underline{N}_H(s)$ darstellt.

Durch Erweiterung von (1.85) um eine $(m+p)\times(m+p)$-Einheitsmatrix kann analog zu oben gezeigt werden, daß eine linksprime Zerlegung

$$\underline{F}(s) = \underline{N}^{*-1}(s)\underline{Z}^{*}(s) \tag{1.87}$$

der Übertragungsmatrix direkt aus der Matrix (1.84) der unimodularen Linksoperationen ablesbar ist.

Die vorgestellten Algorithmen zur Bestimmung primer Zerlegungen eignen sich natürlich auch für sogenannte Umfaktorisierungen von rechts- in linksprime Zerlegungen und umgekehrt.

Algorithmen zur numerischen Ausführung der Primzerlegungs- und Umfaktorisierungsaufgabe findet man z.B. bei Kucera /K15/ oder Aracil und Montes /A8/.

Beispiel 1.5

Man bestimme eine linksprime Faktorisierung der Übertragungsmatrix

$$\underline{F}(s) = \begin{bmatrix} \dfrac{3}{(s+1)(s+3)} & \dfrac{6}{(s+2)(s+3)} \\[2ex] \dfrac{2}{(s+1)(s+2)} & \dfrac{2}{(s+2)} \end{bmatrix} .$$

Die Zerlegung $\underline{F}(s) = \underline{Z}_H(s)\underline{N}_H^{-1}(s)$, die man erhält, wenn $\underline{F}(s)$ spaltenweise auf Hauptnenner gebracht wird lautet

$$\underline{F}(s) = \begin{bmatrix} 3(s+2) & 6 \\ 2(s+3) & 2(s+3) \end{bmatrix} \begin{bmatrix} (s+1)(s+2)(s+3) & 0 \\ 0 & (s+2)(s+3) \end{bmatrix}^{-1} .$$

Man bildet nun die Matrix (1.85), nämlich

$$\begin{bmatrix} \underline{Z}_H(s) \\[1ex] \underline{N}_H(s) \end{bmatrix} = \begin{bmatrix} 3(s+2) & 6 \\ 2(s+3) & 2(s+3) \\ \hline (s+1)(s+2)(s+3) & 0 \\ 0 & (s+2)(s+3) \end{bmatrix}$$

und formt sie durch unimodulare Linksoperationen auf rechte obere Dreiecksform (1.86) um. Dabei empfiehlt sich folgendes Vorgehen:

• Erzeugung des größten gemeinsamen Teilers der ersten Spalte als Element (1,1) und Elimination der restlichen Spaltenelemente

• Erzeugung des größten gemeinsamen Teilers der zweiten Spalte (ohne Berücksichtigung des Elementes (1,2)) als Element (2,2) und Elimination der darunter stehenden Elemente, usw.

Für die obige Matrix kann dieses Vorgehen z.B. durch die unimodularen Linksoperationen

$$\underline{U}_L^1(s) = \begin{bmatrix} -1/3 & 1/2 & 0 & 0 \\ 0 & 1 & 0 & 0 \\ 0 & 0 & 1 & 0 \\ 0 & 0 & 0 & 1 \end{bmatrix} \quad ; \quad \underline{U}_L^2(s) = \begin{bmatrix} 1 & 0 & 0 & 0 \\ 2(s+3) & -1 & 0 & 0 \\ (s+1)(s+2)(s+3) & 0 & -1 & 0 \\ 0 & 0 & 0 & 1 \end{bmatrix}$$

und

$$\underline{U}_L^3(s) = \begin{bmatrix} 1 & 0 & 0 & 0 \\ 0 & -1/4 & 0 & 1/2 \\ 0 & 0 & 1 & 0 \\ 0 & 0 & 0 & 1 \end{bmatrix} \quad ; \quad \underline{U}_L^4(s) = \begin{bmatrix} 1 & 0 & 0 & 0 \\ 0 & 1 & 0 & 0 \\ 0 & -(s+1)^2(s+2) & 1 & 0 \\ 0 & -(s+2) & 0 & 1 \end{bmatrix}$$

beschrieben werden. Die Matrix (1.84) der Linksoperationen ergibt sich damit
zu

$$\underline{U}_L^4(s)\underline{U}_L^3(s)\underline{U}_L^2(s)\underline{U}_L^1(s) = \begin{bmatrix} \underline{U}_{11}(s) & \underline{U}_{12}(s) \\ \underline{N}^*(s) & -\underline{Z}^*(s) \end{bmatrix} =$$

$$= \begin{bmatrix} -\frac{1}{3} & \frac{1}{2} & 0 & 0 \\ \frac{1}{6}(s+3) & -\frac{1}{4}(s+2) & 0 & \frac{1}{2} \\ -\frac{1}{6}(s+1)(s+2)(s+3)^2 & \frac{1}{4}(s+1)(s+2)(s^2+5s+8) & -1 & -\frac{1}{2}(s+1)^2(s+2) \\ -\frac{1}{6}(s+2)(s+3) & \frac{1}{4}(s+2)^2 & 0 & -\frac{1}{2}s \end{bmatrix}$$

aus der unmittelbar eine linksprime Zerlegung

$$\underline{F}(s) = \begin{bmatrix} -\frac{1}{6}(s+1)(s+2)(s+3)^2 & \frac{1}{4}(s+1)(s+2)(s^2+5s+8) \\ -\frac{1}{6}(s+2)(s+3) & \frac{1}{4}(s+2)^2 \end{bmatrix}^{-1} \begin{bmatrix} 1 & \frac{1}{2}(s+1)^2(s+2) \\ 0 & \frac{1}{2}s \end{bmatrix}$$

abgelesen werden kann. Eine einfachere Primzerlegung von $\underline{F}(s)$ läßt sich durch
Linksmultiplikation von $\underline{N}^*(s)$ und $\underline{Z}^*(s)$ mit der unimodularen Matrix

$$\underline{U}_L^*(s) = \begin{bmatrix} 0 & 6 \\ 2 & -2(s+1)(s+3) \end{bmatrix}$$

erzielen, was schließlich auf die Zerlegung

$$\underline{F}(s) = \begin{bmatrix} -(s+2)(s+3) & \frac{3}{2}(s+2)^2 \\ 0 & (s+1)(s+2) \end{bmatrix}^{-1} \begin{bmatrix} 0 & 3s \\ 2 & 2(s+1) \end{bmatrix}$$

führt.

Ein größter gemeinsamer Rechtsteiler von $\underline{Z}_H(s)$ und $\underline{N}_H(s)$ ist

$$\underline{R}(s) = \begin{bmatrix} 1 & s+1 \\ 0 & s+3 \end{bmatrix} . \quad \text{Mit} \quad \underline{R}^{-1}(s) = \begin{bmatrix} 1 & -\frac{s+1}{s+3} \\ 0 & \frac{1}{s+3} \end{bmatrix}$$

erhält man die Matrizen einer rechtsprimen Zerlegung von $\underline{F}(s)$ zu

$$\underline{Z}(s) = \underline{Z}_H(s)\underline{R}^{-1}(s) = \begin{bmatrix} 3(s+2) & -3s \\ 2(s+3) & -2s \end{bmatrix}$$

und

$$\underline{N}(s) = \underline{N}_H(s)\underline{R}^{-1}(s) = \begin{bmatrix} (s+1)(s+2)(s+3) & -(s+1)^2(s+2) \\ 0 & (s+2) \end{bmatrix} .$$

Beispiel 1.6

Man bestimme eine rechtsprime Zerlegung des Übertragungsvektors

$$\underline{F}(s) = \begin{bmatrix} \frac{1}{s} & \frac{1}{s} \end{bmatrix}$$

durch Elimination eines eventuell vorhandenen nicht unimodularen Rechtsteilers der Zerlegung $\underline{F}(s) = \underline{Z}_H(s)\underline{N}_H^{-1}(s)$, die hier die Gestalt

$$\underline{F}(s) = \begin{bmatrix} 1 & 1 \end{bmatrix}\begin{bmatrix} s & 0 \\ 0 & s \end{bmatrix}^{-1}$$

hat. Unterwirft man die Matrix

$$\begin{bmatrix} \underline{Z}_H(s) \\ \underline{N}_H(s) \end{bmatrix} = \begin{bmatrix} 1 & 1 \\ \hline s & 0 \\ 0 & s \end{bmatrix}$$

unimodularen Linksoperationen, welche sie auf rechte obere Dreicksform brin-
gen, dann erhält man z.B.

$$\begin{bmatrix} 1 & 0 & 0 \\ s & -1 & 0 \\ s & -1 & -1 \end{bmatrix}\begin{bmatrix} 1 & 1 \\ s & 0 \\ 0 & s \end{bmatrix} = \begin{bmatrix} 1 & 1 \\ 0 & s \\ \hline 0 & 0 \end{bmatrix} = \begin{bmatrix} \underline{R}(s) \\ \underline{0} \end{bmatrix} .$$

Damit ist der gefundene größte gemeinsame Rechtsteiler nicht unimodular und
die gesuchten Matrizen einer rechtsprimen Zerlegung ergeben sich zu

$$\underline{Z}(s) = \underline{Z}_H(s)\underline{R}^{-1}(s) = \begin{bmatrix} 1 & 0 \end{bmatrix} \quad \text{und} \quad \underline{N}(s) = \underline{N}_H(s)\underline{R}^{-1}(s) = \begin{bmatrix} s & -1 \\ 0 & 1 \end{bmatrix} .$$

1.7 Lösung von Polynommatrix-Gleichungen

1.7.1 Lösung durch Polynomoperationen

Beim Reglerentwurf im Frequenzbereich taucht das Problem der Lösung von Polynommatrix-Gleichungen der Form

$$\underline{Z}_R(s)\underline{Z}(s) + \underline{N}_R(s)\underline{N}(s) = \underline{\Delta}(s)\underline{\tilde{N}}(s) \tag{1.88}$$

auf, wobei die Matrizen $\underline{Z}(s)$ und $\underline{N}(s)$ ein gegebenes Paar rechtsprimer Streckenmatrizen und die Matrix $\underline{\Delta}(s)\underline{\tilde{N}}(s)$ eine gegebene rechte Seite darstellen, während $\underline{Z}_R(s)$ und $\underline{N}_R(s)$ die gesuchte Reglerübertragungsmatrix

$$\underline{F}_R(s) = \underline{N}_R^{-1}(s)\underline{Z}_R(s) \tag{1.89}$$

festlegen. Kaczorek gibt in /K1/ ein auf Kucera /K15/ zurückgehendes Lösungsverfahren an, das auf der in Abschn. 1.6 dargestellten Umfaktorisierung der Übertragungsmatrix

$$\underline{F}(s) = \underline{Z}(s)\underline{N}^{-1}(s) \tag{1.90}$$

basiert. In Abschn. 1.6 wurde gezeigt, daß man die aus $\underline{Z}(s)$ und $\underline{N}(s)$ gebildete Matrix (1.85) durch unimodulare Umformungen in eine obere Dreiecksform (1.86) überführen kann, wobei $\underline{R}(s)$ einen größten gemeinsamen Rechtsteiler von $\underline{Z}(s)$ und $\underline{N}(s)$ darstellt.

Da hier von einer (rechts-) primen Zerlegung (1.90) ausgegangen wird, ist $\underline{R}(s)$ eine unimodulare Matrix und man kann sie daher ohne Beschränkung der Allgemeingültigkeit als $\underline{R} = \underline{I}$ ansetzen. Wendet man nun die linken Operationen (1.84) auf die mit Einheitsmatrizen erweiterte Matrix (1.85) an, so erhält man

$$\begin{bmatrix} \underline{U}_{11}(s) & \underline{U}_{12}(s) \\ \underline{N}^*(s) & -\underline{Z}^*(s) \end{bmatrix} \begin{bmatrix} \underline{Z}(s) & \underline{I} & \underline{0} \\ \underline{N}(s) & \underline{0} & \underline{I} \end{bmatrix} = \begin{bmatrix} \underline{I} & \underline{U}_{11}(s) & \underline{U}_{12}(s) \\ \underline{0} & \underline{N}^*(s) & -\underline{Z}^*(s) \end{bmatrix} . \tag{1.91}$$

Schreibt man nun die Beziehung

$$\begin{bmatrix} \underline{Z}_R(s) & \underline{N}_R(s) \end{bmatrix} \begin{bmatrix} \underline{Z}(s) & \underline{I} & \underline{0} \\ \underline{N}(s) & \underline{0} & \underline{I} \end{bmatrix} = \begin{bmatrix} \underline{\Delta}(s)\underline{\tilde{N}}(s) & \underline{P}(s) \end{bmatrix} \begin{bmatrix} \underline{I} & \underline{U}_{11}(s) & \underline{U}_{12}(s) \\ \underline{0} & \underline{N}^*(s) & -\underline{Z}^*(s) \end{bmatrix} \tag{1.92}$$

an, wobei $\underline{P}(s)$ eine noch zu bestimmende pxm-Matrix der Freiheitsgrade darstellt, dann folgt nach Ausmultiplizieren der Gleichung (1.92) als erstes die Entwurfsgleichung (1.88).

Desweiteren ergeben sich die beiden Beziehungen

$$\underline{Z}_R(s) = \underline{\Delta}(s)\underline{\tilde{N}}(s)\underline{U}_{11}(s) + \underline{P}(s)\underline{N}^*(s) \tag{1.93}$$

und

$$\underline{N}_R(s) = \underline{\Delta}(s)\underline{\tilde{N}}(s)\underline{U}_{12}(s) - \underline{P}(s)\underline{Z}^*(s) \ . \tag{1.94}$$

Daß (1.93) und (1.94) die gewünschte Lösung für die Reglermatrizen $\underline{Z}_R(s)$ und $\underline{N}_R(s)$ darstellen, erkennt man nach dem Einsetzen dieser Ausdrücke in die Entwurfsgleichung (1.88), die dann die Form

$$\left[\underline{\Delta}(s)\underline{\tilde{N}}(s)\underline{U}_{11}(s) + \underline{P}(s)\underline{N}^*(s)\right]\underline{Z}(s) + \tag{1.95}$$

$$+ \left[\underline{\Delta}(s)\underline{\tilde{N}}(s)\underline{U}_{12}(s) - \underline{P}(s)\underline{Z}^*(s)\right]\underline{N}(s) = \underline{\Delta}(s)\underline{\tilde{N}}(s)$$

annimmt, oder nach einer einfachen Umstellung

$$\underline{\Delta}(s)\underline{\tilde{N}}(s)\left[\underline{U}_{11}(s)\underline{Z}(s) + \underline{U}_{12}(s)\underline{N}(s)\right] + \tag{1.96}$$

$$+ \underline{P}(s)\left[\underline{N}^*(s)\underline{Z}(s) - \underline{Z}^*(s)\underline{N}(s)\right] = \underline{\Delta}(s)\underline{\tilde{N}}(s) \ .$$

Berücksichtigt man hierin die Beziehungen

$$\underline{U}_{11}(s)\underline{Z}(s) + \underline{U}_{12}(s)\underline{N}(s) = \underline{I} \tag{1.97}$$

und

$$\underline{N}^*(s)\underline{Z}(s) - \underline{Z}^*(s)\underline{N}(s) = \underline{0} \ , \tag{1.98}$$

die aus der Umfaktorisierung (1.91) unmittelbar folgen, so ergibt sich in Gl.(1.96) eine Identität von linker und rechter Seite für beliebige $\underline{P}(s)$. Das bedeutet, daß man die Lösung für $\underline{Z}_R(s)$ und $\underline{N}_R(s)$ gemäß

$$\left[\underline{Z}_R(s) \quad \underline{N}_R(s)\right] = \left[\underline{\Delta}(s)\underline{\tilde{N}}(s) \quad \underline{P}(s)\right]\begin{bmatrix} \underline{U}_{11}(s) & \underline{U}_{12}(s) \\ \underline{N}^*(s) & -\underline{Z}^*(s) \end{bmatrix} \tag{1.99}$$

mit Hilfe der Umfaktorisierung von $\underline{Z}(s)\underline{N}^{-1}(s)$ berechnen kann, wobei die freie Polynommatrix $\underline{P}(s)$ so gewählt werden muß, daß die entstehende Reglerübertragungsmatrix realisierbar ist.

Voraussetzung hierfür ist, daß

$$\partial_{zi}\left[\underline{Z}_R(s)\right] \leqslant \partial_{zi}\left[\underline{N}_R(s)\right] \ ; \quad i=1,2,\dots,p \ . \tag{1.100}$$

gilt. Zur Definition des Zeilenrangs $\partial_{zi}[\cdot]$ siehe Abschn. 1.4.1.

Beispiel 1.7

Man bestimme die Übertragungsmatrix des Zustandsreglers, wenn für die Strek-
kenmatrizen

$$\underline{Z}(s) = \begin{bmatrix} -1 & 0 \\ 0 & -s \end{bmatrix} \quad \text{und} \quad \underline{N}(s) = \begin{bmatrix} -(s+1) & s+2 \\ 0 & -s(s+2) \end{bmatrix}$$

und für die rechte Seite der Gleichung (1.88)

$$\underline{\Delta}(s)\underline{\tilde{N}}(s) = \begin{bmatrix} -(4s^2 + 3s + 1) & s(s^2 + 5s + 7) \\ 0 & -s(s^2 + 6s + 9) \end{bmatrix}$$

vorgegeben sind. Die Umfaktorisierung von

$$\begin{bmatrix} \underline{Z}(s) & \underline{I} & \underline{0} \\ \underline{N}(s) & \underline{0} & \underline{I} \end{bmatrix}$$

ergibt

$$\begin{bmatrix} \underline{I} & \underline{U}_{11}(s) & \underline{U}_{12}(s) \\ & & \\ \underline{0} & \underline{N}^*(s) & -\underline{Z}^*(s) \end{bmatrix} = \left[\begin{array}{cc|cc|cc} 1 & 0 & -1 & 0 & 0 & 0 \\ 0 & 1 & -(s+1)/2 & 1/2 & 1/2 & 0 \\ \hline 0 & 0 & -s(s+1) & (s+2) & s & 0 \\ 0 & 0 & 0 & -(s+2) & 0 & 1 \end{array}\right] .$$

Damit lauten die Lösungen (1.91) und (1.92) für die Reglerübertragungsmatrix

$$\underline{Z}_R(s) = \frac{1}{2}\begin{bmatrix} -(s^4+6s^3+4s^2+s-2)-2P_{11}s(s+1) & s(s^2+5s+7)+2(P_{11}-P_{12})(s+2) \\ s(s^3+7s^2+15s+9)-2P_{21}s(s+1) & -s(s^2+6s+9)+2(P_{21}-P_{22})(s+2) \end{bmatrix}$$

und

$$\underline{N}_R(s) = \frac{1}{2}\begin{bmatrix} s(s^2+5s+7)+2P_{11}s & 2P_{12} \\ -s(s^2+6s+9)+2P_{21}s & 2P_{22} \end{bmatrix} ,$$

wobei die P_{ij} Polynome in s sind, die entsprechend der Realisierbarkeitsbedin-
gung (1.100) festzulegen sind. Mit

$$P_{11} = -(s^2+5s-1)/2 , \quad P_{12} = -(s-1) , \quad P_{21} = (s^2+6s+9)/2 \quad \text{und} \quad P_{22} = s+4 ,$$

die so gewählt wurden, daß $\underline{Z}_R(s)$ Polynome möglichst niedrigen Grades besitzt,
erhält man schließlich

$$\underline{Z}_R(s) = \begin{bmatrix} -(s-1) & -1 \\ 0 & 1 \end{bmatrix} \quad \text{und} \quad \underline{N}_R(s) = \begin{bmatrix} 4s & -(s-1) \\ 0 & s+4 \end{bmatrix} .$$

1.7.2 Lösung durch Koeffizientenvergleich

In Abschn. 1.7.1 wurde ein Lösungsverfahren für die Polynommatrix-Gleichung (1.88) vorgestellt, das auf der für eine Umfaktorisierung benötigten unimodularen Matrix der elementaren Operationen basiert. Hier sei ein Lösungsansatz betrachtet, der die gesuchten Reglerkoeffizienten direkt über ein lineares Gleichungssystem liefert, dessen Koeffizientenmatrix aus den gegebenen Streckenmatrizen $\underline{Z}(s)$ und $\underline{N}(s)$ gebildet wird.

Mit Hilfe der in Abschn. 1.4.2 angegebenen Multiplikation von Polynommatrizen kann Gleichung (1.88) direkt in ein lineares Gleichungssystem für die Koeffizienten der unbekannten Polynommatrizen $\underline{Z}_R(s)$ und $\underline{N}_R(s)$ umgeschrieben werden.

Berücksichtigt man, daß die zugrundegelegten Regelstrecken keinen Durchgriff vom Stelleingang $\underline{u}$ zu den Meßgrößen $\underline{y}$ besitzen, dann sind die Bedingungen

$$\partial_{si}\left[\underline{Z}(s)\right] < \partial_{si}\left[\underline{N}(s)\right] \quad ; \ i=1,2,\ldots,p \tag{1.101}$$

erfüllt und folglich lassen sich die mxp- und pxp-dimensionalen Streckenmatrizen $\underline{Z}(s)$ und $\underline{N}(s)$ mit Hilfe von Koeffizientenmatrizen gemäß

$$\underline{Z}(s) = \underline{Z}_{x-1}s^{x-1} + \ldots \ldots + \underline{Z}_1 s + \underline{Z}_0 \tag{1.102}$$

und

$$\underline{N}(s) = \underline{N}_x s^x + \underline{N}_{x-1}s^{x-1} + \ldots \ldots + \underline{N}_1 s + \underline{N}_0 \tag{1.103}$$

darstellen. Dabei sei vorausgesetzt, daß $\underline{N}(s)$ spaltenregulär ist und der Grad von det $\underline{N}(s)$ gleich n ist. Ferner wird angenommen, daß der Grad der Matrizen $\underline{Z}(s)$ und $\underline{N}(s)$ (Definition 1.13) nicht größer als x ist.

Die Matrizen der gegebenen rechten Seite haben die Form

$$\underline{\Delta}(s) = \underline{\Delta}_{n_\Delta}s^{n_\Delta} + \underline{\Delta}_{n_\Delta-1}s^{n_\Delta-1} + \ldots \ldots + \underline{\Delta}_1 s + \underline{\Delta}_0 \tag{1.104}$$

und

$$\underline{\tilde{N}}(s) = \underline{\tilde{N}}_x s^x + \underline{\tilde{N}}_{x-1}s^{x-1} + \ldots \ldots + \underline{\tilde{N}}_1 s + \underline{\tilde{N}}_0 \ , \tag{1.105}$$

und die unbekannten Reglermatrizen können folgendermaßen angesetzt werden

$$\underline{Z}_R(s) = \underline{Z}_{Rn_\Delta}s^{n_\Delta} + \underline{Z}_{Rn_\Delta-1}s^{n_\Delta-1} + \ldots \ldots + \underline{Z}_{R1}s + \underline{Z}_{R0} \tag{1.106}$$

und

$$\underline{N}_R(s) = \underline{N}_{Rn_\Delta}s^{n_\Delta} + \underline{N}_{Rn_\Delta-1}s^{n_\Delta-1} + \ldots \ldots + \underline{N}_{R1}s + \underline{N}_{R0} \ . \tag{1.107}$$

Die Entwurfsgleichung (1.88) läßt sich damit wie in Abschn. 1.4.2 mit Hilfe der Koeffizientenmatrizen anschreiben. Sie lautet dann

$$\left[\underline{N}_{Rn_\Delta} \quad \underline{N}_{Rn_\Delta-1} \cdots \cdots \underline{N}_{R1} \quad \underline{N}_{R0} \; \vdots \; \underline{Z}_{Rn_\Delta} \quad \underline{Z}_{Rn_\Delta-1} \cdots \cdots \underline{Z}_{R1} \quad \underline{Z}_{R0}\right]$$

$$\underbrace{\begin{bmatrix} \underline{N}_x \cdots \cdots \cdots \underline{N}_1 & \underline{N}_0 & & & & \underline{0} \\ & \underline{N}_x \cdots \cdots \cdots \underline{N}_1 & \underline{N}_0 & & & \\ & & \ddots & & \ddots & & \\ \underline{0} & & & \underline{N}_x \cdots \cdots \cdots \underline{N}_1 & \underline{N}_0 \\ \hline \underline{0} \quad \underline{Z}_{x-1} \cdots \cdots \underline{Z}_1 & \underline{Z}_0 & & & \underline{0} \\ & \underline{Z}_{x-1} \cdots \cdots \underline{Z}_1 & \underline{Z}_0 & & \\ & & \ddots & & \ddots & \\ \underline{0} & & & \underline{Z}_{x-1} \cdots \cdots \underline{Z}_1 & \underline{Z}_0 \end{bmatrix}}_{\underline{M}_{ek}} = \qquad (1.108)$$

$$= \left[\underline{\Delta}_{n_\Delta} \quad \underline{\Delta}_{n_\Delta-1} \cdots \cdots \underline{\Delta}_1 \quad \underline{\Delta}_0\right] \begin{bmatrix} \underline{\tilde{N}}_x \cdots \cdots \cdots \cdots \underline{\tilde{N}}_1 & \underline{\tilde{N}}_0 & & & \underline{0} \\ & \underline{\tilde{N}}_x \cdots \cdots \cdots \cdots \underline{\tilde{N}}_1 & \underline{\tilde{N}}_0 & & \\ & & \ddots & & \ddots & \\ \underline{0} & & \underline{\tilde{N}}_x \cdots \cdots \cdots \cdots \underline{\tilde{N}}_1 & \underline{\tilde{N}}_0 \end{bmatrix} .$$

Die Koeffizentenmatrix $\underline{M}_{ek}$ mit $k = n_\Delta+1$ dieses Gleichungssystems entspricht gerade der erweiterten Eliminante (s. Abschn. 1.4.3) der Polynommatrizen $\underline{Z}(s)$ und $\underline{N}(s)$. Sie hat Rang $\left[n+p(n_\Delta+1)\right]$, wenn $\underline{Z}$ und $\underline{N}$ rechtsprim sind und $n_\Delta \geqslant \nu-1$ gewählt wird, wobei ν der Beobachtbarkeitsindex der Strecke ist.

Das Gleichungssystem ist dann lösbar, wenn die in $\underline{M}_{ek}$ auftretenden Nullspalten eine Entsprechung auf der rechten Seite finden. Dies ist der Fall, wenn

$$\underline{\Gamma}\left[\underline{N}(s)\right] = \underline{\Gamma}\left[\underline{\tilde{N}}(s)\right] \quad \text{und} \quad \partial_{si}\left[\underline{N}(s)\right] = \partial_{si}\left[\underline{\tilde{N}}(s)\right], \; i=1,2,\ldots,p \qquad (1.109)$$

erfüllt ist. Da im allgemeinen die Anzahl der Zeilen von $\underline{M}_{ek}$ größer als die Anzahl der Spalten ist, treten bei der Bestimmung der Reglerkoeffizienten in jeder Zeile der Unbekanntenmatrix

$$(p+m)(n_\Delta+1) - \left[p(n_\Delta+1) + n\right] = m(n_\Delta+1) - n \qquad (1.110)$$

Freiheitsgrade auf. Bei der Wahl dieser Freiheitsgrade muß wiederum darauf geachtet werden, daß die Bedingung (1.100) gilt, damit die resultierende Reglerübertragungsmatrix realisierbar ist.

Beispiel 1.8

Betrachtet wird die in Beispiel 1.7 behandelte Polynommatrix - Gleichung. Die Koeffizientenmatrizen von Strecke und rechter Seite sind gegeben durch

$$\underline{Z}(s) = \begin{bmatrix} 0 & 0 \\ 0 & -1 \end{bmatrix} s + \begin{bmatrix} -1 & 0 \\ 0 & 0 \end{bmatrix} \; ; \; \underline{N}(s) = \begin{bmatrix} 0 & 0 \\ 0 & -1 \end{bmatrix} s^2 + \begin{bmatrix} -1 & 1 \\ 0 & -2 \end{bmatrix} s + \begin{bmatrix} -1 & 2 \\ 0 & 0 \end{bmatrix}$$

und

$$\underline{\Delta}(s)\underline{\tilde{N}}(s) = \begin{bmatrix} 0 & 1 \\ 0 & -1 \end{bmatrix} s^3 + \begin{bmatrix} -4 & 5 \\ 0 & -6 \end{bmatrix} s^2 + \begin{bmatrix} -3 & 7 \\ 0 & -9 \end{bmatrix} s + \begin{bmatrix} -1 & 0 \\ 0 & 0 \end{bmatrix} .$$

Die Polynommatrizen des Reglers seien angesetzt als

$$\underline{Z}_R(s) = \underline{Z}_{R1} s + \underline{Z}_{R0} \quad \text{und} \quad \underline{N}_R(s) = \underline{N}_{R1} s + \underline{N}_{R0} \; .$$

Damit lautet das Entwurfssystem (1.108)

$$\begin{bmatrix} \underline{N}_{R1} & \underline{N}_{R0} & \underline{Z}_{R1} & \underline{Z}_{R0} \end{bmatrix} \cdot$$

$$\underbrace{\begin{bmatrix} 0 & 0 & -1 & 1 & -1 & 2 & 0 & 0 \\ 0 & -1 & 0 & -2 & 0 & 0 & 0 & 0 \\ 0 & 0 & 0 & 0 & -1 & 1 & -1 & 2 \\ 0 & 0 & 0 & -1 & 0 & -2 & 0 & 0 \\ 0 & 0 & 0 & 0 & -1 & 0 & 0 & 0 \\ 0 & 0 & 0 & -1 & 0 & 0 & 0 & 0 \\ 0 & 0 & 0 & 0 & 0 & 0 & -1 & 0 \\ 0 & 0 & 0 & 0 & 0 & -1 & 0 & 0 \end{bmatrix}}_{\underline{M}_{e2}} = \begin{bmatrix} 0 & 1 & -4 & 5 & -3 & 7 & -1 & 0 \\ 0 & -1 & 0 & -6 & 0 & -9 & 0 & 0 \end{bmatrix} .$$

Dieses Gleichungssystem liefert pro Gleichungszeile 7 Bedingungen (eine Nullspalte in $\underline{M}_{e2}$) für die je acht Reglerparameter in einer Zeile von $\underline{Z}_R(s)$ und $\underline{N}_R(s)$. Wählt man die zwei existierenden Freiheitsgrade zur Vorgabe von

$$\underline{Z}_{R1} = \begin{bmatrix} \cdot & 0 \\ \cdot & 0 \end{bmatrix}$$

dann lautet die Lösung

$$\underline{N}_R(s) = \begin{bmatrix} 4 & -1 \\ 0 & 1 \end{bmatrix} s + \begin{bmatrix} 0 & 1 \\ 0 & 4 \end{bmatrix} = \begin{bmatrix} 4s & -(s-1) \\ 0 & s+4 \end{bmatrix}$$

und

$$\underline{Z}_R(s) = \begin{bmatrix} -1 & 0 \\ 0 & 0 \end{bmatrix} s + \begin{bmatrix} 1 & -1 \\ 0 & 1 \end{bmatrix} = \begin{bmatrix} -(s-1) & -1 \\ 0 & 1 \end{bmatrix} ,$$

die identisch ist mit dem Ergebnis aus Beispiel 1.7.

1.8 Modellierung von Signalprozessen

1.8.1 Darstellung im Zeitbereich

In der klassischen Regelungstechnik erreicht man durch die Einbringung eines I-Anteils im Regler, daß bei Einwirkung sprungförmiger Stör- und Führungssignale die
bleibende Regelabweichung verschwindet. Wie später gezeigt wird, läßt sich dieses
Prinzip auf andere Signalformen erweitern.

Grundlage hierfür ist die Modellierung dieser Signale in einem gedachten Signalprozeß, dessen Ausgang die interessierenden Signale liefert, wenn er von einem geeigneten Satz von Anfangsbedingungen aus gestartet wird. Der klassische I-Anteil ist
in diesem Zusammenhang nichts anderes als ein Signalprozeß für sprungförmige Signale. Löst man die Differentialgleichung

$$\dot{r} = 0 \qquad\qquad\qquad\qquad\qquad\qquad\qquad\qquad\qquad\qquad (1.111)$$

ausgehend von einer Anfangsbedingung $r(0) = r_0$, so ergibt sich der in Bild 1.6 gezeigte Signalverlauf.

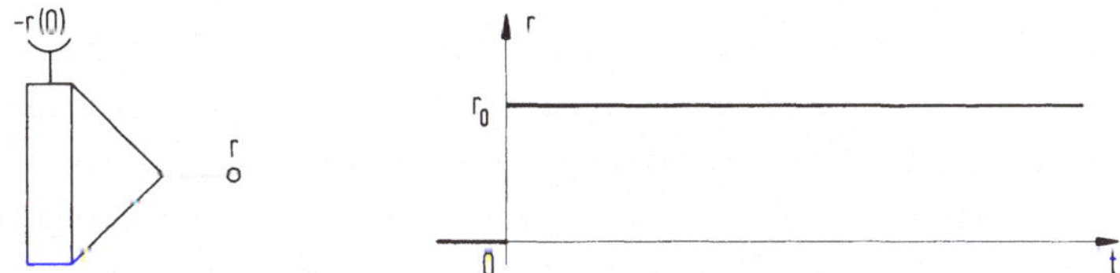

Bild 1.6 Analogrechenschaltbild und Signalverlauf für einen sprungförmigen Signal-
          prozeß

Entsprechend liefert ein System mit der Differentialgleichung

$$\ddot{r} + \omega_0^2 r = 0 \qquad\qquad\qquad\qquad\qquad\qquad\qquad\qquad (1.112)$$

ausgehend von Anfangsbedingungen $r(0)$ und $\dot{r}(0)$ ein sinusförmiges Ausgangssignal,
dessen Phase und Amplitude von den gewählten Anfangsbedingungen abhängen. Bild 1.7
zeigt ein Analogrechenmodell und einen möglichen Signalverlauf.

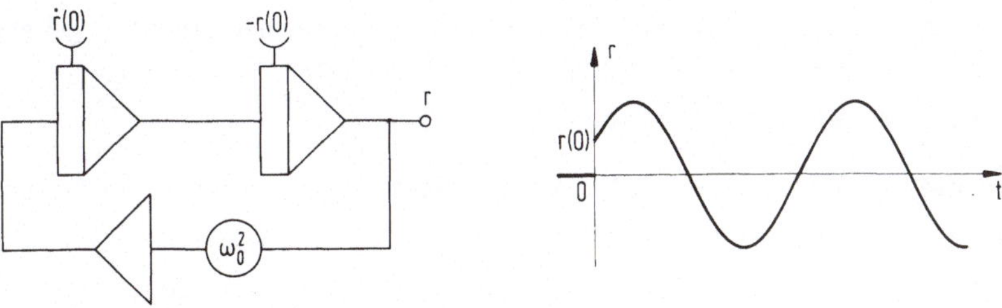

Bild 1.7 Signalprozeß für sinusförmige Signale

Ein solcher Signalprozeß für die Modellierung von Störgrößen besitzt allgemein die
Zustandsgleichungen

$$\dot{\underline{v}} = \underline{S}\underline{v} \quad , \quad \underline{v}(0) \quad \text{unbekannt}$$
$$\underline{r} = \underline{H}\underline{v} \quad , \quad (\underline{S}, \underline{H}) \quad \text{vollständig beobachtbar} \; . \tag{1.113}$$

Dabei sind $\underline{v}$ der n_r-dimensionale Zustandsvektor des "Störprozesses" (1.113) und $\underline{r}$
der ρ-dimensionale Vektor der auf die Strecke einwirkenden Störungen. Die Zustandsgleichungen eines Modellprozesses für sinusförmige Störsignale lauten z.B.

$$\dot{\underline{v}} = \begin{bmatrix} 0 & 1 \\ -\omega_0^2 & 0 \end{bmatrix} \underline{v} \tag{1.114}$$

$$r = \begin{bmatrix} 1 & 0 \end{bmatrix} \underline{v} \quad .$$

Das Setzen der Anfangsbedingungen $\underline{v}(0)$ entspricht formal einer Eingangserregung

$$\dot{\underline{v}}(t) = \underline{S}\underline{v}(t) + \underline{v}(0)\delta(t) \tag{1.115}$$

mit der Diracschen δ-Funktion. Damit ist es auch möglich, der Tatsache Rechnung zu
tragen, daß die auftretenden Signale ihre Amplituden- und Phasenlage im Laufe der
Zeit ändern können, indem man eine stochastische Folge von δ-Impulsen als Erregung
der Signalprozesse einführt /J1,J2/. Jede Änderung von Anfangsbedingungen im Störprozeß löst jedoch einen neuen Einschwingvorgang im Regelkreis aus, der theoretisch
erst für $t \to \infty$ vollständig abgeschlossen ist. Damit ist nur der eingeschwungene Zustand des Störprozesses für das asymptotische Verhalten des Regelkreises von Interesse, so daß es genügt, ein einmaliges Setzen der Anfangsbedingungen $\underline{v}(0)$ zu be-
trachten, was δ-Impulsen zum Zeitpunkt $t = 0$ entspricht. Es ist auch unerheblich,
ob z.B. eine konstante Störung, die sprungförmig modelliert wurde, sich tatsächlich
sprungförmig ändert, oder ob der Übergang von einer zur anderen Amplitude auf andere Weise geschieht.

Durch das charakteristische Polynom

$$\det(s\underline{I} - \underline{S}) \tag{1.116}$$

des Prozesses wird die prizipielle Form der auftretenden Signale gekennzeichnet.
Tabelle 1.1 zeigt eine Übersicht über typische Signale und das zugehörige charakteristische Polynom des Signalprozesses.

Die Eigenwerte s_i der üblicherweise verwendeten Signalprozesse erfüllen also die
Bedingung

$$\text{Re}\begin{bmatrix} s_i \end{bmatrix} \geqslant 0 \quad . \tag{1.117}$$

Signalform	$\det(s\underline{I} - \underline{S})$
Sprung	s
Rampe	s^2
Parabel	s^3
Sinus	$s^2 + \omega_0^2$
Mittelwertbehafteter Sinus	$s(s^2 + \omega_0^2)$
Exponentieller Anstieg	$s - \alpha$

Tabelle 1.1 Typische Signalformen und charakteristische Polynome der Signalprozesse

Über die Matrix $\underline{H}$ wird in Gl.(1.113) festgelegt, welche Signalformen den einzelnen Störgrößen zugeordnet sind. Die Forderung nach vollständiger Beobachtbarkeit des Paares ($\underline{S}$, $\underline{H}$) ist trivial, da durch nicht beobachtbare Signalformen die Ordnung des Signalprozesses unnötig erhöht würde.

Entsprechend modelliert man Führungssignale $\underline{w}(t)$ in einem n_w-dimensionalen "Führungsprozeß"

$$\dot{\underline{\eta}} = \underline{W}\underline{\eta} \quad , \quad \underline{\eta}(0) \text{ unbekannt}$$

$$\underline{w} = \underline{\theta}\underline{\eta} \quad , \quad (\underline{W}, \underline{\theta}) \text{ vollständig beobachtbar .} \tag{1.118}$$

Für das charakteristische Polynom

$$\det(s\underline{I} - \underline{W}) \tag{1.119}$$

des Führungsprozesses und die zugehörigen Signalformen des p-dimensionalen Führungsvektors $\underline{w}(t)$ gilt sinngemäß Tabelle 1.1. Anders als beim Störprozeß kann man beim Führungsprozeß in der Regel davon ausgehen, daß der Ausgang $\underline{w}$ meßbar ist.

Ein Führungsprozeß, bei dem $w_1(t)$ rampenförmigen und $w_2(t)$ sinusförmigen Verlauf zeigen, genügt z.B. den Zustandsgleichungen

$$\dot{\underline{\eta}} = \begin{bmatrix} 0 & 1 & 0 & 0 \\ 0 & 0 & 0 & 0 \\ 0 & 0 & 0 & 1 \\ 0 & 0 & -\omega_0^2 & 0 \end{bmatrix} \underline{\eta} \tag{1.120}$$

$$\underline{w} = \begin{bmatrix} 1 & 0 & 0 & 0 \\ 0 & 0 & 1 & 0 \end{bmatrix} \underline{\eta} \quad .$$

1.8.2 Darstellung im Frequenzbereich

Für Frequenzbereichsbetrachtungen von Regelkreisen wird eine geeignete Beschreibung der Signalprozesse benötigt. Diese läßt sich durch Laplace-Transformation aus den Gln.(1.113) bzw. (1.118) gewinnen. Geht man vom Störprozeß (1.113) aus, so folgt

$$s\underline{v}(s) = \underline{S}\underline{v}(s) + \underline{v}(0)$$
$$\underline{r}(s) = \underline{H}\underline{v}(s)$$

$$(1.121)$$

oder

$$\underline{r}(s) = \underline{H}(s\underline{I} - \underline{S})^{-1}\underline{v}(0) \quad . \tag{1.122}$$

Eine andere Möglichkeit zur Darstellung im Frequenzbereich bieten die Differentialoperatoren (vgl. Abschn. 1.5). Da der Störprozeß (1.113) nur von Anfangsbedingungen erregt wird, läßt er sich entsprechend Gl.(1.67) in der Form

$$\underline{N}_r(D)\underline{r}(t) = \underline{0} \quad , \tag{1.123}$$

beschreiben. Nach Laplace-Transformation mit nicht verschwindenden Anfangsbedingungen $r(0)$, $\dot{r}(0)$, usw. folgt daraus der Zusammenhang

$$\underline{N}_r(s)\underline{r}(s) = \underline{r}_0(s) \quad . \tag{1.124}$$

Im Vektor $\underline{r}_0(s)$ sind die Polynome zusammengefaßt, die sich aufgrund der Anfangsbedingungen bei der Laplace-Transformation ergeben. Betrachtet man zunächst eine einzelne Störgröße r, so läßt sich für (1.122) die Form

$$r(s) = \frac{r_0(s)}{N_r(s)} \tag{1.125}$$

angeben, mit dem charakteristischen Polynom

$$N_r(s) = \det(s\underline{I} - \underline{S}) \tag{1.126}$$

des Störprozesses und dem Polynom

$$r_0(s) = \underline{h}^T(s\underline{I} - \underline{S})_{adj}\underline{v}(0) \quad , \tag{1.127}$$

das den Einfluß der Anfangsbedingungen auf den Verlauf der Störung im Frequenzbereich kennzeichnet.

Unterschiedliche Störungen können vielfach als unabhängig voneinander angesehen werden. Dann faßt man die Einzelbeschreibungen

$$r_i(s) = \frac{r_{0i}(s)}{N_{ri}(s)} \quad ; \quad i=1,2,\ldots,\rho \tag{1.128}$$

in der Form

$$\underline{r}(s) = \underline{N}_r^{-1}(s)\underline{r}_0(s) \tag{1.129}$$

zusammen. In der Matrix

$$\underline{N}_r(s) = \begin{bmatrix} N_{r1}(s) & & & & \underline{0} \\ & N_{r2}(s) & & & \\ & & \ddots & & \\ & & & \ddots & \\ \underline{0} & & & & N_{r\rho}(s) \end{bmatrix} \tag{1.130}$$

treten die charakteristischen Polynome n_{ri}-ter Ordnung der Einzelstörungen r_i als
Diagonalelemente auf. Diese Matrix enthält die bekannten Signalkenngrößen, während
der Einfluß der Anfangsbedingungen, gekennzeichnet durch den Vektor $\underline{r}_0(s)$ im allgemeinen unbekannt ist.

Entsprechend kann der Führungsprozeß im Frequenzbereich durch den Ansatz

$$\underline{w}(s) = \underline{N}_w^{-1}(s)\underline{w}_0(s) \tag{1.131}$$

modelliert werden. Hier hat die Matrix $\underline{N}_w(s)$ des Signalprozesses praktisch immer
die Form

$$\underline{N}_w(s) = \begin{bmatrix} N_{w1}(s) & & & & \underline{0} \\ & N_{w2}(s) & & & \\ & & \ddots & & \\ & & & \ddots & \\ \underline{0} & & & & N_{wp}(s) \end{bmatrix}, \tag{1.132}$$

da die einzelnen Führungssignale unabhängig voneinander aufgeschaltet werden. Die
$N_{wi}(s)$ sind die charakteristischen Polynome n_{wi}-ter Ordnung der einzelnen Führungssignale w_i.

Für den Führungsprozeß (1.120) ergibt sich die Frequenzbereichsbeschreibung damit
zu

$$\begin{bmatrix} w_1(s) \\ w_2(s) \end{bmatrix} = \begin{bmatrix} s^2 & 0 \\ 0 & s^2+\omega_0^2 \end{bmatrix}^{-1} \begin{bmatrix} w_{01}(s) \\ w_{02}(s) \end{bmatrix} . \tag{1.133}$$

Das charakteristische Polynom des gesamten Führungsprozesses lautet

$$\det \underline{N}_w(s) = \det(s\underline{I} - \underline{W}) , \tag{1.134}$$

wobei entweder die Darstellung (1.118) im Zeitbereich oder (1.131) im Frequenzbereich zugrunde liegt.

Für einen Störprozeß ergibt sich das charakteristische Polynom analog zu

$$\det \underline{N}_r(s) = \det(s\underline{I} - \underline{S}) . \tag{1.135}$$

2 Einführung

"Das Regeln - die Regelung - ist ein Vorgang, bei dem eine Größe, die zu regelnde Größe (Regelgröße), fortlaufend erfaßt, mit einer anderen Größe, der Führungsgröße, verglichen und abhängig vom Ergebnis dieses Vergleichs im Sinne einer Angleichung an die Führungsgröße beeinflußt wird. Der sich dabei ergebende Wirkungsablauf findet in einem geschlossenen Kreis, dem Regelkreis, statt".

So definiert DIN 19226 den Begriff Regeln. Zur Verdeutlichung ist der geschlossene Wirkungskreis in Bild 2.1 dargestellt.

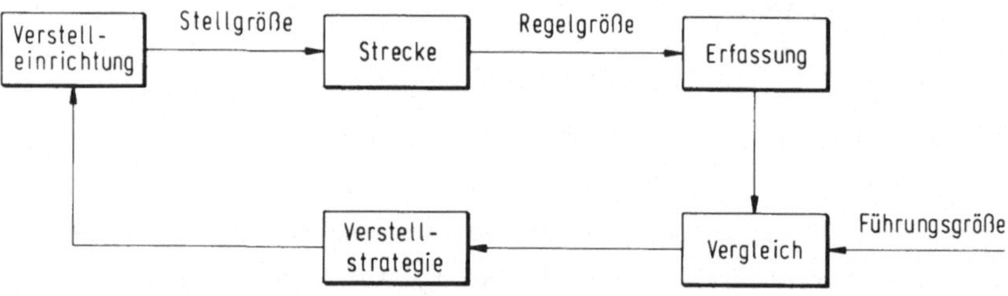

Bild 2.1 Regelkreis

Es bedurfte einer langen Entwicklung in den verschiedenen Bereichen der Technik /R1/, bis dieses grundlegende Prinzip jeder Regelung erkannt wurde, und sich die Regelungstechnik zu einem eigenständigen Zweig der Ingenieurwissenschaften entwickelte. Im deutschsprachigen Raum sind mit der Verselbständigung dieses Forschungs- und Lehrgebietes vor allem die Namen R.C. Oldenbourg, H. Sartorius, A. Leonhard und W. Oppelt verbunden.

Parallel zur Entwicklung der regelungstechnischen Methoden entdeckte man in anderen Wissenschaftsbereichen die kybernetische Struktur nahezu aller Lebensvorgänge, was zu gegenseitiger Befruchtung und zu einer enormen Erweiterung des Gesichtsfeldes führte.

Anknüpfend an die oben zitierte Definition des Regelns lassen sich die wesentlichen bei der Regelkreissynthese auftretenden Probleme diskutieren. Die fortlaufende Erfassung der Regelgröße ist die Basis eines jeden Regelvorgangs. Die "Qualität" einer Regelung wird entscheidend von der Güte dieser Messung beeinflußt. Ein gewünschter Wert für die Regelgröße kann offensichtlich höchstens so genau eingehalten werden, wie dies die Meßgenauigkeit erlaubt. Dabei spielt sowohl die statische Genauigkeit als auch die Art und Weise, wie der Meßwert der zu messenden Größe folgt, eine Rolle. Eine schnelle und exakte Regelung setzt einen statisch genauen und möglichst verzögerungsfrei arbeitenden Meßaufnehmer voraus.

Desweiteren interessiert die Frage, wie gut man aus den einzelnen Meßgrößen auf das innere Prozeßgeschehen rückschließen kann. Die moderne Regelungstheorie liefert hierfür eine Reihe von Untersuchungsmethoden (Beobachtbarkeit, Beobachtbarkeitsmaße).

Das zweite Hauptproblem beim Regeln bezieht sich auf die Beeinflussung der Strecke "im Sinne einer Angleichung (der Regelgröße) an die Führungsgröße". Je besser die interessierenden Größen mit den hierfür vorgesehenen Stellorganen beeinflußbar sind, desto schneller können Abweichungen von der Führungsgröße abgebaut werden. Die modernen regelungstechnischen Verfahren bieten Möglichkeiten, die Frage nach der Beeinflußbarkeit (Steuerbarkeit) der Strecke qualitativ zu beantworten, wobei auch versucht wird, diese Aussagen durch sogenannte Steuerbarkeitsmaße zu quantifizieren.

Die gegebene Meß- und Stellsituation grenzt die prinzipiell erzielbare Regelgüte ein, die von einem dritten Punkt entscheidend abhängt, nämlich von der Art und Weise, mit der das Ergebnis des Vergleichs zwischen Regel- und Führungsgröße in eine Verstellung, das Stellsignal, umgewandelt wird.

Die geeignete Auslegung dieses Verarbeitungsschemas (Regelalgorithmus) stellt das zentrale Problem für den Regelungstechniker dar. Dabei besteht einerseits die Aufgabe einer möglichst allgemeinen, auf verschiedenste Anwendungen übertragbaren, systemtheoretischen Analyse und Synthese eines Regelkreises unter notwendigerweise idealisierenden Annahmen, und andererseits die Notwendigkeit der Anpassung eines konkreten Regelkreises an vorhandene Zielvorstellungen unter Berücksichtigung gegebener Randbedingungen.

Das erste Problem ist mehr oder weniger losgelöst vom speziellen Anwendungsfall allgemein behandelbar und wird in den folgenden Kapiteln für Zustandsregelungen ausführlich dargestellt. Die zweite Aufgabe ist dagegen nur für konkrete Regelkreise lösbar, und setzt Erfahrungen mit den jeweiligen Einschränkungen und ihrem Einfluß auf die erzielbaren Regelkreiseigenschaften voraus.

Leider sind Lösungsstrategien für den zweiten Problemkreis nicht in dem Maße systematisierbar, wie die systemtheoretische Behandlung. Man könnte es vielleicht folgendermaßen formulieren: die Regelungstheorie stellt lediglich das geeignete Handwerkszeug zur Lösung der Aufgaben bereit; erst ein geschickter Umgang mit diesem Handwerkszeug führt schließlich zu einer Regelkreissynthese mit zufriedenstellendem Ergebnis.

Aufgabe der Regelung ist die Beseitigung von Abweichungen zwischen Regel- und Führungsgröße, den sogenannten Regelabweichungen. Sie können dadurch entstehen, daß entweder die Führungsgrößen oder andere den Prozeß beeinflussende Größen (Störgrößen) ihren Wert ändern. Die Beseitigung des Einflusses von Störgrößen stellt in der Regel das schwierigere Problem dar, da anders als bei den Führungsgrößen im allgemeinen weder Größe noch Zeitpunkt und häufig auch nicht der Ort ihres Einwirkens bekannt sind.

Die einfachste Strategie zur Beseitigung von Regelabweichungen ergibt sich, wenn die Veränderung der Stellgröße proportional zur Regelabweichung vorgenommen wird.

Diese im klassischen Proportionalregler (P-Regler) realisierte Verstellstrategie hat jedoch den Nachteil, daß mit Ausnahme von Sonderfällen eine exakte Einhaltung des Sollwertes nur im stationären, störungsfreien Zustand gesichert werden kann. Im allgemeinen treten Abweichungen auf, die sich nur durch Verschärfung des Eingriffs (Erhöhung der Reglerverstärkung) verringern lassen. Bei zunehmender Rückführverstärkung macht sich jedoch eine bei allen Kreisstrukturen vorhandene Eigenschaft bemerkbar: die Regelvorgänge erhalten einen oszillatorischen, und immer langsamer abklingenden Verlauf, bis schließlich ein Aufklingen der Bewegungen resultiert, der Regelkreis also instabil ist.

Ohne eine destabilisierende Verstärkungserhöhung läßt sich eine statische Übereinstimmung zwischen Regel- und Führungsgröße durch einen integrierenden Regler (I-Regler) erzielen, der die Verstellung am Eingang der Strecke so lange verändert, bis die Regelabweichung vollständig abgebaut ist.

Eine Kombination von Proportional- und Integral-Regler, der PI-Regler, ist wegen seiner relativ einfachen Bauweise und der guten Regeleigenschaften der am weitesten verbreitete Reglertyp.

Kennt man zusätzlich die Tendenz der Veränderung in der Regelgröße, so ist ein frühzeitiger Verstelleingriff und damit eine weitere Verbesserung der Regelkreiseigenschaften möglich. Eine Information über diese Tendenz ist durch Differentiation der Regelabweichung erzielbar.

Aus einer Kombination der drei angesprochenen Grundtypen klassischer Regelalgorithmen ergibt sich der bekannte PID-Regler.

Die Eigenschaften eines Regelkreises wie Dämpfung, Überschwingweite, Anregelzeit bei Störungen bzw. bei Änderungen der Führungsgröße hängen entscheidend von den Parametern des Reglers ab. Um langwieriges und unter Umständen auch gefährliches Experimentieren an der aufgebauten Anlage zu vermeiden, sind Verfahren zur Vorherbestimmung der Reglerparameter unumgänglich. Beispiele hierfür sind die Einstellregeln nach Ziegler-Nichols oder Chien, Hrones und Reswick, Ortskurvenverfahren, Synthese im Bode-Diagramm und das Wurzelortskurvenverfahren von Evans.

Mit der Verfeinerung der Verfahren ist auch die Notwendigkeit verbunden, die Beschreibung der Regelstrecke zu verbessern. Dabei hat sich als äußerst erfolgreiches Vorgehen bewährt, lineare Streckenmodelle zu verwenden. Zur Regelkreissynthese kann dadurch die auch in anderen Bereichen der Technik entwickelte und erfolgreich angewandte Theorie linearer Systeme herangezogen werden.

Aus Aufwandsgründen und im Hinblick auf die Anzahl der einzustellenden Reglerparameter dominieren bisher die einfachen Reglertypen, die aus den oben beschriebenen P-, I- und D-Anteilen bestehen. Theoretische Überlegungen zeigen auf der anderen Seite, daß beim Einsatz solcher Regler - unabhängig von der gegebenen Meß- und Stellsituation - gewisse Grenzen für die erzielbare Regelgüte existieren.

In einzelnen Fällen wurden durch mehrfaches Differenzieren verbesserte Regelungen realisiert. Eine allgemeine Anwendung dieses Vorgehens scheitert allerdings daran, daß durch die Differentiation die fast immer vorhandenen Rauschanteile im Meßsignal in ihrer Amplitude angehoben werden, so daß einerseits die Stellorgane erheblichen Belastungen ausgesetzt sind, und andererseits der gesamte Regelkreis unruhiges Verhalten aufweist.

Erfolgreicher ist dagegen der Weg, weitere Meßgrößen zur Bildung der Stellgröße heranzuziehen. Sie liefern bessere Informationen über angreifende Störungen aber auch über die Reaktion der Strecke auf eine vorgenommene Verstellung.

Die Art und Weise, wie man zusätzliche Meßgrößen (Hilfsregelgrößen) in das Konzept einer klassischen Regelung einbringt, wurde wesentlich durch die Bauweise der industriell eingesetzten Standard-Regler bestimmt. Diese verfügen über eine Vergleichsstelle (Differenzbildung) am Eingang und über einen Ausgang für das Stellsignal. Durch Hintereinanderschalten solcher Regler, wie in Bild 2.2 gezeigt, lassen sich zusätzliche Meßgrößen elegant einbeziehen.

Durch die Anordnung mehrerer Regler in Kaskadenstruktur läßt sich das Regelkreisverhalten gegenüber dem einschleifigen Regelkreis, der nur die Regelgröße selbst verwertet, wesentlich verbessern. Auf Störeingriffe im vorderen Streckenabschnitt kann der Regler 3 beispielsweise wesentlich schneller reagieren als Regler 1, der unter Umständen erst sehr viel später das Auftreten dieser Störung bemerkt.

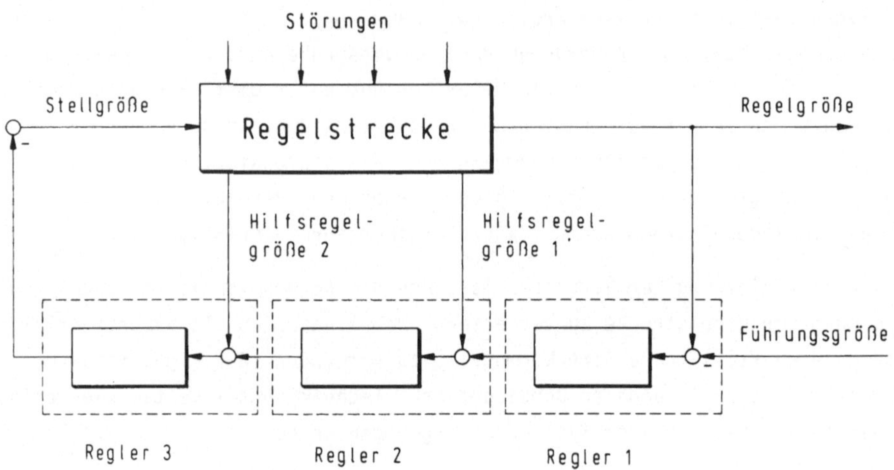

Bild 2.2 Kaskadenregelung

Nachteilig für die Dimensionierung der Regler wirkt sich die relativ große Zahl der
einzustellenden Parameter aus. Für spezielle Regelstrecken (z.B. elektrische An-
triebsmaschinen) sind Verfahren entwickelt worden, die eine systematische Dimensionierung solcher Kaskadenregelungen erlauben. Aufgrund der vielfältigen Möglichkeiten, verschiedene Hilfsregelgrößen einzubeziehen, bestehen jedoch keine allgemein-
gültigen Vorschriften für die Dimensionierung solcher Regelungsanordnungen. Noch
komplexer wird die Reglerauslegung, wenn zusätzlich mehrere Stellgrößen zur Beeinflussung der Regelstrecke zur Verfügung stehen, wenn also ein Mehrgrößenregelungs-
problem vorliegt.

Einen neuen Zugang zur Lösung dieses schwierigen Problems eröffnet die Frage nach
der benötigten Information über die Regelstrecke, mit der die Regelungsaufgabe gelöst werden kann.

Es wurde bereits erwähnt, daß sich die Regelkreiseigenschaften verbessern lassen,
wenn man zur Bildung der Stellgröße außer der Regelgröße weitere Meßgrößen hinzu-
zieht. Andererseits ist aber zu vermuten, daß ab einer bestimmten Anzahl von zusätzlichen Informationen keine weitere Verbesserung mehr eintritt.

Als Beispiel sei der in Bild 2.3 gezeigte, ungedämpfte Feder-Masse-Schwinger betrachtet, dessen Schwingungen durch gezielte vertikale Verschiebung des Aufhängepunktes beeinflußt werden können.

<u>Beispiel 2.1</u>

Die Bewegung der Masse m sei durch die lineare Differentialgleichung

$$m\ddot{x}(t) + cx(t) = u(t) \tag{2.1}$$

beschreibbar. Das Regelziel besteht darin, eine schnelle Beruhigung von Schwingungen der Masse m herbeizuführen, und eine bestimmte Ruhelage $x=x_0$

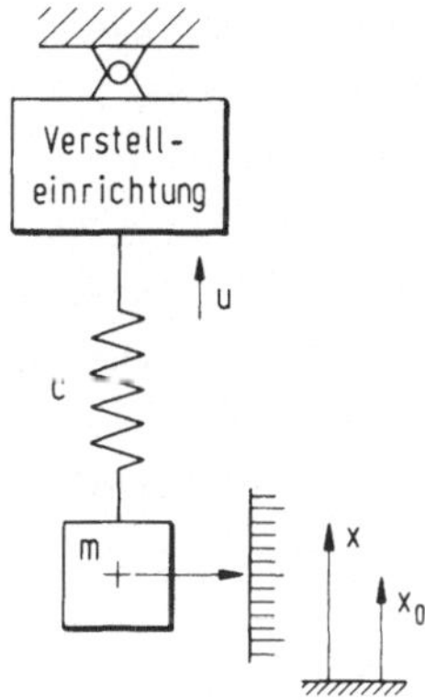

Bild 2.3 Idealer Feder-Masse-
Schwinger mit vertikaler Verstellung des Aufhängepunktes

einzuhalten. Eine sehr einfache Möglichkeit besteht darin, die Abweichung $x_w=x-x_0$ von der Sollruhelage x_0 proportional in der Form

$$u(t) = - kx_w(t) \tag{2.2}$$

auf die Verstelleinrichtung zurückzuführen. Diese Stellgröße u, deren Amplitude und Wirkungsrichtung lediglich von der Abweichung vom gewünschten Punkt, nicht aber davon abhängt, ob sich die Masse gerade vom Ruhepunkt wegbewegt oder auf ihn zuläuft, ist offenbar für die Dämpfung der Schwingungen nicht geeignet. Das Stellsignal wirkt im ersten Fall dem unerwünschten Entfernen vom Ruhepunkt x_0 entgegen, während es im zweiten Fall die Bewegung weiter beschleunigt, obwohl ebenfalls ein Gegensteuern erforderlich wäre.

Erst die zusätzliche Information über die momentane Bewegungsrichtung ermöglicht die Bildung einer stabilisierenden Ansteuerung. Eine Verstellung in der Form

$$u(t) = - k_1 x_w(t) - k_2 \dot{x}_w(t) \tag{2.3}$$

führt beispielsweise zum Ziel einer durch k_1 und k_2 einstellbaren Beruhigung der Schwingungen der Masse m. Die Faktoren k_1 und k_2 können analytisch bestimmt werden, wenn die beschreibende Differentialgleichung des Schwingers mit der Masse m und der Federkonstante c bekannt ist. Weitere Größen aus dem System sind nicht erforderlich, wenn Gl.(2.1) vollständig ist.

Dieses Beispiel macht deutlich, daß der Eingreifende (Regler) umso gezielter - und
damit wirkungsvoller - auf das Systemverhalten Einfluß nehmen kann, je mehr er über
den jeweiligen Bewegungszustand weiß.

Die vollständige Information über den jeweiligen Bewegungszustand der hier betrachteten linearen Systeme liefert definitionsgemäß (z.B./01/) der Vektor $\underline{x}$ ihrer Zustandsgrößen. Daraus folgt, daß zu einer bestmöglichen Regelung gerade die Information über den aktuellen Wert des Streckenzustandes erforderlich ist. Natürlich muß
außer dem Momentanwert der Zustandsgrößen auch die beschreibende Differentialgleichung des Systems bekannt sein, um eine geeignete Verstellstrategie ermitteln zu
können.

Der grundlegend neue Ansatz der Zustandsregelung besteht darin, daß die Zielvorstellung ohne vorherige strukturelle Fixierung des Reglers analytisch formuliert
wird. Ziele einer Regelung können z.B. sein, daß ein Regelvorgang in möglichst kurzer Zeit, mit minimalem Treibstoffverbrauch oder einer möglichst günstigen Kombination zwischen Energieaufwand und Geschwindigkeit abläuft. Die zugehörigen Zielkri-
terien liegen meist in Form von Integralen vor.

Eine besondere Bedeutung kommt dem Funktional

$$J = \int_{0}^{\infty} \left[\underline{x}^{T}(t)\underline{Q}\underline{x}(t) + \underline{u}^{T}(t)\underline{R}\underline{u}(t)\right]dt \qquad\qquad (2.4)$$

zu, bei dem die Zustandsgrößen $\underline{x}(t)$ und die Stellgrößen $\underline{u}(t)$ der Strecke quadratisch eingehen. Für lineare Systeme erzielt man das Minimum des Integrals (2.4)
durch eine lineare Rückführung

$$\underline{u}(t) = - \underline{K}\underline{x}(t) \qquad\qquad (2.5)$$

der Zustandsgrößen. Dieses Regelgesetz hat in den letzten Jahren aus zwei Gründen
eine enorme Bedeutung erlangt.

Einerseits kann ausgehend von der Zustandsbeschreibung des zu regelnden Systems und
bei vorgegebenen Bewertungsmatrizen $\underline{Q}$ und $\underline{R}$, eine geschlossene Lösung für die Rückführmatrix $\underline{K}$ angegeben werden.

Auf der anderen Seite läßt sich mit einer Zustandsrückführung nach Gleichung (2.5)
die Dynamik eines linearen Systems, gekennzeichnet durch dessen Eigenwerte (Pole
der Übertragungsfunktion), unter bestimmten Voraussetzungen beliebig verändern, was
eine Regelkreissynthese durch sogenannte Polvorgabe ermöglicht.

Diese Eigenschaft sei an einem weiteren Beispiel demonstriert.

Beispiel 2.2

Durch proportionale Rückführung der Zustandsgröße x_1 des in Bild 2.4 gezeigten Systems zweiter Ordnung in der Form

$$u(t) = - k_1 x_1(t) \tag{2.6}$$

können die Eigenwerte (Pole) des Systems an alle Stellen der s-Ebene verschoben werden, die durch die in Bild 2.5 durchgezogen gezeichnete Wurzelortskurve für k_1 gekennzeichnet sind.

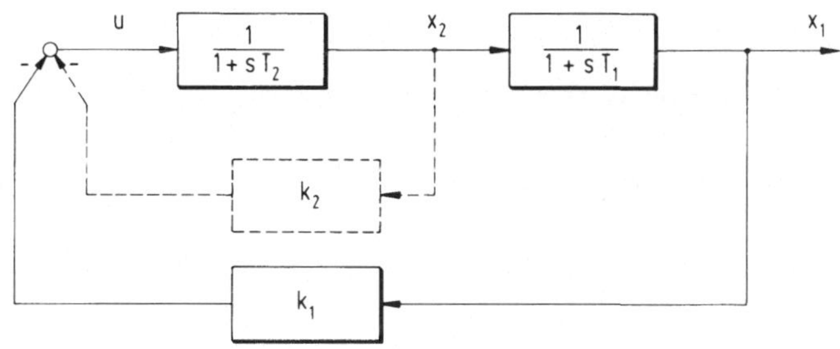

Bild 2.4   Strecke zweiter Ordnung mit Proportionalreglern

Führt man zusätzlich x_2 gemäß

$$u(t) = - k_1 x_1(t) - k_2 x_2(t) \tag{2.7}$$

zurück, so ergibt sich für festes k_2 ein Pol bei $s = -(1 + k_2)/T_2$ und in Abhängigkeit von k_1 die in Bild 2.5 gestrichelt eingezeichnete Wurzelortskurve. Damit wird deutlich, daß die Pole des Systems mit k_1 und k_2 in beliebige Bereiche der s-Ebene gelegt werden können.

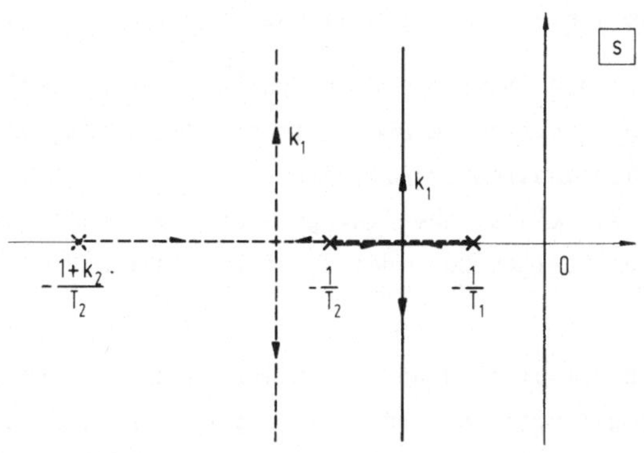

Bild 2.5 Wurzelortskurven für das System nach Bild 2.4

Dies gilt sinngemäß für Systeme beliebiger Ordnung, wenn man zur Bildung der Stellgröße alle Zustandsgrößen heranzieht. Voraussetzung hierfür ist allerdings, daß
alle Eigenbewegungen von u aus anregbar sind, die Strecke also vollständig steuerbar ist.

Im Hinblick auf eine praktische Realisierung dieses Regelungskonzeptes ist der für
eine Messung aller Zustandsgrößen erforderliche Aufwand in den meisten Fällen zu
hoch. Erst nachdem von Kalman /K3/ und Luenberger /L9/ das Problem gelöst war, den
gesamten Zustand einer Regelstrecke aus einer, bzw. wenigen Meßgrößen zu rekonstruieren, begann eine rege Entwicklung mit zahlreichen Untersuchungen zum Entwurf und
Einsatz von Zustandsregelungen.

Basierend auf dem Beobachterkonzept von Luenberger und der Modellierung von Signalen in sogenannten Signalprozessen führen weitergehende Überlegungen zu allgemeinen
Lösungen bei der Störgrößenbekämpfung.

Die verschiedenen Verfahren der Zustandsregelung wurden fast ausschließlich im
Zeitbereich entwickelt. Sie sind ausführlich in Kapitel 3 beschrieben.

Parallel zu den Zeitbereichsüberlegungen wurden insbesondere in den letzten Jahren
Verfahren zur Behandlung von Regelungssystemen im Frequenzbereich mit Hilfe des
Polynommatrizenkalküls entwickelt, die oftmals, insbesondere für Eingrößensysteme,
einfachere Lösungsmethoden bereitstellen. Sie erlauben außerdem ein Anknüpfen an
die klassische Regelungstheorie, die weitgehend auf der Beschreibung der Regelungssysteme durch Übertragungsfunktionen und einer Interpretation des Regelkreisverhaltens anhand von Frequenzgängen basiert.

Frequenzbereichsverfahren sind in Kapitel 4 dargestellt, wobei die Überlegungen aus
dem Zeitbereich herangezogen werden, um Lösungswege zu motivieren. Dies vertieft
die Einsicht in die Zusammenhänge und führt zuweilen zu Lösungen, die ohne diese
Querverbindungen nur sehr schwer zu finden wären.

So ist beispielsweise für den im Frequenzbereich entworfenen Regler eine Struktur
möglich, bei der durch nichtlineare Stellglieder (Begrenzungen) wie im Zeitbereichsentwurf keine Beobachtungsfehler auftreten. Mit dieser Struktur vermeidet man
ohne Zusatzmaßnahmen das von klassischen Integralreglern bekannte Weiterintegrieren
("wind up") bei begrenzter Stellgröße, das zu unerwünschtem Überschwingen der Regelgröße führt.

An die beiden grundlegenden Kapitel 3 und 4 schließt sich die Erörterung zur Dimensionierung von Zustandsregelungen an. In Kapitel 5 werden Polvorgabe, quadratisch
optimale Regelung und Beobachtung sowie das in jüngster Zeit bekannt gewordene Verfahren der "Gütevektoroptimierung" behandelt.

Bei der Anwendung der dargestellten Verfahren auf konkrete Regelungsprobleme sind einige Fragen zu beantworten, die bei der theoretischen Behandlung mit Hilfe von idealisierenden Annahmen ausgeklammert sind. So wird die Exaktheit der Streckenbeschreibung vorausgesetzt, die zudem linear und zeitinvariant sein soll. Der Regelkreissynthese muß also eine Streckenanalyse vorangehen, die meist nur unter gewissen Vernachlässigungen auf die benötigte Streckenbeschreibung führt. Die Beurteilung der Auswirkungen ungenauer Streckenbeschreibungen auf das Regelkreisverhalten stellt ein sehr schwieriges und komplexes Problem dar, das in Kapitel 6 nur stichpunktartig angesprochen werden kann. Allerdings zeigt eine auch bei klassischen Regelungen gemachte Erfahrung, daß zwischen der geforderten Regelgüte und der Genauigkeit der Streckenbeschreibung ein enger Zusammenhang besteht. Insbesondere bei Anwendung der Frequenzbereichsverfahren wird deshalb der Entwurf einfacher Regelungen dadurch möglich, daß bei geringen Anforderungen an die Regelkreisdynamik einfache Streckenmodelle bei der Reglerdimensionierung zugrunde gelegt werden.

Weitere Probleme sind Begrenzungen von Stellsignalen und von internen Zustandsgrößen sowie Streckenparametervariationen. Hierfür werden in Kapitel 6 Entwurfsvorschläge zusammengestellt, die im wesentlichen auf der dargestellten linearen Theorie basieren. Es wird gezeigt, wie die in der klassischen Regelungstechnik erfolgreich eingesetzten Kaskaden- und Ablöseregelungen bei Verwendung von Zustandsreglern ein weites Gebiet nichtlinearer Probleme mit der im Vergleich zu nichtlinearen Verfahren erheblich einfacheren linearen Regelungstheorie beherschbar machen.

Für die Erweiterung der regelungstechnischen Möglichkeiten muß allerdings in Kauf genommen werden, daß der Aufwand für die Dimensionierung und Realisierung von Zustandsregelungen höher ist als bei klassischen PID-Reglern.

Vielfach ist der Einsatz von Digitalrechnern für die praktische Realisierung von Zustandsreglern unumgänglich. Glücklicherweise fand parallel zum Fortschritt in der modernen Regelungstheorie eine technologische Entwicklung hin zu leistungsfähigen Mikro-Rechnern statt, die eine Umsetzung der Theorie in die Praxis erleichtert. In Kapitel 7 werden die gegenüber einer analogen Realisierung auftretenden Probleme beim Einsatz von digitalen Reglern kurz erläutert.

Die Darstellung der verschiedenen Reglerentwurfsverfahren geschieht im Hinblick auf ihre praktische Anwendung, so daß auf die Angabe von Beweisen für die grundlegenden Verfahren weitgehend verzichtet wird. Viele der angegebenen Methoden - vor allem die Eingrößen-Frequenzbereichsverfahren - eignen sich sogar für eine rezeptartige Anwendung. Trotzdem werden hier die verschiedenen Ansätze ausführlich angegeben, um sowohl die zugrundeliegenden Ideen, als auch die Zusammenhänge zwischen Zeit- und Frequenzbereichsansätzen zu verdeutlichen. Dies erlaubt ein Anpassen der Standard-Verfahren an spezielle Probleme und auch ein besseres Verständnis der gegebenen Möglichkeiten und/oder Einschränkungen.

3   Der Entwurf von Zustandsreglern im Zeitbereich

Während in der klassischen Regelungstechnik die Frequenzbereichsmethoden einen breiten Raum einnehmen, geschah die Untersuchung von Zustandsregelungen zunächst nahezu ausschließlich im Zeitbereich. Der Grund hierfür ist die Tatsache, daß eine explizite Information über die Zustandsgrößen einer Regelstrecke nur bei einer Beschreibung der Streckendynamik über die Zustands-Differentialgleichungen, oder kurz Zustandsgleichungen, vorliegt.

Die Zustandsgleichungen ermöglichen eine direkte Zuordnung zwischen der inneren Struktur eines Systems und seiner mathematischen Beschreibung, die beim Ansatz von Übertragungsfunktionen im Frequenzbereich nicht gegeben ist. Die Vielfalt der Möglichkeiten für die Darstellung der Zustandsgleichungen in verschiedenen Koordinatensystemen entspricht der Realisierungsvielfalt eines vorgegebenen Eingangs- Ausgangsverhaltens, beschrieben durch eine Übertragungsfunktion oder -Matrix. Es liegt daher nahe, Untersuchungen, die sich auf eine Manipulation der Zustandsgrößen eines Systems beziehen, anhand der Zustandsgleichungen im Zeitbereich durchzuführen.

Das vorliegende Kapitel befaßt sich zunächst mit dem Reglerentwurf auf der Grundlage gemessener Zustandsgrößen. Daran schließen sich Überlegungen zur Rekonstruktion des Zustandsvektors aus wenigen Meßgrößen mit Hilfe von Beobachtern an. Zur Bekämpfung von Störeinflüssen in Zustandsregelkreisen wurden in den 60er und 70er Jahren zwei neue Methoden entwickelt. Die erste beruht auf einer Beobachtung der angreifenden Störungen mit geeigneter Aufschaltung zur Störkompensation, während die andere eine Verallgemeinerung des Integralanteils im klassischen Regler darstellt, wobei jeweils auch nicht konstante Störungen kompensierbar sind. Beide Verfahren eignen sich darüber hinaus für den Entwurf von Regelkreisen, die an bestimmte Führungssignalformen angepaßt sind. Die unterschiedlichen Ansätze werden vorgestellt und an Beispielen erläutert.

Den Abschluß bildet die Diskussion des sogenannten Kontrollbeobachters, der ohne die explizite Berücksichtigung des Zusammenhangs zwischen Strecken- und Beobachterzustand lediglich im Hinblick auf die Rekonstruktion der Stellgröße entworfen wird. Dieser Beobachter stellt den Übergang zur Behandlung von Zustandsregelkreisen im Frequenzbereich (Kapitel 4) dar, da das Ergebnis des Entwurfes die Übertragungsmatrizen des Reglers sind.

3.1 Der ideale Zustandsregelkreis

Die betrachteten Regelstrecken seien lineare, zeitinvariante Systeme n-ter Ordnung mit p Stellgrößen $u_i(t)$ und $m \geqslant p$ Ausgangsgrößen $y_j(t)$, deren Zustandsgleichungen die Form

$$\underline{\dot{x}}(t) = \underline{A}\underline{x}(t) + \underline{B}\underline{u}(t)$$
$$\underline{y}(t) = \underline{C}\underline{x}(t)$$

(3.1)

besitzen (s. Abschn. 1.2.1). Dabei ist $\underline{x}(t)$ der n-dimensionale Zustandsvektor. Die Systemmatrix $\underline{A}$ hat die Dimension nxn, die Steuermatrix $\underline{B}$ die Dimension nxp und die Ausgangsmatrix $\underline{C}$ die Dimension mxn. Es sei vorausgesetzt, daß alle Steuereingriffe voneinander unabhängig sind, daß also $\underline{B}$ vollen Spaltenrang $p \leqslant n$ besitzt. Abhängige Steuergrößen können für die regelungstechnische Behandlung zusammengefaßt werden. Entsprechend habe die Ausgangsmatrix $\underline{C}$ vollen Zeilenrang $m \leqslant n$.

Als voneinander unabhängige Regelgrößen lassen sich höchstens so viele Ausgangsgrößen y_i in einer Regelung vorsehen, wie unabhängige Stellgrößen u_j vorhanden sind. Im folgenden wird der Ausgangsvektor $\underline{y}$ deshalb immer so geordnet, daß seine ersten p Komponenten mit den Regelgrößen identisch sind. Damit ergibt sich folgende Aufteilung

$$\underline{y} = \begin{bmatrix} ^p\underline{y} \\ ^{m-p}\underline{y} \end{bmatrix} = \begin{bmatrix} ^p\underline{C} \\ ^{m-p}\underline{C} \end{bmatrix} \underline{x}$$

(3.2)

Der hochgestellte Index oben links kennzeichnet die Auswahl einer entsprechenden Anzahl von Zeilen einer Matrix oder eines Vektors. Ein links unten in Klammern angebrachter Index wird die Auswahl einer entsprechenden Anzahl von Spalten andeuten.

Die häufig bei der Darstellung von Regelstrecken benutzte Trennung zwischen dem Vektor $\underline{y}$ der Ausgangsgrößen und einem Vektor der Meßgrößen wird hier nicht verwendet. Sollten eine oder mehrere Regelgrößen nicht meßbar sein, so werden diese $k \leqslant p$ nicht meßbaren Regelgrößen im oberen Teil des Vektors $\underline{y}$ angeordnet, so daß er folgende Gestalt erhält

$$\underline{y} = \begin{bmatrix} ^k\underline{y} \\ ^{p-k}\underline{y} \\ ^{m-p}\underline{y} \end{bmatrix} \quad \begin{array}{l} \text{nicht meßbare Regelgrößen} \\ \text{meßbare Regelgrößen} \\ \text{weitere Meßgrößen} \end{array}$$

(3.3)

Bei der Verarbeitung des Streckenausgangs $\underline{y}$ im Regler muß man dann berücksichtigen, daß nur die letzten (m-k) Komponenten aus $\underline{y}$ als Meßgrößen zur Verfügung stehen.

Die Beispiele in Kapitel 2 machen deutlich, daß eine zielgerichtete Beeinflussung der Strecke über die Steuerung $\underline{u}$ dann am günstigsten erfolgen kann, wenn man dazu die Momentanwerte der Zustandsgrößen heranzieht. Dieser Teil der Stellgröße sei mit

$$\tilde{\underline{u}}(t) = \underline{K}_x \underline{x}(t) \tag{3.4}$$

bezeichnet, wobei $\underline{K}_x$ eine pxn-Aufschaltmatrix für den Streckenzustand ist. Die Steuerung hängt natürlich auch davon ab, welche Sollwerte w_i, $i=1,2,\ldots,p$ für die Regelgrößen y_i angestrebt werden. Deshalb wird eine lineare Ansteuerung der Strecke in der Form

$$\underline{u}(t) = - \tilde{\underline{u}}(t) + \underline{L}\underline{w}(t) \tag{3.5}$$

vorgegeben, mit der pxp-Aufschaltmatrix $\underline{L}$ für den Vektor $\underline{w}$ der Führungsgrößen. Setzt man diese Steuerung $\underline{u}$ in die Streckengleichungen (3.1) ein, so erhält man

$$\dot{\underline{x}}(t) = (\underline{A} - \underline{B}\underline{K}_x)\underline{x}(t) + \underline{B}\underline{L}\underline{w}(t)$$
$$\underline{y}(t) = \underline{C}\underline{x}(t) \quad . \tag{3.6}$$

In Bild 3.1 ist die so angesteuerte Strecke in einem Blockschaltbild dargestellt, und man erkennt, daß die Systemmatrix der geregelten Strecke (3.6) durch eine Parallelschaltung von $\underline{A}$ und $-\underline{B}\underline{K}_x$ entsteht.

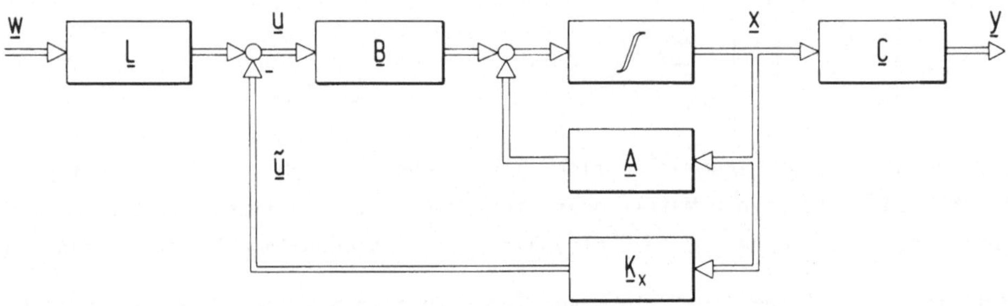

Bild 3.1 Regelstrecke mit linearer Zustandsrückführung und Führungsgrößenauf-
          schaltung

Die Eigenwerte der Matrix $(\underline{A} - \underline{B}\underline{K}_x)$ und damit die Dynamik der geregelten Strecke, können über $\underline{K}_x$ genau dann beliebig gewählt werden, wenn das Paar $(\underline{A}, \underline{B})$ vollständig steuerbar ist /K17/.

Das Übertragungsverhalten des in Bild 3.1 dargestellten Regelkreises zwischen dem Führungsvektor $\underline{w}$ und dem Ausgangsvektor $\underline{y}$ ergibt sich nach Laplace-Transformation der Gleichungen (3.6) bei verschwindenden Anfangsbedingungen zu

$$\underline{y}(s) = \underline{C}(s\underline{I} - \underline{A} + \underline{B}\underline{K}_x)^{-1}\underline{B}\underline{L}\underline{w}(s) \quad . \tag{3.7}$$

Nun soll die Frage geklärt werden, unter welchen Bedingungen die p Regelgrößen, verabredungsgemäß identisch mit den ersten p Komponenten des Ausgangsvektors $\underline{y}$, sprungförmig sich ändernden Führungsgrößen $w_i(t)$ ohne bleibende Regelabweichung folgen. Dies ist dann der Fall, wenn $\underline{L}$ die Bedingung

$$\lim_{s \to 0} {}^{P}\underline{C}(s\underline{I} - \underline{A} + \underline{B}\underline{K}_x)^{-1}\underline{B}\underline{L} \overset{!}{=} \underline{I} \tag{3.8}$$

erfüllt, wenn also $\underline{L}$ zu

$$\underline{L} = \left[{}^{P}\underline{C}(-\underline{A} + \underline{B}\underline{K}_x)^{-1}\underline{B}\right]^{-1} \tag{3.9}$$

gewählt wird. Die Bedingung (3.8) folgt unmittelbar aus dem Grenzwertsatz der Laplace-Transformation, angewendet auf die ersten p Zeilen von (3.7). Der Grenzwert existiert, da der Regelkreis auf jeden Fall stabil ausgelegt ist. Voraussetzung für eine Wahl von $\underline{L}$ gemäß Gl.(3.9) ist die Bedingung

$$\det {}^{P}\underline{C}(-\underline{A} + \underline{B}\underline{K}_x)^{-1}\underline{B} \neq 0 \qquad . \tag{3.10}$$

Aus der Determinantenformel (1.39) folgt

$$\det {}^{P}\underline{C}(-\underline{A} + \underline{B}\underline{K}_x)^{-1}\underline{B} = \frac{1}{\det(-\underline{A} + \underline{B}\underline{K}_x)} \det \begin{bmatrix} -\underline{A} + \underline{B}\underline{K}_x & \underline{B} \\ -{}^{P}\underline{C} & \underline{0} \end{bmatrix} \tag{3.11}$$

und über die Beziehung (1.38) schließlich

$$\det {}^{P}\underline{C}(-\underline{A} + \underline{B}\underline{K}_x)^{-1}\underline{B} = \frac{1}{\det(-\underline{A} + \underline{B}\underline{K}_x)} \det \begin{bmatrix} -\underline{A} & \underline{B} \\ -{}^{P}\underline{C} & \underline{0} \end{bmatrix} . \tag{3.12}$$

Da alle Eigenwerte von $(\underline{A} - \underline{B}\underline{K}_x)$ nach Voraussetzung negative Realteile besitzen, ist $\det(-\underline{A} + \underline{B}\underline{K}_x) \neq 0$ und somit entspricht die Bedingung (3.10) gerade der Forderung, daß die Determinante der Matrix

$$\begin{bmatrix} -\underline{A} & \underline{B} \\ -{}^{P}\underline{C} & \underline{0} \end{bmatrix} = {}^{P_y}_{u}\underline{P}(s = 0) \tag{3.13}$$

nicht verschwindet. Diese Matrix stellt aber gerade die Rosenbrockmatrix der Strecke zwischen $\underline{u}$ und ${}^{P}\underline{y}$ für s=0 dar. Zieht man nun die Nullstellendefinition 1.9 aus Abschn. 1.3 heran, so erhält man schließlich die Aussage, daß die p Regelgrößen gerade dann p sprungförmigen Führungsgrößen ohne bleibende Regelabweichung folgen können, wenn die Regelstrecke zwischen den Stellgrößen und den Regelgrößen keine Nullstellen bei s=0 besitzt.

Durch eine lineare Rückführung (3.4) der Zustandsgrößen ist also die Dynamik der Strecke beliebig beeinflußbar. Eine ideale Messung der Zustandsgrößen, wie sie ein Regelkreis nach Bild 3.1 voraussetzt, läßt sich aber in der Regel nicht durchführen. Wie die weiteren Abschnitte zeigen, lassen sich jedoch die benötigten Zustandsgrößen aus den vorhandenen Meßgrößen geeignet rekonstruieren, so daß eine lineare Rückführung des Zustandes möglich ist. Desweiteren wird auf die bisher vernachlässigten Störungen eingegangen.

3.2 Die Zustandsbeobachtung

3.2.1 Einführende Bemerkungen

Eine Messung des vollständigen Zustandsvektors der Regelstrecke wirft in mehrfacher Hinsicht Probleme auf. Meßaufnehmer mit der zugehörigen Meßwertaufbereitung sind teuer, und man ist daher bestrebt, mit einer möglichst geringen Anzahl von Meßstellen auszukommen. Dies ist auch in sicherheitstechnischer Hinsicht günstig, da mit zunehmender Anzahl von Meßaufnehmern die Wahrscheinlichkeit für den Ausfall einer Meßgröße steigt. Bei redundanter Auslegung geht jeder verwendete Meßwert gleich mehrfach in die Instrumentierungskosten ein.

Auf der anderen Seite existieren Fälle, in denen die Vorrichtung zum Anbringen von Meßfühlern so aufwendig ist, daß man die entsprechende Messung umgehen möchte. Als Beispiel hierfür sei der Differenzwinkel zwischen dem Antrieb am Fuß großer Spiegelantennen und der Ausrichtung des Antennenspiegels genannt.

In manchen Fällen ist von der Art des zu regelnden Prozesses her die Anbringung von Meßaufnehmern unerwünscht, da diese den Prozeß stören. Beispielsweise kann die Störung des Strömungsprofils durch den Temperaturfühler im Kolonnenboden eines chemischen Reaktors in kritischen Fällen den gesamten Prozeß beeinflussen.

Schließlich lassen sich viele Zustandsgrößen nur indirekt oder nur mit großen Totzeiten (Analyse-Messung) ermitteln, so daß diese Meßwerte für eine Regelung ungeeignet sind.

Will man dennoch am Konzept der Zustandsregelung festhalten, muß man versuchen, die fehlenden Zustandsgrößen aus den verfügbaren Meßgrößen zu rekonstruieren.

Aus den Ein- und Ausgangsgrößen und deren zeitlichen Ableitungen kann man bei vollständig beobachtbaren Strecken den Zustandsvektor $\underline{x}$ theoretisch berechnen /A7/. Praktisch ist dieses Vorgehen jedoch selten möglich, da einerseits die Differentiation nur näherungsweise durchführbar ist und sich andererseits die starke Anhebung hochfrequenter Störanteile (Meßrauschen) auf die gesamte Regelung ungünstig auswirkt.

Eine zufriedenstellende Lösung dieses Problems liefert der Zustandsbeobachter. Er besteht aus einem dynamischen System, auf das die Stell- und die Meßgrößen der Regelstrecke einwirken. Aus den Zustandsgrößen dieses Beobachters, zusammen mit den Meßgrößen der Strecke ist die Rekonstruktion des gesamten Streckenzustandes unter bestimmten Umständen möglich. Ohne Differentiation der Meßgrößen erhält man damit einen Schätzwert für den Zustand der Regelstrecke, wobei im Grenzfall eine Meßgröße ausreicht.

3.2.2 Der Einheitsbeobachter

Im Jahre 1964 hat David G. Luenberger in seiner Veröffentlichung "Observing the
state of a linear system" /L9/ dargestellt, wie ein Beobachter (observer) konstruiert werden kann. Sie ist die Grundlage für eine große Fülle von Arbeiten, die sich
mit Entwurf und Eigenschaften von Zustandsbeobachtern befassen.

Man geht aus von den Zustandsgleichungen

$$\dot{\underline{x}}(t) = \underline{A}\underline{x}(t) + \underline{B}\underline{u}(t) + \underline{X}\underline{r}(t)$$
$$\underline{y}(t) = \underline{C}\underline{x}(t) + \underline{Y}\underline{r}(t) \tag{3.14}$$

eines linearen, zeitinvarianten Systems n-ter Ordnung mit p Eingängen $u_i(t)$ und
$m \geqslant p$ Ausgängen $y_k(t)$, auf das ρ Störgrößen $r_j(t)$ einwirken. Wenn n linear unabhän-
gige Ausgangsgrößen y_i vorliegen, ist Rang $\underline{C}$ = n, und ein Schätzwert $\hat{\underline{x}}$ für den
Streckenzustand $\underline{x}$ läßt sich über

$$\hat{\underline{x}}(t) = \underline{C}^{-1}\underline{y}(t) = \underline{x}(t) + \underline{C}^{-1}\underline{Y}\underline{r}(t) \tag{3.15}$$

ermitteln. Er stimmt bei ungestörten Messungen ($\underline{Y} = \underline{0}$) mit dem tatsächlichen Strek-
kenzustand überein.

In der Regel besitzt die Strecke jedoch m < n Meßgrößen. Der Rang von $\underline{C}$ ist damit
kleiner als n, so daß eine direkte Bestimmung von $\underline{x}$ aus $\underline{y}$ nicht mehr möglich ist.
Auf die Schwierigkeiten bei einer Gewinnung der fehlenden Informationen über eine
Differentiation von $\underline{y}$ wurde in den einführenden Bemerkungen hingewiesen. Stattdessen benutzt man zur Rekonstruktion aller Zustandsgrößen x_i ein elektronisch (analog
oder digital) realisiertes Modell der Strecke, das man mit demselben Eingangsvektor
$\underline{u}$ wie diese beaufschlagt. Das Modell

$$\dot{\underline{z}}(t) = \underline{A}\underline{z}(t) + \underline{B}\underline{u}(t) \tag{3.16}$$

läßt sich so realisieren, daß der Modellzustand $\underline{z}$ abgreifbar ist. Wenn beim Einschalten des Modells zum Zeitpunkt t_0, der bei den hier betrachteten zeitinvarianten Systemen willkürlich zu t_0 = 0 gewählt werden kann, sichergestellt ist, daß
$\underline{z}(0)=\underline{x}(0)$ gilt, stimmt der Modellzustand $\underline{z}$ auch für t > 0 mit dem Streckenzustand $\underline{x}$
überein. Damit ist $\underline{z}(t)$ als Ersatzgröße für $\underline{x}(t)$ verwendbar, und der gesuchte
Schätzwert für den Streckenzustand lautet

$$\hat{\underline{x}}(t) = \underline{z}(t) \ . \tag{3.17}$$

Dies gilt allerdings nur so lange, wie keinerlei Störungen angreifen. Durch nicht
meßbare Störungen, die im Modell der Strecke nicht berücksichtigt werden können,
entfernt sich der Modellzustand $\underline{z}(t)$ vom tatsächlichen Streckenzustand und zwar bei
instabilen Strecken beliebig weit.

Dieser erste Ansatz zur Rekonstruktion der Zustandsgrößen ist also ungeeignet, zumal die vorausgesetzte Kenntnis des Streckenzustandes zum Einschaltzeitpunkt eine Messung von $\underline{x}$ erfordern würde, die ja gerade vermieden werden soll. Bildet man im Modell auch den Ausgangsvektor $\underline{y}$ gemäß

$$\hat{\underline{y}}(t) = \underline{C}\underline{z}(t) \tag{3.18}$$

nach und führt das Modell (3.16) mit der Abweichung zwischen dem tatsächlichen und dem rekonstruierten Meßvektor nach, so lassen sich beide Unzulänglichkeiten beheben. Mit dieser Modellnachführung entsteht das System

$$\dot{\underline{z}}(t) = \underline{A}\underline{z}(t) + \underline{B}\underline{u}(t) + \underline{D}\left[\underline{y}(t) - \hat{\underline{y}}(t)\right] \;, \tag{3.19}$$

das mit Gleichung (3.18) in die Form

$$\dot{\underline{z}}(t) = (\underline{A} - \underline{D}\underline{C})\underline{z}(t) + \underline{B}\underline{u}(t) + \underline{D}\underline{y}(t) \tag{3.20}$$

umgeschrieben werden kann. Dieses rückgeführte Streckenmodell stellt den sogenannten Einheitsbeobachter dar. Bild 3.2 macht deutlich, daß man den Beobachter als Folgeregelkreis bezüglich der Meßgrößen $\underline{y}(t)$ interpretieren kann.

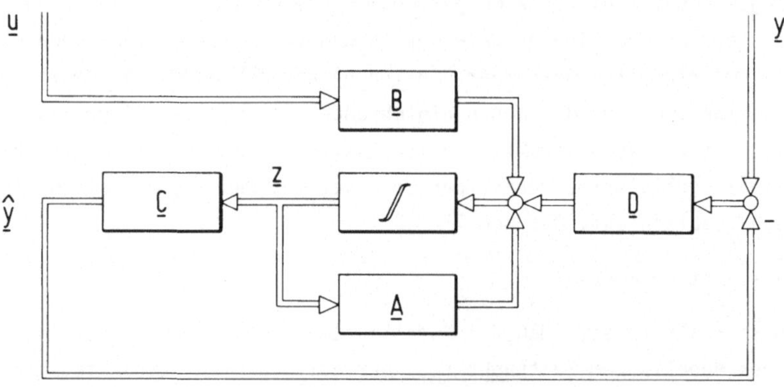

Bild 3.2 Einheitsbeobachter

Der Beobachtungsfehler

$$\tilde{\underline{x}}(t) = \underline{z}(t) - \underline{x}(t) \;, \tag{3.21}$$

nämlich die Differenz zwischen dem Beobachterzustand $\underline{z}$ und dem Streckenzustand $\underline{x}$ genügt der Differentialgleichung

$$\dot{\tilde{\underline{x}}}(t) = (\underline{A} - \underline{D}\underline{C})\tilde{\underline{x}}(t) + (\underline{D}\underline{Y} - \underline{X})\underline{r}(t) \;, \tag{3.22}$$

wenn man für die Strecke (3.14) den Störeingriff berücksichtigt. Diese Gleichung läßt erkennen, daß im störungsfreien Fall ($\underline{r} \equiv \underline{0}$) Abweichungen zwischen Streckenzustand und Beobachterzustand asymptotisch verschwinden, wenn die Matrix $(\underline{A} - \underline{DC})$ nur Eigenwerte mit negativem Realteil besitzt. Für $\underline{r} \equiv \underline{0}$ ergibt sich nämlich der Beobachtungsfehler nach Einschalten zum Zeitpunkt $t_0 = 0$ zu

$$\underline{z}(t) - \underline{x}(t) = e^{(\underline{A} - \underline{DC})t}\left[\underline{z}(0) - \underline{x}(0)\right] . \tag{3.23}$$

Damit erübrigt sich die Kenntnis des Streckenzustandes beim Einschalten des Beobachters, da die Beobachtungsfehler aufgrund unterschiedlicher Anfangsbedingungen in Strecke und Modell jetzt abgebaut werden. Beobachtungsfehler sind jedoch unvermeidlich, wenn Störungen in die Strecke eingreifen. Sie verschwinden allerdings asymptotisch (d.h. im eingeschwungenen Zustand), sobald die Störung nicht mehr einwirkt, und zwar mit einer Dynamik, die durch die Systemmatrix $(\underline{A} - \underline{DC})$ des Beobachters festgelegt ist. Diese Dynamik kann über die Matrix $\underline{D}$ beliebig gestaltet werden, wenn die Strecke vollständig beobachtbar ist /L11/.

Weiterhin macht Gl.(3.22) deutlich, daß die Ansteuerung des Beobachters mit der Stellgröße $\underline{u}$ gerade so geschieht, daß dadurch kein Beobachtungsfehler entsteht. Im Zusammenhang mit Zustandsregelungen, bei denen ein Beobachter zur Erzeugung der Stellgröße $\underline{u}$ eingesetzt wird, ist diese Eigenschaft von Bedeutung.

Den in Bild 3.2 gezeigten Beobachter nennt man deshalb "Einheitsbeobachter", weil nach dem Abklingen des Beobachtungsfehlers eine Zuordnung zwischen Beobachter- und Streckenzustand über die Einheitsmatrix $\underline{I}$ gemäß

$$\underline{z}(t) = \underline{I}\underline{x}(t) \tag{3.24}$$

besteht.

3.2.3 Beobachter reduzierter Ordnung

Der Einheitsbeobachter n-ter Ordnung besitzt ein gewisses Maß an Redundanz, da die m Meßgrößen $\underline{y}$ zur Bildung des Schätzwertes $\hat{\underline{x}}$ für den Streckenzustand $\underline{x}$ nicht explizit verwendet werden. Luenberger /L9/ hat gezeigt, daß schon ein lineares System (n-m)-ter Ordnung ausreicht, um den gesamten Streckenzustand zu rekonstruieren. Dieser "Beobachter reduzierter Ordnung" besitzt die Zustandsgleichungen

$$\dot{\underline{z}}(t) = \underline{F}\underline{z}(t) + \bar{\underline{B}}\underline{u}(t) + \underline{D}\underline{y}(t) , \tag{3.25}$$

die denen des Einheitsbeobachters (3.20) entsprechen. Dabei ist $\underline{z}(t)$ der (n-m)-dimensionale Zustandsvektor und $\underline{F}$ die Systemmatrix des Beobachters mit frei vorgebbaren Eigenwerten. Die (n-m)xm-Matrix $\underline{D}$ stellt die Aufschaltmatrix für den Streckenausgang $\underline{y}$ und die (n-m)xp-Matrix $\bar{\underline{B}}$ die Aufschaltmatrix für den Streckeneingang $\underline{u}$ dar. Wie sich zeigen wird, lautet der Zusammenhang zwischen $\underline{z}$ und $\underline{x}$ nach Abklingen der Beobachtungsfehler

$$\underline{z}(t) = \underline{T}\underline{x}(t) \tag{3.26}$$

mit der (n-m)xn-Transformationsmatrix $\underline{T}$.

Benutzt man die mit $\underline{T}$ multiplizierte Streckengleichung (3.14) und die Beobachter-
gleichung (3.25), so ergibt sich für den Beobachtungsfehler

$$\underline{\xi}(t) = \underline{z}(t) - \underline{T}\underline{x}(t) \tag{3.27}$$

die Differentialgleichung

$$\dot{\underline{\xi}}(t) = \underline{F}\underline{z}(t) - \underline{T}\underline{A}\underline{x}(t) + \underline{D}\underline{C}\underline{x}(t) + (\underline{\bar{B}} - \underline{T}\underline{B})\underline{u}(t) + (\underline{D}\underline{Y} - \underline{T}\underline{X})\underline{r}(t) \ . \tag{3.28}$$

Mit der identischen Ergänzung $\underline{F}\underline{T}\underline{x}(t) - \underline{F}\underline{T}\underline{x}(t)$ folgt daraus

$$\dot{\underline{\xi}}(t) = \underline{F}\underline{\xi}(t) + (-\underline{T}\underline{A} + \underline{F}\underline{T} + \underline{D}\underline{C})\underline{x}(t) + (\underline{\bar{B}} - \underline{T}\underline{B})\underline{u}(t) + (\underline{D}\underline{Y} - \underline{T}\underline{X})\underline{r}(t) \ . \tag{3.29}$$

Wählt man nun die Matrizen $\underline{D}$, $\underline{F}$, $\underline{T}$ und $\underline{\bar{B}}$ so, daß

$$- \underline{T}\underline{A} + \underline{F}\underline{T} + \underline{D}\underline{C} = \underline{0} \tag{3.30}$$

und

$$\underline{\bar{B}} - \underline{T}\underline{B} = \underline{0} \tag{3.31}$$

gilt, so wird weder vom Streckenzustand $\underline{x}$ noch vom Stellvektor $\underline{u}$ aus ein Beobachtungsfehler angeregt, und $\underline{\xi}$ genügt der Differentialgleichung

$$\dot{\underline{\xi}}(t) = \underline{F}\underline{\xi}(t) + (\underline{D}\underline{Y} - \underline{T}\underline{X})\underline{r}(t) \ . \tag{3.32}$$

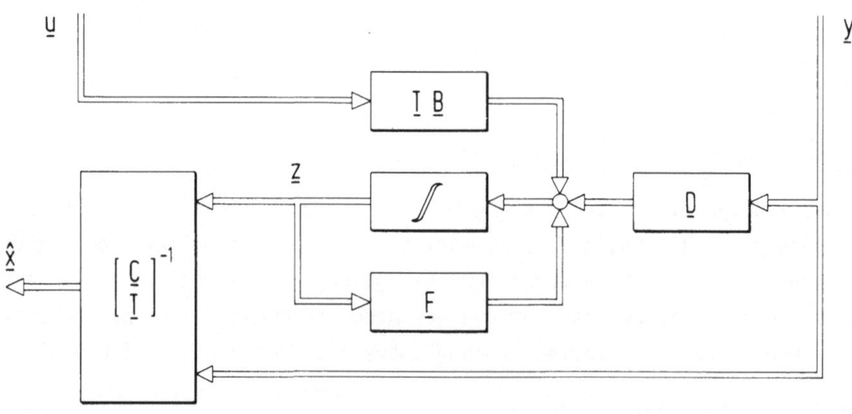

Bild 3.3 Beobachter reduzierter Ordnung

Im störungsfreien Fall ($\underline{r} = \underline{0}$) verschwinden beim Einschalten des Beobachters vorhandene Beobachtungsfehler $\underline{\xi}(0)$ asymptotisch, wenn alle Eigenwerte von $\underline{F}$ negative Realteile besitzen, und es ergibt sich der Zusammenhang (3.26). Zwischen den Beobach-
terzuständen, Meßgrößen und Streckenzuständen besteht dann der Zusammenhang

$$\begin{bmatrix} \underline{y}(t) \\ \underline{z}(t) \end{bmatrix} = \begin{bmatrix} \underline{C} \\ \underline{T} \end{bmatrix} \underline{x}(t) \tag{3.33}$$

Dies legt die Rekonstruktion des Streckenzustandes über

$$\hat{\underline{x}}(t) = \begin{bmatrix} \underline{C} \\ \underline{T} \end{bmatrix}^{-1} \begin{bmatrix} \underline{y}(t) \\ \underline{z}(t) \end{bmatrix} \tag{3.34}$$

nahe. Dazu muß $\underline{T}$ so gewählt werden, daß es nur Zeilen enthält, die von $\underline{C}$ linear unabhängig sind.

Während des Einschwingvorganges und beim Auftreten von Störungen treten natürlich Abweichungen zwischen $\hat{\underline{x}}$ und $\underline{x}$ auf, deren Einfluß beim Einsatz des Beobachters im Regelkreis später noch erläutert wird. Bild 3.3 zeigt ein Blockschaltbild des Beobachters reduzierter Ordnung.

Zentrale Entwurfsgleichungen für den Beobachter stellen die Gln.(3.30) und (3.31) dar. Sie dienen zur Bestimmung der Matrizen $\underline{T}$, $\underline{F}$, $\underline{D}$ und $\bar{\underline{B}}$, an die weiter oben schon die Bedingungen

- die Zeilen von $\underline{T}$ müssen von $\underline{C}$ linear unabhängig sein
- $\underline{F}$ darf nur Eigenwerte mit negativem Realteil besitzen

gestellt wurden. Während $\bar{\underline{B}}$ festliegt, wenn $\underline{T}$ bekannt ist, muß man bei der Lösung von Gl.(3.30), die üblicherweise in der Form

$$\underline{T}\underline{A} - \underline{F}\underline{T} = \underline{D}\underline{C} \tag{3.35}$$

angeschrieben wird, verschiedenes beachten. Hierzu gibt es eine Reihe von Abhandlungen, die entweder Vorschläge für die geschickte Wahl der Freiheitsgrade machen, oder durch strukturelle Festlegungen das Problem des Beobachterentwurfes (scheinbar) eindeutig machen. Voraussetzungen für die grundsätzliche Lösbarkeit sind /L10/

(i)   das Paar $(\underline{A}, \underline{C})$ muß vollständig beobachtbar sein

(ii)   die Matrizen $\underline{A}$ und $\underline{F}$ dürfen keine gemeinsamen Eigenwerte besitzen

(iii)   das Paar $(\underline{F}, \underline{D})$ muß vollständig steuerbar sein.

Der Beobachteransatz nach Gl.(3.25) ist nicht nur auf eine Beobachterordnung $n_B = n-m$ beschränkt. Dieselben Gleichungen gelten, wenn n_B im Bereich

$$(n-m) \leqslant n_B \leqslant n \tag{3.36}$$

liegt, wobei zur Bildung von $\hat{\underline{x}}$ aus Beobachterzustand $\underline{z}$ und Streckenausgang $\underline{y}$ gemäß Gl.(3.34) für $n_B > (n-m)$ gerade n linear unabhängige Zeilen aus $\underline{C}$ und $\underline{T}$ kombiniert werden können und für $n_B = n$ der Beobachterzustand $\underline{z}$ allein ausreicht.

Die Entwurfsgleichung (3.35) liefert $n_B n$ Bedingungen für die $n_B(n+m+n_B)$ unbekannten Parameter in $\underline{T}$, $\underline{D}$ und $\underline{F}$. Die Vorgabe der Eigenwerte von $\underline{F}$ entspricht weiteren n_B Bedingungen. Die verbleibenden Freiheitsgrade sollte man auf jeden Fall dazu verwenden, $\underline{F}$ vollständig vorzugeben, da dann das zu lösende Gleichungssystem (3.35) linear in den Unbekannten wird und nach Umordnen mit Standard-Software lösbar ist.

Die nach Vorgabe von $\underline{F}$ verbleibenden $n_B m$ Freiheitsgrade können zur Festlegung entsprechend vieler Parameter in $\underline{D}$ und $\underline{T}$ verwendet werden.

Gibt man $\underline{F}$ in Diagonalform vor, so läßt sich die Lösung von Gl.(3.35) vereinfachen. Aus der Bedingung (iii) folgt allerdings, daß man bei Strecken mit einem Ausgang, bei denen $\underline{D}$ ein Spaltenvektor ist, für $\underline{F}$ nur dann eine Diagonalform zulassen kann, wenn alle Eigenwerte von $\underline{F}$ disjunkt sind. Bezeichnet man die Zeilen von $\underline{D}$ mit $\underline{d}_i^T$, die Diagonalelemente von $\underline{F}$ mit s_i und die Zeilen von $\underline{T}$ mit $\underline{t}_i^T$, dann lassen sich n_B entkoppelte Beziehungen anstelle von (3.35) anschreiben. Daraus erhält man die einfache Lösung

$$\underline{t}_i^T = \underline{d}_i^T \underline{C} (\underline{A} - s_i \underline{I})^{-1} \quad , \quad i=1,2,\ldots,n_B \ . \tag{3.37}$$

Aus dieser Beziehung erkennt man deutlich, daß $\underline{A}$ und $\underline{F}$, also Strecke und Beobachter, keine gemeinsamen Eigenwerte besitzen dürfen, da sonst $(\underline{A} - s_i \underline{I})^{-1}$ nicht existiert.

Für den Fall $m=1$ kann das von Ackermann in /A3/ bzw. /A4/ vorgestellte Beobachterentwurfsverfahren verwendet werden. Es vermeidet die Notwendigkeit, freie Parameter in $\underline{D}$, $\underline{T}$ und $\underline{F}$ willkürlich vorzugeben.

Im Hinblick auf eine gute Beobachtung gilt die Faustformel, daß die Beobachterpole links von den Streckenpolen liegen sollten, damit Beobachtungsfehler schnell abklingen. Dies erscheint auch auf dem Hintergrund der Interpretation des Beobachters als rückgekoppeltes Streckenmodell sinnvoll. Dennoch ist diese Faustformel nur eingeschränkt gültig. Die Lage der Beobachtereigenwerte beeinflußt nämlich das Störverhalten des Regelkreises, und es zeigt sich, daß man unter Umständen ein gutes Regelergebnis nur dann erzielt, wenn Beobachterpole rechts von den Streckenpolen liegen. Die sinnvolle Beobachterfestlegung im Hinblick auf ein günstiges Regelkreisverhalten wird in Kapitel 5 ausführlich behandelt.

3.2.4 Beobachterentwurf am Beispiel eines Hubschraubermodells

Bei Hubschraubern treten durch den Rotor Schwingungen auf, die sich auf die Zelle und damit auf den Piloten übertragen. Durch passive Schwingungsisolation sind der Unterdrückung dieser unerwünschten Schwingungen Grenzen gesetzt, zumal die "Entkoppelung" des Rotors von der Zelle nicht zu weit gehen darf, weil sonst bei Beschleunigungsvorgängen zu große Auslenkungen zwischen Rotor und Zelle auftreten. In /S9/ haben Schulz und Kreisselmeier eine aktive Schwingungsdämpfung mit Hilfe eines geregelten hydraulischen Kraftstellgliedes vorgestellt, die einerseits die Übertragung der Rotorschwingungen auf die Zelle für eine Sollfrequenz vollständig unterdrückt und andererseits eine genügend starre Fesselung zwischen Rotor und Zelle sicherstellt. Dieses Regelungsproblem wird in Kapitel 4 betrachtet.

Bild 3.4 zeigt ein vereinfachtes Prinzipschaltbild für die aktive, vertikale Schwingungsisolation bei einem Hubschrauber.

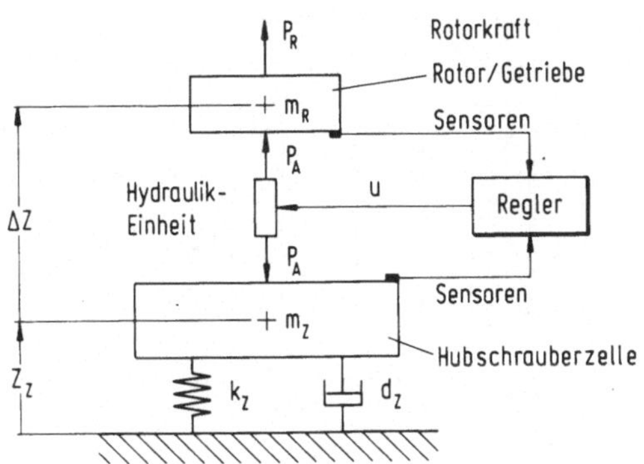

Bild 3.4 Prinzipschaltbild der vertikalen Schwingungsisolation bei einem Hubschrauber nach /S9/

In diesem Modell sind die Rotor-Getriebe-Einheit und die Zelle durch zwei punktför-mige Massen idealisiert. Durch die Abstützung der Zelle über Feder und Dämpfer wird das elastische Zellenverhalten in der maßgebenden Modalform nachgebildet. Die Ser-voeinheit möge im Rahmen der gewählten Vereinfachungen als verzögerungsfreies Pro-portionalglied ansetzbar sein.

Als Meßgrößen stehen die Zellengeschwindigkeit $\dot{Z}_Z$ und die Relativauslenkung ΔZ zur Verfügung. Die um die stationäre Nullage linearisierten Bewegungsgleichungen des in Bild 3.4 gezeigten Hubschraubermodells lauten

$$\Delta\ddot{Z} = \frac{k_Z}{m_Z}Z_Z + \frac{d_Z}{m_Z}\dot{Z}_Z + \frac{1}{m_R}P_R + \left[\frac{1}{m_R} + \frac{1}{m_Z}\right]P_A$$

$$\ddot{Z}_Z = - \frac{k_Z}{m_Z}Z_Z - \frac{d_Z}{m_Z}\dot{Z}_Z - \frac{1}{m_Z}P_A$$

mit

$$P_A = c_1 u \ .$$

Die Winkelgeschwindigkeit des Rotors sei mit ω_0 bezeichnet. Wählt man als Zustands-größen

$$x_1 = \Delta Z \ , \quad x_2 = Z_Z \ , \quad x_3 = \Delta\dot{Z} \ , \quad x_4 = \dot{Z}_Z$$

und als Ausgangsgrößen

$$y_1 = \dot{Z}_Z \quad \text{und} \quad y_2 = \Delta Z \ ,$$

so ergeben sich nach einer Zeitnormierung mit

$$\tau = \omega_0 t$$

die normierten Zustandsgleichungen des Hubschraubers (mit gegenüber /S9/ leicht modifizierten Zahlenwerten) zu

$$\begin{bmatrix} \dot{x}_1 \\ \dot{x}_2 \\ \dot{x}_3 \\ \dot{x}_4 \end{bmatrix} = \begin{bmatrix} 0 & 0 & 1 & 0 \\ 0 & 0 & 0 & 1 \\ 0 & 10 & 0 & 0.1 \\ 0 & -10 & 0 & -0.1 \end{bmatrix} \begin{bmatrix} x_1 \\ x_2 \\ x_3 \\ x_4 \end{bmatrix} + \begin{bmatrix} 0 \\ 0 \\ 8 \\ -1 \end{bmatrix} u + \begin{bmatrix} 0 \\ 0 \\ 7 \\ 0 \end{bmatrix} P_R \qquad (3.38)$$

$$\begin{bmatrix} y_1 \\ y_2 \end{bmatrix} = \begin{bmatrix} 0 & 0 & 0 & 1 \\ 1 & 0 & 0 & 0 \end{bmatrix} \begin{bmatrix} x_1 & x_2 & x_3 & x_4 \end{bmatrix}^T .$$

Gesucht wird ein reduzierter Beobachter zur Rekonstruktion des Zustandes $\underline{x}$. Die Beobachterpole mögen bei s = -5 ± 5i liegen.

Die Ordnung n_B des reduzierten Beobachters beträgt (n-m)=2. Bei der Lösung der Entwurfsgleichungen $\underline{T}\underline{A} - \underline{F}\underline{T} = \underline{D}\underline{C}$ sollte $\underline{F}$ vollständig vorgegeben werden, da sonst ein nichtlineares Gleichungssystem zu lösen wäre. Wählt man

$$\underline{F} = \begin{bmatrix} 0 & 1 \\ -50 & -10 \end{bmatrix},$$

dann verbleiben vier Freiheitsgrade in Gl.(3.35). Nach Vorgabe von

$$\underline{D} = \begin{bmatrix} -6 & 0 \\ -49.5 & 500 \end{bmatrix}$$

erhält man

$$\begin{bmatrix} t_{11} & t_{12} & t_{13} & t_{14} \\ t_{21} & t_{22} & t_{23} & t_{24} \end{bmatrix} \begin{bmatrix} 0 & 0 & 1 & 0 \\ 0 & 0 & 0 & 1 \\ 0 & 10 & 0 & 0.1 \\ 0 & -10 & 0 & -0.1 \end{bmatrix} + \begin{bmatrix} 0 & -1 \\ 50 & 10 \end{bmatrix} \begin{bmatrix} t_{11} & t_{12} & t_{13} & t_{14} \\ t_{21} & t_{22} & t_{23} & t_{24} \end{bmatrix} =$$

$$= \begin{bmatrix} -6 & 0 \\ -49.5 & 500 \end{bmatrix} \begin{bmatrix} 0 & 0 & 0 & 1 \\ 1 & 0 & 0 & 0 \end{bmatrix},$$

mit der eindeutigen Lösung

$$\underline{T} = \begin{bmatrix} 10 & -1 & -2 & -2 \\ 0 & 0 & 10 & 5 \end{bmatrix} .$$

Für die Vorgabe der Form von $\underline{F}$ und der weiteren Freiheitsgrade (hier zur Erzeugung ganzzahliger Elemente in $\underline{T}$ benutzt) gibt es keine Regeln. In /A3/ ist ein Vorgehen vorgeschlagen, bei dem keine willkürlichen Annahmen für $\underline{F}$ und $\underline{D}$ getroffen werden müssen; man schränkt dadurch aber die Realisierungsvielfalt des Beobachters ein. Auf der anderen Seite ist in diesem Stadium die Auswirkung von Vorgaben auf die Struktur des resultierenden Zustandsreglers nicht überschaubar, so daß der gesamte

Reglerentwurf im Zeitbereich im Hinblick auf eine spätere Realisierung des Reglers
unbefriedigend bleibt. Ein günstigeres Vorgehen erlaubt dagegen der Frequenzbereichsentwurf (Abschn. 3.8 und Kapitel 4), wo lediglich die Übertragungsfunktionen
des Reglers berechnet werden und die Realisierung im Anschluß an die Berechnung
nach relevanten Gesichtspunkten erfolgen kann.

Aus den Ausgangsgrößen y_i der Strecke und den Zustandsgrößen z_j des Beobachters

$$\begin{bmatrix} \dot{z}_1 \\ \dot{z}_2 \end{bmatrix} = \begin{bmatrix} 0 & 1 \\ -50 & -10 \end{bmatrix}\begin{bmatrix} z_1 \\ z_2 \end{bmatrix} + \begin{bmatrix} -6 & 0 \\ -49.5 & 500 \end{bmatrix}\begin{bmatrix} y_1 \\ y_2 \end{bmatrix} + \begin{bmatrix} -14 \\ 75 \end{bmatrix} u \tag{3.39}$$

erhält man schließlich den gesuchten Schätzwert für $\underline{x}$ zu

$$\begin{bmatrix} \hat{x}_1 \\ \hat{x}_2 \\ \hat{x}_3 \\ \hat{x}_4 \end{bmatrix} = \begin{bmatrix} \underline{C} \\ \underline{T} \end{bmatrix}^{-1} \begin{bmatrix} y_1 \\ y_2 \\ z_1 \\ z_2 \end{bmatrix} = \begin{bmatrix} 0 & 1 & 0 & 0 \\ -1 & 10 & -1 & -0.2 \\ -0.5 & 0 & 0 & 0.1 \\ 1 & 0 & 0 & 0 \end{bmatrix}\begin{bmatrix} y_1 \\ y_2 \\ z_1 \\ z_2 \end{bmatrix} \ . \tag{3.40}$$

3.2.5 Beobachter für lineare Funktionale

Wenn der Beobachter im Regelkreis eingesetzt werden soll, muß man nicht den gesamten Zustand $\underline{x}$, sondern lediglich die Stellgröße

$$\tilde{\underline{u}}(t) = \underline{K}_x \underline{x}(t) \tag{3.41}$$

rekonstruieren. Um hierfür einen Beobachter zu entwerfen, geht man zunächst einmal
davon aus, daß $\hat{\underline{x}}(t)$ gemäß der Beziehung (3.34) aus $\underline{y}$ und $\underline{z}$ gebildet wird. Dann kann
man dieses $\hat{\underline{x}}$ in Gl.(3.41) anstelle von $\underline{x}$ einsetzen und erhält die rekonstruierte
Stellgröße

$$\hat{\tilde{\underline{u}}}(t) = \underline{K}_x \hat{\underline{x}}(t) \tag{3.42}$$

in der Form

$$\hat{\tilde{\underline{u}}}(t) = \underline{K}_x \begin{bmatrix} \underline{C} \\ \underline{T} \end{bmatrix}^{-1} \begin{bmatrix} \underline{y}(t) \\ \underline{z}(t) \end{bmatrix} \ . \tag{3.43}$$

Faßt man dies gemäß

$$\hat{\tilde{\underline{u}}}(t) = \begin{bmatrix} \underline{G} & \underline{E} \end{bmatrix}\begin{bmatrix} \underline{y}(t) \\ \underline{z}(t) \end{bmatrix} \tag{3.44}$$

zusammen und vergleicht die Beziehungen (3.43) und (3.44), so folgt unmittelbar

$$\begin{bmatrix} \underline{G} & \underline{E} \end{bmatrix}\begin{bmatrix} \underline{C} \\ \underline{T} \end{bmatrix} = \underline{K}_x \ . \tag{3.45}$$

Ohne den Umweg über die Rekonstruktion von $\underline{x}$ gemäß Gl.(3.34) kann der Beobachter für das Stellsignal folglich durch gleichzeitige Lösung der grundlegenden Bedingungsgleichung

$$\underline{T}\underline{A} - \underline{F}\underline{T} = \underline{D}\underline{C} \tag{3.46}$$

und Gl.(3.45) entworfen werden. Der Vorteil dieser Zusammenfassung liegt darin, daß die zusätzlich gewonnenen Freiheitsgrade unter bestimmten Umständen zur Reduktion der Beobachterordnung benutzt werden können. So hat Luenberger in /L13/ gezeigt, daß zur Rekonstruktion einer einzelnen Komponente

$$\tilde{u}_i(t) = \underline{k}_{xi}^T \underline{x}(t) \tag{3.47}$$

aus dem Stellvektor $\underline{\tilde{u}}$ ein Beobachter der Ordnung

$$n_{Bi} = (\nu - 1) \tag{3.48}$$

ausreicht. Hierfür prägte er die Bezeichnung "Beobachter für ein lineares Funktional". Für den Beobachtbarkeitsindex ν der Strecke (Def. 1.7 in Abschn. 1.2.4) gilt die Ungleichung

$$m\nu \geqslant n \;, \tag{3.49}$$

und es zeigt sich, daß die Beobachterordnung $n_B = (\nu-1)$ erheblich kleiner als die Ordnung $(n-m)$ des "Beobachters reduzierter Ordnung" aus Abschn. 3.2.3 sein kann. Bei Strecken mit einem Ausgang ist $m = 1$ und $\nu = n$, weshalb hier keine Ordnungserniedrigung möglich ist.

Der Beobachter für die i-te Stellgröße $\tilde{u}_i$, der die Linearkombination

$$\hat{\tilde{u}}_i(t) = \underline{g}_i^T \underline{y}(t) + \underline{e}_i^T \underline{z}(t) \tag{3.50}$$

erzeugt, hat die Form

$$\underline{\dot{z}}^i = \underline{F}^i \underline{z}^i + \underline{D}^i \underline{y} + \underline{T}^i \underline{B}\underline{u} \;, \tag{3.51}$$

wobei die Entwurfsgleichungen

$$\underline{T}^i \underline{A} - \underline{F}^i \underline{T}^i = \underline{D}^i \underline{C} \tag{3.52}$$

und

$$\underline{g}_i^T \underline{C} + \underline{e}_i^T \underline{T}^i = \underline{k}_{xi}^T \tag{3.53}$$

simultan gelöst werden müssen. Diese beiden Gleichungen sind schon mit einem Beobachter der Ordnung $n_{Bi} = (\nu-1)$ lösbar, was unter Umständen eine erhebliche Ordnungsreduktion bedeutet. Wiederum dürfen $\underline{A}$ und $\underline{F}^i$ keine gemeinsamen Eigenwerte besitzen. Um zusätzliche Freiheitsgrade zu erhalten ist es häufig wünschenswert, die Beobachterordnung gegenüber der minimal notwendigen zu erhöhen, so daß man allgemein davon ausgehen kann, daß ein Beobachter der Ordnung $n_{Bi} \geqslant (\nu-1)$ zur Rekonstruktion einer Komponente des Stellvektors eingesetzt wird.

Die Gleichungen (3.52) und (3.53) stellen $(n_{Bi}+1)n$ Bedingungsgleichungen für die $\left[n_{Bi}(n+m+n_{Bi}+1)+m\right]$ unbekannten Parameter in den Matrizen und Vektoren $\underline{T}^i$, $\underline{F}^i$, $\underline{D}^i$, $\underline{g}_i$ und $\underline{e}_i$ dar. Gibt man $\underline{F}^i$ und $\underline{e}_i$ vollständig vor, da sonst das zu lösende Gleichungssystem nichtlinear wäre, dann verbleiben noch $\left[m(n_{Bi}+1)-n\right] \geqslant 0$ Freiheitsgrade, wenn $n_{Bi} \geqslant (\nu-1)$ gewählt wird (s.Gl.(3.49)).

Nachdem der Vektor $\tilde{\underline{u}}$ bei Mehrgrößensystemen $p>1$ Komponenten besitzt, benötigt man also p Beobachter der Form (3.51), was zu einer Gesamtordnung des Beobachters von $n_B = pn_{Bi}$ führt. Bild 3.5 zeigt ein Blockschaltbild des enstehenden Beobachters.

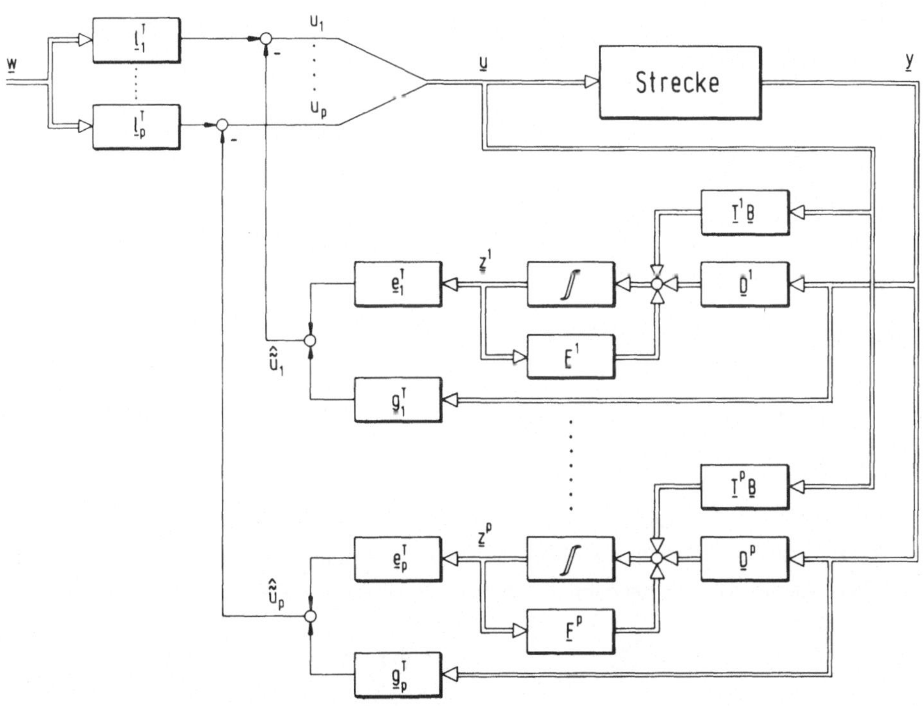

Bild 3.5 Beobachter für p lineare Funktionale

Da $(\nu-1)$ unter Umständen wesentlich kleiner als $(n-m)$ werden kann, ist es durchaus möglich, daß die Ordnung $p(\nu-1)$ des Beobachters für p lineare Funktionale geringer ist als die Ordnung $(n-m)$ eines reduzierten Beobachters. Bei einem System 25. Ordnung mit 5 Ausgängen kann beispielsweise $\nu = 5$ sein. Während also ein reduzierter Beobachter zur Rekonstruktion von $\underline{x}$ die Ordnung 20 besitzen würde, ließe sich eine Komponente von $\tilde{\underline{u}}$ schon mit einem Beobachter 4. Ordnung erzeugen, so daß erst bei fünf zu bildenden Stellgößen die Ordnung 20 des reduzierten Beobachters erreicht würde.

Die Gln.(3.45) und (3.46) können zur Dimensionierung jedes Beobachters herangezogen werden. Mit einem Beobachter (n-m)-ter Ordnung lassen sich beliebig viele lineare Funktionale erzeugen. Eine weitere Ordnungsreduktion ist in speziellen Fällen möglich, wenn $p(\nu-1) < (n-m)$ gilt. Selbst wenn $p(\nu-1) > (n-m)$ sein sollte, empfiehlt sich die Verwendung von p Einzelbeobachtern, da ihr Entwurf einfacher und überschaubarer ist als der eines "Zentralbeobachters" für das gesamte $\tilde{\underline{u}}$.

3.2.6 Entwurf eines Beobachters für zwei lineare Funktionale

Ein durch die Zustandsgleichungen

$$\begin{bmatrix} \dot{x}_1 \\ \dot{x}_2 \\ \dot{x}_3 \\ \dot{x}_4 \end{bmatrix} = \begin{bmatrix} 0 & 1 & 0 & 0 \\ 0 & 0 & 0 & 1 \\ 0 & -2 & 0 & -4 \\ 0 & 0 & 1 & -3 \end{bmatrix} \begin{bmatrix} x_1 \\ x_2 \\ x_3 \\ x_4 \end{bmatrix} + \begin{bmatrix} 0 & 0 \\ 0 & 1 \\ 0 & -1 \\ 1 & 0 \end{bmatrix} \begin{bmatrix} u_1 \\ u_2 \end{bmatrix} \tag{3.54}$$

$$\begin{bmatrix} y_1 \\ y_2 \end{bmatrix} = \begin{bmatrix} 1 & 0 & 0 & 0 \\ 0 & 0 & 1 & 0 \end{bmatrix} \begin{bmatrix} x_1 \\ x_2 \\ x_3 \\ x_4 \end{bmatrix}$$

beschreibbares System soll zustandsgeregelt werden. Die Rückführmatrix $\underline{K}_x$ für den Streckenzustand sei bereits bestimmt und habe die Form

$$\underline{K}_x = \begin{bmatrix} 0 & 2 & -15 & 7 \\ 1 & 2 & 3 & 1 \end{bmatrix}. \tag{3.55}$$

Gesucht wird ein Beobachter für die beiden linearen Funktionale $\tilde{u}_1 = \underline{k}_{x1}^T \underline{x}$ und $\tilde{u}_2 = \underline{k}_{x2}^T \underline{x}$. Die Beobachterpole mögen bei $s = -5$ liegen. Da der Beobachtbarkeitsindex $\nu = 2$ ist, genügen zwei Beobachter erster Ordnung der Form

$$\begin{aligned} \dot{z}_1 &= -5z_1 + \underline{d}_1^T \underline{y} + \underline{t}_1^T \underline{Bu} & & & \hat{\tilde{u}}_1 &= \underline{g}_1^T \underline{y} + e_1 z_1 \\ \dot{z}_2 &= -5z_2 + \underline{d}_2^T \underline{y} + \underline{t}_2^T \underline{Bu} & \text{mit} & & \hat{\tilde{u}}_2 &= \underline{g}_2^T \underline{y} + e_2 z_2 \quad . \end{aligned} \tag{3.56}$$

Setzt man $e_1=1$ und $e_2=1$, so lauten die beiden Entwurfsgleichungs-Sätze (3.52) und (3.53) hier

$$\begin{bmatrix} t_{11} & t_{12} & t_{13} & t_{14} \end{bmatrix} \begin{bmatrix} 0 & 1 & 0 & 0 \\ 0 & 0 & 0 & 1 \\ 0 & -2 & 0 & -4 \\ 0 & 0 & 1 & -3 \end{bmatrix} + 5 \begin{bmatrix} t_{11} & t_{12} & t_{13} & t_{14} \end{bmatrix} = \begin{bmatrix} d_{11} & d_{12} \end{bmatrix} \begin{bmatrix} 1 & 0 & 0 & 0 \\ 0 & 0 & 1 & 0 \end{bmatrix},$$

$$\begin{bmatrix} g_{11} & g_{12} \end{bmatrix} \begin{bmatrix} 1 & 0 & 0 & 0 \\ 0 & 0 & 1 & 0 \end{bmatrix} + \begin{bmatrix} t_{11} & t_{12} & t_{13} & t_{14} \end{bmatrix} = \begin{bmatrix} 0 & 2 & -15 & 7 \end{bmatrix}$$

und

$$\begin{bmatrix} t_{21} & t_{22} & t_{23} & t_{24} \end{bmatrix} \begin{bmatrix} 0 & 1 & 0 & 0 \\ 0 & 0 & 0 & 1 \\ 0 & -2 & 0 & -4 \\ 0 & 0 & 1 & -3 \end{bmatrix} + 5 \begin{bmatrix} t_{21} & t_{22} & t_{23} & t_{24} \end{bmatrix} = \begin{bmatrix} d_{21} & d_{22} \end{bmatrix} \begin{bmatrix} 1 & 0 & 0 & 0 \\ 0 & 0 & 1 & 0 \end{bmatrix} \,,$$

$$\begin{bmatrix} g_{21} & g_{22} \end{bmatrix} \begin{bmatrix} 1 & 0 & 0 & 0 \\ 0 & 0 & 1 & 0 \end{bmatrix} + \begin{bmatrix} t_{21} & t_{22} & t_{23} & t_{24} \end{bmatrix} = \begin{bmatrix} 1 & 2 & 3 & 1 \end{bmatrix} \,.$$

Beide Gleichungssätze liefern jeweils 8 Bedingungsgleichungen für die 8 unbekannten Parameter eines Beobachters. Als Lösung erhält man

$$\underline{t}_1^T = \begin{bmatrix} -2 & 2 & 4 & 7 \end{bmatrix}, \quad \underline{d}_1^T = \begin{bmatrix} -10 & 27 \end{bmatrix}, \quad \underline{g}_1^T = \begin{bmatrix} 2 & -19 \end{bmatrix}$$

und

$$\underline{t}_2^T = \begin{bmatrix} -8 & 2 & 1 & 1 \end{bmatrix}, \quad \underline{d}_2^T = \begin{bmatrix} -40 & 6 \end{bmatrix}, \quad \underline{g}_2^T = \begin{bmatrix} 9 & 2 \end{bmatrix} \,.$$

Mit $\underline{t}_1^T \underline{B} = \begin{bmatrix} 7 & -2 \end{bmatrix}$ und $\underline{t}_2^T \underline{B} = \begin{bmatrix} 1 & 1 \end{bmatrix}$ ergeben sich für den Beobachter folgende Zustandsgleichungen

$$\begin{bmatrix} \dot{z}_1 \\ \dot{z}_2 \end{bmatrix} = \begin{bmatrix} -5 & 0 \\ 0 & -5 \end{bmatrix} \begin{bmatrix} z_1 \\ z_2 \end{bmatrix} + \begin{bmatrix} -10 & 27 \\ -40 & 6 \end{bmatrix} \begin{bmatrix} y_1 \\ y_2 \end{bmatrix} + \begin{bmatrix} 7 & -2 \\ 1 & 1 \end{bmatrix} \begin{bmatrix} u_1 \\ u_2 \end{bmatrix} \tag{3.57}$$

$$\begin{bmatrix} \hat{\tilde{u}}_1 \\ \hat{\tilde{u}}_2 \end{bmatrix} = \begin{bmatrix} 2 & -19 \\ 9 & 2 \end{bmatrix} \begin{bmatrix} y_1 \\ y_2 \end{bmatrix} + \begin{bmatrix} 1 & 0 \\ 0 & 1 \end{bmatrix} \begin{bmatrix} z_1 \\ z_2 \end{bmatrix} \,.$$

Bild 3.6 zeigt einen Signalflußgraphen des Beobachters für die beiden linearen Funktionale.

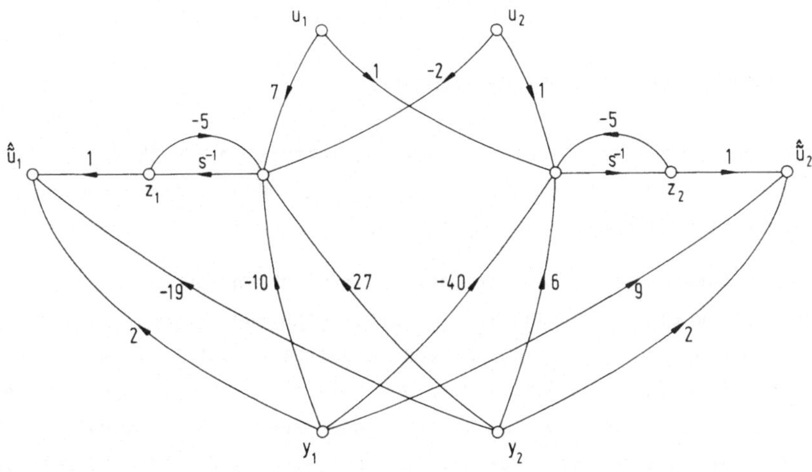

Bild 3.6 Beobachter für zwei lineare Funktionale $\tilde{u}_1$ und $\tilde{u}_2$

3.3 Der Beobachter im Regelkreis

Die vorangehenden Abschnitte zeigen, daß mit Hilfe eines Beobachters die nicht meßbaren Streckenzustände nachgebildet werden können. Nun stellt sich die Frage, wie
sich die Verwendung des vom Beobachter gelieferten Schätzwertes anstelle des tatsächlichen Streckenzustandes auf den Regelkreis auswirkt.

Ersetzt man den Zustandsvektor $\underline{x}$ im Regelgesetz (3.5) durch den Schätzwert $\underline{\hat{x}}$, so
erhält man

$$\underline{u} = - \underline{\hat{\tilde{u}}} + \underline{L}\underline{w} \tag{3.58}$$

mit

$$\underline{\hat{\tilde{u}}} = \underline{K}_x \underline{\hat{x}} \ . \tag{3.59}$$

In Bild 3.7 ist der entstehende Regelkreis bei Verwendung eines Einheitsbeobachters
oder eines Beobachters reduzierter Ordnung gezeigt.

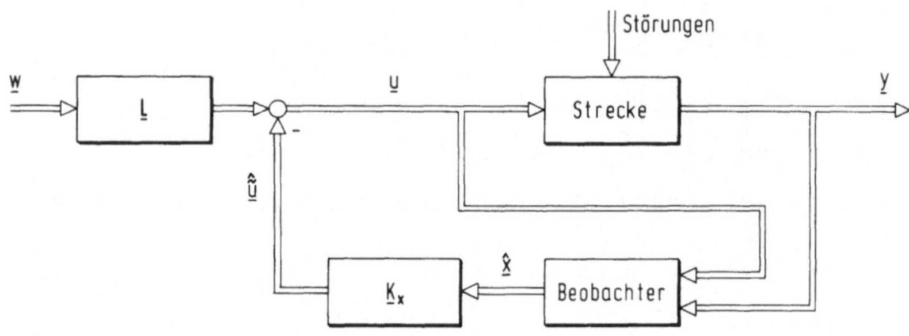

Bild 3.7 Zustandsregelkreis mit Beobachter

Anhand dieses Bildes kann die Wirkung des Beobachters im Regelkreis qualitativ ab-
geschätzt werden. Zunächst sei angenommen, daß der Regelkreis eingeschwungen ist
und die Beobachtungsfehler abgeklungen sind.

Nun werde der Regelkreis durch eine Änderung der Führungsgröße $\underline{w}$ angeregt. Dies
führt zunächst zu einer Änderung von $\underline{u}$; diese kann aber keinen Beobachtungsfehler
anregen, da der Beobachter dementsprechend konstruiert ist (vgl. Gl.(3.32)). Folg-
lich wird die Rückführgröße $\underline{\hat{\tilde{u}}}$ so verlaufen, als seien die Zustandsgrößen direkt
gemessen worden. Der Beobachter wirkt sich daher überhaupt nicht auf das Führungsverhalten des Regelkreises aus, das somit identisch mit dem bei vollständig meßbarem Zustandsvektor ist.

Betrachtet man auf der anderen Seite die Auswirkung von Störungen, so wird deutlich, daß Beobachtungsfehler und damit ein

$$\hat{\tilde{u}} \neq \underline{K}_x \underline{x}$$

entstehen. Da aber auch von diesem $\underline{u}$ aus kein Beobachtungsfehler angeregt wird, geschieht die Beobachtung mit derselben Dynamik, als wäre der Beobachter nicht im Regelkreis eingebaut.

Damit kann der Regelungs- und Beobachterentwurf getrennt erfolgen. Diese als Separierbarkeit bezeichnete Eigenschaft sei nun analytisch dargestellt. Die Zustandsgleichungen der Strecke lauten

$$\dot{\underline{x}} = \underline{A}\underline{x} + \underline{B}\underline{u} + \underline{X}\underline{r}$$
$$y = \underline{C}\underline{x} + \underline{Y}\underline{r} \tag{3.60}$$

und die des Beobachters

$$\dot{\underline{z}} = \underline{F}\underline{z} + \underline{D}\underline{y} + \underline{T}\underline{B}\underline{u} \quad . \tag{3.61}$$

Damit die Beobachterzustände $\underline{z}$ im eingeschwungenen und störungsfreien Zustand Linearkombinationen

$$\underline{z} = \underline{T}\underline{x} \tag{3.62}$$

der Zustandsgrößen $\underline{x}$ der Strecke sind, müssen die Matrizen $\underline{F}$, $\underline{D}$ und $\underline{T}$ die Beziehung

$$\underline{T}\underline{A} - \underline{F}\underline{T} = \underline{D}\underline{C} \tag{3.63}$$

erfüllen. Setzt man den Schätzwert für $\underline{x}$ in das Regelgesetz (3.58) ein oder entwirft man den Beobachter anhand der Gln.(3.45) und (3.46), so ergibt sich

$$\underline{u} = - \begin{bmatrix} \underline{G} & \underline{E} \end{bmatrix} \begin{bmatrix} \underline{y} \\ \underline{z} \end{bmatrix} + \underline{L}\underline{w} \quad . \tag{3.64}$$

Nach Einsetzen dieser Stellgröße in die Strecken- und Beobachtergleichungen resultieren die Zustandsgleichungen des Regelkreises zu

$$\begin{bmatrix} \dot{\underline{x}} \\ \dot{\underline{z}} \end{bmatrix} = \begin{bmatrix} \underline{A} - \underline{B}\underline{G}\underline{C} & - \underline{B}\underline{E} \\ (\underline{D} - \underline{T}\underline{B}\underline{G})\underline{C} & \underline{F} - \underline{T}\underline{B}\underline{E} \end{bmatrix} \begin{bmatrix} \underline{x} \\ \underline{z} \end{bmatrix} + \begin{bmatrix} \underline{B}\underline{L} \\ \underline{T}\underline{B}\underline{L} \end{bmatrix} \underline{w} + \begin{bmatrix} \underline{X} - \underline{B}\underline{G}\underline{Y} \\ (\underline{D} - \underline{T}\underline{B}\underline{G})\underline{Y} \end{bmatrix} \underline{r} \tag{3.65}$$

$$\underline{y} = \begin{bmatrix} \underline{C} & \underline{0} \end{bmatrix} \begin{bmatrix} \underline{x} \\ \underline{z} \end{bmatrix} + \underline{Y}\underline{r} \quad .$$

Diese Gleichungen kann man jetzt geeignet umformen, indem man den Beobachterzustand $\underline{z}$ durch den Beobachtungsfehler

$$\underline{\xi} = \underline{z} - \underline{T}\underline{x} \tag{3.66}$$

ersetzt. Dazu ergänzt man die erste Zeile von Gl.(3.65) identisch mit $\underline{B}\underline{E}\underline{T}\underline{x} - \underline{B}\underline{E}\underline{T}\underline{x}$

und nutzt den Zusammenhang (3.45) aus. Von der zweiten Zeile wird die von links mit $\underline{T}$ multiplizierte erste Zeile subtrahiert und Gl.(3.63) berücksichtigt. Dadurch erhalten die Zustandsgleichungen des Regelkreises die Form

$$\begin{bmatrix} \underline{\dot{x}} \\ \underline{\dot{\xi}} \end{bmatrix} = \begin{bmatrix} \underline{A} - \underline{BK}_x & - \underline{BE} \\ \underline{0} & \underline{F} \end{bmatrix} \begin{bmatrix} \underline{x} \\ \underline{\xi} \end{bmatrix} + \begin{bmatrix} \underline{BL} \\ \underline{0} \end{bmatrix} \underline{w} + \begin{bmatrix} \underline{X} - \underline{BGY} \\ \underline{DY} - \underline{TX} \end{bmatrix} \underline{r} \tag{3.67}$$

$$\underline{y} = \begin{bmatrix} \underline{C} & \underline{0} \end{bmatrix} \begin{bmatrix} \underline{x} \\ \underline{\xi} \end{bmatrix} + \underline{Y}\underline{r} \quad .$$

Man erkennt, daß die Eigenwerte dieses Systems sich zusammensetzen aus den Nullstellen von

$$\det(s\underline{I} - \underline{A} + \underline{BK}_x),$$

also den Polen des Regelkreises, wenn kein Beobachter benötigt wird, und den Nullstellen von

$$\det(s\underline{I} - \underline{F}),$$

den Beobachterpolen. Ein Vergleich mit Gl.(3.32) aus Abschn. 3.2.3 zeigt, daß der Beobachtungsfehler im Regelkreis derselben Differentialgleichung genügt wie bei einer Beobachtung ohne Regelung. Weiterhin folgt aus Gl.(3.67), daß durch die Führungsgröße $\underline{w}$ weder direkt über die Steuermatrix $\begin{bmatrix} \underline{BL} \\ \underline{0} \end{bmatrix}$, noch indirekt über den Zustand $\underline{x}$ ein Beobachtungsfehler angeregt werden kann.

Störungen $\underline{r}(t)$ können dagegen Beobachtungsfehler hervorrufen, was sich auch im Übertragungsverhalten des Regelkreises widerspiegelt. Aus Gl.(3.67) erhält man durch Laplace-Transformation bei verschwindenden Anfangsbedingungen

$$\underline{y}(s) = \underline{C}(s\underline{I} - \underline{A} + \underline{BK}_x)^{-1}\underline{BL}\underline{w}(s) + \tag{3.68}$$

$$+ \left\{ \begin{bmatrix} \underline{C} & \underline{0} \end{bmatrix} \begin{bmatrix} s\underline{I} - \underline{A} + \underline{BK}_x & \underline{BE} \\ \underline{0} & s\underline{I} - \underline{F} \end{bmatrix}^{-1} \begin{bmatrix} \underline{X} - \underline{BGY} \\ \underline{DY} - \underline{TX} \end{bmatrix} + \underline{Y} \right\} \underline{r}(s) \quad .$$

Dadurch bestätigt sich die Folgerung aus den qualitativen Vorüberlegungen, daß das Führungsverhalten des Regelkreises mit und das ohne Beobachter identisch sind (vgl. Gl.(3.7)), und somit die Bestimmung der Rückführmatrix $\underline{K}_x$ unabhängig von einer eventuell notwendigen Beobachtung vorgenommen werden kann.

Diese Separationseigenschaft gilt jedoch nur in Bezug auf das Führungsverhalten des Regelkreises. Da in das Störverhalten, wie Gl.(3.68) zeigt, Beobachterpole und Pole der geregelten Strecke gleichermaßen eingehen, erscheint es im Hinblick auf ein gutes Störverhalten nicht sinnvoll, beide getrennt festzulegen.

3.4 Störgrößenkompensation

3.4.1 Einführende Bemerkungen

Die Betrachtungen in den Abschnitten 3.2 und 3.3 berücksichtigen die Auswirkung von Störungen, und mit den dort angegebenen Formeln läßt sich die Reaktion des Regel-kreises mit und ohne Beobachter auf Störeingriffe bestimmen.

Eine Verbesserung der Streckendynamik durch Zustandsrückführung hat in der Regel auch ein günstigeres Störverhalten zur Folge. Zum einen verlaufen die durch Störun-gen angeregten Einschwingvorgänge des Regelkreises schneller, und zum anderen er-gibt sich in den meisten Fällen auch eine geringere Auswirkung sprungförmiger Stör-signale auf die bleibenden Regelabweichungen zwischen den Ist- und Sollwerten. Eine gezielte Verringerung oder gar Kompensation des Störeinflusses setzt jedoch voraus, daß man Informationen über die Art der angreifenden Störungen besitzt.

In der klassischen Regelungstechnik geschieht eine gezielte Störunterdrückung ent-weder durch eine Störgrößenaufschaltung (bei meßbaren Störungen) oder durch Hinzu-nahme eines Integralanteils im Regler. Beide Ansätze finden auch im Zusammenhang mit Zustandsreglern Anwendung, wobei Verallgemeinerungen in zweierlei Hinsicht mög-lich sind, nämlich:

1. Störaufschaltung kann man auch bei nicht meßbaren Störgrößen durchführen

2. eine bleibende Regelabweichung läßt sich auch bei anderen als sprungförmigen Störgrößen vermeiden.

Dazu denkt man sich die angreifenden Störsignale in einem fiktiven "Störprozeß" entstanden, der aufgrund zufällig gesetzter Anfangsbedingungen Ausgangssignale lie-fert, die den Störsignalen entsprechen (s. Abschn.1.8). Der I-Anteil im klassischen Regler ist in diesem Zusammenhang als Signalprozeß für sprungförmige Stör- und Füh-rungssignale interpretierbar. Mit Hilfe eines sogenannten Störbeobachters werden dann die Zustandsgrößen des gedachten Störprozesses rekonstruiert, so daß die er-forderlichen Informationen für eine Störgrößenaufschaltung zur Verfügung stehen.

Die Darstellung des Entwurfes von Zustandsreglern zur Störkompensation geschieht in zwei Stufen. Zunächst werden die Aufschaltbedingungen zur Störunterdrückung unter-sucht und daran anschließend die erforderliche Beobachtungsaufgabe gelöst.

3.4.2 Das Prinzip asymptotischer Störunterdrückung

Ziel der Regelung ist es, die Auswirkung von Störungen auf die Regelgrößen zu ver-hindern. In den seltensten Fällen gelingt dies jedoch ideal. Stattdessen muß man zulassen, daß sich die Störungen zumindest vorübergehend auf die Regelgrößen aus-wirken. Dies ist offensichtlich, wenn eine Störung direkt am Ausgang der Strecke auf die Regelgröße einwirkt.

Durch eine geeignete Ansteuerung läßt sich jedoch in der Regel erreichen, daß der
Einfluß der Störung "asymptotisch", d.h. bei stationärem Störsignal im eingeschwun-
genen Zustand des Regelkreises, unterdrückt wird. An einfachen Beispielen sei das
Prinzip der asymptotischen Störunterdrückung erläutert.

<u>Beispiel 3.1</u>

Eine sprungförmige Störgröße r(t) greife am Ausgang einer Strecke zweiter Ordnung an, wie dies Bild 3.8 zeigt.

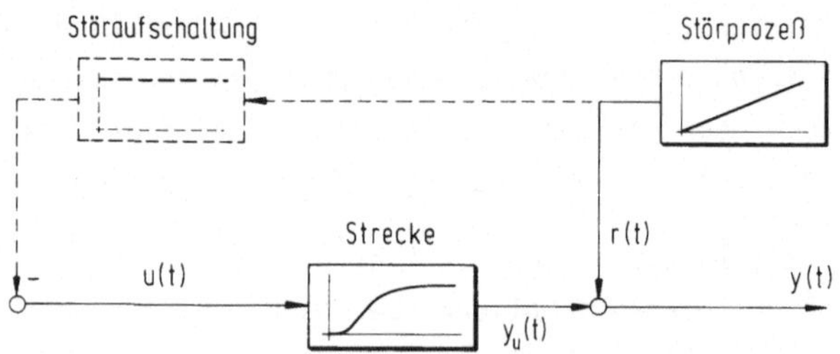

Bild 3.8 Regelstrecke zweiter Ordnung mit Störgrößenaufschaltung

Die Strecke möge den Zustandsgleichungen

$$\begin{bmatrix} \dot{x}_1 \\ \dot{x}_2 \end{bmatrix} = \begin{bmatrix} 0 & 1 \\ -2 & -3 \end{bmatrix} \begin{bmatrix} x_1 \\ x_2 \end{bmatrix} + \begin{bmatrix} 0 \\ 1 \end{bmatrix} u \qquad (3.69)$$

$$y = \begin{bmatrix} 1 & 0 \end{bmatrix} \begin{bmatrix} x_1 \\ x_2 \end{bmatrix} + r$$

genügen, wobei die angreifende Störung als in einem Störprozeß erster Ordnung
der Form (siehe Abschn. 1.8)

$$\dot{v}(t) = 0 \quad ; \quad v(0) = v_0 \text{ unbekannt}$$
$$r(t) = v(t) \qquad (3.70)$$

entstanden gedacht werden kann. Unter der Annahme, daß r(t) meßbar ist, wird
eine Stellgröße u(t) so gesucht, daß die Auswirkung der Störgröße auf die
Regelgröße y(t) im eingeschwungenen Zustand kompensiert ist. Eine Stellgröße

$$u(t) = -\,2r(t) \qquad (3.71)$$

stellt sicher, daß

$$\lim_{t \to \infty} y_u(t) = -\,v_0 \qquad (3.72)$$

gilt. Mit diesem u(t) ergibt sich der in Bild 3.9 gezeigte Zeitverlauf für den
Ausgang y(t).

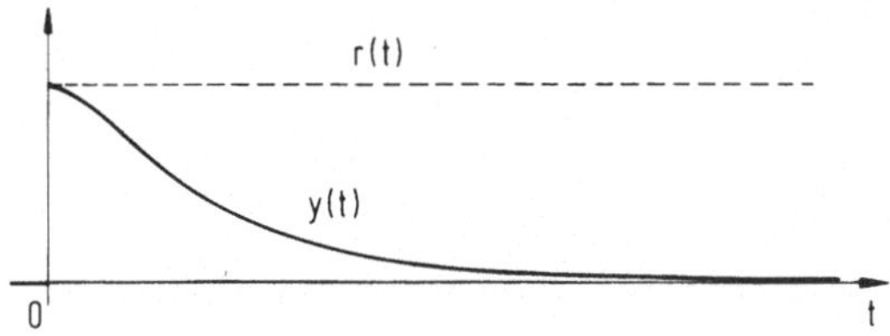

Bild 3.9 Asymptotische Störkompensation für eine sprungförmige Störung

Durch die Störgrößenaufschaltung wird also die Auswirkung von r auf y nicht vollständig, sondern nur "asymptotisch" unterdruckt. Eine Veränderung von r regt zwar
die Eigenbewegungen der Strecke an, der die Störsignalform charakterisierende stationäre Anteil von r(t) wird jedoch kompensiert. Damit kann man aus dem Verlauf von
y(t) nicht mehr auf die Form der angreifenden Störung schließen, was andererseits
bedeutet, daß der Störprozeß in der Regelgröße nicht mehr beobachtbar ist.

Ohne die Störgrößenaufschaltung lauten die Zustandsgleichungen der um den
Störprozeß erweiterten Strecke

$$\begin{bmatrix} \dot{x}_1 \\ \dot{x}_2 \\ \dot{v} \end{bmatrix} = \begin{bmatrix} 0 & 1 & 0 \\ -2 & -3 & 0 \\ 0 & 0 & 0 \end{bmatrix} \begin{bmatrix} x_1 \\ x_2 \\ v \end{bmatrix} + \begin{bmatrix} 0 \\ 1 \\ 0 \end{bmatrix} u \qquad (3.73)$$

$$y = \begin{bmatrix} 1 & 0 & 1 \end{bmatrix} \begin{bmatrix} x_1 \\ x_2 \\ v \end{bmatrix} .$$

Man erkennt, daß dieses System vollständig beobachtbar ist. Dies entspricht
der Tatsache, daß sich die Störung r auf die Regelgröße y auswirkt. Setzt man
aber u nach Gl.(3.71) in die Zustandsgleichungen (3.73) ein, so ergibt sich

$$\begin{bmatrix} \dot{x}_1 \\ \dot{x}_2 \\ \dot{v} \end{bmatrix} = \begin{bmatrix} 0 & 1 & 0 \\ -2 & -3 & -2 \\ 0 & 0 & 0 \end{bmatrix} \begin{bmatrix} x_1 \\ x_2 \\ v \end{bmatrix} \qquad (3.74)$$

$$y = \begin{bmatrix} 1 & 0 & 1 \end{bmatrix} \begin{bmatrix} x_1 \\ x_2 \\ v \end{bmatrix} .$$

Die Beobachtbarkeitsmatrix dieses Systems, nämlich

$$\underline{Q} = \begin{bmatrix} 1 & 0 & 1 \\ 0 & 1 & , & 0 \\ -2 & -3 & -2 \end{bmatrix} \tag{3.75}$$

hat nur noch den Rang 2.

Da eine asymptotische Störkompensation offensichtlich gleichbedeutend ist mit der Nichtbeobachtbarkeit des Störprozesses in der Regelgröße, kann folglich als Kriterium für asymptotische Störkompensation der Verlust der Beobachtbarkeit des Störprozesses in den Regelgrößen herangezogen werden.

Eine zweite Bedingung für asymptotische Störkompensation läßt sich ebenfalls anhand des einfachen Beispiels demonstrieren.

Nach Laplace-Transformation der Strecke (mit verschwindenden Anfangsbedingungen $\underline{x}(0) = \underline{0}$) und des Störprozesses (mit einer Anfangsbedingung $v(0) = v_0$) erhält man

$$y(s) = \frac{1}{s^2 + 3s + 2}\, u(s) + r(s) \tag{3.76}$$

und

$$r(s) = \frac{r_0(s)}{N_r(s)} = \frac{v_0}{s} \quad \text{(vergl. Abschn. 1.8)} . \tag{3.77}$$

Mit der Stellgröße $u(s) = -2r(s)$ ergibt sich daraus

$$y(s) = \frac{s(s + 3)}{s^2 + 3s + 2}\, r(s) \qquad . \tag{3.78}$$

Die oben bestimmte Aufschaltung der Störgröße erzeugt also das charakteristische Polynom $N_r(s)$ des angenommenen Störprozesses als Nullstelle in der Übertragungsfunktion von r nach y.

Asymptotische Störkompensation in der Regelgröße stellt sich also gerade dann ein, wenn das charakteristische Polynom $N_r(s)$ des angenommenen Störprozesses im Zähler der Übertragungsfunktion von der Störung zur Regelgröße auftritt. Dies ist vor allem beim Entwurf von Zustandsreglern im Frequenzbereich von Interesse.

Das obige Beispiel könnte zu der Annahme verleiten, daß eine geeignete Aufschaltung der Störgröße r ausreicht, um für beliebige Störsignale asymptotische Kompensation in der Regelgröße zu erzielen. Tatsächlich benötigt man jedoch den Zustand des angenommenen Störprozesses (der im obigen Beispiel identisch mit r war), was ein weiteres Beispiel demonstriert.

Beispiel 3.2

Auf die oben betrachtete Strecke möge anstelle der sprungförmigen eine sinusförmige Störung $r(t) = a_0 \sin(\omega_s t + \varphi_0)$ einwirken. Das zugehörige Störmodell besitze z.B. die Zustandsgleichungen

$$\dot{\underline{v}} = \underline{S}\,\underline{v} \quad , \quad \underline{v}(0) \text{ unbekannt}$$
$$r = \underline{h}^T \underline{v}$$

(3.79)

mit

$$\underline{S} = \begin{bmatrix} 0 & \omega_s \\ -\omega_s & 0 \end{bmatrix} \quad \text{und} \quad \underline{h}^T = \begin{bmatrix} 1 & 0 \end{bmatrix} .$$

Eine Aufschaltung von $u(t) = -kr(t)$ wie im obigen Beispiel führt auf die um das Störmodell erweiterte Streckenbeschreibung

$$\begin{bmatrix} \dot{x}_1 \\ \dot{x}_2 \\ \dot{v}_1 \\ \dot{v}_2 \end{bmatrix} = \begin{bmatrix} 0 & 1 & 0 & 0 \\ -2 & -3 & -k & 0 \\ 0 & 0 & 0 & \omega_s \\ 0 & 0 & -\omega_s & 0 \end{bmatrix} \begin{bmatrix} x_1 \\ x_2 \\ v_1 \\ v_2 \end{bmatrix}$$

(3.80)

$$y = \begin{bmatrix} 1 & 0 & 1 & 0 \end{bmatrix} \begin{bmatrix} x_1 & x_2 & v_1 & v_2 \end{bmatrix}^T .$$

Die zugehörige Beobachtbarkeitsmatrix

$$\underline{Q} = \begin{bmatrix} 1 & 0 & 1 & 0 \\ 0 & 1 & 0 & \omega_s \\ -2 & -3 & -k-\omega_s^2 & 0 \\ 6 & 7 & 3k & -\omega_s(k+\omega_s^2) \end{bmatrix}$$

(3.81)

besitzt für keinen Wert von k einen Rangdefekt, und damit ist durch die Aufschaltung von r keine Störkompensation erzielbar. Durch die Aufschaltung der Störung am Eingang der Strecke kann zwar die Amplitude der Stellgröße so eingestellt werden, daß ihre Auswirkung am Ausgang y ebenso groß ist wie die der Störung. Die durch die Strecke bedingte Phasenverschiebung läßt sich dagegen nicht korrigieren.

Man benötigt stattdessen ein Stellsignal, das gegenüber der Störung einen
zeitlichen Versatz aufweist. Dies läßt sich dann erzielen, wenn alle Zustandsgrößen des Störprozesses zur Bildung der Stellgröße herangezogen werden. Mit
der Stellgröße

$$u = - k_1 v_1 - k_2 v_2 \quad , \tag{3.82}$$

gebildet aus den Zustandsgrößen des Störprozesses, erhält man die Zustandsgleichungen der um den Störprozeß erweiterten Strecke zu

$$\begin{bmatrix} \dot{x}_1 \\ \dot{x}_2 \\ \dot{v}_1 \\ \dot{v}_2 \end{bmatrix} = \begin{bmatrix} 0 & 1 & 0 & 0 \\ -2 & -3 & -k_1 & -k_2 \\ 0 & 0 & 0 & \omega_s \\ 0 & 0 & -\omega_s & 0 \end{bmatrix} \begin{bmatrix} x_1 \\ x_2 \\ v_1 \\ v_2 \end{bmatrix} \tag{3.83}$$

$$y = \begin{bmatrix} 1 & 0 & 1 & 0 \end{bmatrix} \begin{bmatrix} x_1 & x_2 & v_1 & v_2 \end{bmatrix}^T \quad .$$

Die Beobachtbarkeitsmatrix

$$\underline{Q} = \begin{bmatrix} 1 & 0 & 1 & 0 \\ 0 & 1 & 0 & \omega_s \\ -2 & -3 & -k_1-\omega_s^2 & -k_2 \\ 6 & 7 & 3k_1+k_2\omega_s & 3k_2-\omega_s(k_1+\omega_s^2) \end{bmatrix} \tag{3.84}$$

dieses Systems hat für $k_1 = (2 - \omega_s^2)$ und $k_2 = 3\omega_s$ einen Rangdefekt von Zwei.
Deshalb ergibt sich mit

$$u(t) = - (2 - \omega_s^2)v_1(t) - 3\omega_s v_2(t) \tag{3.85}$$

eine asymptotische Störkpompensation in y(t) für die angenommene Störung r(t).
Das Übertragungsverhalten von r nach y errechnet sich mit

$$v_1(s) = r(s) \quad \text{und} \quad v_2(s) = \frac{1}{\omega_s}sr(s) \tag{3.86}$$

und verschwindenden Anfangsbedingungen in der Strecke zu

$$y(s) = \frac{1}{s^2 + 3s + 2}\left[- (2 - \omega_s^2) - 3s + s^2 + 3s + 2\right]r(s)$$

oder

$$y(s) = \frac{s^2 + \omega_s^2}{s^2 + 3s + 2}\, r(s) \quad . \tag{3.87}$$

Wiederum enthält die Störübertragungsfunktion das charakteristische Polynom
$N_r(s) = \det(s\underline{I} - \underline{S}) = s^2 + \omega_s^2$ des Störprozesses als Teiler des Zählers.

Zur asymptotischen Störkompensation benötigt man also den gesamten Zustand des zugrundeliegenden Störprozesses. Es erhebt sich aber nun die Frage, wie man diese in der Regel nicht meßbaren Zustände gewinnen kann.

Bei der Erfassung der Zustandsgrößen einer Regelstrecke tritt ein ähnliches, aber insofern weniger kritisches Problem auf, als dort wenigstens immer ein Ausgangssignal als Meßgröße vorliegt. Eine Rekonstruktion der Zustandsgrößen des Störprozesses scheint damit auf den ersten Blick nicht möglich zu sein.

Da die Zustandsgrößen des Störprozesses sich aber auf die Zustands- und Ausgangsgrößen der Strecke auswirken, liegt der Gedanke nahe, Informationen über den Störprozeß aus den vorhandenen Meßgrößen zu gewinnen. Dies gelingt dadurch, daß man die Strecke um den Störprozeß erweitert und für das Gesamtsystem einen Beobachter konstruiert.

Wie bei der reinen Zustandsregelung sei zunächst einmal angenommen, daß die Zustandsgrößen des Störprozesses meßbar sind. In einem weiteren Schritt wird dann auf die Beobachtung dieser Zustandsgrößen eingegangen.

3.4.3 Störkompensation bei meßbaren Zustandsgrößen des Störprozesses

Betrachtet sei wiederum die Regelung von linearen, zeitinvarianten Strecken n-ter Ordnung mit p Eingängen und m Ausgängen, auf die ρ Störgrößen, zusammengefaßt im Vektor $\underline{r}$ einwirken. Die Zustandsgleichungen dieser Strecken lauten

$$\begin{aligned}
\underline{\dot{x}} &= \underline{A}\underline{x} + \underline{B}\underline{u} + \underline{X}\underline{r} \\
\underline{y} &= \underline{C}\underline{x} + \underline{Y}\underline{r} \quad .
\end{aligned} \qquad (3.88)$$

Die Störungen seien so geartet, daß sie als in einem Störprozeß n_r-ter Ordnung mit den Zustandsgleichungen

$$\begin{aligned}
\underline{\dot{v}} &= \underline{S}\underline{v} \quad , \quad \underline{v}(t_0) \text{ unbekannt} \\
\underline{r} &= \underline{H}\underline{v} \quad , \quad (\underline{S}, \underline{H}) \text{ vollständig beobachtbar}
\end{aligned} \qquad (3.89)$$

entstanden gedacht werden können. Im allgemeinen sind sowohl der Anfangszustand $\underline{v}(t_0)$ als auch der Zeitpunkt t_0, zu dem die Störung auftritt, unbekannt. Da das Verhalten des Regelkreises nach Auftreten einer Störung interessiert, wird willkürlich $t_0=0$ gewählt. Für das Folgende sei zunächst angenommen, daß die Zustandsgrößen $v_j(t)$, $j=1,2,\ldots,n_r$ dieses Störprozesses als Meßgrößen vorliegen.

Die Aufgabe, die erstmals von Johnson (siehe z.B. /J1/ oder /J2/) formuliert wurde, besteht nun darin, einen Stellvektor $\underline{u}$ so zu bilden, daß asymptotische Störkompensation in den p Regelgrößen

$$^{p}\underline{y} = {}^{p}\underline{C}\underline{x} + {}^{p}\underline{Y}\underline{r} \tag{3.90}$$

erzielt wird. Wie in Abschn. 3.4.2 diskutiert, entspricht dies dem Problem, die Eigenschaften der Strecke (3.88) durch eine Steuerung $\underline{u} = - \underline{\tilde{u}}$ mit

$$\underline{\tilde{u}} = \underline{K}_x\underline{x} + \underline{K}_v\underline{v} \tag{3.91}$$

so zu verändern, daß die Eigenbewegungen des Störprozesses von den Regelgrößen $^{p}\underline{y}$ aus nicht mehr beobachtbar sind.

Gleichzeitig soll mit Hilfe der Matrix $\underline{K}_x$ die Dynamik der geregelten Strecke in gewünschter Weise verändert werden, was die vollständige Steuerbarkeit des Systems (3.88) über $\underline{u}$ voraussetzt.

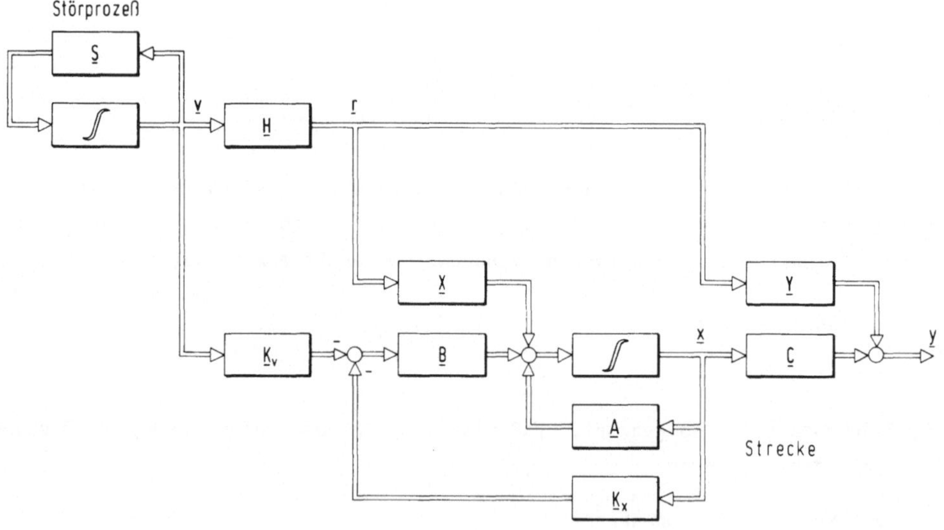

Bild 3.10   Störkompensation mit meßbaren Zuständen von Strecke und Störprozeß

Bild 3.10 macht deutlich, daß $\underline{K}_v$ die Dynamik des Regelkreises nicht beeinflußt, da über diese Matrix nur eine Aufschaltung externer Größen stattfindet. Somit kann die Berechnung der Zustandsrückführung über $\underline{K}_x$ unabhängig von einer Störaufschaltung über $\underline{K}_v$ erfolgen, aber nicht umgekehrt.

Die geregelte Strecke besitzt die Zustandsgleichungen

$$\dot{\underline{x}} = (\underline{A} - \underline{B}\underline{K}_x)\underline{x} - \underline{B}\underline{K}_v\underline{v} + \underline{X}\underline{r}$$

$$\underline{y} = \underline{C}\underline{x} + \underline{Y}\underline{r} \quad . \tag{3.92}$$

Zur Untersuchung der Beobachtbarkeit der Störungen in den Regelgrößen werden die Zustandsgleichungen der um den Störprozeß erweiterten geregelten Strecke

$$\begin{bmatrix} \dot{\underline{x}} \\ \dot{\underline{v}} \end{bmatrix} = \begin{bmatrix} \underline{A} - \underline{B}\underline{K}_x & \underline{X}\underline{H} - \underline{B}\underline{K}_v \\ \underline{0} & \underline{S} \end{bmatrix} \begin{bmatrix} \underline{x} \\ \underline{v} \end{bmatrix} \tag{3.93}$$

$$^p\underline{y} = \begin{bmatrix} ^p\underline{C} & ^p\underline{Y}\underline{H} \end{bmatrix} \begin{bmatrix} \underline{x} \\ \underline{v} \end{bmatrix}$$

betrachtet, die in vereinfachter Form

$$\dot{\underline{x}}_s = \underline{A}_s\underline{x}_s$$

$$^p\underline{y} = ^p\underline{C}_s\underline{x}_s \tag{3.94}$$

lauten. Wenn die Störgrößen kompensierbar sind, muß $\underline{K}_v$ so gewählt werden, daß die Beobachtbarkeitsmatrizen für die Paare $(\underline{A}_s, {}^p\underline{C}_s)$ und $[(\underline{A}-\underline{B}\underline{K}_x), {}^p\underline{C}]$ gleichen Rang besitzen, so daß der Störprozeß in den Regelgrößen nicht mehr beobachtbar ist. Der Rang der Beobachtbarkeitsmatrix

$$\underline{Q}_s = \begin{bmatrix} ^p\underline{C}_s^T, & \underline{A}_s^{T}\,{}^p\underline{C}_s^T, & \dots, & \{\underline{A}_s^T\}^{(n+n_r-1)}\,{}^p\underline{C}_s^T \end{bmatrix}^T \tag{3.95}$$

für den um den Störprozeß erweiterten Regelkreis muß also identisch sein mit dem Rang der Beobachtbarkeitsmatrix

$$\underline{Q} = \begin{bmatrix} ^p\underline{C}^T, & (\underline{A}-\underline{B}\underline{K}_x)^{T}\,{}^p\underline{C}^T, & \dots, & \{(\underline{A}-\underline{B}\underline{K}_x)^T\}^{(n-1)}\,{}^p\underline{C}^T \end{bmatrix}^T \tag{3.96}$$

des Regelkreises ohne Störprozeß. Dann sind nämlich gerade die durch den Störprozeß hinzugekommenen Eigenwerte nicht beobachtbar. Man erkennt dies, wenn man die Beobachtbarkeitsmatrix $\underline{Q}_s$ ausführlich anschreibt:

$$\underline{Q}_s = \begin{bmatrix} ^p\underline{C} & ^p\underline{Y}\underline{H} \\ ^p\underline{C}(\underline{A}-\underline{B}\underline{K}_x) & ^p\underline{C}(\underline{X}\underline{H}-\underline{B}\underline{K}_v) + {}^p\underline{Y}\underline{H}\underline{S} \\ \dots\dots & \dots\dots\dots \end{bmatrix} \quad . \tag{3.97}$$

Der linke Teil dieser Matrix besteht gerade aus der Beobachtbarkeitsmatrix $\underline{Q}$ der geregelten Strecke, die von $\underline{K}_v$ unabhängig ist. Wählt man nun $\underline{K}_v$ so, daß der rechte Teil von $\underline{Q}_s$ linear abhängig vom linken Teil ist, folgt daraus die Nichtbeobachtbarkeit des Störprozesses in den Regelgrößen $^p\underline{y}$.

Dieser Lösungsgang erscheint nicht automatisierbar und ist von Hand nur in   einfachen Fällen gangbar. Das folgende Beispiel möge das Vorgehen demonstrieren.

Beispiel 3.3

Gegeben ist eine Regelstrecke nach Gleichung (3.88) mit den Größen

$$\underline{A} = \begin{bmatrix} 0 & 1 \\ -1 & -2 \end{bmatrix} ; \qquad \underline{B} = \begin{bmatrix} 0 \\ 1 \end{bmatrix} ; \quad \underline{X} = \begin{bmatrix} 1 \\ 1 \end{bmatrix} ;$$

$$\underline{C} = \begin{bmatrix} 2 & 1 \end{bmatrix} \quad \text{und} \quad Y = 1 .$$

Die Störung sei sinusförmig mit der   normierten Kreisfrequenz $\omega_s = 1$. Damit besitzen die Matrizen des Störprozesses z.B. die Gestalt

$$\underline{S} = \begin{bmatrix} 0 & 1 \\ -1 & 0 \end{bmatrix} \quad \text{und} \quad \underline{H} = \begin{bmatrix} 1 & 0 \end{bmatrix} .$$

Das Zustandsregelgesetz habe die Form

$$\tilde{u} = 3x_1 + 2x_2 + k_1 v_1 + k_2 v_2 ,$$

wobei k_1 und k_2 so bestimmt werden sollen,   daß die Störung in y asymptotisch kompensiert ist.

Mit diesen Vorgaben erhält man

$$\underline{A}_s = \begin{bmatrix} 0 & 1 & 1 & 0 \\ -4 & -4 & 1-k_1 & -k_2 \\ 0 & 0 & 0 & 1 \\ 0 & 0 & -1 & 0 \end{bmatrix} \quad \text{und} \quad \underline{C}_s = \begin{bmatrix} 2 & 1 & 1 & 0 \end{bmatrix} .$$

Die Beobachtbarkeitsmatrix $\underline{Q}_s$ ergibt sich damit zu

$$\underline{Q}_s = \begin{bmatrix} 2 & 1 & 1 & 0 \\ -4 & -2 & 3-k_1 & 1-k_2 \\ 8 & 4 & -7+2k_1+k_2 & 3-k_1+2k_2 \\ -16 & -8 & 9-3k_1-2k_2 & -7+2k_1-3k_2 \end{bmatrix} .$$

Die ersten beiden Spalten von $\underline{Q}_s$ sind linear voneinander abhängig, weil   die Nullstelle der Strecke einen Eigenwert bei s = -2 kompensiert. Der Rang   der Beobachtbarkeitsmatrix $\underline{Q}$ nach Gl.(3.96) ist folglich 1. Damit müssen k_1 und k_2 so bestimmt werden, daß auch $\underline{Q}_s$ den Rang 1 besitzt.

Die dritte Spalte von $\underline{Q}_s$ wird von der zweiten linear abhängig für $3 - k_1 = - 2$ und $-7 + 2k_1 + k_2 = 4$. Daraus folgt $k_1 = 5$ und $k_2 = 1$.

Setzt man diese Werte ein, so ergibt sich in der Tat Rang $\underline{Q}_s = 1$.

Ausgehend von einer anderen Möglichkeit zur Überprüfung der Beobachtbarkeit eines
Systems haben Müller und Lückel in /M8/ ein algorithmisierbares Verfahren zur Berechnung von $\underline{K}_v$ vorgestellt. Es basiert auf der Beobachtbarkeitsprüfung nach Hautus
(Satz 1.8). Der einfache Eigenwert s_i der Matrix $\underline{A}_s$ ist dann nicht beobachtbar,
wenn gilt

$$\text{Rang } \bar{\underline{Q}}_i = \text{Rang} \begin{bmatrix} s_i\underline{I} - \underline{A}_s \\ - \underline{C}_s \end{bmatrix} < n+n_r \tag{3.98}$$

(vgl. Abschn. 1.2.4). Setzt man nun alle Eigenwerte s_i, $i=1,2,\ldots,n_r$ des Störprozesses ein, so ergeben sich n_r Bedingungen für die Matrix $\underline{K}_v$. Dieses Vorgehen, das
in /M8/ für beliebig vielfache Eigenwerte angegeben ist, wird hier nur für einfache
Eigenwerte dargestellt.

Zur Vereinfachung der Darstellung sei für das Folgende die Transformation des Störprozesses auf Jordan-Normalform vorausgesetzt, so daß die Matrix $\underline{S}$ Diagonalgestalt
besitzt. Dies kann durch Ähnlichkeitstransformation bei den hier angenommenen einfachen Eigenwerten immer erreicht werden. Die Matrizen $\bar{\underline{Q}}_i$ haben die Gestalt

$$\bar{\underline{Q}}_i = \begin{bmatrix} s_i\underline{I} - \underline{A} + \underline{BK}_x & \underline{BK}_v - \underline{XH} \\ \underline{0} & s_i\underline{I} - \underline{S} \\ - \,^P\underline{C} & - \,^P\underline{YH} \end{bmatrix} \tag{3.99}$$

Durch rangneutrale elementare Umformungen vermittelt durch die Matrizen

$$\underline{L}_i = \begin{bmatrix} \underline{I}_n & \underline{0} & \underline{0} \\ \underline{0} & \underline{I}_{n_r} & \underline{0} \\ ^P\underline{C}(s_i\underline{I} - \underline{A} + \underline{BK}_x)^{-1} & \underline{0} & \underline{I}_p \end{bmatrix} \tag{3.100}$$

und

$$\underline{R}_i = \begin{bmatrix} \underline{I}_n & -(s_i\underline{I} - \underline{A} + \underline{BK}_x)^{-1}(\underline{BK}_v - \underline{XH}) \\ \underline{0} & \underline{I}_{n_r} \end{bmatrix} \tag{3.101}$$

können die $\bar{\underline{Q}}_i$ auf folgende Gestalt transformiert werden

$$\underline{L}_i\bar{\underline{Q}}_i\underline{R}_i = \begin{bmatrix} s_i\underline{I} - \underline{A} + \underline{BK}_x & \underline{0} \\ \underline{0} & s_i\underline{I} - \underline{S} \\ \underline{0} & ^P\underline{C}(s_i\underline{I} - \underline{A} + \underline{BK}_x)^{-1}(\underline{BK}_v - \underline{XH}) - \,^P\underline{YH} \end{bmatrix} \tag{3.102}$$

Voraussetzung hierfür ist $\det(s_i\underline{I} - \underline{A} + \underline{B}\underline{K}_x) \neq 0$, was aber wegen der Lage der
Eigenwerte für die Störprozesse $(\mathrm{Re}[s_i] \geqslant 0)$ und der Forderung nach einem stabilen
Regelkreis stets erfüllt ist. Die Matrix

$$^P\underline{C}(s_i\underline{I} - \underline{A} + \underline{B}\underline{K}_x)^{-1}(\underline{B}\underline{K}_v - \underline{X}\underline{H}) - ^P\underline{Y}\underline{H} \qquad\qquad (3.103)$$

stellt gerade die Übertragungsmatrix vom Zustandsvektor des Störprozesses zu den
Regelgrößen $^P\underline{y}$ für $s = s_i$ dar.

Soll nun der Eigenwert s_i in $^P\underline{y}$ nicht beobachtbar sein, so muß die Matrix $\bar{\underline{Q}}_i$ einen
Rangdefekt aufweisen, was bedeutet, daß im rechten Teil von $\underline{L}_i\bar{\underline{Q}}_i\underline{R}_i$ eine Nullspalte
auftreten muß. Da die Matrix $\underline{S}$ in Diagonalgestalt vorliegt, verschwindet die i-te
Spalte von $(s_i\underline{I} - \underline{S})$, so daß die Matrix $\underline{K}_v$ so zu wählen ist, daß die i-te Spalte
der Matrix (3.103) ebenfalls verschwindet. Diese Spalte entspricht gerade dem Über-
tragungsvektor von der i-ten Zustandsgröße v_i zu den p Regelgrößen.

Bezeichnet man die Spalten von $\underline{K}_v$ und $\underline{H}$ mit

$$\underline{K}_v = \left[\, \underline{k}_{v1} \quad \underline{k}_{v2} \cdots \cdot \underline{k}_{vi} \cdots \cdot \underline{k}_{vn_r} \right]$$

und $\qquad\qquad\qquad\qquad\qquad\qquad\qquad\qquad\qquad\qquad\qquad\qquad\qquad\qquad$ (3.104)

$$\underline{H} = \left[\, \underline{h}_1 \quad \underline{h}_2 \cdots \cdot \underline{h}_i \cdots \cdot \underline{h}_{n_r} \right],$$

so lauten die Bedingungsgleichungen für die $\underline{k}_{vi}$ nach einer einfachen Umformung

$$^P\underline{C}(s_i\underline{I} - \underline{A} + \underline{B}\underline{K}_x)^{-1}\underline{B}\underline{k}_{vi} \stackrel{!}{=} \left[^P\underline{C}(s_i\underline{I} - \underline{A} + \underline{B}\underline{K}_x)^{-1}\underline{X} + ^P\underline{Y}\right]\underline{h}_i\,, \qquad (3.105)$$

$$i=1,2,\ldots,n_r\;.$$

Diese Gleichung erlaubt eine Interpretation der Bedingungen für Störkompensation.

Auf der rechten Seite von Gl.(3.105) steht gerade der Vektor der Übertragungsfunktionen von der i-ten Zustandsgröße v_i des Störprozesses zu den p Regelgrößen (ohne
Störgrößenaufschaltung) für den Eigenwert $s = s_i$.

Da eine Modaltransformation für den Störprozeß durchgeführt wurde, bezieht sich
dies also gerade auf den Einfluß der i-ten Eigenbewegung des Störprozesses auf die
Regelgrößen.

Auf der linken Seite befindet sich der durch die Aufschaltung mit $\underline{k}_{vi}$ entstehende
Vektor der Übertragungsfunktionen von den v_i zu den Regelgrößen. Sind beide gleich,
so löschen sie sich wegen der negativen Aufschaltung über $-\underline{K}_v\underline{v}$ aus und zwar gerade
für den Eigenwert s_i. Dies bedeutet, daß über $\underline{k}_{vi}$ am Eingang der Strecke der i-ten
Eigenbewegung des Störprozesses so entgegengesteuert wird, daß ihr Einfluß in den
Regelgrößen asymptotisch verschwindet.

Betrachtet man auf der anderen Seite das Übertragungsverhalten des Regelkreises von der i-ten Zustandsgröße v_i des Störprozesses zu den p Regelgrößen (Gl.(3.103)), so bedeutet die Erfüllung der Gleichung (3.105) gerade, daß in allen Kanälen von v_i nach $P_{\underline{y}}$ eine Nullstelle bei $s = s_i$ auftritt.

Gleichung (3.105) zeigt auch, unter welchen Bedingungen das Problem der asymptotischen Störkompensation eine Lösung besitzt. Das lineare Gleichungssystem (3.105) zur Bestimmung der Störgrößenaufschaltung kann nach $\underline{k}_{vi}$ aufgelöst werden, wenn die Matrix

$$P_{\underline{C}}(s_i\underline{I} - \underline{A} + \underline{B}\underline{K}_x)^{-1}\underline{B} \tag{3.106}$$

invertierbar ist. Dies ist genau dann möglich, wenn

$$\det\; P_{\underline{C}}(s\underline{I} - \underline{A} + \underline{B}\underline{K}_x)^{-1}\underline{B}\Big|_{s=s_i} \neq 0 \tag{3.107}$$

erfüllt ist oder (s. Abschn. 3.1.2) wenn

$$\det\; P_{\underline{C}}(s\underline{I} - \underline{A})^{-1}\underline{B}\Big|_{s=s_i} \neq 0 \tag{3.108}$$

gilt. Hat die Strecke also für die Eigenbewegungen des Störprozesses keine Übertragungsnullstellen, so gibt es keine Probleme bei der Störgrößenaufschaltung über $\underline{K}_v$.

Wenn Übertragungsnullstellen für die Eigenwerte des Störprozesses in der Strecke vorhanden sind, wenn also die Determinante (3.108) verschwindet, läßt sich asymptotische Störkompensation nur noch eingeschränkt erzielen. Gleichung (3.105) läßt sich dann offensichtlich nur noch lösen, wenn die rechte Seite mit der linken verträglich ist. Das bedeutet anders formuliert, daß der Vektor auf der rechten Seite im Vektorraum liegen muß, der von der Matrix (3.106) aufgespannt wird. Dies ist der Fall, wenn

$$\text{Rang}\; P_{\underline{C}}(s_i\underline{I} - \underline{A} + \underline{B}\underline{K}_x)^{-1}\underline{B} = \tag{3.109}$$

$$= \text{Rang}\left\{ P_{\underline{C}}(s_i\underline{I} - \underline{A} + \underline{B}\underline{K}_x)^{-1}\underline{B}\;\Big|\;\left[P_{\underline{C}}(s_i\underline{I} - \underline{A} + \underline{B}\underline{K}_x)^{-1}\underline{X} + P_{\underline{Y}}\right]h_i\right\}$$

gilt, oder anhand der Rosenbrock-Matrix und unter Berücksichtigung der Äquivalenz von (3.107) und (3.108), wenn

$$\text{Rang}\begin{bmatrix} s_i\underline{I} - \underline{A} & \underline{B} \\ -\,P_{\underline{C}} & \underline{0} \end{bmatrix} = \text{Rang}\begin{bmatrix} s_i\underline{I} - \underline{A} & \underline{B} & \Big| & \underline{X}h_i \\ -\,P_{\underline{C}} & \underline{0} & \Big| & P_{\underline{Y}}h_i \end{bmatrix} \tag{3.110}$$

erfüllt ist. Bedingung (3.110) stellt also die verallgemeinerte Voraussetzung für asymptotische Störkompensation dar. Die Erweiterung dieser Kompensationsbedingung auf den Fall mehrfacher Eigenwerte s_i des Störprozesses ist in /M8/ angegeben.

Das als Lösung von Gl.(3.105) erhaltene $\underline{k}_{vi}$ bezieht sich auf den diagonalisierten Störprozeß und muß gegebenenfalls in das ursprüngliche Koordinatensystem rücktransformiert werden.

Johnson betrachtet z.B.in /J2/ den Sonderfall $\underline{Y} = \underline{0}$, bei dem keine Störungen ausgangsseitig angreifen. Besteht in diesem Sonderfall die Möglichkeit, $\underline{K}_v$ so zu wählen, daß

$$\underline{B}\underline{K}_v = \underline{X}\underline{H} \tag{3.111}$$

gilt, so erfolgt die Störkompensation schon am Eingang der Strecke, und sie findet deshalb nicht nur in den Regelgrößen, sondern im gesamten Streckenzustand statt.

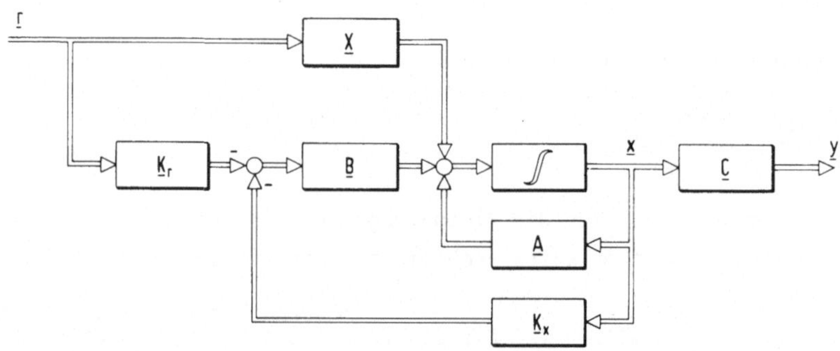

Bild 3.11 Vollständige Störkompensation bei eingangsseitigen Störungen

Eine Störkompensation am Streckeneingang ist genau dann möglich, wenn

$$\text{Rang } \underline{B} = \text{Rang}\left[\underline{B} \mid \underline{X}\underline{H}\right] \tag{3.112}$$

gilt. Dann läßt sich $\underline{K}_v$ mit Hilfe der Linksinversen $\underline{B}^{\#}=(\underline{B}^T\underline{B})^{-1}\underline{B}^T$ zu

$$\underline{K}_v = \underline{B}^{\#}\underline{X}\underline{H} \tag{3.113}$$

bestimmen. Die Störaufschaltung hat damit die Form

$$- \underline{B}^{\#}\underline{X}\underline{H}\underline{v} = - \underline{K}_r\underline{r} \ . \tag{3.114}$$

Das bedeutet, daß sich in diesem Spezialfall eine Kenntnis der Zustandsgrößen $\underline{v}$ und damit des gesamten Störprozesses erübrigt. Eine Aufschaltung der Störung $\underline{r}$ führt für alle Störungen nicht nur zu asymptotischer, sondern zu vollständiger Störkompensation in der gesamten Strecke.

Bild 3.11 zeigt diesen Spezialfall.

3.5 Zustandsregelung mit Führungsmodell

Die Untersuchungen zum Störverhalten geschahen zunächst im Hinblick auf eine Kompensation der Störauswirkung in den Regelgrößen $^p\underline{y}$, wobei zur Vereinfachung der Darstellung ein eventueller Führungseingriff $\underline{w}$ unberücksichtigt blieb. Die eigentlich interessierende Größe im Regelkreis ist die Regelabweichung

$$\underline{\varepsilon} = {}^p\underline{y} - \underline{w} \tag{3.115}$$

die bei verschwindender Führungsgröße identisch mit $^p\underline{y}$ ist.

Asymptotisches Folgen auf bestimmte Klassen von Führungssignalen ist offensichtlich gleichbedeutend damit, daß die Auswirkung dieser Signale in der Regelabweichung kompensiert wird. Damit läßt sich aber das Problem asymptotischen Folgens in völliger Analogie zur asymptotischen Störkompensation lösen, indem man eine "Führungsgrößen-Kompensation" in der Regelabweichung ε durchführt. Parallel zum Vorgehen in Abschn. 3.4 wird zunächst die geeignete Aufschaltung der Zustandsgrößen des Führungsprozesses untersucht und dann in Abschn. 3.6 die Beobachtungsaufgabe gelöst.

Die q Führungsgrößen $w_i(t)$ seien so geartet, daß sie als in einem dynamischen Führungsprozeß n_w-ter Ordnung mit den Zustandsgleichungen

$$\dot{\underline{\eta}} = \underline{W}\underline{\eta} \quad ; \quad \underline{\eta}(0) \text{ unbekannt}$$
$$\underline{w} = \underline{\theta}\underline{\eta} \quad (\underline{W}, \underline{\theta}) \text{ vollständig beobachtbar} \tag{3.116}$$

entstanden gedacht werden können. Für die Interpretation der Führungsbeobachtung wird die Tatsache von Interesse sein, daß $\underline{w}$ - im Gegensatz zum Störvektor $\underline{r}$ - in der Regel meßbar ist. Für die Diskussion der Aufschaltbedingungen geht man zunächst wieder von der Meßbarkeit aller n_w Zustandsgrößen des Führungsprozesses aus, so daß hier die Meßbarkeit von $\underline{w}$ keinen Einfluß auf die Überlegungen hat.

Die Regelstrecke n-ter Ordnung mit p Eingängen und m Ausgängen sei wiederum durch ihre Zustandsgleichungen

$$\dot{\underline{x}} = \underline{A}\underline{x} + \underline{B}\underline{u}$$
$$\underline{y} = \underline{C}\underline{x} \tag{3.117}$$

beschrieben, wobei zur Vereinfachung der Darstellung der Störeinfluß unberücksichtigt bleibt. Abweichend vom bisherigen Führungseingriff über $\underline{u} = -\tilde{\underline{u}} + \underline{L}\underline{w}$ schaltet man jetzt die Zustandsgrößen η_i des Führungsprozesses (3.116) gemäß

$$\tilde{\underline{u}} = \underline{K}_x\underline{x} + \underline{K}_w\underline{\eta} , \tag{3.118}$$

auf und bestimmt $\underline{K}_w$ so, daß die Regelabweichung $\underline{\varepsilon}$ im eingeschwungenen Zustand des Regelkreises verschwindet.

Man könnte auch $\tilde{\underline{u}} = \underline{K}_x \underline{x} - \underline{K}_w \underline{\eta}$ ansetzen, da $^p\underline{y}$ in Richtung von $\underline{w}$ verändert werden soll. Der obige Ansatz ermöglicht jedoch eine einheitliche Darstellung von Führungs-, Stör- und Zustandsrückführung.

Die bisher betrachteten sprungförmigen Führungsgrößen, die über $\underline{u} = -\underline{K}_x \underline{x} + \underline{L}\underline{w}$ aufgeschaltet werden (vgl. Gl.(3.58)), stellen den Sonderfall $\underline{W} = \underline{0}$, $\underline{\theta} = \underline{I}$ und damit $\underline{w} = \underline{\eta}$, $\underline{L} = -\underline{K}_w$ dar. Bild 3.12 zeigt den Zustandsregelkreis mit Führungsmodell.

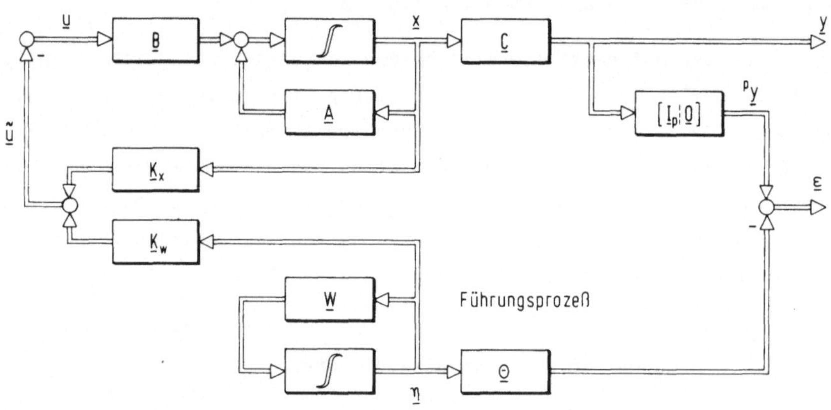

Bild 3.12   Regelkreis mit Führungsmodell

Asymptotisches Folgen ergibt sich analog zu den Überlegungen in Abschn. 3.4.3 genau dann, wenn entweder der Führungsprozeß in der Regelabweichung $\underline{\varepsilon}$ nicht mehr beobachtbar ist, oder wenn in jedem Übertragungskanal von den Zustandsgrößen des auf Diagonalform transformierten Führungsprozesses zu den Komponenten der Regelabweichung der entsprechende Eigenwert s_i als Nullstelle auftritt.

Die Zustandsgleichungen des Regelkreises mit Führungsmodell und dem Ausgangsvektor $\underline{\varepsilon}$ lauten

$$\begin{bmatrix} \dot{\underline{x}} \\ \dot{\underline{\eta}} \end{bmatrix} = \begin{bmatrix} \underline{A} - \underline{B}\underline{K}_x & -\underline{B}\underline{K}_w \\ \underline{0} & \underline{W} \end{bmatrix} \begin{bmatrix} \underline{x} \\ \underline{\eta} \end{bmatrix} \tag{3.119}$$

$$\underline{\varepsilon} = \begin{bmatrix} ^p\underline{C} & -\underline{\theta} \end{bmatrix} \begin{bmatrix} \underline{x} \\ \underline{\eta} \end{bmatrix} .$$

Das erste Kriterium zur Festlegung von $\underline{K}_w$, nämlich die mangelnde Beobachtbarkeit des Führungsprozesses in der Regelabweichung $\underline{\varepsilon}$, bedarf auf dem Hintergrund des Abschnittes 3.4 keiner weiteren Erläuterung.

Die für die Erzeugung von Übertragungsnullstellen vom Führungsprozeß zur Regelabweichung interesssierende Beziehung lautet

$$\underline{\varepsilon}(s) = - \left[{}^P\underline{C}(s\underline{I} - \underline{A} + \underline{BK}_x)^{-1}\underline{BK}_w + \underline{\theta}\right]\underline{\eta}(s) \ . \tag{3.120}$$

Die Matrizen $\underline{K}_w$ und $\underline{\theta}$ seien in Anteile unterteilt, die sich auf den jeweiligen Eigenwert des diagonalisierten Führungsprozesses (Jordansche Normalform für den Führungsprozeß) beziehen:

$$\underline{K}_w = \left[\underline{k}_{w1} \cdots \underline{k}_{wn_w}\right] \quad \text{und} \quad \underline{\theta} = \left[\underline{\vartheta}_1 \cdots \underline{\vartheta}_{n_w}\right].$$

Wendet man die Überlegungen aus Abschn. 3.4.3 sinngemäß auf das vorliegende Problem an, dann lautet die Bedingung dafür, daß in jedem Übertragungskanal von den Zustandsgrößen η_i des Führungsprozesses zu allen Komponenten der Regelabweichung $\underline{\varepsilon}$ der zugehörige Eigenwert s_i als Nullstelle auftritt:

$$^P\underline{C}(s_i\underline{I} - \underline{A} + \underline{BK}_x)^{-1}\underline{Bk}_{wi} = - \underline{\vartheta}_i \ \ ; \ i=1,2,\ldots,n_w \ . \tag{3.121}$$

Eine Lösung der Gleichungen existiert offensichtlich dann, wenn

(i)   die Matrizen

$$^P\underline{C}(s_i\underline{I} - \underline{A} + \underline{BK}_x)^{-1}\underline{B} \ \ ; \ i=1,2,\ldots,n_w \tag{3.122}$$

vollen Rang besitzen oder

(ii)   die rechte Seite von Gleichung (3.121) mit der linken verträglich ist, falls in den Matrizen (3.122) ein Rangdefekt auftritt.

Diese Verträglichkeitsbedingung hat für die angenommenen einfachen Eigenwerte die Form

$$\text{Rang}\begin{bmatrix} s_i\underline{I} - \underline{A} & \underline{B} \\ - {}^P\underline{C} & \underline{0} \end{bmatrix} = \text{Rang}\begin{bmatrix} s_i\underline{I} - \underline{A} & \underline{B} & \vdots & \underline{0} \\ - {}^P\underline{C} & \underline{0} & \vdots & \underline{\vartheta}_i \end{bmatrix} \ , \ \ i=1,2,\ldots,n_w \ , \tag{3.123}$$

was mit den Überlegungen in Abschn. 3.4.3 zu Gl.(3.110) klar wird. Wenn der Rang der Matrix (3.122) voll ist, kann man die zum Eigenwert s_i gehörende Signalform des Führungsprozesses allen Regelgrößen unabhängig voneinander aufprägen.

Bei einem Rangdefekt ist dies nur noch in dem Umfang möglich, der durch die Verträglichkeitsbedingung (3.123) festgelegt ist. Bei mehrfachen Eigenwerten des Führungsprozesses findet man die entsprechenden Lösungsvorschläge in /M8/.

Beispiel 3.4

Die Regelstrecke mit den Zustandsgleichungen

$$\begin{bmatrix} \dot{x}_1 \\ \dot{x}_2 \end{bmatrix} = \begin{bmatrix} 0 & 1 \\ -1 & -2 \end{bmatrix}\begin{bmatrix} x_1 \\ x_2 \end{bmatrix} + \begin{bmatrix} 0 \\ 1 \end{bmatrix} u$$

$$y = \begin{bmatrix} 2 & 1 \end{bmatrix}\begin{bmatrix} x_1 & x_2 \end{bmatrix}^T$$

soll so angesteuert werden, daß die Regelgröße y rampenförmigen Führungssignalen w(t) asymptotisch folgt. Das zugehörige Führungsmodell möge den Zustandsgleichungen

$$\begin{bmatrix} \dot{\eta}_1 \\ \dot{\eta}_2 \end{bmatrix} = \begin{bmatrix} 0 & 1 \\ 0 & 0 \end{bmatrix}\begin{bmatrix} \eta_1 \\ \eta_2 \end{bmatrix}$$

$$w = \begin{bmatrix} 1 & 0 \end{bmatrix}\begin{bmatrix} \eta_1 & \eta_2 \end{bmatrix}^T$$

genügen. Die Zustandsrückführung sei mit $\underline{k}_x^T = \begin{bmatrix} 3 & 2 \end{bmatrix}$ angesetzt, so daß die
Beobachtbarkeitsmatrix der geregelten Strecke für das Paar $\begin{bmatrix} (\underline{A} - \underline{b}\underline{k}_x^T), & \underline{C} \end{bmatrix}$ den
Rang 1 besitzt.
Man bestimme nun $\underline{k}_w^T$ so, daß der Führungsprozeß in ε nicht mehr beobachtbar
ist. Setzt man

$$u = - 3x_1 - 2x_2 - k_{w1}\eta_1 - k_{w2}\eta_2$$

in die Gln.(3.119) von Strecke und Führungsmodell ein, so erhält man

$$\begin{bmatrix} \dot{x}_1 \\ \dot{x}_2 \\ \dot{\eta}_1 \\ \dot{\eta}_2 \end{bmatrix} = \begin{bmatrix} 0 & 1 & 0 & 0 \\ -4 & -4 & -k_{w1} & -k_{w2} \\ 0 & 0 & 0 & 1 \\ 0 & 0 & 0 & 0 \end{bmatrix}\begin{bmatrix} x_1 \\ x_2 \\ \eta_1 \\ \eta_2 \end{bmatrix}$$

$$\varepsilon = \begin{bmatrix} 2 & 1 & -1 & 0 \end{bmatrix}\begin{bmatrix} x_1 & x_2 & \eta_1 & \eta_2 \end{bmatrix}^T .$$

Wegen des zweifachen Eigenwertes im Führungsprozeß bietet sich die Bestimmung
von $\underline{k}_w$ über das Beobachtbarkeitskriterium an, da das Nullstellenkriterium
lediglich für einfache Eigenwerte angegeben wurde. Die zugehörige Beobachtbarkeitsmatrix

$$\underline{Q} = \begin{bmatrix} 2 & 1 & -1 & 0 \\ -4 & -2 & -k_{w1} & -1-k_{w2} \\ 8 & 4 & 2k_{w1} & 2k_{w2}-k_{w1} \\ -16 & -8 & -4k_{w1} & -4k_{w2}+2k_{w1} \end{bmatrix}$$

besitzt für $\underline{k}_w^T = \begin{bmatrix} -2 & -1 \end{bmatrix}$ den Rang 1.

3.6 Stör- und Führungsbeobachtung

3.6.1 Das allgemeine Beobachtungsproblem

In den vorangehenden Abschnitten wurde angenommen, daß die Zustandsgrößen der Stör-
und Führungsprozesse meßbar sind. Dies ist in den seltensten Fällen möglich, da bei
Störgrößen meist die Erfassung der Störung selbst schon problematisch ist und die
Führungsgrößen-Erzeugung aus verschiedenen Gründen nicht in einem Signalprozeß erfolgt, dessen Zustandsgrößen man zur Bildung der Stellgröße benutzen könnte.

In vollständiger Analogie zur Zustandsbeobachtung kann jedoch auch für die Rekonstruktion der Zustandsgrößen von Stör- und Führungsprozessen ein Beobachter entworfen werden /H12/. Dazu betrachtet man einfach die um die Stör- und Führungsprozesse
erweiterte Strecke, die in Bild 3.13 gezeigt ist, und entwirft hierfür einen Einheitsbeobachter, reduzierten Beobachter oder Beobachter für lineare Funktionale.

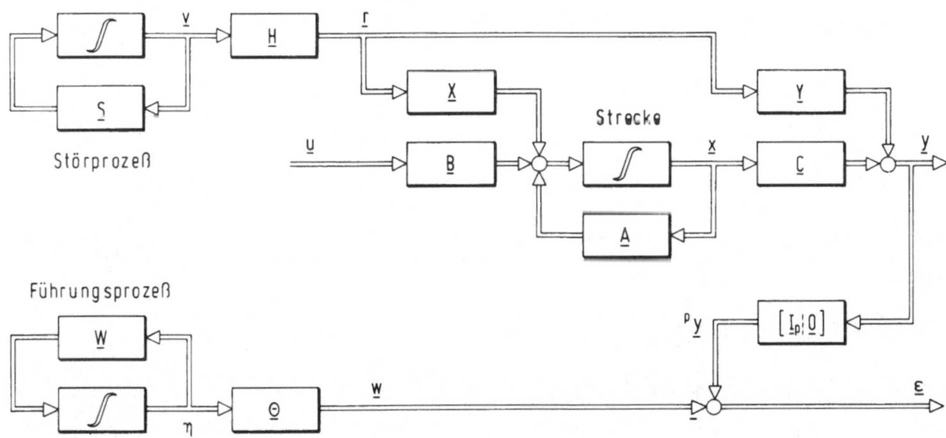

Bild 3.13 Um Stör- und Führungsprozeß erweiterte Strecke

Die Zustandsgleichungen der um die Stör- und Führungsprozesse (3.89) und (3.116)
erweiterten Strecke (3.88) lauten

$$
\begin{bmatrix} \dot{\underline{x}} \\[4pt] \dot{\underline{v}} \\[4pt] \dot{\underline{\eta}} \end{bmatrix}
=
\begin{bmatrix} \underline{A} & \underline{X}\underline{H} & \underline{0} \\[4pt] \underline{0} & \underline{S} & \underline{0} \\[4pt] \underline{0} & \underline{0} & \underline{W} \end{bmatrix}
\begin{bmatrix} \underline{x} \\[4pt] \underline{v} \\[4pt] \underline{\eta} \end{bmatrix}
+
\begin{bmatrix} \underline{B} \\[4pt] \underline{0} \\[4pt] \underline{0} \end{bmatrix} \underline{u}
\tag{3.124}
$$

$$
\begin{bmatrix} \underline{y} \\[4pt] \underline{w} \end{bmatrix}
=
\begin{bmatrix} \underline{C} & \underline{Y}\underline{H} & \underline{0} \\[4pt] \underline{0} & \underline{0} & \underline{\theta} \end{bmatrix}
\begin{bmatrix} \underline{x} \\[4pt] \underline{v} \\[4pt] \underline{\eta} \end{bmatrix} \; .
$$

Die Ordnung dieses Gesamtsystems beträgt $(n+n_r+n_w)$, und es existieren $(m+p)$ Ausgangsgrößen, wobei für die hier betrachtete Beobachtungsaufgabe angenommen wird, daß in $\underline{y}$ nur die Meßgrößen auftauchen, und das System (3.124) vollständig beobachtbar ist.

Betrachtet man die Form der Zustandsgleichungen (3.124) genauer, so stellt man fest, daß sich die Beobachter für Strecken- und Störprozeßzustand einerseits und Führungsprozeß andererseits getrennt entwerfen lassen.

Dementsprechend wählt man günstigerweise eine zweigeteilte Beschreibung für die erweiterte Strecke (3.124), nämlich

$$\begin{aligned}\dot{\underline{x}}^* &= \underline{A}^*\underline{x}^* + \underline{B}^*\underline{u} \\ \underline{y} &= \underline{C}^*\underline{x}^*\end{aligned} \qquad (3.125)$$

mit

$$\underline{x}^* = \begin{bmatrix}\underline{x}\\\underline{v}\end{bmatrix}, \qquad \underline{A}^* = \begin{bmatrix}\underline{A} & \underline{XH}\\\underline{0} & \underline{S}\end{bmatrix}, \qquad \underline{B}^* = \begin{bmatrix}\underline{B}\\\underline{0}\end{bmatrix}, \qquad \underline{C}^* = \begin{bmatrix}\underline{C} & \underline{YH}\end{bmatrix}$$

und

$$\begin{aligned}\dot{\underline{\eta}} &= \underline{W}\eta \\ \underline{w} &= \underline{\theta}\eta \; .\end{aligned} \qquad (3.126)$$

Der Beobachter für die um den Störprozeß erweiterte Strecke hat folglich die Gestalt

$$\dot{\underline{z}} = \underline{F}_1\underline{z} + \underline{D}\underline{y} + \underline{T}_1\underline{B}^*\underline{u} \; , \qquad (3.127)$$

wobei im eingeschwungenen Zustand

$$\underline{z} = \underline{T}_1\underline{x}^* \qquad (3.128)$$

gilt, wenn die Bedingung

$$\underline{T}_1\underline{A}^* - \underline{F}_1\underline{T}_1 = \underline{D}\underline{C}^* \qquad (3.129)$$

erfüllt ist. Für den Beobachter des Führungsprozesses erhält man andererseits

$$\dot{\underline{\zeta}} = \underline{F}_2\underline{\zeta} + \underline{\Gamma}\underline{w} \; , \qquad (3.130)$$

wobei

$$\underline{\zeta} = \underline{T}_2\underline{\eta} \qquad (3.131)$$

im eingeschwungenen Zustand sichergestellt wird, wenn die Matrizen $\underline{T}_2$, $\underline{F}_2$ und $\underline{\Gamma}$ der Gleichung

$$\underline{T}_2\underline{W} - \underline{F}_2\underline{T}_2 = \underline{\Gamma}\underline{\theta} \qquad (3.132)$$

genügen.

Bei hinreichend großer Beobachterordnung, also z.B. bei Ansatz eines Beobachters reduzierter Ordnung für die beiden Zustandsvektoren $\underline{x}^*$ und $\underline{\eta}$, ergeben sich die Schätzwerte zu

$$\underline{\hat{x}}^* = \begin{bmatrix} \underline{C}^* \\ \underline{T}_1 \end{bmatrix}^{-1} \begin{bmatrix} \underline{y} \\ \underline{z} \end{bmatrix} \tag{3.133}$$

und

$$\underline{\hat{\eta}} = \begin{bmatrix} \underline{\theta} \\ \underline{T}_2 \end{bmatrix}^{-1} \begin{bmatrix} \underline{w} \\ \underline{\zeta} \end{bmatrix} \quad . \tag{3.134}$$

Setzt man diese Schätzwerte in das Regelgesetz

$$\underline{\tilde{u}}(t) = \underline{K}_x \underline{x}(t) + \underline{K}_v \underline{v}(t) + \underline{K}_w \underline{\eta}(t) \tag{3.135}$$

ein, so erhält man schließlich

$$\underline{\hat{\tilde{u}}}(t) = \underline{G}\underline{y}(t) + \underline{E}\underline{z}(t) + \underline{L}\underline{w}(t) + \underline{M}\underline{\zeta}(t) \quad . \tag{3.136}$$

Bild 3.14 zeigt die Beobachter für die um den Störprozeß erweiterte Strecke und für den Führungsprozeß.

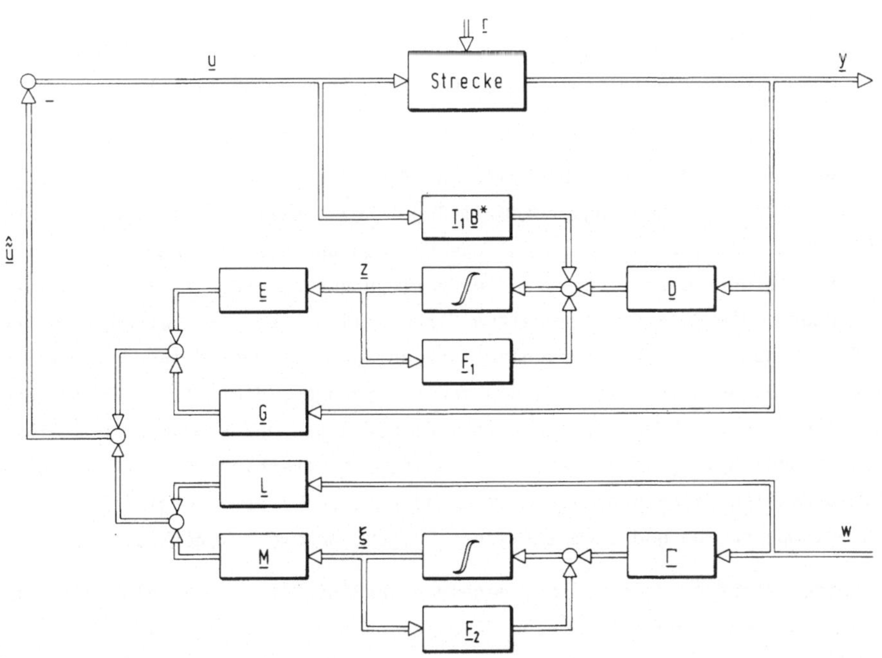

Bild 3.14 Beobachter für Strecke, Stör- und Führungsprozeß

Da der Vektor (3.136) einen Schätzwert für (3.135) darstellt, gilt offensichtlich (vgl. dazu Abschn. 3.2.5)

$$\underline{G}\underline{C}^{*} + \underline{E}\underline{T}_1 = \left[\, \underline{K}_x \;\vdots\; \underline{K}_v \,\right] \tag{3.137}$$

und

$$\underline{L}\theta + \underline{M}\underline{T}_2 = \underline{K}_w \quad . \tag{3.138}$$

Der Beobachter reduzierter Ordnung für die Rekonstruktion der Stellgröße $\tilde{\underline{u}}$ kann, wie oben angedeutet, durch Lösung der Gln.(3.129) und (3.132) und anschließende Bestimmung von $\hat{\underline{x}}^{*}$ und $\hat{\underline{\eta}}$ analog zu Gl.(3.34) geschehen. Durch Einsetzen dieser Schätzwerte erhält man für die Rückführgröße die Form (3.136), wobei die resultierenden Matrizen $\underline{G}$, $\underline{E}$, $\underline{L}$ und $\underline{M}$ die Gln.(3.137) und (3.138) erfüllen.

Andererseits kann der Entwurf eines Beobachters zur Rekonstruktion von $\tilde{\underline{u}}$ auch so geschehen, daß man die beiden Gleichungspaare

$$\begin{aligned}
\underline{T}_1\underline{A}^{*} - \underline{F}_1\underline{T}_1 &= \underline{D}\underline{C}^{*} \\
\underline{G}\underline{C}^{*} + \underline{E}\underline{T}_1 &= \left[\, \underline{K}_x \;\vdots\; \underline{K}_v \,\right]
\end{aligned} \tag{3.139}$$

und

$$\begin{aligned}
\underline{T}_2\underline{W} - \underline{F}_2\underline{T}_2 &= \underline{\Gamma}\theta \\
\underline{L}\theta + \underline{M}\underline{T}_2 &= \underline{K}_w
\end{aligned} \tag{3.140}$$

simultan löst, wie dies beim Beobachter für ein lineares Funktional (Abschn. 3.2.5) geschah.

Wie sich der Einsatz dieses Beobachters für die Rekonstruktion der Zustandsgrößen von Strecke, Stör- und Führungsprozeß im Regelkreis auswirkt, läßt sich sehr einfach beantworten. Da das Problem auf das der Zustandsbeobachtung der erweiterten Strecke zurückgeführt wurde, gelten die Überlegungen aus Abschn. 3.3 auch für diesen Beobachter. Die Pole der geregelten Strecke liegen so, wie bei Rückführung des wahren Streckenzustandes. Unterschiedliche Anfangsbedingungen in der erweiterten Strecke und im Beobachter führen zu Einschwingvorgängen, die mit der Bebachterdynamik abklingen. Insbesondere die Reaktion auf Führungs- und Störsignale stellt sich damit als Einschwingvorgang des Gesamtsystems auf Unterschiede in den Anfangsbedingungen im gedachten Signalprozeß und im Beobachter dar. Damit ergibt sich asymptotische Störkompensation und asymptotisches Folgen, wenn der Regelkreis stabil ist.

Bei den obigen Betrachtungen wurde angenommen, daß die Störgrößen nicht direkt meßbar sind. In speziellen Fällen kann dies jedoch möglich sein. Dadurch erweitert sich die Dimension des Meßvektors, und dementsprechend kann man die Ordnung des erforderlichen Beobachters weiter reduzieren.

3.6.2 Ausnutzung des Strecken- und Störbeobachters zur Führungsbeobachtung

Bei der Lösung eines Gleichungspaares der Form (3.139) sollte man die Matrizen $\underline{F}_1$ und $\underline{E}$ immer vollständig vorgeben, damit kein nichtlineares Gleichungssystem entsteht. Entsprechendes gilt für $\underline{F}_2$ und $\underline{M}$ in Gl.(3.140). Diese Vorgabe ist bei hinreichend großer Beobachterordnung immer möglich.

Man kann daher bei der Lösung des Gleichungspaares (3.140) für den Führungsbeobachter die Matrix $\underline{F}_2 = \underline{F}_1 = \underline{F}$ und die Matrix $\underline{M} = \underline{E}$ setzen. Für das Folgende wird zunächst angenommen, daß man einen Beobachter reduzierter Ordnung für die um den Störprozeß erweiterte Strecke verwendet.

Damit ist aber eine Integration des Führungsbeobachters im Beobachter für Strecke und Störprozeß

$$\dot{\underline{z}} = \underline{F}\underline{z} + \underline{D}\underline{y} + \underline{T}_1\underline{B}^{*}\underline{u} \tag{3.141}$$

möglich, indem man ihn zusätzlich mit $\underline{w}$ gemäß

$$\dot{\underline{z}} = \underline{F}\underline{z} + \underline{D}\underline{y} + \underline{T}_1\underline{B}^{*}\underline{u} + \underline{\Gamma}\underline{w} \tag{3.142}$$

ansteuert. Für den Zustand $\underline{z}$ dieses gemeinsamen Strecken-, Stör- und Führungsbeobachters gilt im eingeschwungenen Zustand

$$\underline{z} = \begin{bmatrix} \underline{T}_1 & \underline{T}_2 \end{bmatrix} \begin{bmatrix} \underline{x}^{*} \\ \underline{\eta} \end{bmatrix} . \tag{3.143}$$

Der Schätzwert für $\underline{\tilde{u}}$ ergibt sich zu

$$\underline{\hat{\tilde{u}}} = \underline{G}\underline{y} + \underline{E}\underline{z} + \underline{L}\underline{w} \quad , \tag{3.144}$$

wenn die beiden Gleichungspaare

$$\underline{T}_1\underline{A}^{*} - \underline{F}\underline{T}_1 = \underline{D}\underline{C}^{*}$$
$$\underline{G}\underline{C}^{*} + \underline{E}\underline{T}_1 = \begin{bmatrix} \underline{K}_x & \vdots & \underline{K}_v \end{bmatrix} \tag{3.145}$$

und

$$\underline{T}_2\underline{W} - \underline{F}\underline{T}_2 = \underline{\Gamma}\underline{\theta}$$
$$\underline{L}\underline{\theta} + \underline{E}\underline{T}_2 = \underline{K}_w \tag{3.146}$$

erfüllt sind. Bild 3.15 zeigt das Blockschaltbild der entsprechenden Beobachterkonfiguration.

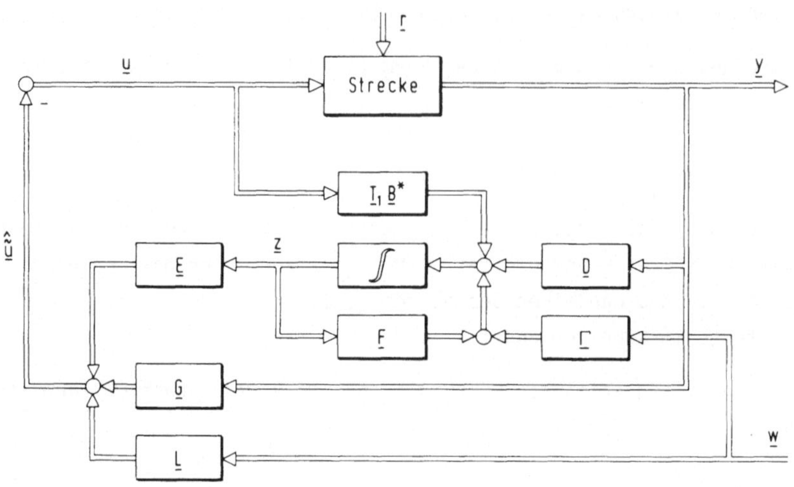

Bild 3.15 Führungsbeobachtung mit Hilfe des Strecken- und Störbeobachters

Voraussetzung für die gemeinsame Nutzung des Beobachters für die Strecken-, Stör-
und Führungsbeobachtung ist neben der vollständigen Beobachtbarkeit der Strecke die
Bedingung

$$(n+n_r-m) \geqslant (n_w-p) \ . \tag{3.147}$$

Die Ordnung des reduzierten Beobachters für den Führungsprozeß darf also nicht größer sein als die des Beobachters für Strecke und Störprozeß. Dies dürfte in der Regel gegeben sein; andernfalls müßte man die Ordnung des Beobachters erhöhen.

Die gemeinsame Nutzung des Beobachters für Stör- und Führungsbeobachtung hat gegenüber der getrennten nach Bild 3.14 einen kleinen Nachteil, da im Führungsverhalten
$(n+n_r-m)$ Pole angeregt werden, obwohl nur (n_w-p) Beobachterpole zur Führungsbeobachtung erforderlich sind.

Dieses Problem läßt sich dadurch beheben, daß man die Ansteuerung des Beobach-
ters über $\underline{\Gamma}$ so wählt, daß im Paar $(\underline{F}, \underline{\Gamma})$ ein Steuerbarkeitsdefekt der Ordnung
$\left[(n+n_r-m)-(n_w-p)\right]$ auftritt. Dadurch erfolgt in der Beobachterkonfiguration nach
Bild 3.15 von $\underline{w}$ aus lediglich eine Anregung von $(n_w-p) \leqslant (n+n_r-m)$ Polen des Beobachters. Erleichtert wird die Wahl eines geeigneten $\underline{\Gamma}$ durch Transformation der Beobachtergleichungen auf Jordan-Normalform oder durch Ansetzen von $\underline{F}$ in einer anderen
geeigneten Form.

Die obigen Überlegungen gelten natürlich auch dann, wenn für den Zustandsbeobachter
eine Ordnung $n_B > (n+n_r-m)$ gewählt wird.

3.6.3 Weitere Reduktion der Beobachterordnung

Der Steuervektor $\tilde{\underline{u}}$ besteht aus p Linearkombinationen der Größen $\underline{x}$, $\underline{v}$ und $\underline{\eta}$. Luenberger hat gezeigt, daß für die Rekonstruktion eines "linearen Funktionals"

$$\tilde{u}_i = \underline{k}_{xi}^T \underline{x} + \underline{k}_{vi}^T \underline{v} + \underline{k}_{wi}^T \underline{\eta} \tag{3.148}$$

(hierbei sind die Vektoren $\underline{k}_{xi}^T$, $\underline{k}_{vi}^T$ und $\underline{k}_{wi}^T$ die i-ten Zeilen der Matrizen $\underline{K}_x$, $\underline{K}_v$ und $\underline{K}_w$), ein Beobachter der Ordnung $n_{Bi} = (\nu-1)$ ausreicht, wobei ν der Beobachtbarkeitsindex des Paares

$$\left\{ \begin{bmatrix} \underline{A} & \underline{XH} & \underline{0} \\ \underline{0} & \underline{S} & \underline{0} \\ \underline{0} & \underline{0} & \underline{W} \end{bmatrix}, \begin{bmatrix} \underline{C} & \underline{YH} & \underline{0} \\ \underline{0} & \underline{0} & \underline{\theta} \end{bmatrix} \right\} \tag{3.149}$$

ist. Eine Untersuchung der Beobachtbarkeitsmatrix für dieses Paar zeigt, daß sich zu

$$\nu = \max(\nu^*, \nu_w) \tag{3.150}$$

ergibt, wobei ν^* den Beobachtbarkeitsindex des Paares $(\underline{A}^*, \underline{C}^*)$ darstellt (Definition s. Gl.(3.125)), und ν_w der Beobachtbarkeitsindex des Paares $(\underline{W}, \underline{\theta})$ ist.

Interessanterweise zeigt sich, daß der Beobachtbarkeitsindex für die erweiterte Strecke kleiner sein kann als die Summe aus dem Beobachtbarkeitsindex der Strecke und der Ordnung n_r des Störprozesses /H12/.

Der Beobachter n_{Bi}-ter Ordnung für das lineare Funktional (3.148) besitzt die Zustandsgleichungen

$$\dot{\underline{z}}^i = \underline{F}^i \underline{z}^i + \begin{bmatrix} \underline{D}^i & \underline{\Gamma}^i \end{bmatrix} \begin{bmatrix} \underline{y} \\ \underline{w} \end{bmatrix} + \underline{T}_1^i \underline{B}^* \underline{u} \tag{3.151}$$

$$\hat{\tilde{u}}_i = \begin{bmatrix} \underline{g}_i^T & \underline{1}_i^T \end{bmatrix} \begin{bmatrix} \underline{y} \\ \underline{w} \end{bmatrix} + \underline{e}_i^T \underline{z}^i \quad ,$$

was natürlich auch für $n_{Bi} > (\nu-1)$ gilt. Die Entwurfsgleichungen für diesen Beobachter lauten

$$\begin{aligned} \underline{T}_1^i \underline{A}^* - \underline{F}^i \underline{T}_1^i &= \underline{D}^i \underline{C}^* \\ \underline{g}_i^T \underline{C}^* + \underline{e}_i^T \underline{T}_1^i &= \begin{bmatrix} \underline{k}_{xi}^T & \vdots & \underline{k}_{vi}^T \end{bmatrix} \end{aligned} \tag{3.152}$$

und

$$\begin{aligned} \underline{T}_2^i \underline{W} - \underline{F}^i \underline{T}_2^i &= \underline{\Gamma}^i \underline{\theta} \\ \underline{1}_i^T \underline{\theta} + \underline{e}_i^T \underline{T}_2^i &= \underline{k}_{wi}^T \quad . \end{aligned} \tag{3.153}$$

Da der Stellvektor $\underline{u}$ aus p Komponenten der Form (3.148) besteht, setzt sich der Zustandsregler also aus p Beobachtern (3.151) zusammen. Die Ordnung pn_{Bi} dieses Reglers kann unter Umständen kleiner sein als die bei Verwendung eines Beobachters reduzierter Ordnung.

Selbst wenn $pn_{Bi} > (n+n_r-m)$ sein sollte, bieten die p parallelen Beobachter für je ein lineares Funktional den Vorteil einfacherer Entwurfsgleichungen und transparenterer Reglerstruktur. Der Aufbau des Reglers aus p gleichartigen Unterreglern erweist sich auch bei einer digitalen Realisierung als günstig, da zur Berechnung der einzelnen Stellgrößen derselbe Programmablauf mit verschiedenen Parametersätzen verwendbar ist.

3.6.4 Entwurf eines Zustandsreglers mit Stör- und Führungsbeobachter

Betrachtet wird die Zustandsregelung einer Strecke mit den Zustandsgleichungen

$$
\begin{bmatrix} \dot{x}_1 \\ \dot{x}_2 \end{bmatrix} = \begin{bmatrix} 0 & 1 \\ -1 & -2 \end{bmatrix} \begin{bmatrix} x_1 \\ x_2 \end{bmatrix} + \begin{bmatrix} 0 \\ 1 \end{bmatrix} u + \begin{bmatrix} 1 \\ 1 \end{bmatrix} r \tag{3.154}
$$

$$
y = \begin{bmatrix} 2 & 1 \end{bmatrix} \begin{bmatrix} x_1 \\ x_2 \end{bmatrix} + r \; ,
$$

für die in den Beispielen 3.3 und 3.4 eine Aufschaltung von Stör- und Führungssignalen so bestimmt wurde, daß die Regelgröße y rampenförmigen Führungsgrößen w auch beim Auftreten sinusförmiger Störsignale mit der normierten Kreisfrequenz $\omega_s = 1$ asymptotisch folgt.

Das Führungsmodell genügte den Zustandsgleichungen

$$
\begin{bmatrix} \dot{\eta}_1 \\ \dot{\eta}_2 \end{bmatrix} = \begin{bmatrix} 0 & 1 \\ 0 & 0 \end{bmatrix} \begin{bmatrix} \eta_1 \\ \eta_2 \end{bmatrix} \tag{3.155}
$$

$$
w = \begin{bmatrix} 1 & 0 \end{bmatrix} \begin{bmatrix} \eta_1 \\ \eta_2 \end{bmatrix}
$$

und für das Störmodell galt

$$
\begin{bmatrix} \dot{v}_1 \\ \dot{v}_2 \end{bmatrix} = \begin{bmatrix} 0 & 1 \\ -1 & 0 \end{bmatrix} \begin{bmatrix} v_1 \\ v_2 \end{bmatrix} \tag{3.156}
$$

$$
r = \begin{bmatrix} 1 & 0 \end{bmatrix} \begin{bmatrix} v_1 \\ v_2 \end{bmatrix} .
$$

Die Aufschaltung des Zustandes der um Stör- und Führungsprozeß erweiterten Strecke
hatte die Form

$$\tilde{u} = \begin{bmatrix} 3 & 2 \end{bmatrix} \begin{bmatrix} x_1 \\ x_2 \end{bmatrix} + \begin{bmatrix} 5 & 1 \end{bmatrix} \begin{bmatrix} v_1 \\ v_2 \end{bmatrix} + \begin{bmatrix} -2 & -1 \end{bmatrix} \begin{bmatrix} \eta_1 \\ \eta_2 \end{bmatrix} \ . \tag{3.157}$$

Die Herleitung dieses Regelgesetzes geschah unter der Annahme meßbarer Zustandsgrößen. Nun wird ein Beobachter gesucht, der die Rekonstruktion des Zustandsvektors
$(\underline{x}^T \ \underline{v}^T \ \underline{\eta}^T)^T$ aus y und w erlaubt. Die Pole des Beobachters mögen bei s= -4 liegen.

Einen Schätzwert für $\underline{x}^*$ und $\underline{\eta}$ erhält man mit Hilfe eines reduzierten Beobachters.
Die Ordnung der erweiterten Strecke beträgt $(n+n_r+n_w)$ = 6. Für die beiden getrennt
untersuchbaren Systeme, nämlich die um den Störprozeß erweiterte Strecke und den
Führungsprozeß, erhält man mit den obigen Angaben

$$\underline{A}^* = \begin{bmatrix} 0 & 1 & 1 & 0 \\ -1 & -2 & 1 & 0 \\ 0 & 0 & 0 & 1 \\ 0 & 0 & -1 & 0 \end{bmatrix}, \quad \underline{x}^* = \begin{bmatrix} x_1 \\ x_2 \\ v_1 \\ v_2 \end{bmatrix}, \quad \underline{B}^* = \begin{bmatrix} 0 \\ 1 \\ 0 \\ 0 \end{bmatrix} \tag{3.158}$$

$$\underline{c}^* = \begin{bmatrix} 2 & 1 & 1 & 0 \end{bmatrix}$$

und

$$\underline{W} = \begin{bmatrix} 0 & 1 \\ 0 & 0 \end{bmatrix}, \quad \underline{\theta} = \begin{bmatrix} 1 & 0 \end{bmatrix} \ .$$

Mit $(n+n_r-m)$ = 3 und (n_w-p) = 1 benötigt man also einen Beobachter dritter Ordnung
für $\underline{x}^*$ und einen Beobachter erster Ordnung für $\underline{\eta}$. Die beiden Entwurfsgleichungen
(3.129) und (3.132) lauten

$$\underline{T}_1 \underline{A}^* - \underline{F}_1 \underline{T}_1 = \underline{D}\underline{C}^* \tag{3.159}$$

und

$$\underline{T}_2 \underline{W} - \underline{F}_2 \underline{T}_2 = \underline{\Gamma}\underline{\theta} \ . \tag{3.160}$$

Wählt man für die Beobachtermatrizen

$$\underline{F}_1 = \begin{bmatrix} -4 & 1 & 0 \\ 0 & -4 & 1 \\ 0 & 0 & -4 \end{bmatrix} \quad \text{und} \quad F_2 = -4 \ ,$$

dann verbleiben in Gl.(3.159) noch drei und in Gl.(3.160) noch ein zusätzlicher
Freiheitsgrad.

Nach Vorgabe von

$$\underline{D} = \begin{bmatrix} -23.5 \\ -21 \\ 153 \end{bmatrix} \quad \text{und} \quad \Gamma = 16$$

lauten die Lösungen von (3.159) und (3.160)

$$\underline{T}_1 = \begin{bmatrix} -10.5 & -6 & -3 & 1 \\ 11 & 1 & -6 & 1 \\ 85 & 34 & 8 & -2 \end{bmatrix}, \quad T_2 = \begin{bmatrix} 4 & -1 \end{bmatrix}.$$

Die Schätzwerte für $\underline{x}^*$ und $\underline{\eta}$ folgen daraus zu

$$\hat{\underline{x}}^* = \begin{bmatrix} \hat{\underline{x}} \\ \hat{\underline{v}} \end{bmatrix} = \begin{bmatrix} \underline{C}^* \\ \underline{T}_1 \end{bmatrix}^{-1} \begin{bmatrix} y \\ \underline{z} \end{bmatrix} = \begin{bmatrix} -1.6 & 0.8 & -0.4 & 0.2 \\ 4.7 & -2.3 & 1.2 & -0.55 \\ -0.5 & 0.7 & -0.4 & 0.15 \\ 9.9 & -2.3 & 1.8 & -0.75 \end{bmatrix} \begin{bmatrix} y \\ z_1 \\ z_2 \\ z_3 \end{bmatrix} \tag{3.161}$$

und

$$\hat{\underline{\eta}} = \begin{bmatrix} \underline{\theta} \\ \underline{T}_2 \end{bmatrix}^{-1} \begin{bmatrix} w \\ \zeta \end{bmatrix} = \begin{bmatrix} 1 & 0 \\ 4 & -1 \end{bmatrix} \begin{bmatrix} w \\ \zeta \end{bmatrix}. \tag{3.162}$$

Der Zustandsregler, bestehend aus dem Beobachter für die Zustandsrückführung

$$\tilde{u} = \underline{k}_x^T \underline{x} + \underline{k}_v^T \underline{v} + \underline{k}_w^T \underline{\eta}$$

hat damit die Form

$$\begin{bmatrix} \dot{z}_1 \\ \dot{z}_2 \\ \dot{z}_3 \\ \dot{\zeta} \end{bmatrix} = \begin{bmatrix} -4 & 1 & 0 & 0 \\ 0 & -4 & 1 & 0 \\ 0 & 0 & -4 & 0 \\ 0 & 0 & 0 & -4 \end{bmatrix} \begin{bmatrix} z_1 \\ z_2 \\ z_3 \\ \zeta \end{bmatrix} + \begin{bmatrix} -23.5 & 0 \\ -21 & 0 \\ 153 & 0 \\ 0 & 16 \end{bmatrix} \begin{bmatrix} y \\ w \end{bmatrix} + \begin{bmatrix} -6 \\ 1 \\ 34 \\ 0 \end{bmatrix} u \tag{3.163}$$

$$\hat{\tilde{u}} = \begin{bmatrix} -1 & 1 & -0.5 & 1 \end{bmatrix} \begin{bmatrix} z_1 \\ z_2 \\ z_3 \\ \zeta \end{bmatrix} + \begin{bmatrix} 12 & -6 \end{bmatrix} \begin{bmatrix} y \\ w \end{bmatrix}.$$

Der Beobachtbarkeitsindex der Strecke mit Störprozeß ist $v^* = 4$, da nur ein Meßausgang vorhanden ist. Damit ist für die Rekonstruktion von $\tilde{u} = \underline{k}_x^T \underline{x} + \underline{k}_v^T \underline{v}$ keine weitere Ordnungsreduktion des Beobachters für Strecke und Störprozeß mehr möglich. Die Ordnung des Gesamtreglers ist aber um eins verringerbar, wenn man den Führungsbeobachter im Beobachter für Strecke und Störprozeß integriert (vgl. Abschn. 3.6.2).

Die Matrizen $\underline{F}=\underline{F}_1$, $\underline{D}$, $\underline{G}$ und $\underline{E}$ des Beobachters für $\underline{x}$ und $\underline{v}$ bleiben unverändert. Nun ist lediglich die geeignete Aufschaltung für w zu bestimmen. Da $\nu_w = 2$ ist, benötigt man nur einen Beobachterpol zur Führungsbeobachtung. Bei einer Wahl von

$$\underline{\Gamma} = \begin{bmatrix} d & 0 & 0 \end{bmatrix}^T$$

besitzt das Paar $(\underline{F},\ \underline{\Gamma})$ gerade den gewünschten Steuerbarkeitsdefekt von zwei. Geht man mit diesem $\underline{\Gamma}$ in die Entwurfsgleichungen (3.146)

$$\underline{T}_2\underline{W} - \underline{F}\underline{T}_2 = \underline{\Gamma}\theta \quad \text{und} \quad 1\theta + \underline{e}^T\underline{T}_2 = \underline{k}_w^T$$

ein, so erhält man wegen $e^T = \begin{bmatrix} -1 & 1 & -0.5 \end{bmatrix}$ als Lösung

$$\underline{T}_2 = \begin{bmatrix} -4 & 1 \\ 0 & 0 \\ 0 & 0 \end{bmatrix}, \quad 1 = -6 \quad \text{und} \quad d = -16 .$$

Damit besitzt der Zustandsregler dritter Ordnung für die gestellte Regelungsaufgabe die Zustandsgleichungen

$$\begin{bmatrix} \dot{z}_1 \\ \dot{z}_2 \\ \dot{z}_3 \end{bmatrix} = \begin{bmatrix} -4 & 1 & 0 \\ 0 & -4 & 1 \\ 0 & 0 & -4 \end{bmatrix} \begin{bmatrix} z_1 \\ z_2 \\ z_3 \end{bmatrix} + \begin{bmatrix} -23.5 & -16 \\ -21 & 0 \\ 153 & 0 \end{bmatrix} \begin{bmatrix} y \\ w \end{bmatrix} + \begin{bmatrix} -6 \\ 1 \\ 34 \end{bmatrix} u \qquad (3.164)$$

$$\hat{\tilde{u}} = \begin{bmatrix} -1 & 1 & -0.5 \end{bmatrix} \begin{bmatrix} z_1 \\ z_2 \\ z_3 \end{bmatrix} + \begin{bmatrix} 12 & -6 \end{bmatrix} \begin{bmatrix} y \\ w \end{bmatrix} .$$

Bild 3.16 zeigt das Verhalten der Regelgröße y bei einer cosinusförmigen Störung der normierten Kreisfrequenz 1 und bei einem rampenförmigen Führungssignal.

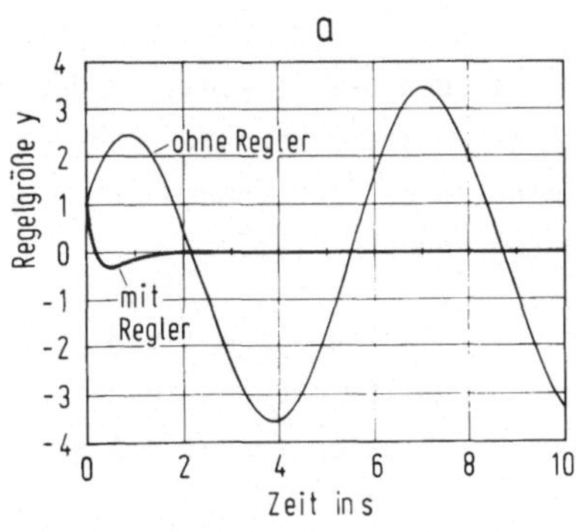

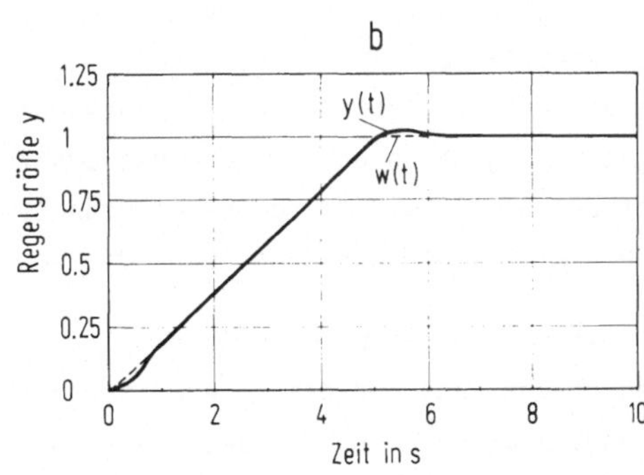

Bild 3.16 Reaktion des Regelkreises a) bei cosinusförmigen Störungen mit und ohne Regler, b) bei rampenförmigen Führungsgrößen

3.7 Asymptotische Störkompensation und asymptotisches Folgen nach Davison

3.7.1 Einleitende Bemerkungen

Mit dem klassischen I-Anteil erreicht man durch Integration der Regelabweichung $\varepsilon = y - w$ eine vollständige Ausregelung nach sprungförmigen Führungs- oder Störgrößenänderungen. Wie die vorangehenden Abschnitte zeigen, ist in Zustandsregelkreisen eine Ausregelung auch für andere Klassen von Signalen möglich, wenn man entsprechende Signalprozesse für die Entstehung der Signale r(t) und w(t) einführt.

Der bisher beschriebene Lösungsweg, der im wesentlichen von Johnson und Müller/Lükkel entwickelt wurde, besteht in einer Aufschaltung der Zustandsgrößen dieser Signalprozesse zur Kompensation von Regelabweichungen. Die Rekonstruktion nicht meßbarer Zustandsgrößen erfolgt mit Hilfe eines Beobachters für die um den Führungs- und Störprozeß erweiterte Strecke.

Betrachtet man dagegen die Verhältnisse im klassischen Regelkreis, so stellt man fest, daß dort der Integralanteil im Regler sowohl sprungförmige Störungen unabhängig vom Eingriffsort in die Strecke ausregelt als auch Folgen auf sprungförmige Führungssignale sicherstellt, ohne daß besondere Aufschaltbedingungen eingehalten werden müßten. Die Begründung für diese Eigenschaft folgt aus der Tatsache, daß sich ein stationärer Zustand des stabilen Regelkreises nur dann einstellt, wenn die am Eingang des Integrators anliegende Regelabweichung verschwindet.

Genau auf diesem Prinzip beruht die von Davison z.B. in /D2/ vorgestellte Methode zur asymptotischen Störkompensation und zur Sicherstellung asymptotischen Folgens.

Der zu den angreifenden Stör- und Führungssignalen gehörende Signalprozeß wird dabei im Regler modelliert und von der Regelabweichung angesteuert. Alle üblicherweise angesetzten Signalprozesse wie z.B. für sprung-, sinus-, rampen- oder parabelförmige Signale, besitzen die Eigenschaft, daß sie auch bei verschwindender Eingangserregung ein nicht verschwindendes Ausgangssignal liefern können. Dadurch erzeugt der Regler mit Hilfe des eingebauten Signalmodells das zur Kompensation benötigte Stellsignal auch dann, wenn die Regelabweichung abgebaut ist.

Das mit der Regelabweichung angesteuerte Signalmodell wird nun formal der Strecke zugeschlagen und für die so erweiterte Strecke eine stabilisierende Zustandsrückführung, z.B. durch Polvorgabe, berechnet. Dadurch ergibt sich für alle Signalformen, die im angesetzten Modellprozeß entstehen können, sowohl asymptotisches Folgen als auch asymptotische Störkompensation unabhängig vom aktuellen Eingriffsort der Störungen.

3.7.2 Der Ansatz nach Davison

Die Regelstrecke n-ter Ordnung mit p Stellgrößen u_i und ρ Störgrößen r_j sei wiederum durch ihre Zustandsgleichungen

$$\dot{\underline{x}} = \underline{A}\underline{x} + \underline{B}\underline{u} + \underline{X}\underline{r}$$
$$\underline{y} = \underline{C}\underline{x} + \underline{Y}\underline{r} \tag{3.165}$$

beschrieben. Die ersten p Komponenten

$$^p\underline{y} = {}^p\underline{C}\underline{x} + {}^p\underline{Y}\underline{r} \quad , \quad p \leqslant m \leqslant n \quad , \tag{3.166}$$

des m-dimensionalen Ausgangsvektors $\underline{y}$ seien die als meßbar angenommenen Regelgrößen.

Die folgenden Betrachtungen setzen voraus, daß Stör- und Führungsprozeß dieselbe
Dynamik besitzen. Die Stör- und Führungssignale seien so geartet, daß sie als in
einem gemeinsamen Signalprozeß n_r-ter Ordnung mit den Zustandsgleichungen

$$\dot{\underline{v}} = \underline{S}\underline{v} \quad , \qquad \underline{v}(0) \text{ unbekannt}$$
$$\underline{r} = \underline{H}\underline{v} \quad , \quad (\underline{S}, \underline{H}) \text{ vollständig beobachtbar} \tag{3.167}$$

entstanden gedacht werden können. Dabei ist es ohne Einfluß, ob eine bestimmte Signalform nur bei den Führungs- oder bei den Störgrößen auftritt. Vielmehr besitzt $\underline{S}$
gerade die minimale Ordnung n_r, mit der alle auftretenden Stör- und Führungssignale
modelliert werden können.

Es ist natürlich nicht sinnvoll, mehr Störungen in $\underline{S}$ zu berücksichtigen, als am
Streckenausgang beobachtbar sind. Die Bedingung

$$\left\{ \begin{bmatrix} \underline{A} & \underline{X}\underline{H} \\ \underline{0} & \underline{S} \end{bmatrix} \,, \, \begin{bmatrix} \underline{C} & \underline{Y}\underline{H} \end{bmatrix} \right\} \text{ vollständig beobachtbar}$$

taucht auch beim Entwurf des Störbeobachters nach Johnson auf. Während sie dort eine notwendige Voraussetzung für den Beobachterentwurf darstellt, spielt sie hier
lediglich die Rolle eines Beurteilungskriteriums für die erforderliche Ordnung der
Matrix $\underline{S}$.

Grundprinzip beim Reglerentwurf nach Davison /D2/ ist wie beim klassischen I-Anteil
die Anregung je eines Modells des angenommenen Signalprozesses (3.167) durch je ei-
ne Komponente ε_i der Regelabweichungen $\underline{\varepsilon} = {}^p\underline{y} - \underline{w}$ in der Form

$$\dot{\hat{\underline{v}}}{}^i = \underline{S}\hat{\underline{v}}{}^i + \underline{b}_\varepsilon^i(y_i - w_i) \quad , \quad i = 1,2,\ldots,p \quad . \tag{3.168}$$

Faßt man diese p Teilsysteme zusammen und wählt die Bezeichnungen

$$
\underline{v}^* = \begin{bmatrix} \hat{\underline{v}}^1 \\ \hat{\underline{v}}^2 \\ \vdots \\ \hat{\underline{v}}^p \end{bmatrix} , \quad
\underline{S}^* = \begin{bmatrix} \underline{S} & & & \underline{0} \\ & \underline{S} & & \\ & & \ddots & \\ \underline{0} & & & \underline{S} \end{bmatrix} \quad \text{und} \quad
\underline{B}_\varepsilon = \begin{bmatrix} \underline{b}_\varepsilon^1 & & & \underline{0} \\ & \underline{b}_\varepsilon^2 & & \\ & & \ddots & \\ \underline{0} & & & \underline{b}_\varepsilon^p \end{bmatrix} ,
$$

so lauten die Zustandsgleichungen der Streckenerweiterung gemäß (3.168)

$$
\dot{\underline{v}}^* = \underline{S}^*\underline{v}^* + \underline{B}_\varepsilon \underline{\varepsilon} \quad . \tag{3.169}
$$

Dabei muß $(\underline{S}^*, \underline{B}_\varepsilon)$ ein vollständig steuerbares Paar darstellen. Die um das Modell des Führungs- und Störprozesses (3.169) erweiterte Strecke besitzt die Zustandsgleichungen

$$
\begin{bmatrix} \dot{\underline{x}} \\ \dot{\underline{v}}^* \end{bmatrix} = \begin{bmatrix} \underline{A} & \underline{0} \\ \underline{B}_\varepsilon \underline{P}\underline{C} & \underline{S}^* \end{bmatrix} \begin{bmatrix} \underline{x} \\ \underline{v}^* \end{bmatrix} + \begin{bmatrix} \underline{B} \\ \underline{0} \end{bmatrix} \underline{u} + \begin{bmatrix} \underline{X} \\ \underline{B}_\varepsilon \underline{P}\underline{Y} \end{bmatrix} \underline{r} + \begin{bmatrix} \underline{0} \\ -\underline{B}_\varepsilon \end{bmatrix} \underline{w} \quad . \tag{3.170}
$$

Für diese erweiterte Strecke wird nun ein Zustandsregler gemäß

$$
\underline{u} = -\underline{K}_x\underline{x} - \underline{K}_v\underline{v}^* \tag{3.171}
$$

entworfen, der die Dynamik des Regelkreises in gewünschter Weise beeinflußt. Die resultierenden Zustandsgleichungen des Regelkreises lauten

$$
\begin{bmatrix} \dot{\underline{x}} \\ \dot{\underline{v}}^* \end{bmatrix} = \begin{bmatrix} \underline{A} - \underline{B}\underline{K}_x & -\underline{B}\underline{K}_v \\ \underline{B}_\varepsilon \underline{P}\underline{C} & \underline{S}^* \end{bmatrix} \begin{bmatrix} \underline{x} \\ \underline{v}^* \end{bmatrix} + \begin{bmatrix} \underline{X} \\ \underline{B}_\varepsilon \underline{P}\underline{Y} \end{bmatrix} \underline{r} + \begin{bmatrix} \underline{0} \\ -\underline{B}_\varepsilon \end{bmatrix} \underline{w} \tag{3.172}
$$

$$
\underline{y} = \begin{bmatrix} \underline{C} & \underline{0} \end{bmatrix} \begin{bmatrix} \underline{x} \\ \underline{v}^* \end{bmatrix} + \underline{Y}\underline{r} \quad .
$$

Bild 3.17 zeigt ein Blockschaltbild des Regelkreises.

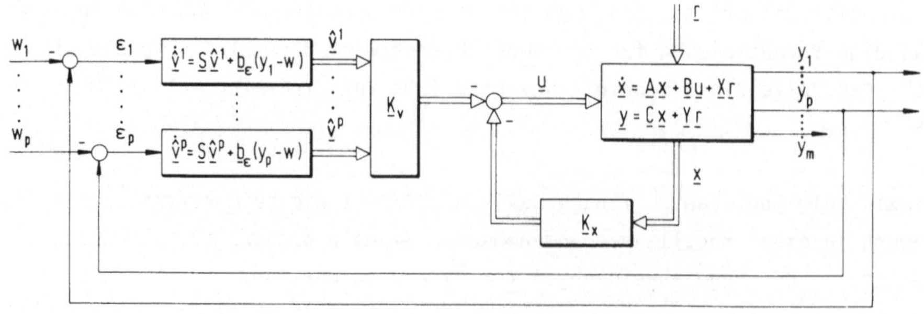

Bild 3.17 Regelkreis mit Stör- und Führungsmodell nach Davison

Voraussetzung für eine sinnvolle Zustandsregelung ist die vollständige Steuerbarkeit der Regelstrecke. Damit über das Regelgesetz (3.171) alle Eigenwerte der erweiterten Strecke (3.170) beliebig beeinflußt werden können, muß das Paar

$$\left\{\begin{bmatrix} \underline{A} & \underline{0} \\ \underline{B}_\varepsilon \, ^P\underline{C} & \underline{S}^* \end{bmatrix} , \begin{bmatrix} \underline{B} \\ \underline{0} \end{bmatrix}\right\}$$

vollständig steuerbar sein. Dies ist genau dann der Fall, wenn

   (i)   das Paar $(\underline{A}, \underline{B})$ vollständig steuerbar ist

   (ii) die Paare $(\underline{S}, \underline{b}_\varepsilon^i)$, i=1,2,...,p vollständig steuerbar sind

   (iii) für jeden Eigenwert s_i von $\underline{S}$ die Bedingung

$$\text{Rang} \begin{bmatrix} s_i\underline{I} - \underline{A} & \underline{B} \\ - \, ^P\underline{C} & \underline{0} \end{bmatrix} = (n+p) \quad , \quad i=1,2,...,n_r \tag{3.173}$$

    erfüllt ist, also kein Eigenwert des Stör- und Führungsprozesses auch
    Nullstelle der Strecke (Def. 1.9) ist.

Der Beweis hierfür findet sich z.B. bei Ferreira /F3/. Diese drei Bedingungen sind
im übrigen unmittelbar plausibel. Zwei hintereinandergeschaltete Systeme sind vom
Eingang des ersten aus sicher nur dann vollständig steuerbar, wenn jedes Einzel-
system vollständig steuerbar ist (Bedingungen (i) und (ii)). Ferner dürfen im vor-
geschalteten System keine Nullstellen auftreten, die auch Pole des nachgeschalteten
Systems sind, was durch Bedingung (iii) sichergestellt wird /F3/.

Sieht man einmal von der Bedingung (ii) ab, dann sind die Voraussetzungen für den
Reglerentwurf nach Johnson und Davison bis auf zwei geringfügige Modifikationen
identisch.

Die erste Modifikation bezieht sich auf die Forderung nach der Beobachtbarkeit der
Störungen in $\underline{y}$. Während sie für die Störbeobachtung in Abschn. 3.6 eine notwendige
Voraussetzung darstellt, braucht sie hier nur zur Vermeidung unnötig hoher Regler-
ordnungen beachtet zu werden.

Die zweite Modifikation bezieht sich darauf, daß selbst bei Verletzung von (iii)
unter Umständen Störkompensation beim Johnson-Entwurf möglich ist, wenn dieselbe
Nullstelle auch für die Störungen auftritt. Da der hier betrachtete Ansatz Störkompensation unabhängig vom Eingriffsort der Störungen sicherstellt, ist die Einbeziehung solcher Sonderfälle nicht möglich.

Im übrigen ist hier natürlich die Steuerbarkeit des angehängten Stör- und Führungsmodells für die Stabilisierung des Gesamtsystems unerläßlich.

Wie bei diesem Ansatz die Störkompensation erreicht wird, erkennt man, wenn man die
Gleichungen des Regelkreises so umschreibt, daß die Regelabweichung $\underline{\varepsilon} = {}^p\underline{y} - \underline{w}$ als
Eingangsgröße auftritt. Diese Beziehung lautet

$$
\begin{bmatrix} \dot{\underline{x}} \\[2mm] \dot{\underline{v}}^* \end{bmatrix} = \begin{bmatrix} \underline{A} - \underline{B}\underline{K}_x & - \underline{B}\underline{K}_v \\[2mm] \underline{0} & \underline{S}^* \end{bmatrix} \begin{bmatrix} \underline{x} \\[2mm] \underline{v}^* \end{bmatrix} + \begin{bmatrix} \underline{X} \\[2mm] \underline{0} \end{bmatrix} \underline{r} + \begin{bmatrix} \underline{0} \\[2mm] \underline{B}_\varepsilon \end{bmatrix} \underline{\varepsilon} \; .
\tag{3.174}
$$

Durch die Zustandsregelung (3.171) wird sichergestellt, daß der Regelkreis stabil
ist, daß also bei beschränkten Eingangssignalen auch nur beschränkte Ausgangssignale auftreten. Betrachtet man die zweite Zeile in Gl.(3.174), nämlich

$$
\dot{\underline{v}}^* = \underline{S}^* \underline{v}^* + \underline{B}_\varepsilon \underline{\varepsilon}
\tag{3.175}
$$

so zeigt sich, daß begrenzte Ausgangssignale des Regelkreises nur dann möglich
sind, wenn in der Regelabweichung $\underline{\varepsilon}$ diejenigen Signalformen nicht mehr auftreten,
die zu den (ungedämpften oder instabilen) Eigenwerten von $\underline{S}^*$ gehören. Dies ist unabhängig davon, ob die Signale durch eine Anregung über $\underline{r}$ oder über $\underline{w}$ in den Regelkreis gelangen.

Die Eigenbewegungen des Signalmodells im Regler werden also so lange angestoßen,
bis sie den Einfluß von $\underline{w}$ und $\underline{r}$ in der Regelabweichung kompensieren. Nach Abbau der
Regelabweichung liefern diese Signalmodelle in völliger Analogie zum klassischen I-
Anteil weiterhin die notwendigen Kompensationssignale.

Der formale Beweis für asymptotische Störkompensation und asymptotisches Folgen
beim Auftreten von Signalen, die als in einem Modellprozeß mit den Zustandsglei-
chungen $\dot{\underline{v}} = \underline{S}\underline{v}$ entstanden gedacht werden können, läßt sich mit Hilfe der Rosenbrock-Matrix führen (s. Abschn. 1.3).

Dazu betrachtet man der Einfachheit halber die Übertragungsfunktionen von allen
Störgrößen $r_j(t)$, j=1,2,...,ρ zu allen Regelgrößen $y_i(t)$, i=1,2,...,p. Unterteilt
man die Matrizen $\underline{X}$ und ${}^p\underline{Y}$ in der Form

$$
\underline{X} = \begin{bmatrix} \underline{X}_1 & \underline{X}_2 & \cdots & \underline{X}_\rho \end{bmatrix} \; ; \quad {}^p\underline{Y} = \begin{bmatrix} \underline{Y}_1 & \underline{Y}_2 & \cdots & \underline{Y}_\rho \end{bmatrix}
$$

beziehungsweise

$$
{}^p\underline{Y} = \begin{bmatrix} \ddots & & \\ & \underline{Y}_{ij} & \\ & & \ddots \end{bmatrix} \quad \begin{aligned} &i=1,2,...,p \\ &j=1,2,...,\rho \end{aligned} \quad \text{und} \quad {}^p\underline{C} = \begin{bmatrix} \underline{c}_1^T \\ \vdots \\ \underline{c}_p^T \end{bmatrix} ,
$$

dann lautet der Zähler $Z_i^j(s)$ der Übertragungsfunktion von r_j nach y_i

$$Z_i^j(s) = \det \begin{bmatrix} s\underline{I} - \underline{A} + \underline{B}\underline{K}_x & \underline{B}\underline{K}_v & \underline{X}_j \\ - \underline{B}_\varepsilon \, {}^p\underline{C} & s\underline{I} - \underline{S}^* & \underline{B}_\varepsilon \underline{Y}_j \\ - \underline{c}_i^T & \underline{0} & Y_{ij} \end{bmatrix} \qquad (3.176)$$

oder, wenn man die spezielle Form der Matrizen $\underline{B}_\varepsilon$ und $\underline{S}^*$ berücksichtigt

$$Z_i^j(s) = \det \left[\begin{array}{c|c|c} s\underline{I} - \underline{A} + \underline{B}\underline{K}_x & \underline{B}\underline{K}_v & \underline{X}_j \\ \hline \begin{array}{c} - \underline{b}_\varepsilon^1 \underline{c}_1^T \\ \vdots \\ - \underline{b}_\varepsilon^i \underline{c}_i^T \\ \vdots \\ - \underline{b}_\varepsilon^p \underline{c}_p^T \end{array} & \begin{array}{ccc} s\underline{I} - \underline{S} & & \underline{0} \\ & \ddots & \\ & s\underline{I} - \underline{S} & \\ & \ddots & \\ \underline{0} & & s\underline{I} - \underline{S} \end{array} & \begin{array}{c} \underline{b}_\varepsilon^1 Y_{1j} \\ \vdots \\ \underline{b}_\varepsilon^i Y_{ij} \\ \vdots \\ \underline{b}_\varepsilon^p Y_{pj} \end{array} \\ \hline - \underline{c}_i^T & \underline{0} & Y_{ij} \end{array} \right] \qquad (3.177)$$

Durch elementare Umformungen – letzte Zeile in (3.177) mit $\underline{b}_\varepsilon^i$ multipliziert und von der entsprechenden Zeile im Mittelteil subtrahiert – geht die Determinante (3.177) über in die Form

$$Z_i^j(s) = \det \left[\begin{array}{c|c|c} s\underline{I} - \underline{A} + \underline{B}\underline{K}_x & \underline{B}\underline{K}_v & \underline{X}_j \\ \hline \begin{array}{c} - \underline{b}_\varepsilon^1 \underline{c}_1^T \\ \vdots \\ \underline{0} \\ \vdots \\ - \underline{b}_\varepsilon^p \underline{c}_p^T \end{array} & \begin{array}{ccc} s\underline{I} - \underline{S} & & \underline{0} \\ & \ddots & \\ & s\underline{I} - \underline{S} & \\ & \ddots & \\ \underline{0} & & s\underline{I} - \underline{S} \end{array} & \begin{array}{c} \underline{b}_\varepsilon^1 Y_{1j} \\ \vdots \\ \underline{0} \\ \vdots \\ \underline{b}_\varepsilon^p Y_{pj} \end{array} \\ \hline - \underline{c}_i^T & \underline{0} & Y_{ij} \end{array} \right] \qquad (3.178)$$

aus der unmittelbar folgt, daß alle $Z_i^j(s)$ das Polynom $\det(s\underline{I} - \underline{S})$ als Teiler enthalten. Damit läßt sich in allen Kanälen von den p Störgrößen r_j zu den p Regelgrößen y_i das charakteristische Polynom $\det(s\underline{I} - \underline{S})$ des Störprozesses herauskürzen, so daß asymptotische Störkompensation für alle Signale stattfindet, die im Störprozeß (3.167) entstehen können.

Vorausgesetzt werden muß natürlich, daß der Regelkreis stabil ist.

Asymptotisches Folgen auf Signale aus dem Prozeß (3.167) findet dann statt, wenn in allen Zählern $Z_{\varepsilon j}^{i}(s)$; $i,j = 1,2,\ldots,p$ der Übertragungsfunktionen von den Führungsgrößen w_i zu allen Regelabweichungen $\varepsilon_j = y_j - w_j$ das charakteristische Polynom $\det(s\underline{I} - \underline{S})$ als Nullstelle auftritt.

Für $i=j$ läßt sich der Zähler $Z_{\varepsilon i}^{i}(s)$ mit Hilfe der Rosenbrockmatrix

$$Z_{\varepsilon i}^{i}(s) = \begin{bmatrix} s\underline{I} - \underline{A} + \underline{BK}_x & \underline{BK}_v & \underline{0} \\ -\underline{b}_\varepsilon^1 \underline{c}_1^T & s\underline{I} - \underline{S} & \underline{0} \\ \vdots & \ddots & \vdots \\ -\underline{b}_\varepsilon^i \underline{c}_i^T & s\underline{I} - \underline{S} & -\underline{b}_\varepsilon^i \\ \vdots & \ddots & \vdots \\ -\underline{b}_\varepsilon^p \underline{c}_p^T & s\underline{I} - \underline{S} & \underline{0} \\ -\underline{c}_i^T & \underline{0} & -1 \end{bmatrix} \qquad (3.179)$$

angeben. Durch dieselbe elementare Umformung wie bei den $Z_i^j(s)$ entsteht eine Form, aus der unmittelbar deutlich wird, daß $\det(s\underline{I} - \underline{S})$ als Teiler des Zählers in jeder Übertragungsfunktion $\varepsilon_i(s)/w_i(s)$ auftritt. Für $i \neq j$ lautet die entsprechende Matrix

$$Z_{\varepsilon j}^{i}(s) = \begin{bmatrix} s\underline{I} - \underline{A} + \underline{BK}_x & \underline{BK}_v & \underline{0} \\ -\underline{b}_\varepsilon^1 \underline{c}_1^T & s\underline{I} - \underline{S} & \underline{0} \\ \vdots & \ddots & \vdots \\ -\underline{b}_\varepsilon^i \underline{c}_i^T & s\underline{I} - \underline{S} & -\underline{b}_\varepsilon^i \\ \vdots & \ddots & \vdots \\ -\underline{b}_\varepsilon^j \underline{c}_j^T & s\underline{I} - \underline{S} & \underline{0} \\ \vdots & \ddots & \vdots \\ -\underline{b}_\varepsilon^p \underline{c}_p^T & s\underline{I} - \underline{S} & \underline{0} \\ -\underline{c}_j^T & \underline{0} & 0 \end{bmatrix} \begin{matrix} \\ \\ \\ \\ \\ (*) \\ \\ \\ \end{matrix} \qquad (3.180)$$

und man erkennt, daß in der mit $(*)$ gekennzeichneten Zeile durch elementare Operationen die Matrix $(s\underline{I} - \underline{S})$ isoliert werden kann. Damit wird für alle Führungssignale, die im Signalprozeß (3.167) entstehen können, auch asymptotisches Folgen der Regelgrößen sichergestellt.

Zur Bildung der Stellgröße $\underline{u} = -\underline{K}_x\underline{x} - \underline{K}_v\underline{v}^*$ ist im allgemeinen ein Beobachter nötig. Da $\underline{v}^*$ meßbar ist, braucht nur noch ein Beobachter für die Rekonstruktion von
$\underline{K}_x\underline{x}$ entworfen zu werden. Dies kann unabhängig vom Problem der Störkompensation geschehen, und somit ist die Beobachteraufgabe beim Davison-Ansatz wesentlich einfa-
cher lösbar als beim in Abschn. 3.6 vorgestellten Vorgehen nach Johnson oder
Müller/Lückel. Bild 3.18 zeigt ein Blockschaltbild des Regelkreises mit Zustandsbeobachter.

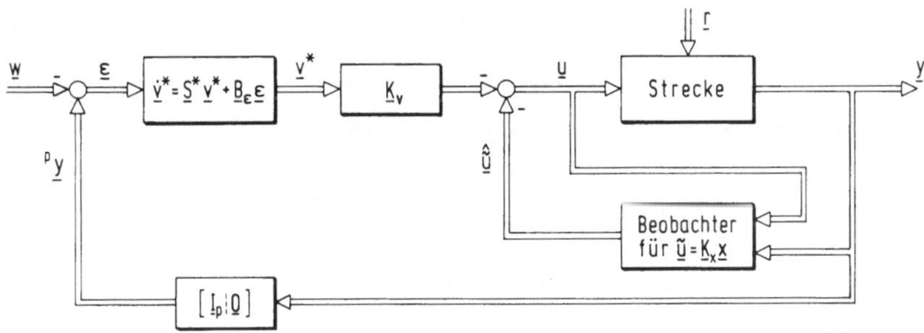

Bild 3.18 Regelkreis mit Stör- und Führungsmodell sowie Zustandsbeobachtung nach
           Davison

Der wesentliche Vorteil der Anordnung nach Bild 3.17 oder Bild 3.18 besteht in der
Tatsache, daß die so realisierte Stör- und Führungsaufschaltung robust gegenüber
Streckenparameteränderungen ist. Auch wenn die Pole des Regelkreises durch Parame-
teränderungen verschoben werden, sichert die obige Struktur, daß alle Eigenbewe-
gungen aus dem angesetzten Signalprozeß in der Regelabweichung kompensiert werden.
Dies gilt natürlich nur so lange, wie der Regelkreis stabil bleibt.

Die Vorteile des Davison-Entwurfes für Zustandsregler sind

- Sicherstellung von Störkompensation unabhängig vom aktuellen Eingriffsort der
  Störungen ohne die sonst notwendige Berechnung komplizierter Aufschaltbedingungen.

- Robustheit der Störkompensation gegenüber Streckenparameteränderungen. Dies
  ist nicht nur im Hinblick auf variable Streckenparameter (Verschleiß, Alterung, Temperatureinflüsse,...) von Interesse, sondern auch auf dem Hintergrund, daß die meisten Streckenbeschreibungen das tatsächliche Systemverhalten
  nur mehr oder minder grob genähert erfassen.

- Einfachheit des Beobachterentwurfes unabhängig von den angenommenen Stör- und
  Führungsprozessen.

Diesen Vorteilen stehen jedoch gewisse Nachteile gegenüber.

Abgesehen davon, daß alle Regelgrößen als meßbar vorausgesetzt sind, bringt der Davison-Ansatz einen erhöhten Realisierungsaufwand, da der Signalprozeß für jede Regelgröße separat aufgebaut wird.

Dabei ist die Ordnung des angesetzten Signalprozesses schon größer als beim Verfahren aus Abschn. 3.6.2. Bezeichnet man mit n_r die Ordnung des zu berücksichtigenden Störprozesses und mit n_w die Ordnung des entsprechenden Führungsprozesses, so reichte beim Reglerentwurf nach Johnson eine Beobachtererweiterung um $\max(n_r, n_w)$ aus, um Stör- und Führungsbeobachtung durchzuführen.

Beim Davison-Entwurf muß dagegen im ungünstigsten Falle disjunkter Eigenwerte von Stör- und Führungsprozeß die Ordnung $p(n_r + n_w)$ für den Signalprozeß angesetzt werden.

Ein weiterer Nachteil des Davison-Entwurfes wird deutlich, wenn man das Führungsverhalten näher untersucht.

Die Zahl der im Führungsverhalten angeregten Pole entspricht der Ordnung der um den Signalprozeß erweiterten Strecke, da der Führungsvektor $\underline{w}$ das gesamte System

$$\underline{\dot{v}}^* = \underline{S}^* \underline{v}^* + \underline{B}_\varepsilon (^p\underline{y} - \underline{w})$$

anregt, in dem auch die für die Störkompensation benötigten Teile enthalten sind. Welche Folgen dies haben kann, zeigt das Beispiel in Abschn. 3.7.3.

Für Eingrößensysteme enthält /H11/ einen Vorschlag zur Behebung dieses Nachteils. Dazu modelliert man im Signalprozeß lediglich die Störsignale und benutzt durch geeignete Aufschaltung von y_1 und w gemäß

$$\underline{\dot{\hat{v}}} = \underline{S}\underline{\hat{v}} + \underline{b}_\varepsilon y_1 - \underline{b}_w w \tag{3.181}$$

die Dynamik des Störmodells zur Realisierung des Führungsmodells. Der Vektor $\underline{b}_w$ muß dabei so gestaltet werden, daß im Zählerpolynom der Übertragungsfunktion von w nach $\varepsilon = y_1 - w$ das charakteristische Polynom des Führungsprozesses als Teiler auftritt.

Auf eine detaillierte Darstellung dieses Vorgehens sei hier verzichtet, da es schon für Eingrößensysteme relativ aufwendig ist und sich daher kaum für eine Anwendung auf Mehrgrößenprobleme eignet.

Stattdessen wird in Kapitel 4 beim Reglerentwurf im Frequenzbereich ausführlich auf dieses Problem eingegangen.

3.7.3 Beispiel für den Reglerentwurf nach Davison

Betrachtet wird eine Regelstrecke mit den Zustandsgleichungen

$$\dot{\underline{x}} = \underline{A}\underline{x} + \underline{b}u + \underline{X}r$$
$$\underline{y} = \underline{C}\underline{x} + \underline{Y}r \tag{3.182}$$

mit

$$\underline{A} = \begin{bmatrix} 0 & 1 & 0 \\ 0 & 0 & 1 \\ -20 & -14 & -4 \end{bmatrix} \ ; \quad \underline{b} = \begin{bmatrix} 0 \\ 0 \\ 1 \end{bmatrix} \ ; \quad \underline{X} = \begin{bmatrix} 0 & 1 \\ 0 & 0 \\ 1 & -1 \end{bmatrix} \ ;$$

$$\underline{C} = \begin{bmatrix} 20 & 0 & 0 \\ 0 & 0 & 1 \end{bmatrix} \ ; \quad \underline{Y} = \begin{bmatrix} 1 & 0 \\ 0 & 0 \end{bmatrix} \ ,$$

auf die sprungförmige und sinusförmige Störungen der normierten Kreisfrequenz $\omega_r = 4$ einwirken. Diese Störungen sollen in der Regelgröße y_1 asymptotisch kompensiert werden. Die auftretenden Führungsgrößen seien sprungförmig.

Damit ergibt sich für die Modellierung von Führungs- und Störsignalen ein Prozeß dritter Ordnung mit

$$\det(s\underline{I} - \underline{S}) = s(s^2 + 16) \ .$$

Als Pollagen für die geregelte, um den Signalprozeß erweiterte Strecke seien gewünscht

$$\tilde{s}_{1/2} = -1 \pm i \ , \quad \tilde{s}_3 = -3 \ , \quad \tilde{s}_{4/5} = -3 \pm 3i \ , \quad \tilde{s}_6 = -8 \ .$$

Der notwendige Beobachter möge einen Pol bei s=-10 erhalten. Mit dem Signalprozeß-Modell (hier in Regelungsnormalform)

$$\begin{bmatrix} \dot{\hat{v}}_1 \\ \dot{\hat{v}}_2 \\ \dot{\hat{v}}_3 \end{bmatrix} = \begin{bmatrix} 0 & 1 & 0 \\ 0 & 0 & 1 \\ 0 & -16 & 0 \end{bmatrix} \begin{bmatrix} \hat{v}_1 \\ \hat{v}_2 \\ \hat{v}_3 \end{bmatrix} + \begin{bmatrix} 0 \\ 0 \\ 1 \end{bmatrix} (y_1 - w)$$

lauten die Zustandsgleichungen der erweiterten Strecke

$$\begin{bmatrix} \dot{x}_1 \\ \dot{x}_2 \\ \dot{x}_3 \\ \dot{\hat{v}}_1 \\ \dot{\hat{v}}_2 \\ \dot{\hat{v}}_3 \end{bmatrix} = \begin{bmatrix} 0 & 1 & 0 & 0 & 0 & 0 \\ 0 & 0 & 1 & 0 & 0 & 0 \\ -20 & -14 & -4 & 0 & 0 & 0 \\ 0 & 0 & 0 & 0 & 1 & 0 \\ 0 & 0 & 0 & 0 & 0 & 1 \\ 20 & 0 & 0 & 0 & -16 & 0 \end{bmatrix} \begin{bmatrix} x_1 \\ x_2 \\ x_3 \\ \hat{v}_1 \\ \hat{v}_2 \\ \hat{v}_3 \end{bmatrix} + \begin{bmatrix} 0 \\ 0 \\ 1 \\ 0 \\ 0 \\ 0 \end{bmatrix} u + \begin{bmatrix} 0 & 1 \\ 0 & 0 \\ 1 & -1 \\ 0 & 0 \\ 0 & 0 \\ 1 & 0 \end{bmatrix} \underline{r} + \begin{bmatrix} 0 \\ 0 \\ 0 \\ 0 \\ 0 \\ -1 \end{bmatrix} w \ . \tag{3.183}$$

Für diese erweiterte Strecke muß nun die Zustandsrückführung

$$u = - \underline{k}_x^T \underline{x} - \underline{k}_v^T \underline{\hat{v}}$$

so gefunden werden, daß das charakteristische Polynom der erweiterten geregelten Strecke (3.183) die Form

$$\det \begin{bmatrix} s\underline{I} - \underline{A} + \underline{b}\underline{k}_x^T & \underline{b}\underline{k}_v^T \\ -\underline{b}_\varepsilon \underline{c}_1^T & s\underline{I} - \underline{S} \end{bmatrix} = \prod_{i=1}^{6} (s - \tilde{s}_i) \qquad (3.184)$$

erhält. Setzt man nun die bekannten Größen $\underline{A}$, $\underline{b}$, $\underline{b}_\varepsilon$, $\underline{c}_1^T$, $\underline{S}$ und die $\tilde{s}_i$ ein, so ergibt sich nach Auswertung der Determinante (3.184)

$$s^6 + (4 + k_{x3})s^5 + (30 + k_{x2})s^4 + (84 + k_{x1} + 16k_{x3})s^3 +$$
$$+ (224 + 16k_{x2} + 20k_{v3})s^2 + (320 + 16k_{x1} + 20k_{v2})s + 20k_{v1} =$$
$$= s^6 + 19s^5 + 144s^4 + 592s^3 + 1332s^2 + 1548s + 864 \; .$$

Aus einem Koeffizientenvergleich folgt

$$\underline{k}_x^T = \begin{bmatrix} 268 & 114 & 15 \end{bmatrix} \quad \text{und} \quad \underline{k}_v^T = \begin{bmatrix} 43.2 & -153 & -35.8 \end{bmatrix} \; .$$

Da die Strecke den Beobachtbarkeitsindex $\nu = 2$ besitzt, benötigt man mindestens einen Beobachter erster Ordnung zur Rekonstruktion von $u_x = - \underline{k}_x^T \underline{x}$. Dieser Beobachter besitzt die Zustandsgleichungen

$$\dot{z} = - 10z + \underline{d}^T \underline{y} + \underline{t}^T \underline{b}u$$
$$\underline{k}_x^T \underline{\hat{x}} = - \underline{g}^T \underline{y} - ez \; . \qquad (3.185)$$

Die Beobachterentwurfsgleichungen $\underline{T}\underline{A} - \underline{F}\underline{T} = \underline{D}\underline{C}$ und $\underline{g}^T \underline{C} + \underline{e}^T \underline{T} = \underline{k}_x^T$ lauten hier

$$\begin{bmatrix} t_1 & t_2 & t_3 \end{bmatrix}\begin{bmatrix} 0 & 1 & 0 \\ 0 & 0 & 1 \\ -20 & -14 & -4 \end{bmatrix} + 10\begin{bmatrix} t_1 & t_2 & t_3 \end{bmatrix} = \begin{bmatrix} d_1 & d_2 \end{bmatrix}\begin{bmatrix} 20 & 0 & 0 \\ 0 & 0 & 1 \end{bmatrix}$$
$$\qquad (3.186)$$
$$\begin{bmatrix} g_1 & g_2 \end{bmatrix}\begin{bmatrix} 20 & 0 & 0 \\ 0 & 0 & 1 \end{bmatrix} + e\begin{bmatrix} t_1 & t_2 & t_3 \end{bmatrix} = \begin{bmatrix} 268 & 114 & 15 \end{bmatrix} \; .$$

Benutzt man die zwei vorhandenen Freiheitsgrade zur Vorgabe von $e=3$ und $d_1=-10$, dann ergibt sich als Lösung der Gln.(3.186)

$$\underline{t}^T = \begin{bmatrix} 40 & 38 & 30 \end{bmatrix} \; ; \quad \underline{d}^T = \begin{bmatrix} -10 & 218 \end{bmatrix} \; ; \quad \underline{g}^T = \begin{bmatrix} 7.4 & -75 \end{bmatrix} \; .$$

Damit hat der Zustandsregler die Gestalt

$$
\begin{bmatrix} \dot{\hat{v}}_1 \\ \dot{\hat{v}}_2 \\ \dot{\hat{v}}_3 \end{bmatrix}
=
\begin{bmatrix} 0 & 1 & 0 \\ 0 & 0 & 1 \\ 0 & -16 & 0 \end{bmatrix}
\begin{bmatrix} \hat{v}_1 \\ \hat{v}_2 \\ \hat{v}_3 \end{bmatrix}
+
\begin{bmatrix} 0 \\ 0 \\ 1 \end{bmatrix}
(y_1 - w)
\tag{3.187}
$$

$$
\dot{z} = -10z + \begin{bmatrix} -10 & 218 \end{bmatrix} \begin{bmatrix} y_1 \\ y_2 \end{bmatrix} + 30u
$$

$$
u = -\begin{bmatrix} 7.4 & -75 \end{bmatrix} \begin{bmatrix} y_1 \\ y_2 \end{bmatrix} - 3z - \begin{bmatrix} 43.2 & -153 & -35.8 \end{bmatrix} \begin{bmatrix} \hat{v}_1 \\ \hat{v}_2 \\ \hat{v}_3 \end{bmatrix} .
$$

Er stellt asymptotische Störkompensation für an beliebigen Stellen der Strecke angreifende sprung- und sinusförmige Störsignale der normierten Kreisfrequenz $\omega_r = 4$
sowie asymptotisches Folgen auf dieselben Führungssignale in y_1 sicher.

Betrachtet man jedoch die Reaktion des Regelkreises auf sprungförmige Führungssignale, die in Bild 3.19 gezeigt ist, so wird das geforderte asymptotische Folgen auf
sprungförmige Signale zwar erreicht, aber mit einem extrem unbefriedigenden Übergangsverhalten.

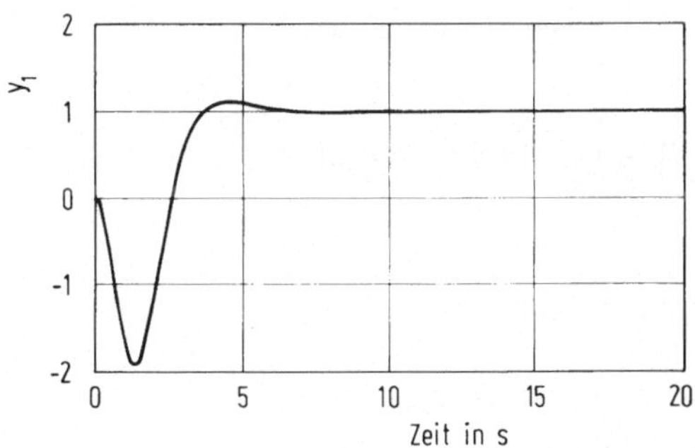

Bild 3.19 Reaktion der Regelgröße auf eine sprungförmige Führungsgröße w(t) = 1(t)

Dieses Verhalten beruht auf der Tatsache, daß der Führungskanal im Regler automatisch auch auf sinusförmige Führungssignale ausgelegt ist, die hier eigentlich
nicht interessieren.

Lösungsvorschläge für die Umgehung solcher Probleme finden sich in Kapitel 4.

3.8 Die Beobachtung von Stellsignalen im Frequenzbereich betrachtet: Der Kontrollbeobachter

Der Reglerentwurf im Zeitbereich verläuft in zwei Schritten. Zunächst wird ein stabiler Zustandsbeobachter n_B-ter Ordnung

$$\dot{\underline{z}} = \underline{F}\underline{z} + \underline{D}\underline{y} + \underline{TB}\underline{u} \tag{3.188}$$

entworfen, dessen Zustandsgrößen im störungsfreien, eingeschwungenen Zustand gemäß

$$\underline{z} = \underline{T}\underline{x} \tag{3.189}$$

mit den Zustandsgrößen der Regelstrecke zusammenhängen. Unabhängig davon, ob ein reduzierter Beobachter oder p Beobachter der Ordnung $n_{Bi} \geqslant (\nu - 1)$ angesetzt werden, ergibt sich dann die Rückführgröße im eingeschwungenen Zustand zu

$$\hat{\underline{u}} = \underline{K}_x\hat{\underline{x}} = \underline{G}\underline{y} + \underline{E}\underline{z} \ . \tag{3.190}$$

Das Folgende gilt sinngemäß für Beobachter beliebiger Ordnung. Der Einfachheit halber sei es jedoch für den Spezialfall von p Beobachtern $(\nu-1)$-ter Ordnung betrachtet.

Das Übertragungsverhalten eines Beobachters für p lineare Funktionale wird im Frequenzbereich durch die Übertragungsmatrizen zwischen seinen Eingangsgrößen, den Streckenein- und -ausgängen, und seinen Ausgangsgrößen $\hat{\underline{u}}$ beschrieben. Setzt man die Laplace-transformierten Größen $\underline{u}(s)$, $\underline{y}(s)$, $\underline{z}(s)$ und $\underline{x}(s)$ unter Berücksichtigung von (3.188) bei verschwindenden Anfangsbedingungen $\underline{z}(0)$ in (3.190) ein, so erhält man

$$\left[\underline{G} + \underline{E}(s\underline{I} - \underline{F})^{-1}\underline{D}\right]\underline{y}(s) + \underline{E}(s\underline{I} - \underline{F})^{-1}\underline{TB}\underline{u}(s) = \underline{K}_x\hat{\underline{x}}(s) \ , \tag{3.191}$$

oder in abgekürzter Schreibweise

$$\underline{F}_y(s)\underline{y}(s) + \underline{F}_u(s)\underline{u}(s) = \underline{K}_x\hat{\underline{x}}(s) = \hat{\underline{u}}(s) \ . \tag{3.192}$$

Bild 3.20 zeigt ein Blockschaltbild dieser Konfiguration.

Die Reglerübertragungsmatrizen $\underline{F}_y$ und $\underline{F}_u$ dieses Beobachters, und damit des Zustandsreglers, lassen sich in faktorisierter Form zu

$$\underline{F}_y(s) = \underline{\Delta}^{-1}(s)\underline{Z}_y(s) \tag{3.193}$$

und

$$\underline{F}_u(s) = \underline{\Delta}^{-1}(s)\underline{Z}_u(s) \tag{3.194}$$

angeben.

Dabei wird aus Gl.(3.191) deutlich, daß für $\underline{\Delta}(s)$ die Beziehung

$$\det \underline{\Delta}(s) = \det(s\underline{I} - \underline{F}) \tag{3.195}$$

gilt. Je nach Wahl der Freiheitsgrade beim Beobachterentwurf im Zeitbereich ergeben sich unterschiedliche Matrizen $\underline{F}$, $\underline{D}$, $\underline{G}$ und $\underline{E}$, die jedoch unabhängig davon so gestaltet sind, daß im eingeschwungenen Zustand des Regelkreises die Bedingung

$$\underline{F}_y(s)\underline{y}(s) + \underline{F}_u(s)\underline{u}(s) = \underline{K}_x\underline{x}(s) \tag{3.196}$$

erfüllt ist. Es liegt daher nahe, die Matrizen $\underline{F}_u(s)$ und $\underline{F}_y(s)$ ohne Umweg über den Zeitbereichsentwurf direkt mit Hilfe von Frequenzbereichsmethoden zu bestimmen.

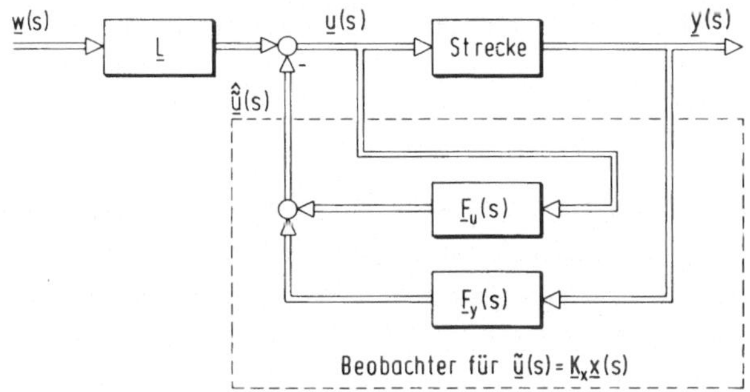

Bild 3.20   Beobachter für den Stellvektor im Frequenzbereich betrachtet

Setzt man die bekannten Beziehungen für das Übertragungsverhalten der Strecke, nämlich

$$\underline{x}(s) = (s\underline{I} - \underline{A})^{-1}\underline{B}\underline{u}(s) \quad \text{und} \quad \underline{y}(s) = \underline{C}(s\underline{I} - \underline{A})^{-1}\underline{B}\underline{u}(s) \tag{3.197}$$

in Gl.(3.196) ein, so erhält sie die Form

$$\underline{F}_y(s)\underline{C}(s\underline{I} - \underline{A})^{-1}\underline{B}\underline{u}(s) + \underline{F}_u(s)\underline{u}(s) = \underline{K}_x(s\underline{I} - \underline{A})^{-1}\underline{B}\underline{u}(s) \, . \tag{3.198}$$

Da $\underline{B}$ nach Voraussetzung vollen Spaltenrang besitzt, kann Gl.(3.198) unter Verwendung der Linksinversen

$$\underline{B}^{\#} = (\underline{B}^T\underline{B})^{-1}\underline{B}^T \tag{3.199}$$

folgendermaßen angeschrieben werden:

$$\{\underline{F}_y(s)\underline{C}(s\underline{I} - \underline{A})^{-1} + \underline{F}_u(s)\underline{B}^{\#} - \underline{K}_x(s\underline{I} - \underline{A})^{-1}\}\underline{B}\underline{u}(s) = \underline{0} \, . \tag{3.200}$$

Für beliebige $\underline{B}\underline{u}(s)$ ist diese Gleichung dann erfüllt, wenn der Ausdruck in geschweifter Klammer verschwindet, was nach Rechtsmultiplikation mit $(s\underline{I} - \underline{A})$ und unter Verwendung der Bezeichnung

$$\underline{F}_u(s)\underline{B}^{\#} = \bar{\underline{F}}_u(s) = \underline{\Delta}^{-1}(s)\bar{\underline{Z}}_u(s) \ , \qquad\qquad (3.201)$$

auf die Gleichung

$$\underline{F}_y(s)\underline{C} + \bar{\underline{F}}_u(s)(s\underline{I} - \underline{A}) = \underline{K}_x \qquad\qquad (3.202)$$

führt. Nach Linksmultiplikation mit $\underline{\Delta}(s)$ ergibt sich schließlich

$$\underline{Z}_y(s)\underline{C} + \bar{\underline{Z}}_u(s)(s\underline{I} - \underline{A}) = \underline{\Delta}(s)\underline{K}_x \ . \qquad\qquad (3.203)$$

Bevor diese Beziehung nach den gesuchten Matrizen $\underline{Z}_y$ und $\bar{\underline{Z}}_u$ aufgelöst werden kann, muß neben der Zustandsrückführung $\underline{K}_x$ die Form der Beobachtermatrix festliegen. Die eleganteste Lösung ergibt sich bei Verwendung von p Einzelbeobachtern für die Linearkombinationen

$$\tilde{u}_i(t) = \underline{k}_{xi}^T\underline{x}(t) \ , \quad i=1,2,\ldots,p \ . \qquad\qquad (3.204)$$

Bezeichnet man mit $\delta_i(s)$ das charakteristische Polynom des i-ten Beobachters z.B. $(\nu - 1)$-ter Ordnung, wenn ν der Beobachtbarkeitsindex der Strecke ist, dann erhält $\underline{\Delta}(s)$ die einfache Gestalt

$$\underline{\Delta}(s) = \begin{bmatrix} \delta_1(s) & & & \underline{0} \\ & \delta_2(s) & & \\ & & \ddots & \\ \underline{0} & & & \delta_p(s) \end{bmatrix} \ . \qquad\qquad (3.205)$$

Bei Verwendung eines Beobachters reduzierter Ordnung für das gesamte $\underline{u}$ kann $\underline{\Delta}(s)$ nicht so einfach angesetzt werden. Die dabei entstehenden Probleme sind in /G6,G7/ behandelt.

Anhand von Gl.(3.191) läßt sich ableiten, daß die Elemente von $\underline{Z}_y(s)$ Polynome höchstens $(\nu - 1)$-ten und die Elemente von $\underline{Z}_u(s)$ Polynome höchstens $(\nu - 2)$-ten Grades in s sind, wenn die Beobachterordnung zu $(\nu - 1)$ gewählt wurde. Damit lassen sich die einzelnen Polynommatrizen $\underline{Z}_y(s)$, $\bar{\underline{Z}}_u(s)$ und $\underline{\Delta}(s)$ in der Form

$$\underline{Z}_y(s) = \underline{Z}_{y\nu-1}s^{\nu-1} + \underline{Z}_{y\nu-2}s^{\nu-2} + \ldots + \underline{Z}_{y1}s + \underline{Z}_{y0} \qquad\qquad (3.206)$$

$$\bar{\underline{Z}}_u(s) = \qquad\qquad \bar{\underline{Z}}_{u\nu-2}s^{\nu-2} + \ldots + \bar{\underline{Z}}_{u1}s + \bar{\underline{Z}}_{u0} \qquad\qquad (3.207)$$

$$\underline{\Delta}(s) = \qquad \underline{I}s^{\nu-1} + \underline{\Delta}_{\nu-2}s^{\nu-2} + \ldots + \underline{\Delta}_1s + \underline{\Delta}_0 \qquad\qquad (3.208)$$

darstellen, wobei die $\underline{Z}_{yi}$, $\bar{\underline{Z}}_{ui}$ und $\underline{\Delta}_i$ Koeffizientenmatrizen der Dimensionen pxm, pxn und pxp sind.

Die Bestimmung der unbekannten Koeffizienten in $\underline{Z}_y(s)$ und $\underline{\bar{Z}}_u(s)$ erfolgt anhand eines Koeffizientenvergleichs zwischen linker und rechter Seite in Gl.(3.203). Dieser Koeffizientenvergleich kann in Form eines linearen Gleichungssystems angeschrieben werden, das folgende Gestalt hat:

$$\left[\underline{Z}_{y\nu-1}\ \ \underline{Z}_{y\nu-2}\ \cdots\ \underline{Z}_{y0}\ \vdots\ \underline{\bar{Z}}_{u\nu-2}\ \ \underline{\bar{Z}}_{u\nu-3}\ \cdots\ \underline{\bar{Z}}_{u0}\right]\cdot \tag{3.209}$$

$$\begin{bmatrix}\underline{C} & & & \underline{0} \\ & \underline{C} & & \\ & & \ddots & \\ \underline{0} & & & \underline{C} \\ \hline \underline{I} & -\underline{A} & & \underline{0} \\ & \underline{I} & -\underline{A} & \\ & & \ddots & \ddots \\ \underline{0} & & \underline{I} & -\underline{A}\end{bmatrix} = \begin{bmatrix}\underline{I} & \underline{\Delta}_{\nu-2} & \cdots & \underline{\Delta}_0\end{bmatrix}\begin{bmatrix}\underline{K}_x & & & \underline{0} \\ & \underline{K}_x & & \\ & & \ddots & \\ \underline{0} & & & \underline{K}_x\end{bmatrix}\ .$$

Jede Unbekannten-Zeile besteht aus $\left[n(\nu-1)+\nu m\right]\geqslant\nu n$ Elementen. Für die νn Gleichungen in jeder Zeile stehen also mindestens ebensoviele Unbekannte zur Verfügung. Die rechte Seite, d.h. die Zustandsrückführung und der Beobachter, sind aber nur dann frei vorgebbar, wenn die Koeffizientenmatrix in (3.209) vollen Rang besitzt. Durch Rechtsmultiplikation mit der Matrix

$$\begin{bmatrix}\underline{I} & \underline{A} & \cdots & \underline{A}^{\nu-1} \\ \underline{0} & \underline{I} & \cdots & \underline{A}^{\nu-2} \\ & & \ddots & \vdots \\ \underline{0} & & & \underline{I}\end{bmatrix}$$

erhält Gl.(3.209) eine andere Gestalt, nämlich

$$\left[\underline{Z}_{y\nu-1}\ \ \underline{Z}_{y\nu-2}\ \cdots\ \underline{Z}_{y0}\ \vdots\ \underline{\bar{Z}}_{u\nu-2}\ \ \underline{\bar{Z}}_{u\nu-3}\ \cdots\ \underline{\bar{Z}}_{u0}\right]\cdot \tag{3.210}$$

$$\begin{bmatrix}\underline{C} & \underline{C}\underline{A} & \underline{C}\underline{A}^2 & \cdots & \underline{C}\underline{A}^{\nu-1} \\ \underline{0} & \underline{C} & \underline{C}\underline{A} & \cdots & \underline{C}\underline{A}^{\nu-2} \\ & & \ddots & & \vdots \\ \underline{0} & & & & \underline{C} \\ \hline \underline{I} & & & & \underline{0} \\ & \ddots & & & \vdots \\ \underline{0} & & & \underline{I} & \underline{0}\end{bmatrix} = \begin{bmatrix}\underline{I} & \underline{\Delta}_{\nu-2} & \cdots & \underline{\Delta}_0\end{bmatrix}\begin{bmatrix}\underline{K}_x & \underline{K}_x\underline{A} & \underline{K}_x\underline{A}^2 & \cdots & \underline{K}_x\underline{A}^{\nu-1} \\ \underline{0} & \underline{K}_x & \underline{K}_x\underline{A} & \cdots & \underline{K}_x\underline{A}^{\nu-2} \\ & & \ddots & & \vdots \\ & & & \ddots & \\ \underline{0} & & & & \underline{K}_x\end{bmatrix}$$

$$\underbrace{\hphantom{\begin{bmatrix}\underline{C} & \underline{C}\underline{A} & \underline{C}\underline{A}^2 & \cdots & \underline{C}\underline{A}^{\nu-1}\end{bmatrix}}}_{\underline{M}}$$

Aus dieser Form der Entwurfsgleichung wird deutlich, daß die Koeffizientenmatrix $\underline{M}$ gerade dann vollen Rang hat, wenn die Strecke vollständig beobachtbar ist. Dies ist die einzige Voraussetzung für den Beobachterentwurf im Frequenzbereich. Strecke und Beobachter dürfen also durchaus gleiche Eigenwerte besitzen, ohne daß die Lösbarkeit wie beim Zeitbereichsentwurf gefährdet ist.

Benutzt man die Entwurfsgleichungen (3.209), so ist für jede Zeile der Unbekanntenmatrix $\left[\underline{Z}_y,\ \bar{\underline{Z}}_u\right]$ ein Gleichungssystem $n\nu$ - ter Ordnung zu lösen.

Setzt man dagegen die Entwurfsgleichungen in der Form (3.210) an, so können zunächst die Zeilen von $\underline{Z}_y$ anhand der letzten Matrixspalte in Form eines Gleichungssystems n-ter Ordnung

$$\left[\underline{Z}_{y\nu-1}\ \ \underline{Z}_{y\nu-2}\ \cdots\ \underline{Z}_{y0}\right]\begin{bmatrix}\underline{CA}^{\nu-1}\\ \underline{CA}^{\nu-2}\\ \vdots\\ \underline{C}\end{bmatrix} = \left[\underline{I}\ \ \underline{\Delta}_{\nu-2}\ \cdots\ \underline{\Delta}_0\right]\begin{bmatrix}\underline{K}_x\underline{A}^{\nu-1}\\ \underline{K}_x\underline{A}^{\nu-2}\\ \vdots\\ \underline{K}_x\end{bmatrix} \tag{3.211}$$

bestimmt werden. Die Lösung für $\underline{Z}_u = \bar{\underline{Z}}_u\underline{B}$ ergibt sich hieraus einfach zu

$$\left[\underline{Z}_{u\nu-2}\ \ \underline{Z}_{u\nu-3}\ \cdots\ \underline{Z}_{u0}\right] = \tag{3.212}$$

$$= \left[(\underline{K}_x - \underline{Z}_{y\nu-1}\underline{C})\ (\underline{\Delta}_{\nu-2}\underline{K}_x - \underline{Z}_{y\nu-2}\underline{C})\ \cdots\ (\underline{\Delta}_1\underline{K}_x - \underline{Z}_{y1}\underline{C})\right]\begin{bmatrix}\underline{B} & \underline{AB} & \cdots & \underline{A}^{\nu-2}\underline{B}\\ & \underline{B} & \cdots & \underline{A}^{\nu-3}\underline{B}\\ & & \ddots & \vdots\\ \underline{0} & & & \underline{B}\end{bmatrix}\ .$$

Der Zustandsregler kann also bei Verwendung der Entwurfsgleichungen (3.210) anhand von p Gleichungssystemen n-ter Ordnung entworfen werden, während beim Zeitbereichsentwurf eines Beobachters für p lineare Funktionale p Gleichungssysteme $n\nu$ - ter Ordnung zu lösen sind. Diese Reduktion des Entwurfsaufwandes wird möglich durch den Verzicht auf die Berechnung des Zusammenhangs $\underline{z} = \underline{T}x$, der die Bildung von $\hat{\tilde{\underline{u}}} = \underline{K}_x\hat{\underline{x}}$ nur indirekt beeinflußt.

Dieser Reglerentwurf liefert nicht eine bestimmte Realisierung des Zustandsreglers in Form der Zustandsgleichungen sondern die Übertragungsmatrizen des Reglers von den Meßgrößen $\underline{y}$ zu den Stellgrößen $\underline{u}$.

Der Regler besitzt also ein Übertragungsverhalten

$$\hat{\underline{u}}(s) = \underline{\Delta}^{-1}(s)\underline{Z}_y(s)\underline{y}(s) + \underline{\Delta}^{-1}(s)\underline{Z}_u(s)\underline{u}(s) \ , \qquad\qquad (3.213)$$

das nun in einem geeigneten Netzwerk $p(\nu - 1)$-ter Ordnung realisiert werden kann.

Durch Separation von Entwurf und Realisierung ist die Berücksichtigung zusätzlicher Gesichtspunkte, wie z.B. der Empfindlichkeitseigenschaften des Reglers oder der Standardisierung von Reglerbausteinen, leichter möglich als beim Zeitbereichsentwurf. Dort muß die Festlegung der Freiheitsgrade zu einem Zeitpunkt erfolgen, in dem ihre Auswirkung auf die genannten Eigenschaften nur sehr schwer abzuschätzen ist.

Der obige Entwurf liefert genau den von Grübel eingeführten "Kontrollbeobachter" /G6,G7/, wobei hier der wegen seiner Einfachheit im Hinblick auf Entwurf und Realisierung vorzuziehende Fall von p Einzelbeobachtern betrachtet wurde. Bild 3.20 zeigt ein Blockschaltbild des Regelkreises mit diesem Kontrollbeobachter.

Der dargestellte Entwurf läßt sich natürlich auch zur Berechnung eines Beobachters für

$$\tilde{\underline{u}} = \underline{K}_x\underline{x} + \underline{K}_v\underline{v} + \underline{K}_w\underline{\eta} \qquad\qquad (3.214)$$

benutzen. Man muß dann, wie bereits in Abschnitt 3.6 erläutert, die Strecke um den Stör- und Führungsprozeß erweitern und für dieses erweiterte System den Beobachter nach der oben geschilderten Methode berechnen.

Beispiel 3.5
<u></u>
   Betrachtet wird die in Abschn. 3.2.6 untersuchte Strecke vierter Ordnung mit zwei Ein- und Ausgängen, für die dort zwei Beobachter erster Ordnung mit Polen bei $s = -5$ berechnet wurden.

Setzt man die gegebenen Matrizen $\underline{A}$, $\underline{C}$ und $\underline{K}_x$ sowie

$$\underline{\Delta}(s) = \begin{bmatrix} s+5 & 0 \\ 0 & s+5 \end{bmatrix} = \begin{bmatrix} 1 & 0 \\ 0 & 1 \end{bmatrix} s + \begin{bmatrix} 5 & 0 \\ 0 & 5 \end{bmatrix}$$

in die Gleichung (3.211) ein, so erhält man

$$\begin{bmatrix} Z_{y1}^{11} & Z_{y1}^{12} & Z_{y0}^{11} & Z_{y0}^{12} \\ Z_{y1}^{21} & Z_{y1}^{22} & Z_{y0}^{21} & Z_{y0}^{22} \end{bmatrix} \begin{bmatrix} 0 & 1 & 0 & 0 \\ 0 & -2 & 0 & -4 \\ 1 & 0 & 0 & 0 \\ 0 & 0 & 1 & 0 \end{bmatrix} = \begin{bmatrix} 1 & 0 & 5 & 0 \\ 0 & 1 & 0 & 5 \end{bmatrix} \begin{bmatrix} 0 & 30 & 7 & 41 \\ 0 & -5 & 1 & -13 \\ 0 & 2 & -15 & 7 \\ 1 & 2 & 3 & 1 \end{bmatrix} \ ,$$

mit der Lösung

$$\underline{Z}_y(s) = \begin{bmatrix} 2s & -19s - 68 \\ 9s + 5 & 2s + 16 \end{bmatrix} \ .$$

Setzt man diese Lösung mit den gegebenen Matrizen $\underline{A}$, $\underline{B}$, $\underline{C}$, $\underline{K}_x$ und $\underline{\Delta}$ in die Gleichung (3.212) ein, nämlich

$$\underline{Z}_{u0} = [\underline{K}_x - \underline{Z}_{y1}\underline{C}]\underline{B} \quad ,$$

so erhält man als Lösung

$$\begin{bmatrix} Z_{u0}^{11} & Z_{u0}^{12} \\ \\ Z_{u0}^{21} & Z_{u0}^{22} \end{bmatrix} = \begin{bmatrix} -2 & 2 & 4 & 7 \\ -8 & 2 & 1 & 1 \end{bmatrix} \begin{bmatrix} 0 & 0 \\ 0 & 1 \\ 0 & -1 \\ 1 & 0 \end{bmatrix} = \begin{bmatrix} 7 & -2 \\ 1 & 1 \end{bmatrix}$$

und damit

$$\underline{Z}_u(s) = \begin{bmatrix} 7 & -2 \\ 1 & 1 \end{bmatrix} .$$

Bild 3.21 zeigt einen Signalflußgraphen des Zustandsreglers, der dasselbe Übertragungsverhalten wie der in Bild 3.6 gezeigte besitzt. Die gegenüber Bild 3.6 veränderte Form des Signalflußgraphen erlaubt eine Realisierung solcher Regler aus Unterbausteinen gleicher Struktur, die sich lediglich in ihren Koeffizienten unterscheiden. Dies hat auch bei einer digitalen Realisierung erhebliche Vorteile.

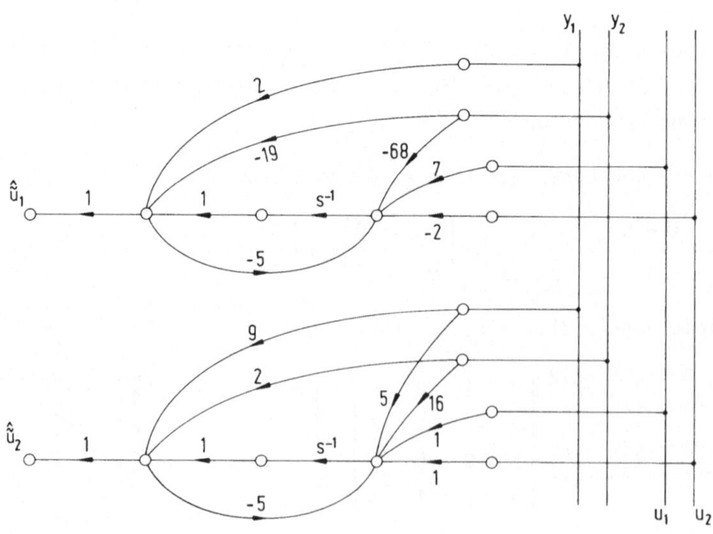

Bild 3.21 Realisierung des Zustandsreglers

4 Reglerentwurf im Frequenzbereich

Die Methoden der Zustandsregelung wurden ohne Ausnahme im Zeitbereich entwickelt. Dies gilt für die reine Zustandsregelung mit und ohne Zustandsbeobachter, die optimale Zustandsregelung sowie die in Kapitel 3 ausführlich diskutierte Zustandsregelung unter Einbeziehung von Stör- und Führungsmodellen.

Die klassische Regelungstechnik arbeitet dagegen überwiegend mit Frequenzbereichsmethoden. Dies vor allem deshalb, weil sich im Laufe der Entwicklung herausgestellt hat, daß regelungstechnische Probleme bei einer Formulierung im Frequenzbereich einfacher und durchsichtiger werden, zumal viele Anforderungen an ein gewünschtes Regelverhalten z.B. in Form von Sollfrequenzgängen formuliert sind.

Es liegt daher nahe, die schlagkräftigen Methoden der Zustandsregelung ebenfalls in den Frequenzbereich zu übersetzen. Dies ist bei zeitinvarianten Strecken ohne weiteres möglich, da die Übertragungsfunktionen gerade den Systemteil beschreiben, der vollständig steuerbar und beobachtbar ist. Durch einen Regler kann aber gerade dieser Systemteil beeinflußt werden. Darüber hinaus zeigt sich, daß vor allem bei Eingrößensystemen der Übergang in den Frequenzbereich zu einer erheblichen Vereinfachung des Reglerentwurfes führt. Ursache hierfür ist die Tatsache, daß sich beim Frequenzbereichsentwurf eine explizite Bestimmung des Zusammenhanges zwischen Beobachterzustandsgrößen und Streckenzustandsgrößen erübrigt (Abschn. 3.8 und 4.2.2). Bei Mehrgrößensystemen erhöht sich der Aufwand allerdings wieder dadurch, daß eine geeignete Darstellung der Streckenübertragungsmatrizen gefunden werden muß.

Im folgenden sollen die Entwurfsgleichungen für eine allgemeine Zustandsregelung für Mehrgrößensysteme im Frequenzbereich dargestellt und dann für die verschiedenen Sonderfälle einzeln diskutiert werden. Zunächst seien aber noch einmal kurz die Ergebnisse des Reglerentwurfes im Zeitbereich aus Kapitel 3 zusammengefaßt.

Durch einen Zustandsregler können die Eigenwerte einer vollständig steuerbaren Strecke beliebig verändert werden. Wenn nicht alle Zustandsgrößen als Meßgrößen zur Verfügung stehen - d.h. die Anzahl der Meßgrößen ist kleiner als die Ordnung der Strecke - benötigt man zur Realisierung des Regelgesetzes für beliebige Polzuweisung einen Beobachter.

Das Konzept dieses Zustandsbeobachters wurde vor allem in den Arbeiten von Luenberger in den sechziger Jahren ausführlich dargestellt.

Wichtigste Ergebnisse dabei sind:

- Die Eigenwerte des Beobachters sind frei wählbar, wenn die Strecke vollständig beobachtbar ist und die Ordnung des Beobachters oberhalb einer Mindestgrenze liegt.

- Das Führungsverhalten des Regelkreises verläuft mit Beobachter so als wäre kein Beobachter vorhanden.

- Das Störverhalten des Regelkreises wird durch die Eigenwerte der geregelten Strecke und die Eigenwerte des benötigten Zustandsbeobachters bestimmt.

Für den Entwurf von Zustandsregelungen mit Stör- und Führungsmodellen wurden von Johnson und Davison im Zeitbereich zwei in der Methode unterschiedliche Ansätze formuliert.

Johnson erweitert den Beobachtergedanken von Luenberger auf die Beobachtung von Störungen, indem er den gedachten Entstehungsprozeß der Störungen in die Beschreibung der Regelstrecke einbezieht und für die so erweiterte Strecke einen Zustandsbeobachter konstruiert (vgl. Abschn. 3.6). Zusätzlich zur Zustandsrückführung wird eine Matrix für die Aufschaltung der beobachteten Zustandsgrößen des Störprozesses so berechnet, daß die Auswirkung der Störung in den Regelgrößen asymptotisch kompensiert wird. Entsprechend konstruiert man einen Beobachter für die Zustandsgrößen des gedachten Führungsprozesses und ermittelt auch hierfür geeignete Aufschaltmatrizen, so daß die Regelabweichungen asymptotisch verschwinden (vgl. Bild 4.1).

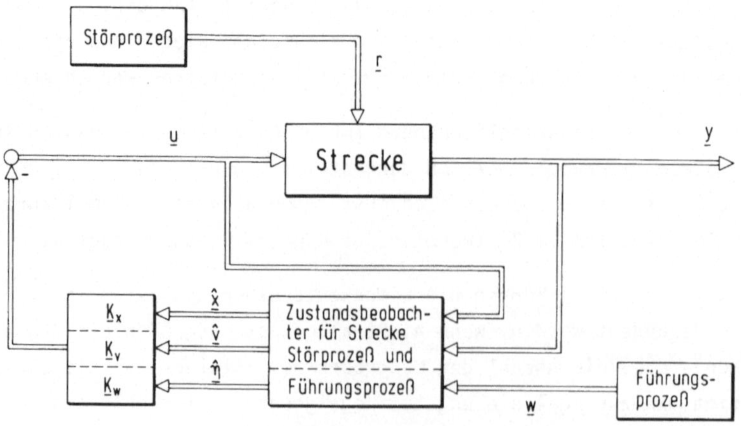

Bild 4.1 Regelkreis mit Stör- und Führungseingriff nach Johnson

Davison dagegen verfolgt eine ganz andere Idee. Er erweitert die Strecke um ein
Modell des Führungs- und Störprozesses und erregt dieses Modell, das als Teil des
Reglers anzusehen ist, mit der Differenz aus den Regelgrößen und entsprechenden
Führungsgrößen (vgl. Bild 4.2).

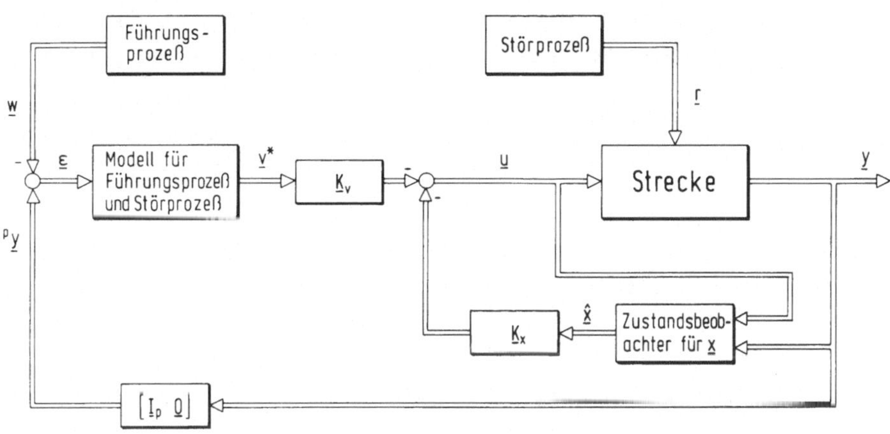

Bild 4.2   Regelkreis mit Stör- und Führungseingriff nach Davison

Die erweiterte Strecke wird nun durch Rückführung der Zustandsgrößen $\hat{\underline{x}}$ und $\underline{v}^{*}$ geregelt, so daß die Dynamik des um das Führungs- und Störmodell erweiterten Regelkrei-
ses beliebig einstellbar ist. Die Eigenwerte der üblicherweise angesetzten Füh-
rungs- und Störprozesse haben verschwindenden oder positiven Realteil. Dadurch entstehen anklingende Schwingungen im Signalmodell des Reglers, solange in der Regelabweichung $\underline{\epsilon}$ Signalformen enthalten sind, die im modellierten Signalprozeß entstehen können.

Der stationäre Zustand des stabil geregelten System ist also dadurch gekennzeichnet, daß das Modell des Stör- und Führungsprozesses nicht mehr von den modellierten
Signalformen angeregt wird. Dies bedeutet aber, daß die Abweichungen zwischen den p
Regelgrößen $^p\underline{y}$ und den Führungsgrößen verschwinden, ohne daß eine gesonderte Stör-
und Führungsaufschaltung erforderlich ist.

Dieses Prinzip ist bei klassischen Reglern im I-Anteil verwirklicht, der bei konstanten Störungen und sprungförmigen Führungssignalen die bleibende Regelabweichung
zum Verschwinden bringt.

4.1 Formulierung der Entwurfsbeziehungen

Die folgenden Betrachtungen seien wiederum auf den zeitinvarianten Fall beschränkt,
was bei einem Großteil der regelungstechnischen Problemstellungen gerechtfertigt
ist. Die dargestellten Entwurfsverfahren im Zeitbereich liefern dann zeitinvariante
Übertragungssysteme, deren Übertragungsverhalten zwischen den Meßgrößen $\underline{y}$, den Führungsgrößen $\underline{w}$ und den Stellgrößen $\underline{u}$ unabhängig von der gewählten inneren Struktur
durch Übertragungsmatrizen eindeutig festgelegt ist. Gleiches gilt auch für die
Beschreibung der Regelstrecke, vollständige Steuerbarkeit und Beobachtbarkeit vorausgesetzt.

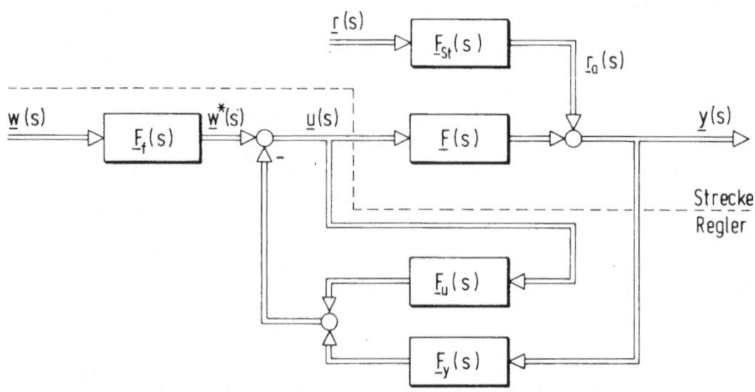

Bild 4.3   Zustandsregelkreis mit Stör- und Führungseingriff im Frequenzbereich

Damit kann man für den Ansatz von Luenberger und die beiden Ansätze nach Johnson
und Davison eine gemeinsame Darstellung im Frequenzbereich angeben, wie sie in Bild
4.3 gezeigt ist. Zur Vereinfachung sind nur die tatsächlich angreifenden Signale $\underline{w}$
und $\underline{r}$ eingezeichnet; ihr Entstehungsprozeß wird aber weiterhin von Interesse sein.

Es gilt nun die Anforderungen an die Reglerübertragungsmatrizen festzulegen, die
gleiches Verhalten wie im Zeitbereich sicherstellen. Dabei wäre es müßig, die Übertragungsmatrizen durch Laplace-Transformation aus den Zeitbereichsgleichungen zu
berechnen. Vielmehr soll angestrebt werden, die Zielvorstellung der Ansätze im
Zeitbereich, nämlich Zustandsregelung mit Beobachtung durchzuführen, sowie asymptotisches Folgen der Regelgrößen auch unter Störeinwirkung zu erzielen, durch Bedingungen an die Übertragungsmatrizen im Frequenzbereich zu formulieren.

Für die Ermittlung aller Streckenzustände benötigt man in der Regel einen Zustandsbeobachter. Ein Regelkreis mit Zustandsbeobachter hat die Eigenschaft, daß sich die
Eigenwerte des geregelten Systems zusammensetzen aus den Beobachtereigenwerten und
den mit Rückführung des Streckenzustandes erzielten Eigenwerten des Systems.

Da die Beobachtereigenwerte von den Führungssignalen nicht angeregt werden, besteht zwischen dem Führungsverhalten bei vollständig meßbarem Zustandsvektor und dem unter Verwendung eines Beobachters kein Unterschied.

Daraus ergeben sich im Frequenzbereich die Forderungen:

- das Regelsystem muß die gewünschten Eigenwerte für Strecke und Beobachter besitzen und im Führungskanal Nullstellen enthalten, die die Pole des Zustandsbeobachters abdecken.

Asymptotische Störunterdrückung wird erzielt, wenn eine ständig einwirkende Störung $\underline{r}$ im eingeschwungenen Zustand des Regelkreises keine Auswirkung auf die Regelgrößen besitzt.

Im Frequenzbereich entspricht dies der Forderung:

- der Regelkreis muß in den Übertragungskanälen vom Eingriffsort der Störung zu den Regelgrößen Nullstellen enthalten, die eine Übertragung der im Störprozeß entstehenden Signalformen verhindern.

Asymptotisches Folgen wird erreicht, wenn die Abweichung zwischen den Führungsgrößen und den entsprechenden Regelgrößen bei Anregung des Systems mit den Signalen $\underline{w}$ aus dem angenommenen Führungsprozeß asymptotisch verschwindet.

Dies führt auf die Forderung:

- das Regelsystem muß im Führungsverhalten Nullstellen besitzen, die eine Übertragung von Führungssignalen $\underline{w}$ aus dem Führungsprozeß auf die Regelabweichung $\underline{\varepsilon} = {}^{p}\underline{y} - \underline{w}$ verhindern.

Diese verbal formulierten Bedingungen für die Übertragungsmatrizen des geregelten Systems werden im folgenden in analytische Ausdrücke gefaßt.

Voraussetzung für die Lösbarkeit der beschriebenen Regelprobleme sind die im Zeitbereich formulierten Bedingungen an Steuerbarkeit, Beobachtbarkeit sowie Kompensierbarkeit der Störungen. Dabei sei zunächst angenommen, daß die im Rahmen der Zeitbereichsbetrachtungen diskutierten Voraussetzungen für den Entwurf von Zustandsreglern mit Stör- und Führungsmodell erfüllt sind. Damit ist sichergestellt, daß ein Regelungssystem entworfen werden kann, das die gestellten Anforderungen erfüllt, und zwar unabhängig davon, ob die Betrachtungen im Zeitbereich oder im Frequenzbereich stattfinden.

Analog zu den Zeitbereichsbedingungen lassen sich auch im Frequenzbereich Kriterien formulieren, welche die Lösbarkeit der Regelprobleme beschreiben. Diese sollen später bei der Auswertung der Reglerentwurfsgleichungen diskutiert werden.

4.1.1 Die Gleichungen des Regelkreises mit Zustandsbeobachter

Zunächst sei die Zustandsregelung ohne Stör- und Führungsmodell betrachtet. Für die Behandlung von Mehrgrößensystemen im Frequenzbereich eignet sich besonders die in Abschn. 1.5 eingeführte Darstellung der Übertragungsmatrizen in faktorisierter Form. Das Verhalten der Regelstrecke wird dabei durch die Gl.(1.63), nämlich

$$\underline{N}(s)\underline{p}(s) = \underline{u}(s)$$
$$\underline{y}(s) = \underline{Z}(s)\underline{p}(s) \tag{4.1}$$

beschrieben. Die Matrizen $\underline{N}(s)$ und $\underline{Z}(s)$ haben die Dimension pxp und mxp. Eliminiert man den sogenannten Partialzustand $\underline{p}(s)$, so ergibt sich die Streckenbeschreibung

$$\underline{y}(s) = \underline{Z}(s)\underline{N}^{-1}(s)\underline{u}(s), \tag{4.2}$$

die das Mehrgrößenpendant zur Übertragungsfunktion Z(s)/N(s) darstellt. Der Zusammenhang mit der Zeitbereichsdarstellung (3.1) ergibt sich für vollständig regelbare Strecken zu

$$\underline{Z}(s)\underline{N}^{-1}(s) = \underline{C}(s\underline{I} - \underline{A})^{-1}\underline{B} \ , \tag{4.3}$$

woraus sofort

$$\det \underline{N}(s) = k_r \det(s\underline{I} - \underline{A}) \tag{4.4}$$

folgt. Die reelle Konstante k_r kann ohne Beschränkung der Allgemeinheit zu Eins gemacht werden, indem man $\underline{N}(s)$ geeignet normiert. In Analogie zur Rückführung

$$\underline{u}(s) = - \tilde{\underline{u}}(s) + \underline{w}^*(s) = - \underline{K}_{\underline{x}}\underline{x}(s) + \underline{w}^*(s) \tag{4.5}$$

des Zustandsvektors $\underline{x}$ der Strecke im Zeitbereich sei nun die Bildung des Streckeneingangssignals aus dem Partialzustand $\underline{p}$ gemäß

$$\underline{u}(s) = - \tilde{\underline{u}}(s) + \underline{w}^*(s) = - \underline{R}(s)\underline{p}(s) + \underline{w}^*(s) \tag{4.6}$$

betrachtet, wobei $\underline{R}(s)$ eine pxp Polynommatrix ist.

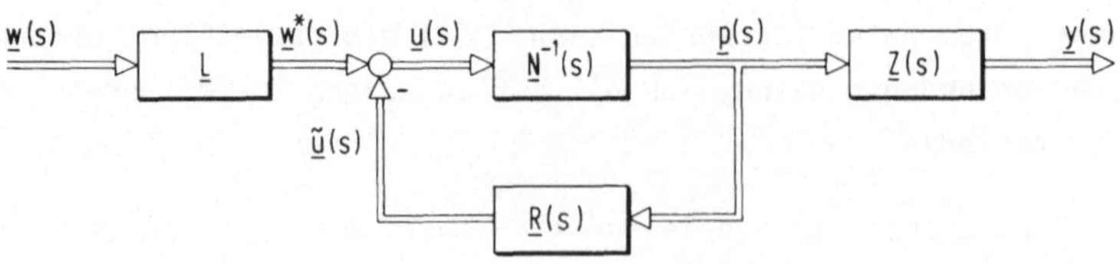

Bild 4.4 Regelkreis mit Rückführung des Partialzustandes $\underline{p}(s)$

Wie beim Zeitbereichsentwurf ohne Führungsmodell sei auch hier angenommen, daß der
Führungsvektor $\underline{w}(s)$ über eine konstante Matrix $\underline{L}$ in der Form

$$\underline{w}^*(s) = \underline{L}\underline{w}(s) \tag{4.7}$$

aufgeschaltet wird. Bild 4.4 zeigt den resultierenden Regelkreis.

Setzt man die Stellgröße (4.6) in die Streckengleichung (4.1) ein, so folgt

$$\left[\underline{N}(s) + \underline{R}(s)\right]\underline{p}(s) = \underline{w}^*(s)$$
$$\underline{y}(s) = \underline{Z}(s)\underline{p}(s) \ . \tag{4.8}$$

Für die pxp Polynommatrix in eckigen Klammern wird nun die Bezeichnung

$$\underline{\tilde{N}}(s) = \underline{N}(s) + \underline{R}(s) \tag{4.9}$$

eingeführt, der Partialzustand in Gl.(4.8) eliminiert und Gl.(4.7) berücksichtigt.
Dann lautet das Führungsverhalten des Regelkreises nach Bild 4.4

$$\underline{y}(s) = \underline{Z}(s)\underline{\tilde{N}}^{-1}(s)\underline{w}^*(s) = \underline{Z}(s)\underline{\tilde{N}}^{-1}(s)\underline{L}\underline{w}(s) \ . \tag{4.10}$$

Die Streckenbeschreibung mit Hilfe der faktorisierten Form (4.2) liefert also eine
Formulierung des Führungsverhaltens, die ein direktes Pendant zum Eingrößenfall
darstellt, bei dem bekanntlich das Zählerpolynom der Strecke unverändert in der
Übertragungsfunktion des Regelkreises erscheint. Gleichung (4.10) zeigt, daß durch
die Rückführung des Partialzustandes nach Gl.(4.6) zwar die "Nennermatrix" $\underline{N}(s)$,
nicht jedoch die "Zählermatrix" $\underline{Z}(s)$ verändert wird. Anders als im Eingrößenfall
bedeutet die unveränderte Zählermatrix $\underline{Z}(s)$ aber nicht, daß die Nullstellen der
Einzelübertragungsfunktionen erhalten bleiben, da $\underline{\tilde{N}}^{-1}(s)$ im allgemeinen die Form
einer Übertragungsmatrix mit Zähler- und Nennerpolynomen besitzt.

Um mit dem im Frequenzbereich angesetzten Regler gleiches Verhalten wie mit dem
Zeitbereichs-Regler sicherzustellen, fordert man die Gleichheit der beiden Stellsignale Gl.(4.5) und Gl.(4.6), d.h.

$$\underline{R}(s)\underline{p}(s) = \underline{K}_x\underline{x}(s) \ . \tag{4.11}$$

Berücksichtigt man hierin die Beziehungen

$$\underline{x}(s) = (s\underline{I} - \underline{A})^{-1}\underline{B}\underline{u}(s) \ , \tag{4.12}$$

$$\underline{p}(s) = \underline{N}^{-1}(s)\underline{u}(s) \ , \tag{4.13}$$

die sich aus (3.1) mit $\underline{x}(0) = \underline{0}$ und (4.1) ergeben, so folgt daraus die Gleichung

$$\underline{R}(s)\underline{N}^{-1}(s) = \underline{K}_x(s\underline{I} - \underline{A})^{-1}\underline{B} \quad , \tag{4.14}$$

die den Zusammenhang zwischen Zeit- und Frequenzbereich herstellt, oder mit (4.9)

$$\left[\underline{\tilde{N}}(s) - \underline{N}(s)\right]\underline{N}^{-1}(s) = \underline{K}_x(s\underline{I} - \underline{A})^{-1}\underline{B} \ . \tag{4.15}$$

Durch Addition einer pxp-Einheitsmatrix auf beiden Seiten erhält man schließlich

$$\tilde{\underline{N}}(s)\underline{N}^{-1}(s) = \underline{I} + \underline{K}_x(s\underline{I} - \underline{A})^{-1}\underline{B} \quad . \tag{4.16}$$

Mit Hilfe der Beziehungen (1.39) und (1.40) aus Abschn. 1.3 läßt sich zeigen, daß

$$\det(s\underline{I} - \underline{A})\det\left[\underline{I} + \underline{K}_x(s\underline{I} - \underline{A})^{-1}\underline{B}\right] = \det(s\underline{I} - \underline{A} + \underline{B}\underline{K}_x) \tag{4.17}$$

gilt, weshalb aus Gl.(4.16) mit Gl.(4.4) für $k_r = 1$ folgt

$$\det \tilde{\underline{N}}(s) = \det(s\underline{I} - \underline{A} + \underline{B}\underline{K}_x) \quad . \tag{4.18}$$

Die Polynommatrix $\tilde{\underline{N}}(s)$ legt also gerade die Eigenwerte der geregelten Strecke fest. Auf der anderen Seite gilt

$$\tilde{\underline{u}}(s) = \underline{K}_x\underline{x}(s) \quad . \tag{4.19}$$

Dies führt mit den Gleichungen (4.12) und (4.15) auf die Beziehung

$$\tilde{\underline{u}}(s) = \left[\tilde{\underline{N}}(s) - \underline{N}(s)\right]\underline{N}^{-1}(s)\underline{u}(s) \quad . \tag{4.20}$$

Da man den Partialzustand $\underline{p}(s)$ in den meisten Fällen nicht abgreifen kann, muß der Rückführvektor $\tilde{\underline{u}}(s)$ aus den Stellgrößen $\underline{u}(s)$ und den Meßgrößen $\underline{y}(s)$ unter Verwendung eines Zustandsbeobachters gebildet werden. Anstelle von $\tilde{\underline{u}}(s)$ steht deshalb nur der rekonstruierte Rückführvektor $\hat{\tilde{\underline{u}}}(s)$ zur Verfügung, der wie beim Kontrollbeobachter in Abschn. 3.8 die Form

$$\hat{\tilde{\underline{u}}}(s) = \underline{F}_y(s)\underline{y}(s) + \underline{F}_u(s)\underline{u}(s) \tag{4.21}$$

besitzt. Dort wurde durch Vergleich mit dem Zeitbereichsentwurf festgestellt, daß die Übertragungsmatritzen $\underline{F}_y$ und $\underline{F}_u$ die Gestalt

$$\underline{F}_y(s) = \underline{\Delta}^{-1}(s)\underline{Z}_y(s) \tag{4.22}$$

$$\underline{F}_u(s) = \underline{\Delta}^{-1}(s)\underline{Z}_u(s) \tag{4.23}$$

besitzen, wobei $\underline{\Delta}(s)$ die frei vorgebbaren Beobachtereigenwerte enthält. Der resultierende Regelkreis ist in Bild 4.5 dargestellt.

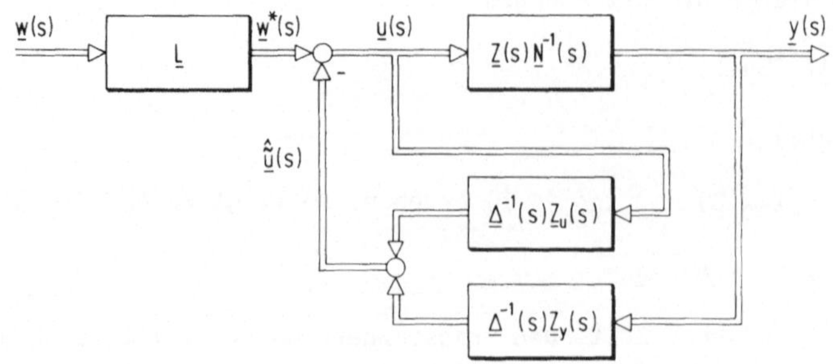

Bild 4.5 Zustandsregelkreis mit Beobachter im Frequenzbereich

Unter Berücksichtigung der Gln.(4.2), (4.22) und (4.23) erhält die Rückführgröße
(4.21) schließlich die Form

$$\hat{\underline{u}}(s) = \underline{\Delta}^{-1}(s)\left[\underline{Z}_u(s) + \underline{Z}_y(s)\underline{Z}(s)\underline{N}^{-1}(s)\right]\underline{u}(s) \ . \tag{4.24}$$

Der Regler mit Beobachter soll im störungsfreien, eingeschwungenen Zustand genau
das Verhalten des Reglers mit reiner Zustandsrückführung besitzt (vergleiche auch
Abschn. 3.8). Dies wird dann sichergestellt, wenn beide Rückführgrößen $\tilde{\underline{u}}$ und $\hat{\underline{u}}$ nach
Gl.(4.20) und Gl.(4.24) identisch sind. Ein Gleichsetzen beider Ausdrücke führt auf
die grundlegende Entwurfsgleichung

$$\underline{Z}_u(s)\underline{N}(s) + \underline{Z}_y(s)\underline{Z}(s) = \underline{\Delta}(s)\left[\tilde{\underline{N}}(s) - \underline{N}(s)\right] \tag{4.25}$$

für einen Zustandsregler im Frequenzbereich. Löst man die Rückführschleife über
$\underline{F}_u(s)$ in Bild 4.5 auf, so ergibt sich die in Bild 4.6 gezeigte Regelkreisstruktur,
wobei beide über die Beziehung

$$\underline{N}_R(s) = \underline{\Delta}(s) + \underline{Z}_u(s) \tag{4.26}$$

unter Berücksichtigung der Gln.(4.22) und (4.23) ineinander überführbar sind.

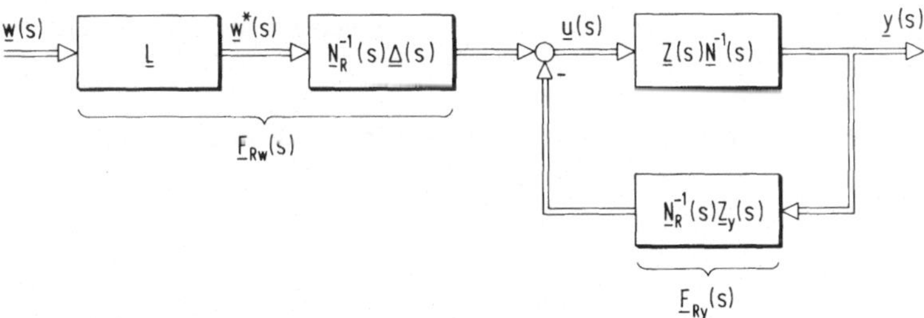

Bild 4.6 Zustandsregelkreis nach Auflösung der Rückführung von $\underline{u}$ in den Beobachter

Eine entsprechende Umformung von Gleichung (4.25) liefert

$$\underline{N}_R(s)\underline{N}(s) + \underline{Z}_y(s)\underline{Z}(s) = \underline{\Delta}(s)\tilde{\underline{N}}(s) \ . \tag{4.27}$$

Die Beziehungen (4.25) und (4.27) stellen zwei Formen der Entwurfsgleichung für
Zustandsregler im Frequenzbereich dar. Die unbekannten Polynommatrizen des Reglers
$\underline{Z}_y(s)$ und $\underline{Z}_u(s)$ bzw. $\underline{N}_R(s)$, die man auch, wie in Bild 4.6 angedeutet, zu den Übertragungsmatrizen $\underline{F}_{Ry}(s)$ im Meßkanal und $\underline{F}_{Rw}(s)$ im Führungskanal zusammenfassen
kann, ergeben sich als Lösung dieser Gleichungen. Dabei sind die Polynommatrizen
$\underline{Z}(s)$ und $\underline{N}(s)$ durch die Streckenübertragungsmatrix - nicht eindeutig - festgelegt.
Die Mehrdeutigkeit wirkt sich aber in den Entwurfsgleichungen (4.25) und (4.27)
lediglich dadurch aus, daß bei einer anderen (primen) Faktorisierung (4.2) die gesamte Gleichung von rechts mit einer unimodularen Polynommatrix multipliziert wird.
Damit führt jede prime Zerlegung auf denselben Regler.

Die Matrix $\tilde{\underline{N}}(s)$ stellt die gewünschte "Nennermatrix" der geregelten Strecke dar und $\underline{\Delta}(s)$ enthält die frei vorgebbaren Beobachtereigenwerte. Die Form von $\underline{\Delta}(s)$ ist beliebig, sie hat jedoch Einfluß auf die Ordnung der Realisierung /G7/.

Der resultierende Regler stellt sicher, daß der Regelkreis die gewünschte Dynamik erhält, und daß der Beobachter das Führungsverhalten nicht beeinflußt.

Für die Aufschaltung der Führungsgrößen ist wie im Zeitbereichsansatz eine konstante Matrix $\underline{L}$ vorgesehen, durch die man sicherstellen kann, daß die p Regelgrößen unabhängig voneinander sprungförmig sich ändernden Sollwerten ohne bleibende Regelabweichung folgen. Diese Regelgrößen seien im Vektor $^p\underline{y}$ zusammengefaßt und der m-dimensionale Ausgangsvektor $\underline{y}$ so geordnet, daß seine ersten p Elemente mit $^p\underline{y}$ identisch sind (vgl. Abschn. 3.1). Damit gilt

$$^p\underline{y} = (\underline{I}_p \mid \underline{0})\underline{y} \tag{4.28}$$

und entsprechend für die Zählermatrix $\underline{Z}(s)$

$$\underline{Z}(s) = \begin{bmatrix} ^p\underline{Z}(s) \\ ^{m-p}\underline{Z}(s) \end{bmatrix}, \tag{4.29}$$

wobei der Index oben links die Auswahl einer entsprechenden Anzahl von Zeilen einer Matrix kennzeichnet.

Für das Führungsverhalten der Regelgrößen $^p\underline{y}(s)$ ergibt sich mit Gl.(4.10)

$$^p\underline{y}(s) = {^p\underline{Z}}(s)\tilde{\underline{N}}^{-1}(s)\underline{L}\underline{w}(s) . \tag{4.30}$$

Bei sprungförmiger Erregung

$$\underline{w}(t) = 1(t)\underline{w}_0 \tag{4.31}$$

und stabilen Eigenwerten in $\tilde{\underline{N}}(s)$ errechnet sich der stationäre Endwert zu

$$^p\underline{y}(t\to\infty) = {^p\underline{Z}}(s{=}0)\tilde{\underline{N}}^{-1}(s{=}0)\underline{L}\underline{w}_0 . \tag{4.32}$$

Statische Genauigkeit wird also für

$$^p\underline{Z}(s{=}0)\tilde{\underline{N}}^{-1}(s{=}0)\underline{L} = \underline{I}$$

erreicht, woraus für $\underline{L}$ unmittelbar die Bedingung

$$\underline{L} = \tilde{\underline{N}}(s{=}0){^p\underline{Z}}^{-1}(s{=}0) \tag{4.33}$$

folgt. Voraussetzung ist selbstverständlich, daß det $^p\underline{Z}(s{=}0) \neq 0$ gilt (vergleiche auch Abschn. 3.1).

Das Problem asymptotischen Folgens auf andere als sprungförmige Führungssignale wird in Abschnitt 4.1.4 behandelt.

4.1.2 Im Frequenzbereich formulierte Bedingungen für asymptotische Störkompensation

In Abschn. 3.4 und am Anfang von Kapitel 4 wurde erläutert, daß Störungen asymptotisch unterdrückt werden, wenn zwischen ihrem Angriffsort und den Regelgrößen Übertragungsnullstellen auftreten, die den Signalformen der Störungen angepaßt sind. Die Lage dieser Nullstellen wird durch die Matrix $\underline{N}_r(s)$ festgelegt, welche die Charakteristik des Störprozesses in Form von Polynomen enthält (s. Abschn. 1.8).

Zunächst seien die Übertragungsfunktionen des Regelkreises von den Störungen zum Ausgangsvektor unter der Annahme $\underline{w} = \underline{0}$ berechnet. Bild 4.7 zeigt den Regelkreis mit Störeingriff, wobei die Rückführschleifen gegenüber Bild 4.5 leicht umgezeichnet sind. Zur Vereinfachung der Darstellung ist die Übertragung der Störungen von ihrem Eingriffsort in die Strecke bis zu den Ausgangsgrößen im Vektor

$$\underline{r}_a(s) = \underline{F}_{St}(s)\underline{r}(s)$$

zusammengefaßt.

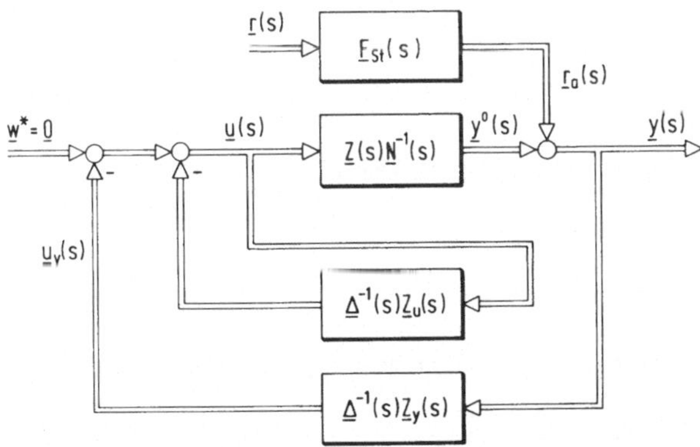

Bild 4.7 Umgeformter Regelkreis nach Bild 4.5 mit Störeingriff

Die in $\underline{F}_{St}(s)$ auftretenden Pole sind auch Pole der Strecke. Alle von $\underline{r}$, aber nicht von $\underline{u}$ aus steuerbaren Eigenwerte der Strecke sind in der (primen) Faktorisierung $\underline{F}(s) = \underline{Z}(s)\underline{N}^{-1}(s)$ nicht enthalten. Sie bleiben von der Regelung unbeeinflußt und sind in den Störprozeß einzubeziehen.

Berücksichtigt man nun die Tatsache, daß die in Bild 4.7 mit $\underline{u}_y$ bezeichnete Größe an derselben Stelle wie $\underline{w}^*$ angreift, dann ergibt sich die in diesem Bild mit $\underline{y}^0$ bezeichnete Größe unter Verwendung der Beziehung (4.10) zu

$$\underline{y}^0(s) = - \underline{Z}(s)\underline{\tilde{N}}^{-1}(s)\underline{\Delta}^{-1}(s)\underline{Z}_y(s)\underline{r}_a(s) \ . \tag{4.34}$$

Daraus folgt aber unmittelbar

$$\underline{y}(s) = \left[\underline{I} - \underline{Z}(s)\underline{\tilde{N}}^{-1}(s)\underline{\Delta}^{-1}(s)\underline{Z}_y(s)\right]\underline{r}_a(s). \tag{4.35}$$

Die Auswirkung der Störungen auf die p Regelgrößen lautet somit

$$^{P}\underline{y}(s) = \left[(\underline{I}_p \mid \underline{0}) - {}^{P}\underline{Z}(s)\tilde{\underline{N}}^{-1}(s)\underline{\Delta}^{-1}(s)\underline{Z}_y(s)\right]\underline{F}_{St}(s)\underline{r}(s) \ . \tag{4.36}$$

Aus den Zeitbereichsbetrachtungen von Kapitel 3 ist bekannt, daß im Störverhalten des Regelkreises die Eigenwerte der geregelten Strecke und des Beobachters angeregt werden. Dies kommt in Gl.(4.36) darin zum Ausdruck, daß als Hauptnenner der Stör-übertragungsmatrix von $\underline{r}$ nach $^{P}\underline{y}$ die Polynome det $\tilde{\underline{N}}(s)$ und det $\underline{\Delta}(s)$ auftreten. Der Grad von det $\underline{\Delta}(s)$ entspricht dabei der Ordnung, die zur Zustands- und Störbeobach-tung erforderlich ist. Die in $\underline{F}_{St}(s)$ vorhandenen Pole sind auch Eigenwerte der Strecke und kürzen sich mit Nullstellen in den eckigen Klammern von Gl.(4.36).

Für die weiteren Untersuchungen wird die Umfaktorisierung

$$^{P}\underline{Z}(s)\tilde{\underline{N}}^{-1}(s)\underline{\Delta}^{-1}(s) = \tilde{\underline{N}}^{*-1}(s)\,{}^{P}\underline{Z}^{*}(s) \ , \tag{4.37}$$

mit

$$\det \tilde{\underline{N}}^{*}(s) = \det \underline{\Delta}(s)\tilde{\underline{N}}(s) \tag{4.38}$$

vorgenommen (s. Abschn. 1.6), in der $\tilde{\underline{N}}^{*}(s)$ und $^{P}\underline{Z}^{*}(s)$ linksprime Polynommatrizen sind. Damit läßt sich Gl.(4.36) folgendermaßen umschreiben :

$$^{P}\underline{y}(s) = \tilde{\underline{N}}^{*-1}(s)\left[(\tilde{\underline{N}}^{*}(s) \mid \underline{0}) - {}^{P}\underline{Z}^{*}(s)\underline{Z}_y(s)\right]\underline{F}_{St}(s)\underline{r}(s) \ . \tag{4.39}$$

Verwendet man die Faktorisierung

$$\underline{F}_{St}(s) = \underline{Z}_{St}(s)\underline{N}_{St}^{-1}(s) \tag{4.40}$$

und die Frequenzbereichsbeschreibung des angenommenen Störprozesses (Abschn. 1.8.2)

$$\underline{r}(s) = \underline{N}_r^{-1}(s)\underline{r}_0(s) \ , \tag{4.41}$$

so geht Gl.(4.39) über in

$$^{P}\underline{y}(s) = \tilde{\underline{N}}^{*-1}(s)\left[(\tilde{\underline{N}}^{*}(s) \mid \underline{0}) - {}^{P}\underline{Z}^{*}(s)\underline{Z}_y(s)\right]\underline{Z}_{St}(s)\underline{N}_{St}^{-1}(s)\underline{N}_r^{-1}(s)\underline{r}_0(s). \tag{4.42}$$

Bestimmt man nun die unbekannten Reglerübertragungsmatrizen so, daß die Bedingung

$$\left[(\tilde{\underline{N}}^{*}(s) \mid \underline{0}) - {}^{P}\underline{Z}^{*}(s)\underline{Z}_y(s)\right]\underline{Z}_{St}(s) = \bar{\underline{Z}}(s)\underline{N}_r(s)\underline{N}_{St}(s) \tag{4.43}$$

mit einer zunächst unbekannten Polynommatrix $\bar{\underline{Z}}(s)$ erfüllt ist, dann ergibt sich für das Störverhalten der p Regelgrößen

$$^{P}\underline{y}(s) = \tilde{\underline{N}}^{*-1}(s)\bar{\underline{Z}}(s)\underline{r}_0(s) \ . \tag{4.44}$$

Die Störungen erscheinen also lediglich in Form der Anregung $\underline{r}_0(s)$, durch die der Störprozeß selbst erregt wird. Die Auswirkung dieser Anregung verschwindet asympto-tisch, wenn in det $\tilde{\underline{N}}^{*}(s)$, d.h. in det $\tilde{\underline{N}}(s)$ und det $\underline{\Delta}(s)$ nur Nullstellen mit negati-vem Realteil auftreten.

Die Beziehung (4.43) stellt die Bedingungsgleichung im Frequenzbereich für asymptotische Störkompensation in den Regelgrößen dar. Damit die geregelte Strecke mit Beobachter die gewünschte Dynamik erhält, müssen die Reglermatrizen $\underline{Z}_y(s)$ und $\underline{N}_R(s)$ natürlich auch die Beziehung (4.27) erfüllen, der jeder Zustandsregler mit Beobachter genügen muß.

Die Gleichung (4.43) setzt jedoch zum einen eine Umfaktorisierung gemäß Gl.(4.37) voraus; zum anderen zeigt sich, daß in ihr die unbekannte Reglermatrix $\underline{Z}_y(s)$ von links und rechts mit Polynommatrizen multipliziert auftritt, was ihre Auswertung erschwert /G6/.

Bei eingangsseitigen Störungen, die additiv dem Stellsignal überlagert sind, läßt sich Gl.(4.43) vereinfachen. Für die Übertragungsmatrix zwischen den Störungen und den Ausgangsgrößen der Strecke gilt dann nämlich

$$\underline{F}_{St}(s) = \underline{Z}(s)\underline{N}^{-1}(s) , \qquad\qquad (4.45)$$

womit sich für das Störverhalten Gl.(4.36)

$$\underline{P}_{\underline{y}}(s) = \left[{}^{P}\underline{Z}(s)\underline{N}^{-1}(s) - {}^{P}\underline{Z}(s)\tilde{\underline{N}}^{-1}(s)\underline{\Delta}^{-1}(s)\underline{Z}_y(s)\underline{Z}(s)\underline{N}^{-1}(s) \right]\underline{N}_r^{-1}(s)\underline{r}_0(s) \qquad (4.46)$$

ergibt. Ersetzt man mit Hilfe der Entwurfsgleichung (4.27) den Term $\underline{Z}_y(s)\underline{Z}(s)$ durch

$$\underline{Z}_y(s)\underline{Z}(s) = \underline{\Delta}(s)\tilde{\underline{N}}(s) - \underline{N}_R(s)\underline{N}(s) , \qquad\qquad (4.47)$$

dann lautet Gl.(4.46)

$$\underline{P}_{\underline{y}}(s) = {}^{P}\underline{Z}(s)\tilde{\underline{N}}^{-1}(s)\underline{\Delta}^{-1}(s)\underline{N}_R(s)\underline{N}_r^{-1}(s)\underline{r}_0(s) . \qquad\qquad (4.48)$$

Hieraus wird deutlich, daß eine Gestaltung von $\underline{N}_R(s)$ in der Form

$$\underline{N}_R(s) = \bar{\bar{\underline{N}}}_R(s)\underline{N}_r(s) \qquad\qquad (4.49)$$

asymptotische Störkompensation in den Regelgrößen sicherstellt.

Ebenfalls vereinfachen läßt sich die Auswertung der Gleichung (4.43), wenn man den von Davison in /D2/ oder /D3/ vorgeschlagenen und z.B. auch von Wolovich in /W8/ verwendeten Ansatz

$$\underline{N}_r(s) = N_r^0(s)\underline{I} \qquad\qquad (4.50)$$

für den Störprozeß zugrunde legt. Dabei wird implizit vorausgesetzt, daß jede Störgröße das Spektrum aller angreifenden Störungen besitzt. Wenn die einzelnen Störungen unterschiedliche Signalformen besitzen, erhöht sich dadurch zwar die Ordnung des zu realisierenden Reglers, sein Entwurf vereinfacht sich aber erheblich.

Die auf den Ausgang transformierten Störungen besitzen mit dem Ansatz (4.50) die
Form

$$\underline{r}_a(s) = N_r^{0-1}(s)\underline{F}_{St}(s)\underline{r}_0(s) \ . \tag{4.51}$$

In Gleichung (4.36) muß folglich nur der Ausdruck in eckigen Klammern das Störpolynom $N_r^0(s)$ als Teiler des Zählers besitzen. Für die letzten m-p Spalten erreicht
man dies mit Hilfe der Regler-Zählermatrix

$$\underline{Z}_y(s) = \left[{}_{(p)}\underline{Z}_y(s) \ \vdots \ {}_{(m-p)}\underline{Z}_y(s) \right], \tag{4.52}$$

wenn man ihre letzten (m-p) Spalten gemäß

$$_{(m-p)}\underline{Z}_y(s) = {}_{(m-p)}\overline{\underline{Z}}_y(s)N_r^0(s) \tag{4.53}$$

wählt. Dabei deutet der Index links unten die Auswahl der entsprechenden Spalten
an. Um erkennen zu können, wie dies auch für die ersten p Spalten des Ausdrucks in
eckigen Klammern von Gl.(4.36), nämlich

$$\underline{I}_p - {}^p\underline{Z}(s)\underline{\tilde{N}}^{-1}(s)\underline{\Delta}^{-1}(s)_{(p)}\underline{Z}_y(s) \ =$$

$$= {}^p\underline{Z}(s)\underline{\tilde{N}}^{-1}(s)\underline{\Delta}^{-1}(s)\left[\underline{\Delta}(s)\underline{\tilde{N}}(s){}^p\underline{Z}^{-1}(s) - {}_{(p)}\underline{Z}_y(s)\right] \tag{4.54}$$

zu erreichen ist, muß man zunächst eine Umformung vornehmen. Dazu multipliziert man
die Entwurfsgleichung (4.27)

$$\underline{N}_R(s)\underline{N}(s) + \left[{}_{(p)}\underline{Z}_y(s) \ \vdots \ {}_{(m-p)}\underline{Z}_y(s)\right]\left[\begin{array}{c} {}^p\underline{Z}(s) \\ \hline {}^{m-p}\underline{Z}(s) \end{array}\right] = \underline{\Delta}(s)\underline{\tilde{N}}(s) \tag{4.55}$$

von rechts mit ${}^p\underline{Z}^{-1}(s)$ und setzt das Ergebnis in der Klammer von Gl.(4.54) ein.
Dies führt auf den Ausdruck

$$\left[\underline{\Delta}(s)\underline{\tilde{N}}(s){}^p\underline{Z}^{-1}(s) - {}_{(p)}\underline{Z}_y(s)\right] = \underline{N}_R(s)\underline{N}(s){}^p\underline{Z}^{-1}(s) + {}_{(m-p)}\underline{Z}_y(s){}^{m-p}\underline{Z}(s){}^p\underline{Z}^{-1}(s).$$

$$\tag{4.56}$$

Damit tritt offensichtlich genau dann das charakteristische Polynom $N_r^0(s)$ des Störprozesses als Teiler des Zählers auch in den ersten p Spalten der Übertragungsmatrix von $\underline{r}$ nach ${}^p\underline{y}$ auf, wenn neben der Bedingung (4.53) auch gefordert wird

$$\underline{N}_R(s) = \underline{\bar{N}}_R(s)N_r^0(s) \ . \tag{4.57}$$

Der Regler, der unabhängig davon, wo die Störung $\underline{r}$ in die Strecke eingreift, asymptotische Störkompensation in ${}^p\underline{y}$ sicherstellt, besitzt also die Übertragungsmatrix

$$\underline{F}_R(s) = \underline{\bar{N}}_R^{-1}(s)\left[N_r^{0-1}(s)_{(p)}\underline{Z}_y(s) \ \vdots \ {}_{(m-p)}\overline{\underline{Z}}_y(s)\right] \ . \tag{4.58}$$

Bild 4.8 zeigt ein Blockschaltbild des Regelkreises.

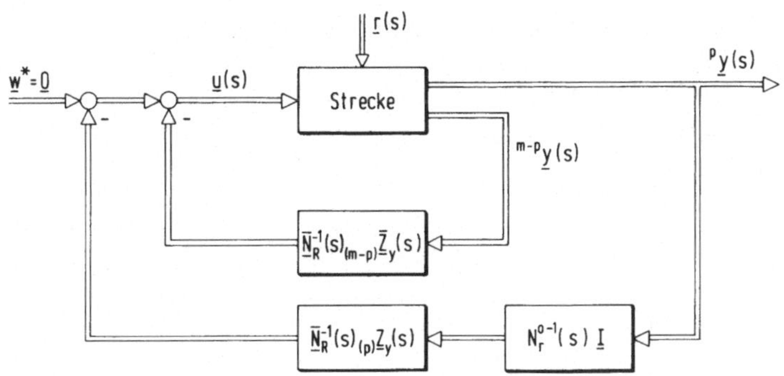

Bild 4.8   Regelkreis mit asymptotischer Störkompensation in den Regelgrößen $^{P}\underline{y}$ im
           Frequenzbereich nach Davison

Diese Anordnung ermöglicht eine heuristische Erklärung der Zusammenhänge, die zur
Kompensation der Störungen in den Regelgrößen $^{P}\underline{y}$ führen.

Da das Modell des Störprozesses, hier in der Form $N_r^{0-1}(s)\underline{I}$ angesetzt, Eigenwerte
auf der imaginären Achse bzw. in der rechten s-Halbebene besitzt, würden seine
Amplituden über alle Grenzen anwachsen, wenn $^{P}\underline{y}$ Signalanteile enthielte, die in
einem Störprozeß mit dem charakteristischen Polynom $N_r^{0}(s)$ entstehen. Da der Regelkreis stabil ausgelegt wird, also bei endlichen Amplituden der Anregungen auch nur
endliche Amplituden im Regler auftreten, können in $^{P}\underline{y}$ im eingeschwungenen Zustand
keine Signalanteile aus dem modellierten Störprozeß enthalten sein.

4.1.3 Störkompensation bei nicht meßbaren Regelgrößen

Im allgemeinen sind die Regelgrößen auch Meßgrößen. In einigen Fällen kommt es
jedoch vor, daß zwar der Zusammenhang zwischen den Zustandsgrößen und bestimmten
Regelgrößen bekannt ist, letztere aber aus verschiedenen Gründen nicht direkt gemessen werden können. Trotzdem ist es möglich, Zustandsregelungen zu entwerfen, die
ein gewünschtes Verhalten auch für diese Regelgrößen sicherstellen. Dabei sollte
man allerdings beachten, daß dann Parameterungenauigkeiten sehr viel stärker die
Regelgenauigkeit beeinflussen, als in den Fällen, in denen die Regelgrößen gemessen
und im Regler verarbeitet werden.

Die beim Reglerentwurf notwendigen Modifikationen und Einschränkungen werden im
folgenden kurz erläutert.

Unter der Annahme, daß $k \leqslant p$ Regelgrößen nicht meßbar sind, wird der m-dimensionale
Ausgangsvektor $\underline{y}$ wie vereinbart so angeordnet, daß die ersten p Komponenten den
Regelgrößen entsprechen. Dabei seien die ersten k Elemente die nicht meßbaren Re-
gelgrößen.

Der Ausgangsvektor kann nun folgendermaßen unterteilt werden:

$$\underline{y} \;=\; \begin{bmatrix} {}^{k}\underline{y} \\ {}^{p-k}\underline{y} \\ {}^{m-p}\underline{y} \end{bmatrix} \quad \begin{array}{l} \text{nicht meßbare Regelgrößen} \\ \text{meßbare Regelgrößen} \\ \text{weitere Meßgrößen} \end{array} \qquad\qquad (4.59)$$

Entsprechend sei die Zählermatrix $\underline{Z}(s)$ der Strecke aufgeteilt in

$$\underline{Z}(s) = \begin{bmatrix} {}^{p}\underline{Z}(s) \\ \hline {}^{m-p}\underline{Z}(s) \end{bmatrix} = \begin{bmatrix} {}^{k}\underline{Z}(s) \\ {}^{p-k}\underline{Z}(s) \\ \hline {}^{m-p}\underline{Z}(s) \end{bmatrix} . \qquad\qquad (4.60)$$

Die ersten k Spalten der Reglermatrix $\underline{Z}_y(s)$ sind Nullspalten, da die Größen ${}^{k}\underline{y}$ keine Meßgrößen sind, also auch nicht in den Regler eingespeist werden können, womit

$$\underline{Z}_y(s) = \begin{bmatrix} \underline{0} & {}_{(p-k)}\underline{Z}_y(s) & \vdots & {}_{(m-p)}\underline{Z}_y(s) \end{bmatrix} \qquad\qquad (4.61)$$

gilt. Berücksichtigt man diese Form des Reglers, so kann ein Zustandsregler mit Hilfe von Gl.(4.25) bzw. Gl.(4.27) berechnet werden. Voraussetzen muß man natürlich, daß die Strecke von den Meßgrößen aus beobachtbar ist.

Für den Einfluß der Störgrößen auf die p Regelgrößen

$$^{p}\underline{y}(s) = \begin{bmatrix} {}^{k}\underline{y}(s) \\ {}^{p-k}\underline{y}(s) \end{bmatrix} \qquad\qquad (4.62)$$

folgt entsprechend Gl.(4.39) mit der Umfaktorisierung Gl.(4.37)

$$^{p}\underline{y}(s) = \underline{\tilde{N}}^{*-1}(s)\left\{(\underline{\tilde{N}}^{*}(s) \vdots \underline{0}) - {}^{p}\underline{Z}^{*}(s)\begin{bmatrix} \underline{0} & {}_{(p-k)}\underline{Z}_y(s) & \vdots & {}_{(m-p)}\underline{Z}_y(s) \end{bmatrix}\right\}\underline{F}_{St}(s)\underline{r}(s) .$$

$$(4.63)$$

Erfüllt man nun beim Reglerentwurf die Zusatzbedingung

$$\left\{(\underline{\tilde{N}}^{*}(s) \vdots \underline{0}) - {}^{p}\underline{Z}^{*}(s)\begin{bmatrix} \underline{0} & {}_{(p-k)}\underline{Z}_y(s) \vdots {}_{(m-p)}\underline{Z}_y(s) \end{bmatrix}\right\}\underline{Z}_{St}(s) = \underline{\bar{Z}}(s)\underline{N}_r(s)\underline{N}_{St}(s), \quad (4.64)$$

so ergibt sich für das Störverhalten der Ausdruck (4.44), also asymptotische Störunterdrückung in den Regelgrößen für die modellierten Störungen. Dies entspricht der allgemeinen Bedingung von Gl.(4.43), deren Auswertung im Mehrgrößenfall, wie erwähnt, schwierig ist. Für den Sonderfall eingangsseitiger Störungen vereinfacht sich die Bedingung für asymptotische Störkompensation wieder auf die Form (4.49).

Der vereinfachte Ansatz nach Davison, der auf die Kompensationsbedingungen (4.53) und (4.57) führt, bewirkt hier nur Störkompensation in den meßbaren Regelgrößen.

Ein Beispiel zum Reglerentwurf, bei dem eine Regelgröße nicht meßbar ist, findet man in Abschnitt 4.2.7.

4.1.4 Reglerentwurf mit Führungsmodell im Frequenzbereich

Für das Führungsverhalten des Zustandsregelkreises wurde in Abschn. 4.1.1 lediglich gefordert, daß die Regelgrößen $^p\underline{y}$ sprungförmig sich ändernden (aber sonst konstant bleibenden) Führungsgrößen ohne bleibende Regelabweichung folgen. Nun soll dies auch für zeitlich veränderliche Führungsgrößen wie z.B. rampen-, parabel- oder sinusförmige Sollwerte nach Abklingen der Einschwingvorgänge erreicht werden.

Dieses Problem asymptotischen Folgens bezüglich bestimmter Klassen von Führungssignalen wird beim Zeitbereichsentwurf (Kapitel 3) dadurch gelöst, daß man entweder einen Führungsbeobachter oder ein Führungsmodell in den Regelkreis einbringt.

Ergebnis dieser Verfahren ist, wie schon in der Einleitung zu Kapitel 4 formuliert, daß asymptotisches Folgen genau dann sichergestellt ist, wenn zwischen dem Eingriffsort der Führungsgrößen $\underline{w}$ und der Regelabweichung

$$\underline{\varepsilon} = {}^p\underline{y} - \underline{w} \tag{4.65}$$

Nullstellen auftreten, die eine Übertragung von Signalen aus dem Führungsprozeß

$$\underline{w}(s) = \underline{N}_w^{-1}(s)w_0(s) \tag{4.66}$$

(s. Abschn. 1.8.2) verhindern. Bei sprungförmigen Führungsgrößen reichte dafür eine Konstantmatrix $\underline{L}$ aus. Um asymptotisches Folgen auch für andere Signale zu erzielen, muß $\underline{L}$ durch eine Übertragungsmatrix $\underline{F}_f(s)$ ersetzt werden. Macht man den Ansatz

$$\underline{F}_f(s) = \underline{\Delta}_f^{-1}(s)\underline{Z}_f(s) \; , \tag{4.67}$$

dann ergibt sich das Führungsverhalten mit Gl.(4.30) zu

$$^p\underline{y}(s) = {}^p\underline{Z}(s)\underline{\tilde{N}}^{-1}(s)\underline{\Delta}_f^{-1}(s)\underline{Z}_f(s)\underline{w}(s) \; . \tag{4.68}$$

Für die Regelabweichung $\underline{\varepsilon}$ gilt damit der Zusammenhang

$$\underline{\varepsilon}(s) = - \left[\underline{I}_p - {}^p\underline{Z}(s)\underline{\tilde{N}}^{-1}(s)\underline{\Delta}_f^{-1}(s)\underline{Z}_f(s)\right]\underline{w}(s) \; . \tag{4.69}$$

Ein Vergleich dieses Ausdrucks mit Gl.(4.36) macht deutlich, daß die Probleme asymptotischer Störunterdrückung und asymptotischen Folgens sehr ähnlich sind, was auch schon beim Zeitbereichsentwurf feststellbar war.

Nach einer Umfaktorisierung gemäß

$$^p\underline{Z}(s)\underline{\tilde{N}}^{-1}(s)\underline{\Delta}_f^{-1}(s) = \underline{\bar{N}}^{*-1}(s)\,{}^p\underline{\bar{Z}}^{*}(s) \tag{4.70}$$

mit $\det \underline{\bar{N}}^{*}(s) = \det \underline{\Delta}_f(s)\cdot\det \underline{\tilde{N}}(s)$, kann Gl.(4.69) in der Form

$$\underline{\varepsilon}(s) = - \underline{\bar{N}}^{*-1}(s)\left[\underline{\bar{N}}^{*}(s) - {}^p\underline{\bar{Z}}^{*}(s)\underline{Z}_f(s)\right]\underline{w}(s) \tag{4.71}$$

angeschrieben werden.

Fordert man nun, daß $\underline{Z}_f(s)$ die Bedingungsgleichung

$$\underline{\bar{N}}^*(s) - {}^p\underline{\bar{Z}}^*(s)\underline{Z}_f(s) = \underline{\tilde{Z}}(s)\underline{N}_w(s) \tag{4.72}$$

erfüllt, wobei $\underline{\tilde{Z}}(s)$ wiederum eine zunächst unbekannte Polynommatrix darstellt, ergibt sich $\underline{\varepsilon}$ zu

$$\underline{\varepsilon}(s) = - \underline{\bar{N}}^{*-1}(s)\underline{\tilde{Z}}(s)\underline{w}_0(s) \ . \tag{4.73}$$

Die Regelabweichung wird damit nur noch von den Anfangsbedingungen des Führungsprozesses, repräsentiert durch $\underline{w}_0(s)$, angeregt. Dieser Einfluß verschwindet asymptotisch, wenn det $\underline{\tilde{N}}(s)$ und det $\underline{\Delta}_f(s)$ nur Nullstellen im Stabilitätsgebiet besitzen.

Im allgemeinen sollen die Führungsgrößen unabhängig voneinander vorgebbar sein, was bedeutet, daß $\underline{N}_w(s)$ eine Diagonalmatrix

$$\underline{N}_w(s) = \begin{bmatrix} N_{w1}(s) & & & & \underline{0} \\ & N_{w2}(s) & & & \\ & & \cdot & & \\ & & & \cdot & \\ \underline{0} & & & & N_{wp}(s) \end{bmatrix} \tag{4.74}$$

darstellt (siehe auch Abschn. 1.8.2). Betrachtet man ferner die Spalten der Matrizen

$$\underline{\bar{N}}^*(s) = \begin{bmatrix} \underline{\bar{N}}_1^*(s) & \underline{\bar{N}}_2^*(s) & \ldots & \underline{\bar{N}}_p^*(s) \end{bmatrix} \tag{4.75}$$

$$\underline{Z}_f(s) = \begin{bmatrix} \underline{Z}_{f1}(s) & \underline{Z}_{f2}(s) & \ldots & \underline{Z}_{fp}(s) \end{bmatrix} \quad \text{und} \tag{4.76}$$

$$\underline{\tilde{Z}}(s) = \begin{bmatrix} \underline{\tilde{Z}}_1(s) & \underline{\tilde{Z}}_2(s) & \ldots & \underline{\tilde{Z}}_p(s) \end{bmatrix} \ , \tag{4.77}$$

so kann man Gl.(4.72) spaltenweise in leicht umgeordneter Form folgendermaßen anschreiben:

$$^p\underline{\bar{Z}}^*(s)\underline{Z}_{fi}(s) + N_{wi}(s)\underline{\tilde{Z}}_i(s) = \underline{\bar{N}}_i^*(s) \quad ; \ i = 1,2,\ldots,p \ . \tag{4.78}$$

Die Auswertung dieser Gleichungen kann beispielsweise durch Koeffizientenvergleich zwischen den Polynomen beider Seiten erfolgen, was seinerseits auf ein lineares Gleichungssystem in den Koeffizienten führt (vgl. Abschn. 1.7.2).

Die Wahl von $\underline{\Delta}_f(s)$ ist bis auf die Einschränkung auf stabile Pole frei. Es ist deshalb möglich, in $\underline{\Delta}_f(s)$ gleiche Nullstellen wie in $\underline{\Delta}(s)$ vorzusehen, so daß gilt

$$\underline{\Delta}(s) = \underline{\Delta}_f(s)\underline{\Delta}_b(s) \quad . \tag{4.79}$$

Damit benötigt man zur Realisierung von $\underline{F}_f(s)$ keine zusätzlichen Speicher, solange die Ordnung von $\underline{\Delta}_f(s)$ die Ordnung von $\underline{\Delta}(s)$ nicht übersteigt. Ohne eine Erhöhung der Reglerordnung kann man somit $\underline{\Delta}_f^{-1}(s)\underline{Z}_f(s)$ gemeinsam mit den Übertragungsmatrizen $\underline{\Delta}^{-1}(s)\underline{Z}_y(s)$ und $\underline{\Delta}^{-1}(s)\underline{Z}_u(s)$ realisieren. Dies entspricht der in Abschnitt 3.6.2 diskutierten Ausnutzung des Zustands- und Störbeobachters zur Führungsbeobachtung.

Wenn Führungs- und Störmodell dieselbe Dynamik besitzen (wenn z.B. asymptotische Störunterdrückung für sprungförmige Stör- und asymptotisches Folgen für sprungförmige Führungssignale sichergestellt werden soll), erhält man bei Verwendung des Davison-Ansatzes gemäß Gl.(4.50) für das Führungsmodell die beschreibende Matrix

$$\underline{N}_w(s) = N_r^0(s)\underline{I} \quad . \tag{4.80}$$

Speist man nun, wie in Bild 4.9 gezeigt, anstelle der Regelgrößen $^p\underline{y}$ die Regelabweichung $\underline{\varepsilon} = {}^p\underline{y} - \underline{w}$ in den für asymptotische Störkompensation ausgelegten Regler nach Gl.(4.58) ein, dann gelten bezüglich $\underline{\varepsilon}$ exakt dieselben Überlegungen, die anhand von Bild 4.8 in Abschn. 4.1.2 für $^p\underline{y}$ angestellt wurden.

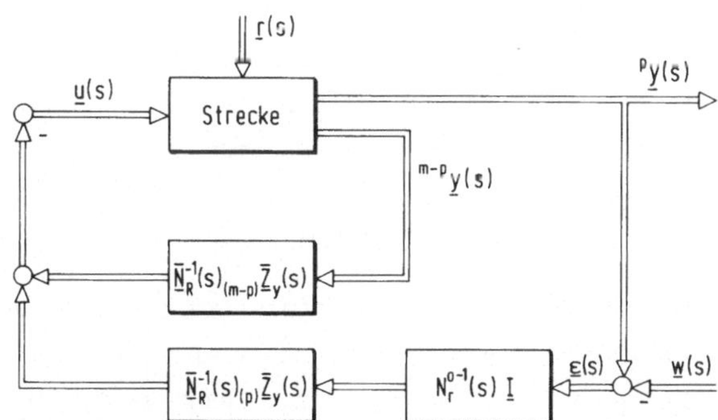

Bild 4.9   Regleransatz nach Davison zur Störunterdrückung bei gleichzeitigem asymptotischen Folgen

Die gezeigte Anordnung stellt also für die Regelgrößen $^p\underline{y}$ asymptotisches Folgen und asymptotische Störunterdrückung sicher und zwar für alle Führungs- und Störsignale $\underline{w}$ und $\underline{r}$, die in einem Signalprozeß mit dem charakteristischen Polynom $N_r^0(s)$ entstehen. Rein formal bedeutet die Einspeisung von $\underline{w}$ nach Bild 4.9, daß für $\underline{F}_f(s)$

$$\underline{F}_f(s) = \underline{\Delta}^{-1}(s)_{(p)}\underline{Z}_y(s) \tag{4.81}$$

angesetzt wird, womit die Regelabweichung (4.69) die Gestalt

$$\underline{\varepsilon}(s) = -\left[\underline{I}_p - {}^p\underline{Z}(s)\tilde{\underline{N}}^{-1}(s)\underline{\Delta}^{-1}(s)_{(p)}\underline{Z}_y(s)\right]\underline{w}(s) \tag{4.82}$$

annimmt. In Abschn. 4.1.2 wurde gezeigt, daß der entsprechende Ausdruck (4.54) das charakteristische Polynom $N_r^0(s)$ als Teiler enthält, wenn man einen Regler nach Gl.(4.58) verwendet.

Die Anordnung nach Bild 4.9 entspricht dem in Abschn. 3.7.2 behandelten Verfahren nach Davison für asymptotisches Folgen und asymptotische Störunterdrückung. Sie stellt die Erweiterung des klassischen I-Reglers auf beliebige Stör- bzw. Führungssignalformen bei Mehrgrößenregelungen dar.

4.1.5 Diskussion und Zusammenstellung der Entwurfsgleichungen

Bei der Herleitung der Entwurfsgleichungen wurde abwechselnd die Struktur des Regelkreises nach Bild 4.5 und Bild 4.6 verwendet, was auf die Entwurfsbeziehungen (4.25) oder (4.27) führt. Der Zusammenhang zwischen beiden Gleichungen wird durch die Beziehung (4.26) hergestellt. Auch für die konkrete Realisierung sind beide Strukturen prinzipiell verwendbar, ohne daß dies das Regelkreisverhalten beeinflußt.

Die letzte Aussage ist jedoch nur dann gültig, wenn der Regelkreis linear arbeitet. Treten nämlich z.B. Stellsignalbegrenzungen durch einzelne Stellorgane auf, dann zeigen die Realisierungen nach Bild 4.5 und Bild 4.6 unter Umständen sehr unterschiedliches Verhalten.

Vom klassischen Regelkreis her ist das Weiterintegrieren des I-Anteils im Regler bei Stellbegrenzungen als ein sehr unangenehmes Phänomen bekannt, da es zu erheblichem Überschwingen der Regelgröße führen kann. Gleiche Effekte treten auch bei Zustandsreglern auf, wenn nicht geeignete Zusatzmaßnahmen getroffen werden.

Als günstig erweist sich hierbei die in Bild 4.5 gezeigte Struktur, nicht aber eine Realisierung nach Bild 4.6 oder Bild 4.8. Führt man über $\underline{F}_u(s)$ dem Zustandsregler das tatsächliche, nämlich begrenzte Stellsignal zu, dann vermeidet man weitgehend die durch diese Begrenzung entstehenden unerwünschten Auswirkungen.

Der Grund hierfür liegt in der Tatsache, daß bei einer Struktur nach Bild 4.5 die Übertragungskanäle des Beobachters erhalten bleiben. Durch Einspeisen des aktuellen Stellsignals in den Bobachter vermeidet man nämlich eine Anregung von Beobachtungsfehlern durch eventuelle Stellbegrenzungen. Als besonders günstig erweist sich dabei die Tatsache, daß Störgrößen auch während der Begrenzungsphase richtig beobachtet werden.

Bei einer Reglerstruktur nach Bild 4.6 oder Bild 4.8 interpretiert der Beobachter dagegen eine Signalbegrenzung am Eingang der Strecke als Störung, was zu einer starken Anregung des eventuell vorhandenen Störmodelles und entsprechend ungünstigem Regelkreisverhalten führt. Auf diese Problematik wird ausführlich in Kapitel 6 eingegangen.

Zum Abschluß dieses Abschnittes seien noch einmal die grundlegenden Entwurfsgleichungen für Zustandsregler im Frequenzbereich zusammengestellt.

Zustandsregelung unter Verwendung eines Beobachters ergibt sich, wenn die Reglermatrizen entweder die Beziehung

$$\underline{Z}_u(s)\underline{N}(s) + \underline{Z}_y(s)\underline{Z}(s) = \underline{\Delta}(s)\left[\underline{\tilde{N}}(s) - \underline{N}(s)\right] \tag{4.83}$$

oder

$$\underline{N}_R(s)\underline{N}(s) + \underline{Z}_y(s)\underline{Z}(s) = \underline{\Delta}(s)\underline{\tilde{N}}(s) \tag{4.84}$$

erfüllen, wobei der Zusammenhang über die Gleichung

$$\underline{N}_R(s) = \underline{\Delta}(s) + \underline{Z}_u(s) \tag{4.85}$$

hergestellt wird.

Für asymptotische Störkompensation in den p Regelgrößen $^P\underline{y}$ ist Voraussetzung, daß die Bedingung

$$\left[(\underline{\tilde{N}}^*(s) \mid \underline{0}) - {}^P\underline{Z}^*(s)\underline{Z}_y(s)\right]\underline{Z}_{St}(s) = \underline{\bar{Z}}(s)\underline{N}_r(s)\underline{N}_{St}(s) \tag{4.86}$$

erfüllt ist. Diese Bedingung vereinfacht sich für eingangsseitige Störungen erheblich. Hier genügt eine Gestaltung von $\underline{N}_R(s)$ gemäß

$$\underline{N}_R(s) = \underline{\bar{\bar{N}}}_R(s)\underline{N}_r(s) \quad , \tag{4.87}$$

um für alle am Eingang der Strecke angreifenden Störgrößen, die als in einem Störprozeß nach Gl.(4.11) entstanden gedacht werden können, asymptotische Störkompensation in $^P\underline{y}$ zu erreichen.

Bei beliebigem Störeingriff und meßbaren Regelgrößen wird die Bedingung (4.86) auch dann erfüllt, wenn man für den Störprozeß den Ansatz

$$\underline{N}_r(s) = N_r^0(s)\underline{I} \tag{4.88}$$

nach Davison macht, und die Reglermatrizen gemäß

$$_{(m-p)}\underline{Z}_y(s) = {}_{(m-p)}\underline{\bar{Z}}_y(s)N_r^0(s) \tag{4.89}$$

sowie

$$\underline{N}_R(s) = \underline{\bar{N}}_R(s)N_r^0(s) \tag{4.90}$$

gestaltet.

Asymptotisches Folgen auf Führungssignale aus einem Führungsprozeß (4.66) ergibt sich, wenn die Zusatzbedingung (vgl. Gl.(4.72))

$$\underline{\tilde{N}}^*(s) - {}^P\underline{Z}^*(s)\underline{Z}_f(s) = \underline{\tilde{Z}}(s)\underline{N}_w(s) \tag{4.91}$$

erfüllt ist. Wählt man den Ansatz (4.88) so, daß in $N_r^0(s)$ auch die Führungssignale modelliert werden, dann reichen die Bedingungen (4.89) und (4.90) auch zur Erzielung asymptotischen Folgens aus, wenn man in den Regler die Abweichung $\underline{\varepsilon} = {}^P\underline{y} - \underline{w}$ einspeist.

4.1.6 Formulierung der Lösbarkeitsbedingungen im Frequenzbereich

Bei der Herleitung der Reglerentwurfsgleichungen im Frequenzbereich wurde zunächst vorausgesetzt, daß die bei den Zeitbereichsentwürfen formulierten Bedingungen für eine Zustandsregelung mit asymptotischer Störkompensation und asymptotischem Folgen erfüllt sind. Die Frequenzbereichsdarstellungen der Strecke eignen sich jedoch ebenfalls, um die Voraussetzungen für den Reglerentwurf zu überprüfen.

Mit p Stellgrößen lassen sich genau p Ausgangsgrößen (= Regelgrößen) unabhängig voneinander regeln. Dazu müssen aber alle p Regel- und Stellgrößen jeweils voneinander unabhängig sein. Eine Abhängigkeit liegt dann vor, wenn

$$\det {}^{p}\underline{F}(s) = 0 \tag{4.92}$$

ist, und damit

$$\det {}^{p}\underline{Z}(s) = 0 \tag{4.93}$$

für alle s gilt /S10/. Dieser Fall kann bei einem sinnvoll gestellten Regelungsproblem ausgeschlossen werden.

Da nur vollständig steuerbare und beobachtbare Strecken durch einen Regler gezielt beeinflußbar sind, können nur um eventuell vorhandene nicht regelbare Anteile bereinigte Systeme Grundlage für einen sinnvollen Reglerentwurf sein. Diese entscheidende Voraussetzung läßt sich auch unmittelbar aus der Untersuchung der Lösbarkeit der beiden äquivalenten Reglerentwurfsgleichungen

$$\underline{Z}_{u}(s)\underline{N}(s) + \underline{Z}_{y}(s)\underline{Z}(s) = \underline{\Delta}(s)\left[\underline{\tilde{N}}(s) - \underline{N}(s)\right] \tag{4.94}$$

oder

$$\underline{N}_{R}(s)\underline{N}(s) + \underline{Z}_{y}(s)\underline{Z}(s) = \underline{\Delta}(s)\underline{\tilde{N}}(s) \tag{4.95}$$

herleiten. Für ein in weiten Grenzen vorgebbares $\underline{\Delta}(s)\underline{\tilde{N}}(s)$ existiert nur dann eine Lösung dieser Gleichungen, wenn die Zerlegung

$$\underline{F}(s) = \underline{Z}(s)\underline{N}^{-1}(s) \tag{4.96}$$

rechtsprim ist /W4/. Dies ist auf der anderen Seite gerade die Bedingung für vollständige Regelbarkeit der durch $\underline{F}(s)$ beschriebenen Strecke (vgl. Satz 1.13).

Wie Wolovich in /W4/ zeigt, gilt bei Zustandsregelungen

$$\partial_{si}\left[\underline{\tilde{N}}(s)\right] = \partial_{si}\left[\underline{N}(s)\right] \quad ; \quad i = 1,2,\ldots,p \ , \tag{4.97}$$

was bedeutet, daß der Spaltengrad der "Nennermatrix" der Strecke durch eine Zustandsrückführung nicht verändert wird.

Andererseits sind die Reglerübertragungsmatrizen $\underline{\Delta}^{-1}(s)\underline{Z}_y(s)$ und $\underline{\Delta}^{-1}(s)\underline{Z}_u(s)$ bzw. $\underline{N}_R^{-1}(s)\underline{Z}_y(s)$ gerade dann realisierbar, wenn $\underline{\tilde{N}}(s)$ so vorgegeben wird, daß die Bedingung

$$\partial_{si}\left[\underline{\tilde{N}}(s) - \underline{N}(s)\right] < \partial_{si}\left[\underline{N}(s)\right] \quad ; \quad i = 1,2,\ldots,p \tag{4.98}$$

gilt /W4/. Dies bedeutet, daß die Koeffizienten bei den höchsten Potenzen in s in den Spalten von $\underline{\tilde{N}}(s)$ und $\underline{N}(s)$ identisch sind, was der Bedingung

$$\underline{\Gamma}\left[\underline{\tilde{N}}(s)\right] = \underline{\Gamma}\left[\underline{N}(s)\right] \tag{4.99}$$

entspricht.

An dieser Stelle sei darauf hingewiesen, daß sich in die beschriebene Zustandsregelung mit Beobachter zusätzliche dynamische Elemente einbeziehen lassen, um beispielsweise eine dynamische Entkopplung zu erzielen. Dies ist mit Frequenzbereichsbetrachtungen besonders einfach /W6/.

Beim Entwurf eines Störbeobachters im Zeitbereich wird gefordert, daß die um den Störprozeß erweiterte Strecke beobachtbar ist. Beim Frequenzbereichsentwurf kann diese Bedingung anhand einer Primzerlegung der Übertragungsmatrix

$$\left[\underline{F}(s) \mid \underline{F}_{St}(s)\underline{N}_r^{-1}(s)\right] = \left[\underline{Z}(s) \mid \underline{Z}_{St}(s)\right]\begin{bmatrix} \underline{N}(s) & \mid & \underline{0} \\ \hline \underline{0} & \mid & \underline{N}_r(s)\underline{N}_{St}(s) \end{bmatrix}^{-1} \tag{4.100}$$

überprüft werden, deren Ergebnis die Form

$$\left[\underline{F}(s) \mid \underline{F}_{St}(s)\underline{N}_r^{-1}(s)\right] = \underline{Z}_x(s)\underline{N}_x^{-1}(s) \tag{4.101}$$

besitzen möge. Wenn die Matrix $\underline{N}_x(s)$ die Bedingung

$$\det \underline{N}_x(s) = K_r \det \underline{N}(s) \det \underline{N}_r(s) \tag{4.102}$$

mit einem konstanten, reellen K_r erfüllt, dann sind die modellierten Störungen am Streckenausgang beobachtbar. Die eventuell in det $\underline{N}_x(s)$ fehlenden Nullstellen aus det $\underline{N}_r(s)$ charakterisieren den nicht beobachtbaren Anteil des Störprozesses, der deshalb aus dem Ansatz (4.41) für $\underline{N}_r(s)$ eliminiert werden sollte.

Ein Beobachtbarkeitsdefekt bezüglich einzelner Eigenbewegungen aus dem Störprozeß bedeutet jedoch nicht immer, daß sie den Ausgang auch nicht beeinflussen. Dieser Fall kann immer dann auftreten, wenn Störprozeß und Strecke gleiche Eigenwerte besitzen. Unter bestimmten Voraussetzungen lassen sich dann die entsprechenden Eigenbewegungsanteile im Ausgangssignal nicht mehr eindeutig der Strecke oder dem Störprozeß zuordnen.

Ein einfaches Beispiel möge dies demonstrieren. Die um das Störmodell

$$\dot{v}(t) = 0 \; ;$$
$$r(t) = v(t)$$

(4.103)

erweiterte Strecke

$$\dot{x}(t) = u(t)$$
$$y(t) = x(t) + v(t)$$

(4.104)

ist nicht vollständig beobachtbar. Verwendet man die Frequenzbereichsdarstellung von Strecke und Störprozeß, nämlich

$$F(s) = s^{-1} \; ; \; F_{St}(s) = 1 \quad \text{und} \quad N_r(s) = s \; ,$$

(4.105)

so ergibt sich die Darstellung gemäß (4.100) zu

$$\left[F(s) \mid F_{St}(s)N_r^{-1}(s) \right] = \begin{bmatrix} 1 & \mid & 1 \end{bmatrix} \begin{bmatrix} s & \mid & 0 \\ - & - & - \\ 0 & \mid & s \end{bmatrix}^{-1} .$$

(4.106)

Die in Abschn. 1.6, Beispiel 1.6 durchgeführte Primzerlegung dieser Übertragungsmatrix lautet

$$\underline{Z}_x(s)\underline{N}_x^{-1}(s) = \begin{bmatrix} 1 & 0 \end{bmatrix} \begin{bmatrix} s & -1 \\ 0 & 1 \end{bmatrix}^{-1} .$$

(4.107)

Die Determinante der Matrix $\underline{N}_x(s)$ enthält nur noch das Polynom $\det \underline{N}(s)$ und damit sind die Störungen aus dem Signalprozeß mit $N_r(s) = s$ am Streckenausgang nicht beobachtbar.

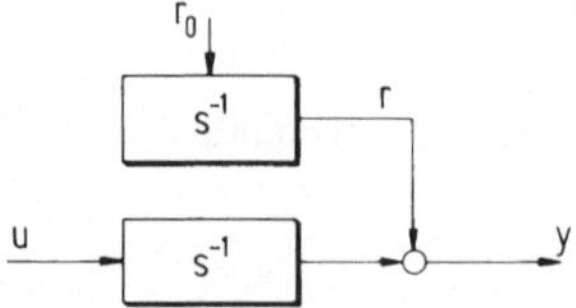

Bild 4.10   Stecke mit nicht beobachtbarer Störung

Aus dem Blockschaltbild 4.10 der betrachteten Strecke wird jedoch deutlich, daß sich die Störung sehr wohl am Streckenausgang auswirkt.

Dennoch muß diese Störung im Regler nicht modelliert werden, da ein Proportionalregler ausreicht, um sie in y asymptotisch zu kompensieren. Diese schon aus der klassischen Regelungstechnik bekannte Tatsache, daß konstante, hinter einem Integrierer in die Strecke angreifende Störungen mit einem P-Regler ausgeregelt werden, gilt sinngemäß auch für nicht sprungförmige Störsignale, wenn die Strecke ein Teilsystem enthält, das dem Störprozeß entspricht.

Grundsätzlich lassen sich Störungen nur dann kompensieren, wenn man ihnen vom Stelleingang $\underline{u}$ aus entgegenwirken kann. Bei dem wegen seiner Einfachheit bevorzugt betrachteten Reglerentwurf nach Davison läßt sich sehr leicht überprüfen, ob diese Forderung erfüllt ist. In der Zeitbereichsformulierung geschah dies dadurch, daß von jeder Regelgröße aus ein Modell des Störprozesses angeregt und dann festgestellt wurde, ob das so erweiterte System von $\underline{u}$ aus steuerbar ist.

Im Frequenzbereich entspricht dieser Erweiterung die Einführung der neuen Ausgangsgröße

$$\bar{\underline{y}}(s) = N_r^{0-1}(s)\underline{I}_p{}^P\underline{y}(s) \ . \tag{4.108}$$

Dabei sei $N_r^0(s)$ bereits um die nicht beobachtbaren Anteile bereinigt. Setzt man nun die Streckengleichung

$$^P\underline{y}(s) = {}^P\underline{Z}(s)\underline{N}^{-1}(s)\underline{u}(s) \tag{4.109}$$

in Gl.(4.108) ein, so folgt

$$\bar{\underline{y}}(s) = {}^P\underline{Z}(s)\left[N_r^0(s)\underline{I}_p\right]^{-1}\underline{N}^{-1}(s)\underline{u}(s) \ . \tag{4.110}$$

Das so erweiterte System ist offenbar von $\underline{u}$ aus dann steuerbar, wenn $^P\underline{Z}(s)$ und $N_r^0(s)\underline{I}_p$ keinen gemeinsamen Rechtsteiler besitzen, was hier gleichbedeutend damit ist, daß det $^P\underline{Z}(s)$ keine gemeinsamen Nullstellen mit $N_r^0(s)$ aufweist. Die gemeinsamen Nullstellen kennzeichnen Störanteile, die nicht kompensierbar sind.

Für den allgemeinen Ansatz zur Störkompensation nach Gl.(4.43) liegt im Frequenzbereich noch keine Formulierung der Kompensierbarkeitsbedingungen vor. Hierzu sei auf die in /M8/ angegebenen Kriterien verwiesen.

Asymptotische Störunterdrückung setzt voraus, daß man den Ausgangsgrößen von den Stellgrößen aus Signalformen aufprägen kann, die den Störgrößen entsprechen. Nur dann ist es möglich, den unerwünschten Einfluß der Störungen vollständig zu unterdrücken.

Ein entsprechendes Problem stellt die Sicherstellung asymptotischen Folgens dar. Den Regelgrößen sollen Signalformen aufgeprägt werden, die im Führungsprozeß entstehen. Die Amplitude soll dabei so geartet sein, daß in der Abweichung $\underline{\varepsilon} = {}^P\underline{y} - \underline{w}$ zwischen den Regelgrößen und den Führungsgrößen die Signalformen der Führungsgrößen nicht mehr auftreten.

Die Aufgabe, asymptotisches Folgen der Regelgrößen zu erzielen, ist also identisch mit einer "Störkompensation" in der Regelabweichung $\underline{\varepsilon}$, wobei allerdings die Signalformen aus dem Führungsprozeß zugrundegelegt werden. Damit sind die für asymptotische Störkompensation formulierten Voraussetzungen direkt übertragbar.

4.2 Die Lösung der Entwurfsgleichung im Eingrößenfall

In Abschnitt 4.1 wurden die Bedingungsgleichungen für Zustandsregler hergeleitet,
die bei einem Entwurf im Frequenzbereich das gewünschte Regelverhalten bezüglich
der Dynamik von Strecke und Beobachter sowie bezüglich asymptotischer Störkompensation und asymptotischen Folgens der Regelgröße sicherstellen. Diese Bedingungen
wurden für Mehrgrößensysteme formuliert, wobei der Eingrößenfall als Sonderfall
enthalten ist.

Bei der Auswertung der Entwurfsgleichungen soll nun zunächst der wesentlich einfacher zu handhabende Eingrößenfall diskutiert werden. Hier sind nach Vorgabe der
für den konkreten Anwendungsfall geforderten Eigenwerte für die geregelte Strecke
und den Beobachter sowie für das Führungs- und das Störmodell alle Bestimmungsgrö-
ßen für die Reglerberechnung bekannt, und die gesuchten Reglerparameter können als
Lösung eines linearen Gleichungssystems bestimmt werden. Dieses Gleichungssystem
ist verglichen mit den beim Zeitbereichsentwurf zu lösenden Gleichungen von geringerer Ordnung und liefert nicht eine konkrete Reglerrealisierung, sondern die Koeffizienten der Reglerübertragungsfunktionen. Dadurch wird die Wahl günstiger Realisierungen für den Regler ermöglicht.

4.2.1 Lösung der Entwurfsgleichung mit Zustandsbeobachter

Zunächst sei der einfachste Fall, nämlich die Zustandsregelung von Eingrößensystemen ohne Stör- und Führungsmodell betrachtet. Die Regelstrecke n-ter Ordnung mit
einem Stelleingang und m Ausgängen kann im Frequenzbereich durch den Übertragungsvektor

$$\underline{F}(s) = \underline{Z}(s)N^{-1}(s) = \begin{bmatrix} Z_1(s) \\ Z_2(s) \\ \vdots \\ Z_m(s) \end{bmatrix} \frac{1}{N(s)} \qquad\qquad (4.111)$$

beschrieben werden. Die einzelnen Übertragungsfunktionen haben dabei die Form

$$F_i(s) = \frac{y_i(s)}{u(s)} = \frac{c_{n-1}^i s^{n-1} + \ldots + c_1^i s + c_0^i}{s^n + a_{n-1}s^{n-1} + \ldots + a_1 s + a_0} \quad ; \ i = 1,2,\ldots,m \ . \quad (4.112)$$

Da nur der vollständig steuerbare und beobachtbare Teil einer Strecke durch einen
Regler beliebig beeinflußbar ist, wird vorausgesetzt, daß die Strecke vollständig
regelbar bzw. daß die Streckenbeschreibung um den nicht regelbaren Teil reduziert
ist.

Aufgabe des Zustandsreglers ist es, die Dynamik des Regelkreises in gewünschter
Weise zu beeinflussen, d.h. ein geeignetes charakteristisches Polynom

$$\tilde{N}(s) = s^n + \tilde{a}_{n-1}s^{n-1} + \ldots + \tilde{a}_1 s + \tilde{a}_0 \tag{4.113}$$

für die geregelte Strecke zu erzeugen. Die Koeffizienten von $\tilde{N}(s)$ kann man dabei
entweder über eine Optimierung oder durch Polvorgabe festlegen (vgl. Kapitel 5).

Wenn der Beobachtbarkeitsindex ν der Strecke größer als Eins ist, benötigt man einen Zustandsbeobachter, dessen Ordnung n_B die Bedingung

$$n_B \geqslant (\nu - 1) \tag{4.114}$$

erfüllen muß. Dabei kann ν entweder aus einer Zeitbereichsdarstellung der Strecke
oder direkt aus den Übertragungsfunktionen mit Hilfe der Eliminante bestimmt werden
(s. Abschn. 1.4.3). Das charakteristische Polynom des Beobachters möge die Gestalt

$$\Delta(s) = s^{n_B} + \delta_{n_B-1}s^{n_B-1} + \ldots + \delta_1 s + \delta_0 \tag{4.115}$$

besitzen, wobei die Lage der Beobachterpole direkt vorgegeben oder über ein Opti-
mierungsverfahren gewonnen werden kann (siehe Kapitel 5). Bild 4.11 zeigt noch ein
mal die beiden möglichen Strukturen des Regelkreises.

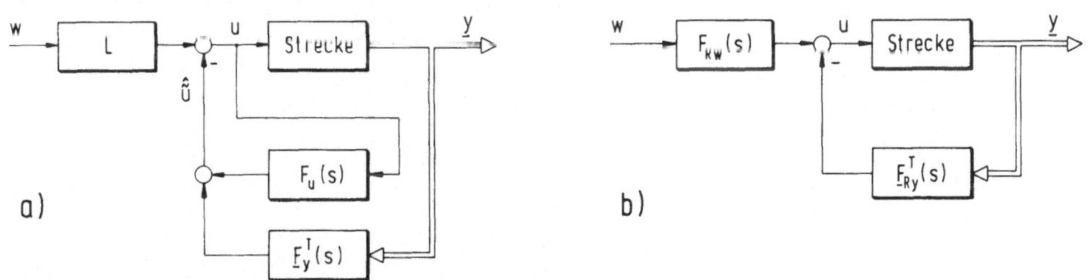

Bild 4.11   Zustandsregelkreis im Frequenzbereich;
            a) Beobachterstruktur   b) Rückführschleife aufgelöst

Hier im Eingrößenfall reduziert sich die Übertragungsmatrix $\underline{F}_{Ry}(s)$ des Reglers zu
einem Übertragungsvektor

$$\underline{F}_{Ry}^T(s) = N_R^{-1}(s)\underline{Z}_y^T(s) = N_R^{-1}(s)\left[Z_{y1}(s) \ldots Z_{ym}(s)\right] \tag{4.116}$$

wobei die Polynome $N_R(s)$ und $Z_{yi}(s)$ die Gestalt

$$N_R(s) = s^{n_B} + p_{n_B-1}s^{n_B-1} + \ldots + p_1 s + p_0 \tag{4.117}$$

sowie

$$Z_{yi}(s) = 1^i_{n_B} s^{n_B} + \ldots + 1^i_1 s + 1^i_0 ; \qquad i = 1,2,\ldots,m \tag{4.118}$$

besitzen.

Die unbekannten Reglerpolynome $N_R(s)$ und $Z_{yi}(s)$ müssen so festgelegt werden, daß die Entwurfsgleichung (4.84) erfüllt ist, die hier im Eingrößenfall die Gestalt

$$N_R(s)N(s) + \underline{Z}_y^T(s)\underline{Z}(s) = \Delta(s)\tilde{N}(s) \qquad\qquad (4.119)$$

hat. Die Lösung geschieht über einen Koeffizientenvergleich, der sich, wie in Abschnitt 1.7.2 diskutiert, in Form eines linearen Gleichungssystems anschreiben läßt. Dieses lineare Gleichungssystem besitzt die Gestalt

$$\underline{h}^T\underline{K}_h = \underline{\delta}^T\tilde{\underline{A}} \; . \qquad\qquad (4.120)$$

Im $(m+1)(n_B+1)$-dimensionalen Parametervektor

$$\underline{h}^T = \left[p_{n_B} \cdots p_1\, p_0 \,\middle|\, 1_{n_B}^1 \cdots 1_1^1\, 1_0^1 \,\middle|\, \cdots \,\middle|\, 1_{n_B}^m \cdots 1_1^m\, 1_0^m \right]$$

sind die unbekannten Koeffizienten der Reglerübertragungsfunktionen enthalten, wobei $p_n = 1$ ist. Die Elemente der $(m+1)(n_B+1)\times(n+n_B+1)$-Koeffizientenmatrix

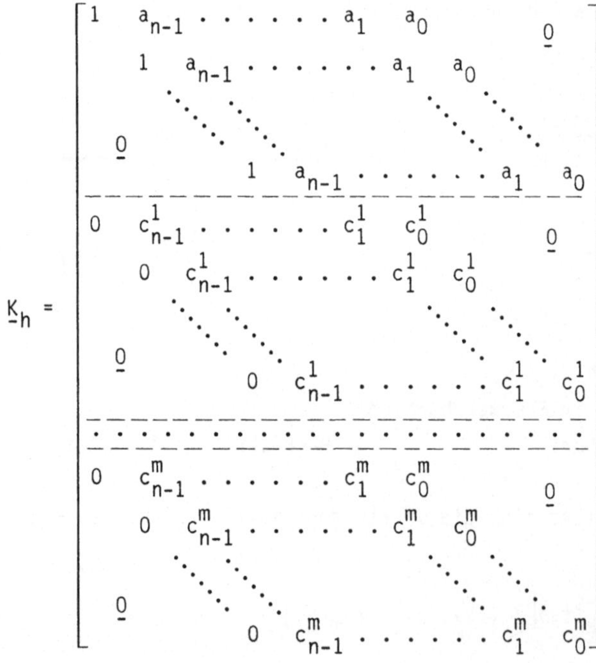

sind die Koeffizienten der m Streckenübertragungsfunktionen $F_i(s) = y_i(s)/u(s)$. Auf der rechten Seite steht der (n_B+1)-dimensionale Vektor

$$\underline{\delta}^T = \left[1 \quad \delta_{n_B-1} \cdots \delta_1 \quad \delta_0 \right] \; ,$$

der die Koeffizienten des charakteristischen Polynoms $\Delta(s)$ des Beobachters enthält.

Die aus den Koeffizienten des charakteristischen Polynoms $\tilde{N}(s)$ der geregelten Strecke gebildete $(n_B+1)\times(n+n_B+1)$-Matrix

$$\underline{\tilde{A}} = \begin{bmatrix} 1 & \tilde{a}_{n-1} & \cdots\cdots & \tilde{a}_1 & \tilde{a}_0 & & & \underline{0} \\ & 1 & \tilde{a}_{n-1} & \cdots\cdots & \tilde{a}_1 & \tilde{a}_0 & & \\ & & \ddots & \ddots & & \ddots & \ddots & \\ & \underline{0} & & \ddots & \ddots & & \ddots & \\ & & & 1 & \tilde{a}_{n-1} & \cdots & \tilde{a}_1 & \tilde{a}_0 \end{bmatrix} \quad ,$$

befindet sich ebenfalls auf der rechten Seite.

Vergleicht man $\underline{K}_h$ mit der zum Streckenübertragungsvektor (4.111) gehörenden Eliminante (s. Abschn. 1.4.3), so erkennt man, daß $\underline{K}_h$ genau dann vollen Rang besitzt, wenn $n_B \geqslant (\nu-1)$ ist. Da für beobachtbare Systeme stets

$$m\nu \geqslant n \tag{4.121}$$

gilt, ist unter Beachtung der Bedingung (4.114) für die Beobachterordnung die Anzahl $(m+1)(n_B+1)$ der Reglerparameter mindestens gleich der Anzahl $(n+n_B+1)$ der Bedingungsgleichungen in (4.120). Es existieren also gerade

$$m(n_B + 1) - n \geqslant 0 \tag{4.122}$$

frei vorgebbare Reglerparameter. Bei der Festlegung dieser Freiheitsgrade kann man entweder willkürliche Werte annehmen (z.B. Nullsetzen von Durchgriffen in einzelnen Reglerübertragungsfunktionen) oder man benutzt sie gezielt zur Erzeugung gewünschter Effekte, wie der Approximation von Sollfrequenzgängen, der Verringerung von Parameterempfindlichkeiten oder ähnlichem (siehe Kapitel 5).

In Gleichung (4.120) tritt der Unbekanntenvektor nicht, wie für lineare Gleichungssysteme üblich, als Spaltenvektor, sondern als Zeilenvektor auf. Diese Darstellung wurde deshalb gewählt, weil die Entwurfsgleichungen im Mehrgrößenfall genau die gleiche Stuktur besitzen, wenn man anstelle der Koeffizienten die dann auftretenden Koeffizientenmatrizen einsetzt.

Zur Lösung mit Standardsoftware verwendet man Gl.(4.120) in der transponierten Form

$$\underline{K}_h^T \underline{h} = \underline{\tilde{A}}^T \underline{\delta} \quad . \tag{4.123}$$

Als Ergebnis des Reglerentwurfs erhält man die Reglerübertragungsfunktionen

$$F_{Ryi}(s) = \frac{Z_{yi}(s)}{N_R(s)} \quad ; \quad i = 1,2,\ldots,m \tag{4.124}$$

und über die Beziehung

$$Z_u(s) = N_R(s) - \Delta(s) \tag{4.125}$$

auch die Übertragungsfunktion $F_u(s) = Z_u(s)/\Delta(s)$.

Die Übertragungsfunktion des w-Kanals im Regler lautet

$$F_{Rw}(s) = \frac{u(s)}{w(s)} = \frac{\Delta(s)}{N_R(s)}\, L \quad , \qquad\qquad (4.126)$$

wobei durch die Wahl von L zu

$$L = \frac{\tilde{a}_0}{c_0^1} = \frac{\tilde{N}(0)}{Z_1(0)} \qquad\qquad (4.127)$$

(s. Gl.(4.33)) erreicht wird, daß die Regelgröße y_1 sprungförmigen Führungsgrößen ohne bleibende Regelabweichung folgt. Voraussetzung hierfür ist natürlich $c_0^1 \neq 0$, d.h. $Z_1(s)$ darf keine Nullstellen bei $s = 0$ besitzen. Dies ist eine sinnvolle Einschränkung, da ein Aufprägen sprungförmiger Führungssignale beim Auftreten einer Nullstelle bei $s = 0$ im Zähler der Übertragungsfunktion ein konstant ansteigendes Stellsignal erfordert, was in den meisten Fällen praktisch nicht realisierbar ist.

Die Führungsübertragungsfunktion des Regelkreises lautet

$$F_{w1}(s) = \frac{y_1(s)}{w(s)} = \frac{Z_1(s)}{\tilde{N}(s)}\, L \quad , \qquad\qquad (4.128)$$

so daß der Regelkreis auf Führungseingriffe so reagiert, als seien alle Zustandsgrößen meßbar. Ist z.B. eine Störung r additiv dem Stellsignal überlagert, so ergibt sich die Störübertragungsfunktion des Regelkreises zu

$$F_{r1}(s) = \frac{y_1(s)}{r(s)} = \frac{Z_1(s)N_R(s)}{\Delta(s)\tilde{N}(s)} \quad . \qquad\qquad (4.129)$$

Durch Störungen werden also auch die Beobachterpole angeregt, woraus folgt, daß die Beobachterpolwahl so geschehen sollte, daß ein möglichst gutes Störverhalten des Regelkreises resultiert. Das Führungsverhalten wird davon nicht beeinflußt. Die Auswirkungen von Störungen, die an beliebiger Stelle in den Regelkreis eingreifen, werden für Eingrößensysteme in Abschnitt 4.2.4 dargestellt.

Die Realisierung der (m+1) Übertragungsfunktionen $F_{Ryi}(s)$, $i = 1,2,\ldots,m$ und $F_{Rw}(s)$ kann in einem Regler n_B-ter Ordnung geschehen, unabhängig davon, ob man eine Struktur nach Bild 4.11a oder 4.11b wählt. Dabei verwendet man vorteilhafterweise eine Normalform, die es ermöglicht, Regler mit mehreren Eingängen mit einem Satz von Speichern zu realisieren. Die Beobachternormalform (Abschn. 1.2.2) bietet sich dabei besonders an, da sie sich auch im Hinblick auf ungenau realisierte Reglerparameter als besonders günstig erwiesen hat /H5/.

Der Reglerentwurf kann also im Frequenzbereich anhand der Lösung eines linearen Gleichungssystems erfolgen, wobei anders als im Zeitbereich das Ergebnis keine Realisierung mit möglicherweise sehr ungünstigen Empfindlichkeitseigenschaften im Regelkreis ist /H4/, sondern die Übertragungsfunktionen des Reglers. Dadurch ergibt sich die Möglichkeit, günstige Reglerrealisierungen in einfacher Weise auszuwählen.

Für den Entwurf von Zustandsreglern im Frequenzbereich gibt es eine ganze Reihe
verschiedener Ansätze, die sich im wesentlichen in der Formulierung der Anforderung
an den Regler unterscheiden. Der prinzipielle Weg, nämlich ausgehend von den Übertragungsfunktionen für Strecke und Regler die Reglerübertragungsfunktionen so zu
bestimmen, daß für den Regelkreis das aus dem Zeitbereich bekannte Verhalten resultiert, ist allen gemeinsam.

In diesem Zusammenhang sei auf die Arbeiten von Chen /C1/, Grübel /G6,G7/, Hippe
und Wurmthaler /H9/, Kucera /K16/ sowie Ferreira /F3/ hingewiesen.

4.2.2 Vergleich mit dem Zeitbereichsentwurf von Zustandsreglern

Neben dem Vorteil, auf einfache Weise günstige Reglerrealisierungen wählen zu können, bewirkt der Frequenzbereichsentwurf eine wesentliche Reduktion des Rechenauf-
wandes gegenüber dem Zeitbereichsentwurf, was im folgenden erläutert werden soll.

Wie in Kapitel 3 dargestellt, müssen beim Beobachterentwurf die Gleichungen (hier
die Form für Eingrößensysteme)

$$\underline{T}\underline{A} - \underline{F}\underline{T} = \underline{D}\underline{C} \tag{4.130}$$
und
$$\underline{g}^T\underline{C} + \underline{e}^T\underline{T} = \underline{k}_x^T \tag{4.131}$$

gelöst werden, was bei Vorgabe von $\underline{F}$ und $\underline{e}^T$ auf ein lineares Gleichungssystem
$n(n_B+1)$-ter Ordnung führt. Geht man davon aus, daß die Entwurfsvorgabe das ge-
wünschte charakteristische Polynom $\tilde{N}(s) = \det(s\underline{I} - \underline{A} + \underline{b}\underline{k}_x^T)$ ist, so kommen noch
einmal n Gleichungen zur Bestimmung von $\underline{k}_x^T$ hinzu. Ein programmierbarer Algorithmus
zur Berechnung von $\underline{k}_x^T$ ist in Abschn. 5.1.1 angegeben.

Das beim Frequenzbereich zu lösende Gleichungssystem ist dagegen nur von der Ordnung (n_B+n+1), wobei die erste Spalte von Gl.(4.120) trivial ist. Mit einer Strecke
6. Ordnung und einem Beobachter 3. Ordnung sind also beim Zeitbereichsentwurf 24
(bzw. 30 bei Vorgabe von $\tilde{N}(s)$) Gleichungen zu lösen, während es beim Frequenzbereichsentwurf lediglich 10 sind.

Da beide Regler dasselbe Verhalten im Regelkreis zeigen - exakte Realisierung der
Reglerkoeffizienten vorausgesetzt - stellt sich die Frage, warum der Zeitbereichsentwurf um soviel aufwendiger ist als der Frequenzbereichsentwurf.

Der Grund hierfür ist die Tatsache, daß beim Zeitbereichsentwurf mit der Beziehung

$$\underline{z} = \underline{T}\underline{x} \tag{4.132}$$

die Beobachtereigenschaft des Zustandsreglers explizit berechnet wird, obwohl man
diese Information für die Regelung nicht benötigt.

Dennoch gibt es Anwendungsfälle, in denen z.B. für Protokollierungs-, Überwachungs-
oder Entscheidungszwecke die Information über den Streckenzustand interessiert. In
diesen Fällen ist es möglich, aus dem im Frequenzbereich entworfenen und in irgend
einer Form realisierten Zustandsregler die gewünschte Information über den Zusammenhang zwischen Streckenzustand $\underline{x}$ und Reglerzustand $\underline{z}$ nachträglich zu gewinnen.

Die Zustandsgleichungen der Strecke mögen die Gestalt

$$\dot{\underline{x}}(t) = \underline{A}\underline{x}(t) + \underline{b}u(t)$$
$$\underline{y}(t) = \underline{C}\underline{x}(t) \tag{4.133}$$

haben. Zunächst sei der einfachere Fall betrachtet, daß der Regler in einer Realisierung nach Bild 4.11a vorliegt, bei der sich die Beobachtereigenschaft in der
Reglerstruktur direkt niederschlägt.

Die Zustandsgleichungen des so realisierten Reglers mögen die Form

$$\dot{\underline{z}}(t) = \underline{F}\underline{z}(t) + \underline{D}\underline{y}(t) + \underline{b}u(t)$$
$$\hat{\tilde{u}}(t) = \underline{g}^T\underline{y}(t) + \underline{e}^T\underline{z}(t) \tag{4.134}$$

besitzen. Setzt man nun die gesuchte Beziehung (4.132) in die Reglergleichung
(4.134) ein, und multipliziert andererseits die Streckengleichung von links mit der
Matrix $\underline{T}$, so folgt aus dem Vergleich der beiden Differentialgleichungen die bekannte Beobachterbeziehung (s. Gl.(3.35))

$$\underline{T}\underline{A} - \underline{F}\underline{T} = \underline{D}\underline{C} \quad . \tag{4.135}$$

Da die Matrizen $\underline{A}$, $\underline{F}$, $\underline{D}$ und $\underline{C}$ durch die Strecke und den bereits berechneten Regler
vorgegeben sind, stellt (4.135) ein Gleichungssystem $(n_B n)$-ter Ordnung zur Bestim-
mung der $(n_B n)$ unbekannten Parameter t_{ij} aus $\underline{T}$ dar. Luenberger /L10/ hat gezeigt,
daß Gl.(4.135) immer dann Lösungen besitzt, wenn $\underline{F}$ und $\underline{A}$ keine gemeinsamen Eigenwerte aufweisen. Will man also den im Frequenzbereich berechneten Regler zur Beobachtung der Streckenzustände heranziehen, dann dürfen $N(s) = \det(s\underline{I} - \underline{A})$ und das
Beobachterpolynom $\Delta(s) = \det(s\underline{I} - \underline{F})$ keine gemeinsamen Nullstellen besitzen.

Wie in Abschn. 3.2.3 dargestellt, gewinnt man für $n_B = (n - m)$ einen Schätzwert für
$\underline{x}$ über die Beziehung (vgl. Gl.(3.34))

$$\hat{\underline{x}} = \begin{bmatrix} \underline{T} \\ \underline{C} \end{bmatrix}^{-1} \begin{bmatrix} \underline{z} \\ \underline{y} \end{bmatrix} \quad . \tag{4.136}$$

Wenn im Mehrgrößenfall, wie in Abschn. 4.3 diskutiert, p Beobachter für die Komponenten u_i des Stellvektors $\underline{u}$ angesetzt werden, läßt sich analog zu Gl.(4.135) eine
entsprechende Matrix $\underline{T}_i$ für jeden Einzelbeobachter bestimmen und daraus zusammen
mit den Meßgrößen ein Schätzwert für $\underline{x}$ konstruieren.

Auch wenn der Regler in einer Realisierung nach Bild 4.11b vorliegt, kann man im
Eingrößenfall den Zusammenhang

$$\underline{\bar{z}} = \underline{\bar{T}}\underline{x} \tag{4.137}$$

zwischen dem Streckenzustand $\underline{x}$ und dem Zustand $\underline{\bar{z}}$ des Zustandsreglers auf einfache
Weise berechnen.

Der Zustandsregler, der bereits in einer bestimmten Form vorliegt, besitze die Zustandsgleichungen

$$\underline{\dot{\bar{z}}}(t) = \underline{\bar{F}}\underline{\bar{z}}(t) + \underline{\bar{D}}\underline{y}(t)$$
$$u(t) = -\,\underline{\bar{e}}^T\underline{\bar{z}}(t) - \underline{\bar{g}}^T\underline{y}(t)\quad, \tag{4.138}$$

wobei der Führungseingriff unberücksichtigt bleiben kann. Setzt man $u = -\,\underline{k}_x^T\underline{x}$ in
die Streckengleichung (4.133) ein und multipliziert sie dann von links mit $\underline{\bar{T}}$, dann
entsteht eine Beziehung, die mit den Zustandsgleichungen (4.138) für den Regler
identisch ist, wenn man dort für $\underline{\bar{z}}$ den gesuchten Zusammenhang (4.137) einsetzt. Aus
einem Vergleich dieser beiden Beziehungen erhält man für die Transformationsmatrix
$\underline{\bar{T}}$ die Bedingungsgleichung

$$\underline{\bar{T}}(\underline{A} - \underline{b}\underline{k}_x^T) - \underline{\bar{F}}\underline{\bar{T}} = \underline{\bar{D}}\underline{C}\quad. \tag{4.139}$$

Die Größen $(\underline{A} - \underline{b}\underline{k}_x^T)$, $\underline{\bar{F}}$, $\underline{\bar{D}}$ und $\underline{C}$ sind bekannt, so daß die Beziehung (4.139) ein
Gleichungssystem $(n_B n)$-ter Ordnung zur Bestimmung der gesuchten Matrix $\underline{\bar{T}}$ darstellt.
Diese Gleichung besitzt immer dann eine Lösung, wenn die beiden Matrizen $(\underline{A} - \underline{b}\underline{k}_x^T)$
und $\underline{\bar{F}}$ keine gemeinsamen Eigenwerte besitzen /L10/, was bedeutet, daß $\tilde{N}(s)$ und $N_R(s)$
keine gemeinsamen Nullstellen haben. Mit diesem $\underline{\bar{T}}$ kann man bei hinreichend großer
Beobachterordnung in Analogie zur Beziehung (4.136) den Schätzwert für $\underline{x}$ aus $\underline{\bar{z}}$ und
$\underline{y}$ ermitteln.

Der Zustandsregler mit aufgelöster Rückführschleife nach Bild 4.11b stellt also
einen Beobachter für den Zustand der geregelten Strecke dar. Wie in /H5/ gezeigt
wird, geschieht die Beobachtung mit der durch die Beobachterpole festgelegten Dynamik, und nicht, wie Gl.(4.139) anzudeuten scheint, mit der durch die Eigenwerte der
Reglermatrix $\underline{\bar{F}}$ bestimmten.

Die Durchführung des Entwurfes von Zustandsreglern im Frequenzbereich empfiehlt
sich in zweifacher Hinsicht. Zum einen verringert sich der Berechnungsaufwand zumindest bei Eingrößensystemen erheblich, und andererseits kann man, falls es erforderlich sein sollte, die für die Regelung nicht benötigte Information über den
Zusammenhang zwischen Strecken- und Beobachterzustand aus den Reglerzustandsgrößen
rekonstruieren. Hierzu muß dann allerdings der vorher eingesparte Rechenaufwand
investiert werden.

4.2.3 Regelung einer fremderregten Gleichstrommaschine mit konstanter Felderregung

Betrachtet wird die Drehzahlregelung einer Gleichstrommaschine, deren Blockschaltbild in Bild 4.12 dargestellt ist.

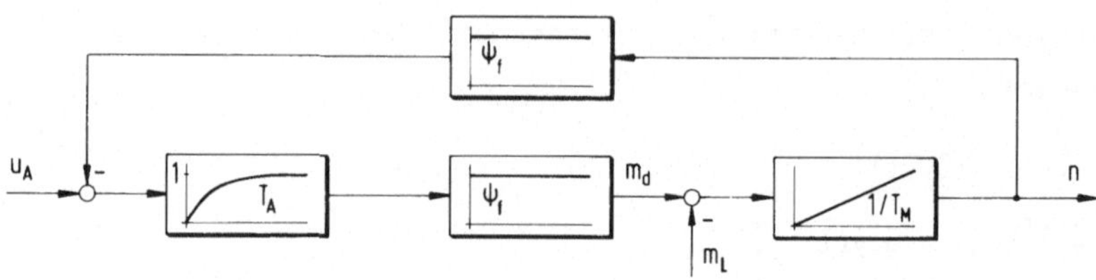

Bild 4.12 Fremderregte Gleichstrommaschine mit konstanter Felderregung
m_L: Lastmoment; ψ_f: Felderregung

Meßgröße ist die Drehzahl n, Stellgröße die Ankerspannung u_A. Die Übertragungsfunktion des Motors lautet bei Nennerregung $\psi_f = 1$

$$F(s) = \frac{n(s)}{u_A(s)} = \frac{c_0}{s^2 + a_1 s + a_0} \tag{4.140}$$

mit $c_0 = 1/T_A T_M$; $a_1 = 1/T_A$ und $a_0 = 1/T_A T_M$.

Da die Strecke von zweiter Ordnung ist, aber nur eine Meßgröße vorliegt, muß zur Zustandsregelung ein Beobachter von mindestens erster Ordnung eingesetzt werden. Wählt man die minimale Ordnung $n_B = 1$, so lautet das charakteristische Polynom des Zustandsbeobachters

$$\Delta(s) = s + \delta_0 \ .$$

Das gewünschte charakteristische Polynom der geregelten Strecke hat allgemein die Form

$$\tilde{N}(s) = s^2 + \tilde{a}_1 s + \tilde{a}_0 \ .$$

Damit kann die transponierte Reglerentwurfsgleichung (4.123) sofort angeschrieben werden. Sie lautet hier

$$\begin{bmatrix} 1 & 0 & 0 & 0 \\ a_1 & 1 & 0 & 0 \\ a_0 & a_1 & c_0 & 0 \\ 0 & a_0 & 0 & c_0 \end{bmatrix} \begin{bmatrix} p_1 \\ p_0 \\ l_1 \\ l_0 \end{bmatrix} = \begin{bmatrix} 1 & 0 \\ \tilde{a}_1 & 1 \\ \tilde{a}_0 & \tilde{a}_1 \\ 0 & \tilde{a}_0 \end{bmatrix} \begin{bmatrix} 1 \\ \delta_0 \end{bmatrix} \ . \tag{4.141}$$

Löst man nach den unbekannten Reglerparametern p_i und l_j auf, so ergibt sich

$$p_1 = 1 \; ; \quad p_0 = \tilde{a}_1 + \delta_0 - a_1$$

$$l_1 = \frac{1}{c_0}\left[\tilde{a}_0 - a_0 + (\tilde{a}_1 - a_1)(\delta_0 - a_1)\right]$$

$$l_0 = \frac{1}{c_0}\left[\delta_0(\tilde{a}_0 - a_0) - a_0(\tilde{a}_1 - a_1)\right] \, .$$

Die Motordrehzahl folgt sprungförmigen Sollwertvorgaben ohne bleibende Regelabweichung, wenn der Führungsgrößenfaktor L zu $L = \tilde{a}_0/c_0$ gewählt wird. Bild 4.13 zeigt den Signalflußgraphen für eine mögliche Realisierung des Zustandsreglers in der Struktur nach Bild 4.11b.

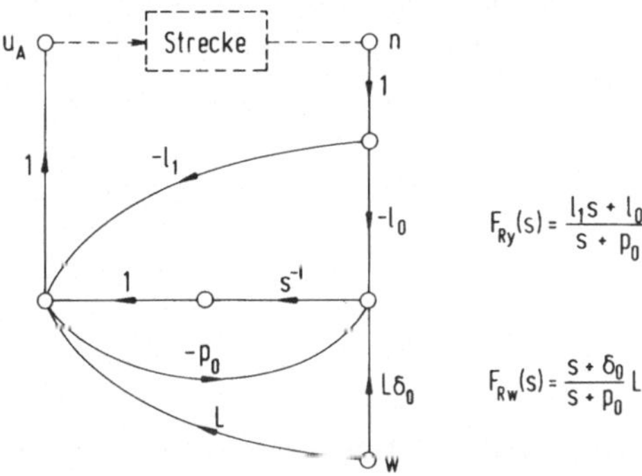

Bild 4.13 Signalflußgraph des Reglers

Soll z.B. am Eingang des Motors eine Ankerstrombegrenzung vorgesehen werden (siehe auch Kapitel 6), ist es günstiger, die Realisierung des Reglers mit interner Rückführschleife gemäß Bild 4.11a zu wählen. Mit

$$Z_u(s) = N_R(s) - \Delta(s) = p_0 - \delta_0 = q_0$$

erhält man den in Bild 4.14 gezeigten Signalflußgraph für den betrachteten Regler.

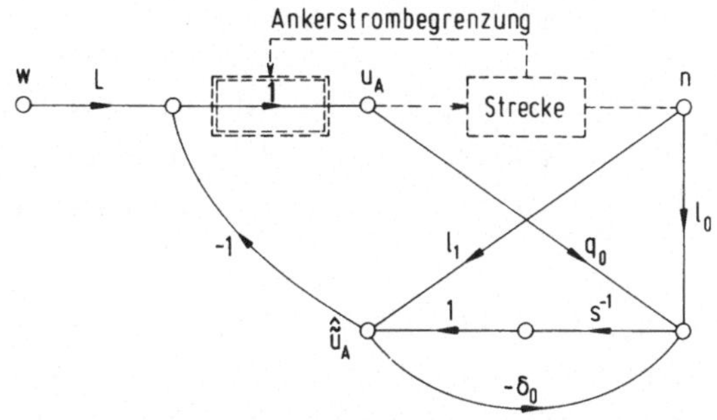

Bild 4.14 Signalflußgraph des Zustandsreglers mit interner Rückführschleife

4.2.4 Reglerentwurf für asymptotische Störkompensation: der Ansatz nach Davison

Da der Zustandsregler im Prinzip ein reiner Proportionalregler ist, treten bei ständig einwirkenden Störungen Abweichungen der Regelgrößen von ihren vorgegebenen Sollwerten auf.

Wenn die Signalformen der auftretenden Störungen bekannt sind, läßt sich ihr Einfluß durch geeignete Zusatzmaßnahmen im Regler asymptotisch, d.h. im eingeschwungenen Zustand des Regelkreises kompensieren. Die Bedingungen hierzu sind in Abschn. 4.1.2 allgemein formuliert. Hier soll ihre konkrete Auswertung bei Eingrößensystemen dargestellt werden.

Betrachtet wird die Zustandsregelung einer Strecke n-ter Ordnung mit einem Stelleingang und m Ausgängen, deren Übertragungsfunktionen von u zu den y_i folgende Gestalt haben

$$F_i(s) = \frac{y_i(s)}{u(s)} = \frac{Z_i(s)}{N(s)} = \frac{c_{n-1}^i s^{n-1} + \ldots + c_1^i s + c_0^i}{s^n + a_{n-1}s^{n-1} + \ldots + a_1 s + a_0} \quad , \qquad (4.142)$$

$$i = 1,2,\ldots,m \ .$$

Auf diese Strecke mögen ρ Störungen $r_j(t)$ einwirken, die in einem Störprozeß n_r-ter Ordnung (s. Abschn. 1.8) entstanden gedacht werden können. Die $m\rho$ Übertragungsfunktionen von den r_j nach den y_i seien mit

$$\frac{y_i(s)}{r_j(s)} = F_{Sti}^j(s) = \frac{Z_{Sti}^j(s)}{N(s)} \quad ; \qquad (4.143)$$

$$i = 1,2,\ldots,m \quad ; \quad j = 1,2,\ldots,\rho$$

bezeichnet und in der Übertragungsmatrix

$$\underline{F}_{St}(s) = \underline{Z}_{St}(s)N^{-1}(s) = \left[\underline{Z}_{St}^1(s)\ \underline{Z}_{St}^2(s)\ \ldots\ \underline{Z}_{St}^\rho(s)\right]\frac{1}{N(s)} \qquad (4.144)$$

zusammengefaßt. Die Spaltenvektoren $\underline{F}_{St}^j(s) = \underline{Z}_{St}^j(s)N^{-1}(s)$ beschreiben den Einfluß der Störgröße r_j auf den Ausgangsvektor $\underline{y}$. Bild 4.15 zeigt den zugehörigen Regelkreis mit den Störeingriffen auf die Strecke und den Zustandsregler in der Struktur nach Bild 4.11b.

Für das Folgende werde mit $N_r^0(s)$ der kleinste gemeinsame Teiler des Produktes aller $N_{rj}(s)$; $j = 1,2,\ldots,\rho$ bezeichnet (vgl. Abschn. 1.8.2, Gl.(1.130)) und die Ordnung dieses kleinsten gemeinsamen Teilers sei die effektive Ordnung n_r des Störprozesses. Dabei ist $N_{rj}(s)$ das zur j-ten Störgröße gehörende charakteristische Polynom.

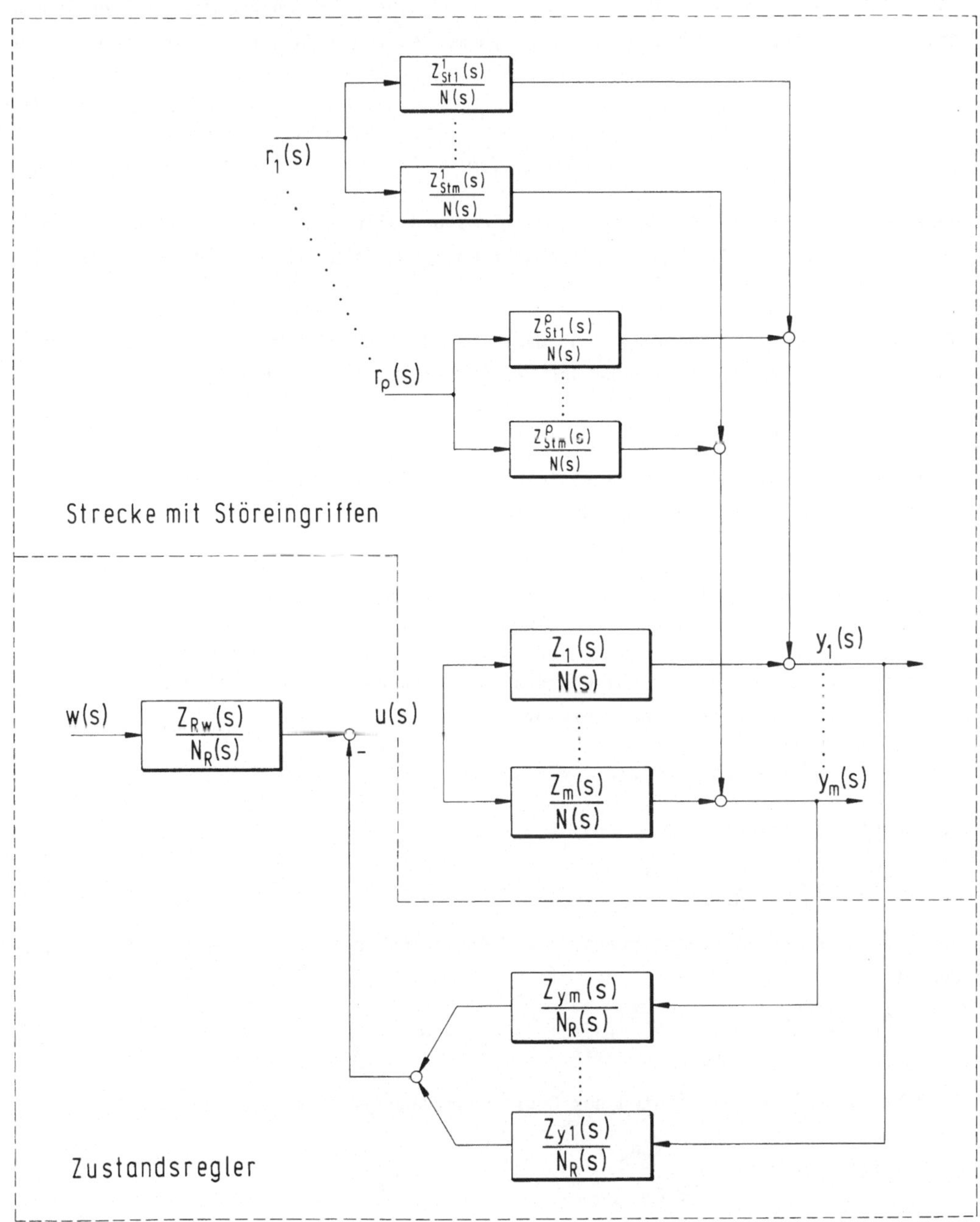

Bild 4.15 Eingrößen-Zustandsregelkreis mit Störeingriffen

In Abschn. 4.1.2 wurde gezeigt, daß asymptotische Störkompensation in der Regelgröße y_1 dann erzielt wird, wenn die Polynome des Zustandsreglers die Eigenschaften

$$N_R(s) = \bar{N}_R(s)N_r^0(s) \tag{4.145}$$

und

$$Z_{yi}(s) = \bar{Z}_{yi}(s)N_r^0(s) \quad ; \quad i = 2,3,\ldots,m \tag{4.146}$$

besitzen, d.h. wenn der Nenner des Reglers und alle Zähler, die nicht zur Regelgröße y_1 gehören, das charakteristische Polynom des Störprozesses als Teiler enthalten.

Die Ordnung n_Δ des Beobachters und damit des Zustandsreglers setzt sich zusammen
aus der Ordnung n_B des Zustands- und der Ordnung n_r des Störbeobachters, also

$$n_\Delta = n_r + n_B \quad . \tag{4.147}$$

Damit läßt sich die Reglerentwurfsgleichung (4.119) für einen Regler mit asymptotischer Störkompensation in folgender Weise anschreiben

$$\bar{N}_R(s)N_r^0(s)N(s) + Z_{y1}(s)Z_1(s) + \sum_{i=2}^{m}\bar{Z}_{yi}(s)N_r^0(s)Z_i(s) = \Delta(s)\tilde{N}(s) \quad . \tag{4.148}$$

Gegeben sind die Polynome $Z_i(s)$ und $N(s)$ der Strecke - siehe Gl.(4.142) - sowie die
gewünschten charakteristischen Polynome

$$\tilde{N}(s) = s^n + \tilde{a}_{n-1}s^{n-1} + \ldots + \tilde{a}_1 s + \tilde{a}_0 \tag{4.149}$$

der geregelten Strecke und

$$\Delta(s) = s^{n_\Delta} + \delta_{n_\Delta-1}s^{n_\Delta-1} + \ldots + \delta_1 s + \delta_0 \tag{4.150}$$

des Zustands- und Störbeobachters, sowie das charakteristische Polynom des Störprozesses

$$N_r^0(s) = s^{n_r} + \psi_{n_r-1}s^{n_r-1} + \ldots + \psi_1 s + \psi_0 \quad . \tag{4.151}$$

Gesucht sind die Koeffizienten der Reglerübertragungsfunktionen, nämlich

$$\bar{N}_R(s) = p_{n_B}s^{n_B} + p_{n_B-1}s^{n_B-1} + \ldots + p_1 s + p_0 \quad , \tag{4.152}$$

$$Z_{y1}(s) = 1^1_{n_\Delta}s^{n_\Delta} + \ldots + 1^1_1 s + 1^1_0 \quad \text{und} \tag{4.153}$$

$$Z_{yi}(s) = 1^i_{n_B}s^{n_B} + \ldots + 1^i_1 s + 1^i_0 \quad ; \quad i = 2,3,\ldots,m \quad . \tag{4.154}$$

Setzt man diese Polynome in Gleichung (4.148) ein, so stehen auf beiden Seiten jeweils Polynome $(n+n_\Delta)$-ter Ordnung in s, so daß die gesuchten Reglerkoeffizienten über einen Koeffizientenvergleich bestimmt werden können. Dieser läßt sich wiederum in Form eines linearen Gleichungssystems anschreiben, das die Gestalt

$$\underline{h}^T \underline{K}_h = \underline{\delta}^T \underline{\tilde{A}} \quad . \tag{4.155}$$

besitzt.

Auf der rechten Seite von Gleichung (4.155) stehen die $(n_\Delta+1)\times(n+n_\Delta+1)$-Matrix

$$\underline{\tilde{A}} = \begin{bmatrix} 1 & \tilde{a}_{n-1} & \cdots & \cdots & \tilde{a}_1 & \tilde{a}_0 & & & \underline{0} \\ & 1 & \tilde{a}_{n-1} & \cdots & \cdots & \tilde{a}_1 & \tilde{a}_0 & & \\ & & \ddots & \ddots & & & \ddots & \ddots & \\ \underline{0} & & & \ddots & & & & & \\ & & & 1 & \tilde{a}_{n-1} & \cdots & \cdots & \tilde{a}_1 & \tilde{a}_0 \end{bmatrix} \quad ,$$

in der die Koeffizienten des gewünschten charakteristischen Polynoms $\tilde{N}(s)$ der geregelten Strecke als Elemente auftreten, und der $(n_\Delta+1)$-dimensionale Vektor

$$\underline{\delta}^T = \begin{bmatrix} 1 & \delta_{n_\Delta-1} & \cdots & \cdots & \delta_1 & \delta_0 \end{bmatrix} \quad ,$$

der die Koeffizienten des Beobachterpolynoms $\Delta(s)$ enthält.

Im $\left[m(n_B+1)+n_\Delta+1\right]$-dimensionalen Parametervektor

$$\underline{h}^T = \begin{bmatrix} p_{n_B} & p_{n_B-1} & \cdots & p_1 & p_0 \ \big| \ 1^1_{n_\Delta} & \cdots & 1^1_1 & 1^1_0 \ \big| \ 1^2_{n_B} & \cdots & 1^2_1 & 1^2_0 \ \big| \ \cdots & \big| \ 1^m_{n_B} & \cdots & 1^m_1 & 1^m_0 \end{bmatrix}$$

sind die gesuchten Koeffizienten der Reglerübertragungsfunktionen $F_{Ryi}(s)$ zusammengefaßt.

In der Koeffizientenmatrix $\underline{K}_h$ auf der linken Seite von Gl.(4.155) treten die Koeffizienten α_i des Polynoms $N_r^0(s)N(s)$ auf, die sich zu

$$\begin{bmatrix} \alpha_{n+n_r-1} & \cdots & \cdots & \alpha_1 & \alpha_0 \end{bmatrix} =$$

$$= \begin{bmatrix} 1 & \psi_{n_r-1} & \cdots & \cdots & \psi_1 & \psi_0 \end{bmatrix} \begin{bmatrix} a_{n-1} & \cdots & \cdots & a_1 & a_0 & & & \underline{0} \\ 1 & a_{n-1} & \cdots & \cdots & a_1 & a_0 & & \\ & \ddots & \ddots & & & \ddots & \ddots & \\ \underline{0} & & \ddots & & & & \ddots & \\ & & 1 & a_{n-1} & \cdots & \cdots & a_1 & a_0 \end{bmatrix} \quad ,$$

berechnen.

Desweiteren treten in $\underline{K}_h$ die Koeffizienten ζ_i^k der Polynome $N_r^0(s)Z_k(s)$ auf, die sich zu

$$\left[\,\zeta_{n+n_r-1}^k \;\cdots\cdots\; \zeta_1^k \quad \zeta_0^k\,\right] =$$

$$= \left[\,1 \quad \psi_{n_r-1} \;\cdots\cdots\; \psi_1 \quad \psi_0\,\right]
\begin{bmatrix}
c_{n-1}^k & \cdots\cdots & c_1^k & c_0^k & & & \underline{0} \\
0 & c_{n-1}^k & \cdots\cdots & c_1^k & c_0^k & & \\
 & \ddots & \ddots & & & \ddots & \\
\underline{0} & & \ddots & & & & \\
 & & 0 & c_{n-1}^k & \cdots\cdots & c_1^k & c_0^k
\end{bmatrix}$$

$$k = 2,3,\ldots,m$$

ergeben. Die $\left[m(n_B+1)+n_\varDelta+1\right]\times\left[n+n_\varDelta+1\right]$-Koeffizientenmatrix $\underline{K}_h$ selbst hat die Gestalt

$$\underline{K}_h =
\left[
\begin{array}{ccccccc}
1 & \alpha_{n+n_r-1} & \cdots\cdots & \alpha_1 & \alpha_0 & & \underline{0} \\
 & 1 & \alpha_{n+n_r-1} & \cdots\cdots & \alpha_1 & \alpha_0 & \\
\underline{0} & \ddots & \ddots & & & \ddots & \\
 & & 1 & \alpha_{n+n_r-1} & \cdots\cdots & \alpha_1 & \alpha_0 \\
\hline
0 & c_{n-1}^1 & \cdots\cdots & c_1^1 & c_0^1 & & \underline{0} \\
 & 0 & c_{n-1}^1 & \cdots\cdots & c_1^1 & c_0^1 & \\
\underline{0} & \ddots & \ddots & & & \ddots & \\
 & & 0 & c_{n-1}^1 & \cdots\cdots & c_1^1 & c_0^1 \\
\hline
0 & \zeta_{n+n_r-1}^2 & \cdots\cdots & \zeta_1^2 & \zeta_0^2 & & 0 \\
 & 0 & \zeta_{n+n_r-1}^2 & \cdots\cdots & \zeta_1^2 & \zeta_0^2 & \\
\underline{0} & \ddots & \ddots & & & \ddots & \\
 & & 0 & \zeta_{n+n_r-1}^2 & \cdots\cdots & \zeta_1^2 & \zeta_0^2 \\
\hline
 & & \cdots\cdots\cdots\cdots & & & & \\
\hline
0 & \zeta_{n+n_r-1}^m & \cdots\cdots & \zeta_1^m & \zeta_0^m & & \underline{0} \\
 & 0 & \zeta_{n+n_r-1}^m & \cdots\cdots & \zeta_1^m & \zeta_0^m & \\
\underline{0} & \ddots & \ddots & & & \ddots & \\
 & & 0 & \zeta_{n+n_r-1}^m & \cdots\cdots & \zeta_1^m & \zeta_0^m
\end{array}
\right] .$$

Die Koeffizientenmatrix $\underline{K}_h$ des linearen Gleichungssystems zur Reglerberechnung hat genau dann vollen Rang, wenn die Strecke vollständig regelbar ist, und wenn man den Störgrößen in y_1 entgegenwirken kann. Der Ansatz von Davison ist so geartet, daß die Störkompensation unabhängig vom Eingriffsort der Störungen stattfindet, und daß die Beobachtbarkeit der Störgrößen vom Meßvektor $\underline{y}$ aus keine notwendige Bedingung für den Reglerentwurf darstellt.

Nicht beobachtbare Störgrößen wirken sich entweder überhaupt nicht auf die Regelgrößen aus, oder sie werden auch von einem Regler ohne Störmodell kompensiert. Um unnötig hohe Reglerordnungen zu vermeiden, sollte man deshalb grundsätzlich nur den beobachtbaren Teil der Störung modellieren.

In Abschnitt 4.1.6 wurden die Frequenzbereichsbedingungen angegeben, welche beim Entwurf eines Zustandsreglers für die Lösbarkeit der Regelaufgabe mit asymptotischer Störkompensation erfüllt sein müssen. Im hier betrachteten Eingrößenfall lauten die Bedingungen folgendermaßen:

- im Nenner N(s) der Streckenübertragungsfunktionen darf keine gemeinsame Nullstelle mit allen Zählerpolynomen $Z_i(s)$, i=1,2,...,m, auftreten (Regelbarkeit);

- das Zählerpolynom $Z_1(s)$ der zur Regelgröße y_1 gehörenden Streckenübertragungsfunktion darf keine gemeinsame Nullstelle mit dem charakteristischen Polynom $N_r^0(s)$ des angenommenen Störprozesses besitzen (Kompensierbarkeit der Störung).

Damit das angesetzte Störpolynom $N_r^0(s)$ nicht unnötig hohe Ordnung besitzt, sollte in der Primzerlegung $\underline{Z}_x(s)\underline{N}_x^{-1}(s)$ des Produktes

$$\begin{bmatrix} \underline{Z}(s) & \underline{Z}_{St}(s) \end{bmatrix}\begin{bmatrix} N(s) & \underline{0} \\ \underline{0} & \underline{N}_r(s)N(s) \end{bmatrix}^{-1}$$

die Determinante det $\underline{N}_x(s)$ die vollständigen Polynome $N_r^0(s)$ = det $\underline{N}_r(s)$ und N(s) enthalten, wobei die Matrix $\underline{N}_r(s)$ den eigentlich zugrundeliegenden Störprozeß beschreibt.

Das lineare Gleichungssystem (4.155) zur Berechnung des Reglers ist bei hinreichend hoher Beobachterordnung $n_B \geqslant (\nu - 1)$ in der Regel unterbestimmt, und die verbleibenden $m(n_B+1)-n \geqslant 0$ Reglerparameter können nach unterschiedlichen Gesichtspunkten frei vorgegeben werden (s. auch Kapitel 5).

Für die Lösung mit Hilfe von Standardsoftware verwendet man Gl.(4.155) günstigerweise in der Form

$$\underline{K}_h^T \underline{h} = \underline{\tilde{A}}^T \underline{\delta} \ . \tag{4.156}$$

Als Lösung von (4.156) erhält man die Koeffizienten p_i und l_i^j der gesuchten Reglerübertragungsfunktionen

$$F_{Ry1}(s) = \frac{-u(s)}{y_1(s)} = \frac{Z_{y1}(s)}{\bar{N}_R(s)N_r^0(s)} \tag{4.157}$$

$$F_{Ryi}(s) = \frac{-u(s)}{y_i(s)} = \frac{\bar{Z}_{yi}(s)N_r^0(s)}{\bar{N}_R(s)N_r^0(s)} \qquad i = 2,3,\ldots,m . \tag{4.158}$$

Beschränkt man sich zunächst wieder auf sprungförmige Führungssignale (sonst siehe
Abschn. 4.2.8), so erhält man mit

$$L = \tilde{a}_0/c_0^1 \quad ; \quad c_0^1 \neq 0 \tag{4.159}$$

und der Übertragungsfunktion

$$F_{Rw}(s) = \frac{u(s)}{w(s)} = \frac{\Delta(s)}{\bar{N}_R(s)N_r^0(s)} L \tag{4.160}$$

des Führungskanals im Regler ein Führungsverhalten des Regelkreises gemäß

$$F_{w1}(s) = \frac{y_1(s)}{w(s)} = \frac{Z_1(s)}{\tilde{N}(s)} L \quad . \tag{4.161}$$

Dadurch folgt die Regelgröße y_1 jeder sprungförmigen Führungsgröße ohne bleibende
Regelabweichung, und zwar mit einer Dynamik, als ob alle n Zustandsgrößen als Meßgrößen zur Verfügung ständen und kein Beobachter vorhanden wäre.

Die (m+1) Reglerübertragungsfunktionen (4.157), (4.158) und (4.160) können gemeinsam in einem System (n_B+n_r)-ter Ordnung realisiert werden, wobei man vorteilhafterweise eine Normalform verwendet, die die Realisierung mehrerer Zählerpolynome mit
einem Satz von Speichern erlaubt.

Das Störverhalten des Regelkreises wurde in Abschn. 4.1.2 ermittelt. Berücksichtigt man, daß die Reglermatrix $\underline{Z}_y(s)$ hier im Eingrößenfall (p=1) ein Zeilenvektor
$\underline{Z}_y^T(s)$ ist, dann folgt aus Gl.(4.36)

$$y_1(s) = \left[(1 \mid \underline{0}^T) - Z_1(s)\tilde{N}^{-1}(s)\Delta^{-1}(s)\underline{Z}_y^T(s)\right]\underline{F}_{St}(s)\underline{r}(s) . \tag{4.162}$$

Nach Ausklammern von $\tilde{N}^{-1}(s)\Delta^{-1}(s)$ und Einsetzen der Reglerentwurfsgleichung (4.148)
erhält man für die Übertragungsfunktion $F_{r1}(s) = y_1(s)/r_j(s)$

$$\frac{y_1(s)}{r_j(s)} = \frac{N(s)\bar{N}_R(s)N_r^0(s)Z_{St1}^j(s) + \sum_{k=2}^{m} \bar{Z}_{yk}(s)N_r^0(s)\left[Z_k(s)Z_{St1}^j(s) - Z_1(s)Z_{Stk}^j(s)\right]}{N(s)\Delta(s)\tilde{N}(s)}$$

$$j = 1,2,\ldots,\rho . \tag{4.163}$$

Da durch die Störanregung keine Ordnungserhöhung der Strecke resultieren kann, muß
N(s) in allen eckigen Klammern unter der Summe im Zähler von Gl.(4.163) als Teiler
auftreten.

Mit den Polynomen

$$Z_k^j(s) = \left[Z_k(s)Z_{St1}^j(s) - Z_1(s)Z_{Stk}^j(s) \right]/N(s) \quad , \tag{4.164}$$

$$k = 2,3,\ldots,m \quad ; \quad j = 1,2,\ldots,\rho$$

die sich nach der Division mit N(s) ergeben, lauten die Störübertragungsfunktionen
des Regelkreises schließlich

$$F_{r1}^j(s) = \frac{y_1(s)}{r_j(s)} = \frac{\left[\bar{N}_R(s)Z_{St1}^j(s) + \sum_{k-2}^{m} \bar{Z}_{yk}(s)Z_k^j(s) \right]N_r^0(s)}{\Delta(s)\tilde{N}(s)} \tag{4.165}$$

$$j = 1,2,\ldots,\rho \; .$$

Damit wird jede Störgröße aus dem angenommenen Störprozeß in der Regelgröße y_1
asymptotisch kompensiert.

Die Übertragungsfunktionen von den Störgrößen r_j zu den Ausgangsgrößen y_i ergeben
sich allgemein zu

$$F_{ri}^j(s) = \frac{y_i(s)}{r_j(s)} = \frac{N(s)N_R(s)Z_{Sti}^j(s) + \sum_{\substack{k=1 \\ k\neq i}}^{m} Z_{yk}(s)\left[Z_k(s)Z_{Sti}^j(s) - Z_i(s)Z_{Stk}^j(s) \right]}{N(s)\Delta(s)\tilde{N}(s)}$$

$$i = 1,2,\ldots,m \quad ; \quad j = 1,2,\ldots,\rho \quad , \tag{4.166}$$

wobei auch hier gilt, daß die Polynome in den eckigen Klammern entweder N(s) als
Teiler besitzen oder verschwinden.

In praktischen Anwendungsfällen taucht häufig das Problem auf, daß man außer einer
Störkompensation in der Regelgröße y_1 auch bestimmte Nebenbedingungen in anderen
Systemgrößen erfüllen möchte. Diese Nebenbedingungen können einfach als weitere
Spalten zu der Reglerentwurfsgleichung (4.155) respektive als weitere Zeilen zu den
Gleichungen (4.156) hinzugefügt werden.

Der Rang der Koeffizientenmatrix muß sich dabei gerade um die Anzahl der Zusatzbedingungen erhöhen, es sei denn, die rechte Seite des erweiterten Gleichungssystems
bleibt mit der linken Seite verträglich. Grundvoraussetzung für jeden Reglerentwurf
ist natürlich, daß die Zahl der Reglerparameter mindestens ebenso groß wie die
Anzahl der unabhängigen Bedingungen ist.

4.2.5 Beispiel für den Entwurf eines Zustandsreglers mit Störmodell: Aktive Schwingungsisolation bei einem Hubschrauber

Im Beispiel von Abschnitt 3.2.4 wurde das Problem der aktiven Schwingungsdämpfung bei einem Hubschrauber vorgestellt, die beschreibenden Zustandsgleichungen angegeben und ein reduzierter Zustandsbeobachter für das Hubschraubermodell entworfen. Nun wird das eigentliche Regelungsproblem, nämlich die vollständige Kompensation sinusförmiger Vibrationsstörungen der Kreisfrequenz $4\omega_0$ (blattzahlharmonische Rotorerregung) in der Zellengeschwindigkeit $y_1 = \dot{Z}_Z$ bei gleichzeitiger Sicherung einer relativ starren Fesselung zwischen Rotor und Zelle betrachtet.

Der gesuchte Regler soll ferner sicherstellen, daß bei einer sprungförmigen Änderung der Rotorkraft (bei Steig- oder Abfangmanövern) keine bleibende Regelabweichung auftritt. Dies bedeutet, daß in der Übertragungsfunktion des Regelkreises von der Rotorerregung P_R zur Relativauslenkung $y_2 = \Delta Z$ zwischen Rotor und Zelle eine Nullstelle bei s=0 auftreten muß.

Geht man von den Zustandsgleichungen (3.38) des Hubschraubers aus, so ergeben sich die Übertragungsvektoren $\underline{F}(s)$ und $\underline{F}_{St}(s)$ zu

$$\underline{F}(s) = \begin{bmatrix} y_1(s)/u(s) \\ \\ y_2(s)/u(s) \end{bmatrix} = \frac{1}{s^2(s^2 + 0.1s + 10)} \begin{bmatrix} -s^3 \\ \\ 8s^2 + 0.7s + 70 \end{bmatrix} \tag{4.167}$$

und

$$\underline{F}_{St}(s) = \begin{bmatrix} y_1(s)/P_R(s) \\ \\ y_2(s)/P_R(s) \end{bmatrix} = \frac{1}{s^2(s^2 + 0.1s + 10)} \begin{bmatrix} 0 \\ \\ 7(s^2 + 0.1s + 10) \end{bmatrix} . \tag{4.168}$$

Da die Regelgröße $y_1 = \dot{Z}_Z$, in der asymptotische Störkompensation erzielt werden soll, meßbar ist, kann man den in Abschn. 4.2.4 beschriebenen Reglerentwurf durchführen.

Das zugrundeliegende Störmodell für die angenommenen sinusförmigen Vibrationen mit der Kreisfrequenz $4\omega_0$ besitzt nach der Zeitnormierung aus Abschn. 3.2.4 das charakteristische Polynom

$$N_r^0(s) = s^2 + 16 \quad . \tag{4.169}$$

Zusätzlich zur Schwingungsisolation für die Zelle soll in der Übertragungsfunktion

$$\frac{y_2(s)}{P_R(s)} = \frac{N(s)N_R(s)Z_{St2}(s) + Z_{y1}(s)\left[Z_1(s)Z_{St2}(s) - Z_2(s)Z_{St1}(s)\right]}{N(s)\Delta(s)\tilde{N}(s)} \tag{4.170}$$

des Regelkreises eine Nullstelle bei s=0 auftreten, damit ΔZ nach sprungförmiger Änderung von P_R wieder auf den ursprünglichen Wert zurückgeht.

Da für die beiden Polynome im Zähler von Gl.(4.170)

$$Z_1(s)Z_{St2}(s) = 7(s^2 + 0.1s + 10)(-s^3) = -7sN(s) \quad \text{und}$$
$$Z_2(s)Z_{St1}(s) = 0 \tag{4.171}$$

gilt, muß als Zusatzbedingung

$$N_R(s=0) = 0 \ , \ \text{also } p_0 = 0 \tag{4.172}$$

eingebracht werden. Der Reglerentwurf läßt sich somit z.B. anhand des Gleichungssystems (4.155), erweitert um die Zusatzbedingung (4.172), durchführen.

Da der Beobachtbarkeitsindex der Strecke $v = 2$ beträgt, muß wegen $n_r = 2$ die Ordnung des Zustandsreglers mindestens gleich drei sein. In /S9/ wurde ein Zustandsregler fünfter Ordnung angesetzt. Die Nebenbedingung (4.172) ist aber schon mit einem Regler vierter Ordnung erfüllbar. Welche Pole sinnvollerweise für die geregelte Strecke und den Beobachter vorgegeben werden, läßt sich z.B. mit Hilfe des in Abschn. 5.4 beschriebenen Optimierungsverfahrens feststellen. Zur einfacheren Darstellung wurden hier gerundete Pollagen verwendet.

Gute Frequenzgänge ergeben sich bei einer Wahl der Pole der geregelten Strecke bei

$$\tilde{s}_{1/2} = -3 \pm j1 \ , \ \tilde{s}_3 = -5 \ \text{und} \ \tilde{s}_4 = -7$$

sowie der Beobachterpole bei

$$s_{B1/2/3/4} = -3 \pm 3i \ .$$

Die charakteristischen Polynome der geregelten Strecke und des Beobachters lauten damit

$$\tilde{N}(s) = s^4 + 18s^3 + 125s^2 + 426s + 630 \tag{4.173}$$
$$\Delta(s) = s^4 + 12s^3 + 72s^2 + 216s + 324 \ . \tag{4.174}$$

Zur Aufstellung der Entwurfsmatrix $\underline{K}_h$ in Gl.(4.155) benötigt man die Koeffizienten α_i und ζ_i^j; sie ergeben sich hier zu

$$\begin{bmatrix} \alpha_5 & \alpha_4 & \alpha_3 & \alpha_2 & \alpha_1 & \alpha_0 \end{bmatrix} = \tag{4.175}$$

$$= \begin{bmatrix} 1 & 0 & 16 \end{bmatrix} \begin{bmatrix} 0.1 & 10 & 0 & 0 & 0 & 0 \\ 1 & 0.1 & 10 & 0 & 0 & 0 \\ 0 & 1 & 0.1 & 10 & 0 & 0 \end{bmatrix} = \begin{bmatrix} 0.1 & 26 & 1.6 & 160 & 0 & 0 \end{bmatrix}$$

und

$$\begin{bmatrix} \zeta_5^2 & \zeta_4^2 & \zeta_3^2 & \zeta_2^2 & \zeta_1^2 & \zeta_0^2 \end{bmatrix} = \tag{4.176}$$

$$= \begin{bmatrix} 1 & 0 & 16 \end{bmatrix} \begin{bmatrix} 0 & 8 & 0.7 & 70 & 0 & 0 \\ 0 & 0 & 8 & 0.7 & 70 & 0 \\ 0 & 0 & 0 & 8 & 0.7 & 70 \end{bmatrix} = \begin{bmatrix} 0 & 8 & 0.7 & 198 & 11.2 & 1120 \end{bmatrix}.$$

Damit lauten die Gleichungen (4.155), denen als letzte Spalte die Nebenbedingung (4.172) angefügt ist

$$\left[p_2 \quad p_1 \quad p_0 \ \vdots \ 1^1_4 \quad 1^1_3 \quad 1^1_2 \quad 1^1_1 \quad 1^1_0 \ \vdots \ 1^2_2 \quad 1^2_1 \quad 1^2_0 \right].$$

$$\left[\begin{array}{ccccccccc|c}
1 & 0.1 & 26 & 1.6 & 160 & 0 & 0 & 0 & 0 & 0 \\
0 & 1 & 0.1 & 26 & 1.6 & 160 & 0 & 0 & 0 & 0 \\
0 & 0 & 1 & 0.1 & 26 & 1.6 & 160 & 0 & 0 & 1 \\
0 & -1 & 0 & 0 & 0 & 0 & 0 & 0 & 0 & 0 \\
0 & 0 & -1 & 0 & 0 & 0 & 0 & 0 & 0 & 0 \\
0 & 0 & 0 & -1 & 0 & 0 & 0 & 0 & 0 & 0 \\
0 & 0 & 0 & 0 & -1 & 0 & 0 & 0 & 0 & 0 \\
0 & 0 & 0 & 0 & 0 & -1 & 0 & 0 & 0 & 0 \\
0 & 0 & 8 & 0.7 & 198 & 11.2 & 1120 & 0 & 0 & 0 \\
0 & 0 & 0 & 8 & 0.7 & 198 & 11.2 & 1120 & 0 & 0 \\
0 & 0 & 0 & 0 & 8 & 0.7 & 198 & 11.2 & 1120 & 0
\end{array}\right] = \qquad (4.177)$$

$$= \left[1 \quad 12 \quad 72 \quad 216 \quad 324 \right]\left[\begin{array}{ccccccccc|c}
1 & 18 & 125 & 426 & 630 & 0 & 0 & 0 & 0 & 0 \\
0 & 1 & 18 & 125 & 426 & 630 & 0 & 0 & 0 & 0 \\
0 & 0 & 1 & 18 & 125 & 426 & 630 & 0 & 0 & 0 \\
0 & 0 & 0 & 1 & 18 & 125 & 426 & 630 & 0 & 0 \\
0 & 0 & 0 & 0 & 1 & 18 & 125 & 426 & 630 & 0
\end{array}\right].$$

Eine Überprüfung des Ranges der Koeffizientenmatrix auf der linken Seite von Gl.(4.177) zeigt, daß ihr Rang gleich zehn ist, und daß z.B. 1^1_0 einen freien Parameter darstellt.

Damit ist der Reglerentwurf nach Vorgabe von 1^1_0 mit dem Ansatz vierter Ordnung durchführbar. Der hier angesetzte Regler besitzt die minimale Ordnung, mit der das geforderte Regelergebnis erzielt werden kann. Wählt man z.B. $1^1_0 = -10000$, so ergeben sich als Lösung die gesuchten Reglerübertragungsfunktionen zu

$$\frac{Z_{y1}(s)}{N_R(s)} = \frac{41.666s^4 + 613.51s^3 + 454.27s^2 + 7534.1s - 10000}{(s^2 + 16)(s + 71.556)s} \qquad (4.178)$$

$$\frac{Z_{y2}(s)}{N_R(s)} = \frac{(124.17s^2 + 242.91s + 182.25)(s^2 + 16)}{(s^2 + 16)(s + 71.556)s} . \qquad (4.179)$$

Mit diesen Reglerübertragungsfunktionen lauten die Störübertragungsfunktionen des Regelkreises bezüglich der Zellengeschwindigkeit nach Gl.(4.165)

$$F_{r1}(s) = \frac{y_1(s)}{P_R(s)} = \frac{869.2s(s^2 + 1.956s + 1.468)(s^2 + 16)}{(s^2 + 6s + 18)^3(s + 5)(s + 7)} \qquad (4.180)$$

und bezüglich der Relativauslenkung zwischen Rotor und Zelle nach Gl.(4.170)

$$F_{r2}(s) = \frac{y_2(s)}{P_R(s)} = \frac{7s(s^5 + 30s^4 - 580.4s^3 + 1408s^2 - 7260s + 21449)}{(s^2 + 6s + 18)^3(s + 5)(s + 7)} \ . \qquad (4.181)$$

Bild 4.16 zeigt den Signalflußgraphen für eine mögliche Realisierung des Reglers.

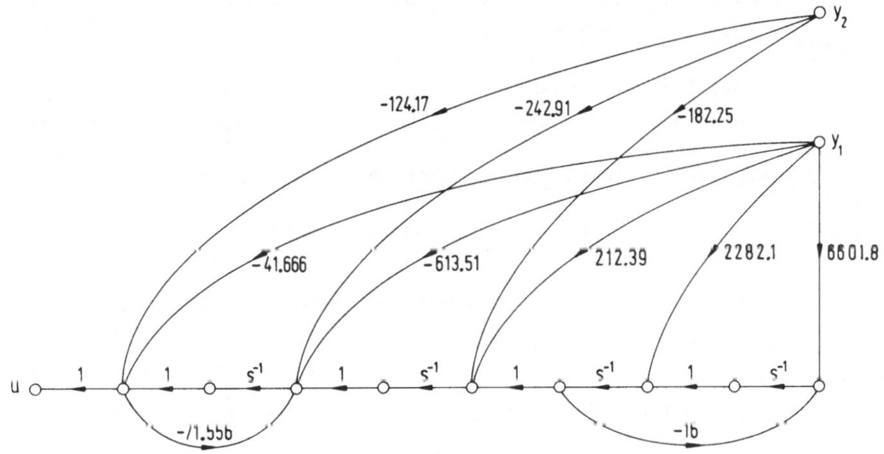

Bild 4.16 Signalflußgraph des Reglers für die vertikale Schwingungsisolation beim
Hubschrauber

Bild 4.17 zeigt schließlich die Beträge der Störfrequenzgänge $F_{r1}(i\omega)$ (Zellengeschwindigkeit $\dot{Z}_Z$) und $F_{r2}(i\omega)$ (Auslenkung ΔZ zwischen Zelle und Rotor/Getriebeeinheit). Man erkennt deutlich die Störunterdrückung in $\dot{Z}_Z$ an der Stelle $\omega/\omega_0 = 4$ und die geforderte Nullstelle in F_{r2} an der Stelle $s = 0$.

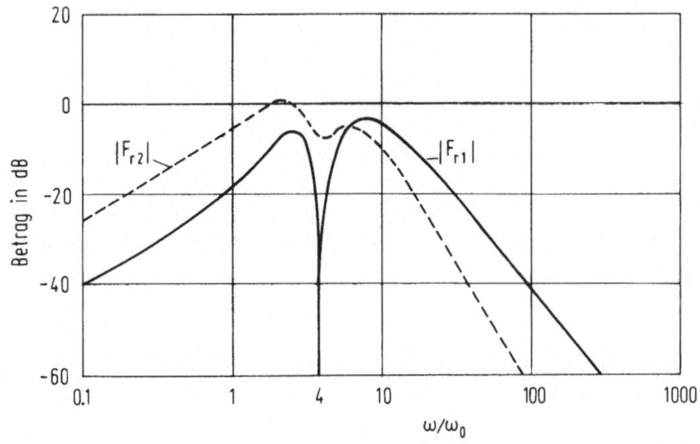

Bild 4.17 Amplitudengänge $|F_{r1}(i\omega)|$ für Zellengeschwindigkeit $\dot{Z}_Z$ und $|F_{r2}(i\omega)|$
für die Relativauslenkung ΔZ zwischen Rotor und Zelle

4.2.6 Allgemeine Störkompensation

In Abschnitt 4.2.4 wurde der Ansatz nach Davison benutzt, um einen Zustandsregler
mit asymptotischer Störkompensation zu entwerfen. Zu diesem Entwurf ist folgendes
anzumerken:

1. Die Reglerordnung wird nach unten begrenzt durch die minimale Ordnung $(\nu - 1)$
   des Zustandsbeobachters und die Ordnung n_r des Störprozesses, so daß sich ein
   $n_{\Delta\,min} = n_r + \nu - 1$ ergibt.

2. Störkompensation wird unabhängig davon erreicht, wo die Störungen in den Regelkreis eingreifen, und sie ist robust gegenüber Streckenparameteränderungen.

3. Voraussetzung ist die Einspeisung der Regelgröße y_1 in den Regler.

Mit dem in Abschnitt 3.6 bzw. 4.1.2 behandelten Entwurf läßt sich die Ordnung des
Zustands- und Störbeobachters gegenüber dem oben angegebenen $n_{\Delta\,min}$ unter Umständen
erheblich reduzieren, wenn der Beobachtbarkeitsindex der um den Störprozeß erweiterten Strecke kleiner als $n_{\Delta\,min}+1$ ist. Möchte man diese Reduktionsmöglichkeit
ausschöpfen und/oder wird die Regelgröße nicht gemessen, dann muß man beim Reglerentwurf für asymptotische Störkompensation folgendermaßen vorgehen.

Anstelle des charakteristischen Polynoms $N_r^0(s)$, in dem alle angreifenden Störungen
berücksichtigt sind, muß für jede Komponente r_j des Störvektors das zugehörige charakteristische Polynom $N_{rj}(s)$ der Ordnung n_{rj} angesetzt werden.

Greifen z.B. an unterschiedlichen Stellen der Strecke eine sprungförmige Störgröße
r_1 und eine mittelwertbehaftete sinusförmige Störung r_2 an, dann genügte beim bisherigen Ansatz (vgl. Abschn. 4.2.4)

$$N_r^0(s) = s(s^2 + \omega_0^2) \tag{4.182}$$

während nun ein Störmodell mit

$$\underline{N}_r(s) = \begin{bmatrix} s & 0 \\ 0 & s(s^2 + \omega_0^2) \end{bmatrix} \tag{4.183}$$

angesetzt werden muß.

Die Auswirkung einer Störung r_j auf die Regelgröße y_1 ergibt sich aus der Störübertragungsfunktion (vgl. Gl.(4.166))

$$F_{r1}^j(s) = \frac{y_1(s)}{r_j(s)} = \frac{N(s)N_R(s)Z_{St1}^j(s) + \sum\limits_{k=2}^{m} Z_{yk}(s)\left[Z_k(s)Z_{St1}^j(s) - Z_1(s)Z_{Stk}^j(s)\right]}{N(s)\Delta(s)\tilde{N}(s)}$$

$$j = 1,2,\dots,\rho\ , \tag{4.184}$$

die sich nicht ändert, wenn die Regelgröße nicht gemessen werden kann.

Eine Störgröße r_j wird in y_1 asymptotisch kompensiert, wenn der Zähler der Übertragungsfunktion (4.184) das Polynom $N_{rj}(s)$ als Teiler enthält. Dies erreicht man dadurch, daß man neben der Entwurfsgleichung (4.119) die Zusatzbedingungen

$$N(s)N_R(s)Z_{St1}^j(s) + \sum_{k=2}^{m} Z_{yk}(s)\left[Z_k(s)Z_{St1}^j(s) - Z_1(s)Z_{Stk}^j(s)\right] = \bar{Z}_N^j(s)N_{rj}(s)$$
$$j = 1,2,\ldots,\rho \qquad (4.185)$$

beim Reglerentwurf berücksichtigt. Da durch den Störeingriff keine Ordnungserhöhung des Regelkreises stattfindet, gilt für die Polynome $\bar{Z}_N^j(s)$ die Beziehung

$$\bar{Z}_N^j(s) = N(s)\bar{Z}^j(s) \quad ; \quad j = 1,2,\ldots,\rho \quad . \qquad (4.186)$$

Führt man zunächst die Division

$$\left[Z_k(s)Z_{St1}^j(s) - Z_1(s)Z_{Stk}^j(s)\right]/N(s) = Z_k^j(s) \qquad (4.187)$$
$$k = 2,3,\ldots,m \; ; \; j = 1,2,\ldots,\rho$$

durch, dann lassen sich die Zusatzbedingungen (4.185) in der vereinfachten Form

$$N_R(s)Z_{St1}^j(s) + \sum_{k=2}^{m} Z_{yk}(s)Z_k^j(s) = \bar{Z}^j(s)N_{rj}(s) \quad ; \; j = 1,2,\ldots,\rho \qquad (4.188)$$

angeben, wodurch sich die Gleichungszahl gegenüber den Zusatzbedingungen in der Form (4.185) um ρn erniedrigt. Die Zahl der beim Reglerentwurf zu lösenden Gleichungen läßt sich noch weiter reduzieren, wenn die Division der linken Seite von (4.188) mit $N_{rj}(s)$ explizit durchgeführt wird. Dann müssen die Koeffizienten der Polynome $\bar{Z}^j(s)$ nicht in den Parametervektor aufgenommen werden. Die Division ergibt

$$\left[N_R(s)Z_{St1}^j(s) + \sum_{k=2}^{m} Z_{yk}(s)Z_k^j(s)\right]/N_{rj}(s) = \bar{Z}^j(s) + RP^j(s)/N_{rj}(s) \qquad (4.189)$$
$$j = 1,2,\ldots,\rho$$

mit den Restpolynomen $RP^j(s)$ vom Grad $(n_{rj}-1)$ in s . Die Zusatzbedingungen zur Sicherstellung asymptotischer Störkompensation in y_1 lauten damit

$$RP^j(s) = 0 \quad ; \quad j = 1,2,\ldots,\rho \; , \qquad (4.190)$$

und sie liefern jeweils n_{rj} Zusatzbedingungen für den Reglerentwurf.

Das zuletzt beschriebene Vorgehen setzt umfangreiche Vorarbeit "von Hand" voraus, wenn man davon ausgeht, daß die Lösung des entstehenden Gleichungssystems mit einem Digitalrechner geschieht. Dafür ist die resultierende Ordnung des Gleichungssystems erheblich geringer als bei Verwendung der Zusatzbedingungen in der Form Gl.(4.188) oder gar Gl.(4.185). Die dadurch erzielte Rechenersparnis fällt vor allem dann ins Gewicht, wenn die Entwurfsgleichung z.B. im Rahmen einer Regleroptimierung (s. Abschnitt 5.4) sehr häufig gelöst werden muß. In solchen Fällen empfiehlt sich die Durchführung der Division nach Gl.(4.187) und Gl.(4.189) grundsätzlich.

Unabhängig von der gewählten Form für die Zusatzbedingungen lauten die resultierenden Störübertragungsfunktionen des Regelkreises

$$F_{r1}^{j}(s) = \frac{y_1(s)}{r_j(s)} = \frac{\bar{Z}^{j}(s)N_{rj}(s)}{\Delta(s)\tilde{N}(s)} \qquad ; \quad j = 1,2,\ldots,\rho \, , \qquad\qquad (4.191)$$

so daß für jede Störgröße eine asymptotische Kompensation in y_1 stattfindet.

4.2.7 Entwurf eines Zustandsreglers mit reduziertem Störbeobachter für eine Strecke mit nicht meßbarer Regelgröße

Betrachtet wird die Zustandsregelung einer Strecke, die durch die Zustandsgleichungen

$$\dot{\underline{x}} = \underline{A}\underline{x} + \underline{b}u + \underline{X}\underline{r}$$
$$\underline{y} = \underline{C}\underline{x} + \underline{Y}\underline{r} \qquad\qquad (4.192)$$

beschrieben ist, wobei die einzelnen Matrizen die Form

$$\underline{A} = \begin{bmatrix} 0 & 1 & 0 \\ 0 & 0 & 1 \\ -20 & -14 & -4 \end{bmatrix} \quad ; \quad \underline{b} = \begin{bmatrix} 0 \\ 0 \\ 1 \end{bmatrix} \quad ; \quad \underline{X} = \begin{bmatrix} 1 & 0 \\ 1 & 0 \\ 1 & 1 \end{bmatrix}$$

$$\underline{C} = \begin{bmatrix} \underline{c}_1 \\ \underline{c}_2 \end{bmatrix} = \begin{bmatrix} 15 & 5 & 0 \\ 20 & 0 & 0 \\ 0 & 0 & 1 \end{bmatrix} \quad ; \quad \underline{Y} = \begin{bmatrix} \underline{Y}_1 \\ \underline{Y}_2 \end{bmatrix} = \begin{bmatrix} 0 & 0 \\ 0 & 0 \\ 0 & 1 \end{bmatrix} \, .$$

besitzen. Die Regelgröße y_1 ist nicht meßbar, und die beiden angreifenden Störungen
sind sinusförmig und durch $r_1(t) = r_0^1\sin(3t + \varphi_r^1)$ sowie $r_2(t) = r_0^2\sin(t + \varphi_r^2)$ beschreibbar.

Der Zustandsregler möge die Streckenpole von $s_{1/2} = -1 \pm 3i$ und $s_3 = -2$ an die Stellen $\tilde{s}_{1/2} = -3 \pm 3i$ und $\tilde{s}_3 = -4$ schieben. Der Zustands- und Störbeobachter soll Pole
bei $s_B = -5$ erhalten. Gleichzeitig wird gefordert, daß die Auswirkung der beiden
Störgrößen in y_1 asymptotisch kompensiert wird.

Da die Strecke von dritter Ordnung ist, aber nur zwei Meßgrößen, nämlich y_2 und y_3
zur Verfügung stehen, benötigt man einen Zustandsbeobachter von mindestens erster
Ordnung. Das Modell des Störprozesses für die angreifenden Störungen besitzt die
Ordnung $n_r = 4$ und kann entweder im Zeitbereich durch Zustandsgleichungen der Form

$$\dot{\underline{v}} = \underline{S}\underline{v}$$
$$\underline{r} = \underline{H}\underline{v} \qquad\qquad (4.193)$$

mit

$$\underline{S} = \begin{bmatrix} 0 & 1 & 0 & 0 \\ -9 & 0 & 0 & 0 \\ 0 & 0 & 0 & 1 \\ 0 & 0 & -1 & 0 \end{bmatrix} \quad \text{und} \quad \underline{H} = \begin{bmatrix} 1 & 0 & 0 & 0 \\ 0 & 0 & 1 & 0 \end{bmatrix} \, ,$$

oder im Frequenzbereich durch die Polynommatrix

$$\underline{N}_r(s) = \begin{bmatrix} s^2 + 9 & 0 \\ 0 & s^2 + 1 \end{bmatrix} \tag{4.194}$$

gekennzeichnet werden. Die minimal notwendige Ordnung des Zustandsreglers ermittelt man z.B. über den Beobachtbarkeitsindex der um den Störprozeß erweiterten Strecke. Das Paar

$$\left\{ \begin{bmatrix} \underline{A} & \underline{XH} \\ \underline{0} & \underline{S} \end{bmatrix} ; \begin{bmatrix} \underline{C}_2 & \underline{Y}_2\underline{H} \end{bmatrix} \right\}$$

besitzt den Beobachtbarkeitsindex 4, so daß ein Regler dritter Ordnung zur Zustandsregelung mit asymptotischer Störkompensation ausreicht, obwohl die Summe aus der minimalen Ordnung des Zustandsbeobachters und der Störmodellordnung 5 beträgt. Die Übertragungsfunktionen der Strecke ergeben sich über Laplace-Transformation der Zustandsgleichungen (4.192) zu

$$\underline{F}(s) = \frac{1}{s^3 + 4s^2 + 14s + 20} \begin{bmatrix} 5s + 15 \\ 20 \\ s^2 \end{bmatrix} \tag{4.195}$$

und

$$\underline{F}_{St}(s) = \frac{1}{s^3 + 4s^2 + 14s + 20} \begin{bmatrix} 20s^2 + 100s + 185 & 5s + 15 \\ 20s^2 + 100s + 380 & 20 \\ s^2 - 34s - 20 & s^3 + 5s^2 + 14s + 20 \end{bmatrix} . \tag{4.196}$$

Aus den gewünschten Polen für die geregelte Strecke folgt

$$\tilde{N}(s) = \prod_{i=1}^{3} (s - \tilde{s}_i) = s^3 + 10s^2 + 42s + 72 \quad . \tag{4.197}$$

Der Beobachter dritter Ordnung soll Pole bei s = -5 besitzen. Also lautet sein charakteristisches Polynom

$$\Delta(s) = s^3 + 15s^2 + 75s + 125 \quad . \tag{4.198}$$

Verwendet man die Zusatzbedingung in der Form (4.188), so müssen zunächst die Polynome $Z_k^j(s)$; k = 2,3 und j = 1,2 bestimmt werden. Man erhält

$$Z_2^1(s) = \left[Z_2(s)Z_{St1}^1(s) - Z_1(s)Z_{St2}^1(s) \right]/N(s) = -100$$

$$Z_3^1(s) = \left[Z_3(s)Z_{St1}^1(s) - Z_1(s)Z_{St3}^1(s) \right]/N(s) = 20s + 15 \tag{4.199}$$

$$Z_2^2(s) = \left[Z_2(s)Z_{St1}^2(s) - Z_1(s)Z_{St2}^2(s) \right]/N(s) = 0$$

$$Z_3^2(s) = \left[Z_3(s)Z_{St1}^2(s) - Z_1(s)Z_{St3}^2(s) \right]/N(s) = -(5s + 15) \quad .$$

Die Polynome $\bar{Z}^1(s)$ und $\bar{Z}^2(s)$ haben die Form

$$\bar{Z}^1(s) = \Omega_3^1 s^3 + \Omega_2^1 s^2 + \Omega_1^1 s + \Omega_0^1 \quad \text{und} \quad \bar{Z}^2(s) = \Omega_2^2 s^2 + \Omega_1^2 s + \Omega_0^2 \quad .$$

Damit lauten die Zusatzbedingungen (4.188) für Störkompensation

$$
\begin{aligned}
&(p_3 s^3 + p_2 s^2 + p_1 s + p_0)(20 s^2 + 100 s + 185) + \\
&+ (1^2_3 s^3 + 1^2_2 s^2 + 1^2_1 s + 1^2_0)(-100) + \\
&+ (1^3_3 s^3 + 1^3_2 s^2 + 1^3_1 s + 1^3_0)(20 s + 15) - \\
&- (\Omega^1_3 s^3 + \Omega^1_2 s^2 + \Omega^1_1 s + \Omega^1_0)(s^2 + 9) = 0
\end{aligned}
\tag{4.200}
$$

und

$$
\begin{aligned}
&(p_3 s^3 + p_2 s^2 + p_1 s + p_0)(5 s + 15) + \\
&+ (1^3_3 s^3 + 1^3_2 s^2 + 1^3_1 s + 1^3_0)(-5 s - 15) - \\
&- (\Omega^2_2 s^2 + \Omega^2_1 s + \Omega^2_0)(s^2 + 1) = 0 \quad .
\end{aligned}
\tag{4.201}
$$

Die Entwurfsgleichung für den gesuchten Zustandsregler, die sich zusammensetzt aus der allgemeinen Entwurfsgleichung (4.120) – hier mit $Z_{y1}(s)=0$ – und den Zusatzbedingungen (4.200) und (4.201) lautet damit

$$
\begin{bmatrix} p_3 & p_2 & p_1 & p_0 & 1^2_3 & 1^2_2 & 1^2_1 & 1^2_0 & 1^3_3 & 1^3_2 & 1^3_1 & 1^3_0 & \Omega^1_3 & \Omega^1_2 & \Omega^1_1 & \Omega^1_0 & \Omega^2_2 & \Omega^2_1 & \Omega^2_0 \end{bmatrix} \cdot
$$

$$
\begin{bmatrix}
1 & 4 & 14 & 20 & 0 & 0 & 0 & 20 & 100 & 185 & 0 & 0 & 0 & 5 & 15 & 0 & 0 & 0 \\
0 & 1 & 4 & 14 & 20 & 0 & 0 & 0 & 20 & 100 & 185 & 0 & 0 & 0 & 5 & 15 & 0 & 0 \\
0 & 0 & 1 & 4 & 14 & 20 & 0 & 0 & 0 & 20 & 100 & 185 & 0 & 0 & 0 & 5 & 15 & 0 \\
0 & 0 & 0 & 1 & 4 & 14 & 20 & 0 & 0 & 0 & 20 & 100 & 185 & 0 & 0 & 0 & 5 & 15 \\
0 & 0 & 0 & 20 & 0 & 0 & 0 & 0 & 0 & -100 & 0 & 0 & 0 & 0 & 0 & 0 & 0 & 0 \\
0 & 0 & 0 & 0 & 20 & 0 & 0 & 0 & 0 & 0 & -100 & 0 & 0 & 0 & 0 & 0 & 0 & 0 \\
0 & 0 & 0 & 0 & 0 & 20 & 0 & 0 & 0 & 0 & 0 & -100 & 0 & 0 & 0 & 0 & 0 & 0 \\
0 & 0 & 0 & 0 & 0 & 0 & 20 & 0 & 0 & 0 & 0 & 0 & -100 & 0 & 0 & 0 & 0 & 0 \\
0 & 1 & 0 & 0 & 0 & 0 & 0 & 0 & 20 & 15 & 0 & 0 & 0 & -5 & -15 & 0 & 0 & 0 \\
0 & 0 & 1 & 0 & 0 & 0 & 0 & 0 & 0 & 20 & 15 & 0 & 0 & 0 & -5 & -15 & 0 & 0 \\
0 & 0 & 0 & 1 & 0 & 0 & 0 & 0 & 0 & 0 & 20 & 15 & 0 & 0 & 0 & -5 & -15 & 0 \\
0 & 0 & 0 & 0 & 1 & 0 & 0 & 0 & 0 & 0 & 0 & 20 & 15 & 0 & 0 & 0 & -5 & -15 \\
0 & 0 & 0 & 0 & 0 & 0 & 0 & -1 & 0 & -9 & 0 & 0 & 0 & 0 & 0 & 0 & 0 & 0 \\
0 & 0 & 0 & 0 & 0 & 0 & 0 & 0 & -1 & 0 & -9 & 0 & 0 & 0 & 0 & 0 & 0 & 0 \\
0 & 0 & 0 & 0 & 0 & 0 & 0 & 0 & 0 & -1 & 0 & -9 & 0 & 0 & 0 & 0 & 0 & 0 \\
0 & 0 & 0 & 0 & 0 & 0 & 0 & 0 & 0 & 0 & -1 & 0 & -9 & 0 & 0 & 0 & 0 & 0 \\
0 & 0 & 0 & 0 & 0 & 0 & 0 & 0 & 0 & 0 & 0 & 0 & 0 & -1 & 0 & -1 & 0 & 0 \\
0 & 0 & 0 & 0 & 0 & 0 & 0 & 0 & 0 & 0 & 0 & 0 & 0 & 0 & -1 & 0 & -1 & 0 \\
0 & 0 & 0 & 0 & 0 & 0 & 0 & 0 & 0 & 0 & 0 & 0 & 0 & 0 & 0 & -1 & 0 & -1
\end{bmatrix} =
$$

$$
= \begin{bmatrix} 1 & 25 & 267 & 1577 & 5480 & 10650 & 9000 & 0 & 0 & 0 & 0 & 0 & 0 & 0 & 0 & 0 & 0 & 0 \end{bmatrix}. \tag{4.202}
$$

Die Koeffizientenmatrix dieses Gleichungssystems hat die Dimension 19x18. Beim Ansatz der Bedingungsgleichung in der Form (4.185) hat sie die Dimension 25x24 und bei Verwendung der Bedingungen (4.189) lediglich die Dimension 12x11.

Eine Ranguntersuchung zeigt, daß die Koeffizientenmatrix in Gl.(4.202) den Rang 18
aufweist. Damit ist das Gleichungssystem lösbar, und das gewünschte Regelergebnis
mit dem Zustandsregler dritter Ordnung erzielbar.

Ein Reglerparameter bleibt frei vorgebbar, wobei sich z.B. die willkürliche Vorgabe
von p_3 oder Ω_3^1 verbietet, da diese Parameter durch das Gleichungssystem festgelegt
sind. Setzt man dagegen $p_0 = 0$ ein, so ist das verbleibende Gleichungssystem eindeutig lösbar, und man erhält als Ergebnis

$$\frac{Z_{y2}(s)}{N_R(s)} = \frac{54.12s^3 + 178.8s^2 + 376.7s + 450}{s(s^2 - 24.94s + 155.8)}$$

$$\frac{Z_{y3}(s)}{N_R(s)} = \frac{45.94s^3 + 197.0s^2 + 200.7s + 221.9}{s(s^2 - 24.94s + 155.8)} \tag{4.203}$$

$$\bar{Z}^1(s) = 20s^3 + 520s^2 - 156.7s - 4630$$

$$\bar{Z}^2(s) = -224.7s^2 - 1784s - 3329 \quad .$$

Die Störübertragungsfunktionen des Regelkreises lauten damit

$$F_{r1}^1(s) = \frac{y_1(s)}{r_1(s)} = \frac{(20s^3 + 520s^2 - 156.7s - 4630)(s^2 + 9)}{(s^3 + 10s^2 + 42s + 72)(s + 5)^3}$$

und $\hspace{10cm}$ (4.204)

$$F_{r1}^2(s) = \frac{y_1(s)}{r_1(s)} = \frac{(224.7s^2 + 1784s + 3329)(s^2 + 1)}{(s^3 + 10s^2 + 42s + 72)(s + 5)^3} \quad .$$

Bild 4.18 zeigt die Störfrequenzgänge der Strecke im ungeregelten und im geregelten
Fall. Man erkennt deutlich die Störunterdrückung bei den geforderten Frequenzen.

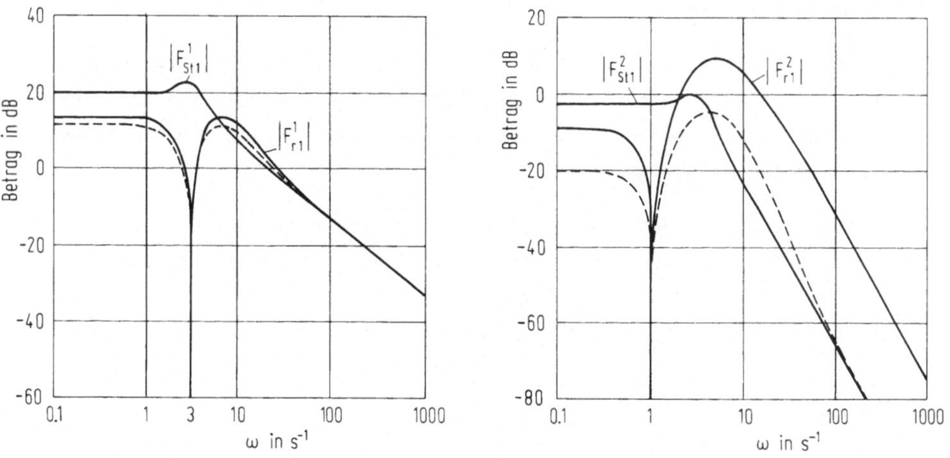

Bild 4.18 Störamplitudengänge der ungeregelten und der geregelten Strecke.
           Gestrichelt: $1_3^3 = 0$ anstelle von $p_0 = 0$

Durch die spezielle Wahl von $p_0 = 0$ im Nenner besitzt der Zustandsregler einen "Integralanteil", mit dem zusätzlich am Eingang der Strecke angreifende sprungförmige Störungen asymptotisch kompensiert werden.

Bei einem Vergleich der Störamplitudengänge bezüglich r_2 mit und ohne Regler fällt auf, daß der Amplitudengang mit Regler für hohe Frequenzen deutlich über dem des entsprechenden im ungeregelten Zustand liegt. Dies ergibt sich aufgrund des Durchgriffs in Z_{y3}. Wählt man anstelle von $p_0 = 0$ den Durchgriff $1^3_3 = 0$, so wird der direkte Durchgriff von r_2 auf die Stellgröße u beseitigt. Bild 4.18 zeigt gestrichelt die sich ergebenden Amplitudengänge des Regelkreises, die wesentlich günstiger sind als die durchgezogenen für $p_0 = 0$.

Mit dem - trotz Reduktion der Reglerordnung - noch vorhandenen Freiheitsgrad des Zustandsreglers kann man hier gezielt bestimmte Regelkreiseigenschaften zusätzlich beeinflussen, und zwar in sehr übersichtlicher Form.

4.2.8 Reglerentwurf mit Führungsmodell

Die Bedingungsgleichung, die asymptotisches Folgen auch für zeitlich veränderliche Führungsgrößen wie z.B. Parabel, Rampe oder Sinus sicherstellt, wurde bereits in Abschn. 4.1.4 hergeleitet (s. Gl.4.72). Hier im Eingrößenfall lautet diese Bedingung

$$\Delta(s)\tilde{N}(s) - Z_1(s)Z_f(s) = \tilde{Z}(s)N_w(s) \quad . \tag{4.205}$$

Der Term $\Delta(s)\tilde{N}(s)$ stellt die charakteristischen Polynome von geregelter Strecke und Beobachter dar, das Polynom $Z_1(s)$ ist der Zähler der Streckenübertragungsfunktion vom Stelleingang zur Regelgröße y_1, und $Z_f(s)$ ist das zu bestimmende Zählerpolynom im Führungskanal des Reglers.

Auf der rechten Seite von Gl.(4.205) steht der Zähler der Regelkreisübertragungsfunktion vom Führungseingriff w zur Regelabweichung ε, wobei $\tilde{Z}(s)$ das Restpolynom darstellt, das nach Abspaltung der Wurzeln des charakteristischen Polynoms $N_w(s)$ des Führungsprozesses übrig bleibt.

Solange die Ordnung n_w des Führungsprozesses geringer als die Ordnung n_Δ des Zustands- und Störbeobachters ist, werden zur Realisierung des Führungsmodells im Regler keine weiteren dynamischen Elemente benötigt (s. auch Abschn. 3.6.2). Die n_w Pole des Führungsbeobachters seien im Polynom

$$\Delta_f(s) = s^{n_w} + \tilde{\delta}_{n_w-1} s^{n_w-1} + \ldots + \tilde{\delta}_1 s + \tilde{\delta}_0 \tag{4.206}$$

zusammengefaßt.

Die $(n_\Delta - n_w)$ verbleibenden Pole des Zustands- und Störbeobachters, die im Führungsverhalten durch Nullstellen abgedeckt werden, sind im Polynom $\Delta_b(s)$ enthalten, so daß gilt

$$\Delta(s) = \Delta_f(s)\Delta_b(s) \quad . \tag{4.207}$$

Das charakteristische Polynom des Führungsprozesses habe die Form

$$N_w(s) = s^{n_w} + \xi_{n_w-1}s^{n_w-1} + \ldots + \xi_1 s + \xi_0 \quad , \tag{4.208}$$

wobei man sprungförmige Führungsgrößen nicht modellieren muß, da durch geeignete Wahl des Vorfaktors im Führungskanal ein sprungförmiges Führungsmodell $N_w(s) = s$ immer eingebracht werden kann, solange $c_0^1 \neq 0$ (s. Gl.(4.112)) ist.

Für den Fall, daß $c_0^1 = 0$ gilt, oder wenn man auf das sprungförmige Führungsmodell verzichten kann, stellt der Vorfaktor L einen Freiheitsgrad zur Erzeugung einer zusätzlichen Nullstelle im Übertragungskanal zwischen w und ε dar. Da das Polynom $\Delta_b(s)$ im Führungskanal zwischen w und y_1 als Nullstelle auftritt, ist es als Teiler in $Z_f(s)$ und damit, wie aus Gl.(4.205) erkennbar, auch in $\tilde{Z}(s)$ enthalten.

Berücksichtigt man weiterhin, daß die Regelgrößen sprungförmigen Führungsgrößen ohne bleibende Regelabweichung folgen sollen, dann erhält Gl.(4.205) die Form

$$\Delta_f(s)\tilde{N}(s) - Z_1(s)\bar{Z}_f(s) = \tilde{\bar{Z}}(s)sN_w(s) \quad , \tag{4.209}$$

oder

$$Z_1(s)\bar{Z}_f(s) + \tilde{\bar{Z}}(s)sN_w(s) = \Delta_f(s)\tilde{N}(s) \quad . \tag{4.210}$$

Mit den Bezeichnungen

$$\bar{Z}_f(s) = \gamma_{n_w}s^{n_w} + \ldots + \gamma_1 s + \gamma_0 \tag{4.211}$$

und

$$\tilde{\bar{Z}}(s) = \tilde{c}_{n-1}s^{n-1} + \tilde{c}_{n-2}s^{n-2} + \ldots + \tilde{c}_1 s + \tilde{c}_0 \tag{4.212}$$

für die gesuchten Polynome ergibt sich aus (4.210) folgendes Gleichungssystem für den Entwurf des Reglers mit Führungsmodell

$$\underline{K}_f\underline{h}_f = \underline{B}_f\underline{\delta}_f \quad . \tag{4.213}$$

Dabei sind im $(n + n_w + 1)$-dimensionalen Parametervektor

$$\underline{h}_f^T = \left[\gamma_{n_w} \cdots \gamma_1 \ \gamma_0 \mid \tilde{c}_{n-1} \cdots \tilde{c}_1 \ \tilde{c}_0 \right]$$

die gesuchten Koeffizienten γ_i des Reglerzählers $\bar{Z}_f(s)$ und die Koeffizienten $\tilde{c}_i$ des Zählerpolynoms $\bar{\bar{Z}}(s)$ der Führungsübertragungsfunktion des Regelkreises von w nach ε enthalten.

Die $(n + n_w + 1) \times (n + n_w + 1)$-dimensionale Matrix

$$
\underline{K}_f =
\begin{bmatrix}
0 & & & & & & 1 & & & & \\
c^1_{n-1} & \cdot & & & \underline{0} & & \xi_{n_w-1} & \cdot & & \underline{0} & \\
\cdot & \cdot & \cdot & & & & \cdot & \cdot & \cdot & & \\
\cdot & & \cdot & \cdot & 0 & & \cdot & & \cdot & 1 & \\
\cdot & & & c^1_{n-1} & & & \cdot & & & \xi_{n_w-1} & \\
\cdot & & & \cdot & & & \xi_0 & & \cdot & & \\
c^1_0 & & & \cdot & & & 0 & \cdot & \cdot & & \\
& \cdot & & \cdot & & & & \cdot & \cdot & & \\
\underline{0} & & \cdot & \cdot & & & \underline{0} & & \cdot & \xi_0 & \\
& & & c^1_0 & & & & & & 0 &
\end{bmatrix}
$$

wird gebildet aus den Koeffizienten c^1_i des Zählers der Streckenübertragungsfunktion $F_1(s) = y_1(s)/u(s)$ und den Koeffizienten ξ_i des charakteristischen Polynoms des Führungsmodells. Die $(n + n_w + 1) \times (n_w + 1)$-dimensionale Matrix

$$
\underline{B}_f =
\begin{bmatrix}
1 & & & \underline{0} \\
\tilde{a}_{n-1} & 1 & & \\
\cdot & \tilde{a}_{n-1} & \cdot & \\
\cdot & \cdot & \cdot & 1 \\
\cdot & \cdot & & \tilde{a}_{n-1} \\
\cdot & \cdot & & \cdot \\
\tilde{a}_0 & \cdot & & \cdot \\
& \tilde{a}_0 & \cdot & \cdot \\
\underline{0} & & \cdot & \tilde{a}_0
\end{bmatrix}
$$

enthält die Koeffizienten des charakteristischen Polynoms $\tilde{N}(s)$ der geregelten Strecke und der $(n_w + 1)$-dimensionale Vektor

$$
\underline{\delta}_f^T = \begin{bmatrix} 1 & \tilde{\delta}_{n_w-1} & \cdots & \tilde{\delta}_1 & \tilde{\delta}_0 \end{bmatrix}
$$

wird aus den Koeffizienten $\tilde{\delta}_i$ des charakteristischen Polynoms $\Delta_f(s)$ des "Führungs-beobachters" gebildet.

Wenn $Z_1(s)$ und $sN_w(s)$ keine gemeinsame Nullstelle besitzen, hat $\underline{K}_f$ vollen Rang, und die Zählerkoeffizienten des Führungskanals im Regler ergeben sich als eindeutige Lösung des Gleichungssystems (4.213).

Mit der Reglerübertragungsfunktion

$$F_{Rw}(s) = \frac{u(s)}{w(s)} = \frac{\bar{Z}_f(s)\Delta_b(s)}{N_R(s)} \tag{4.214}$$

lautet die Führungsübertragungsfunktion $F_{w1}(s) = y_1/w(s)$ des Regelkreises

$$F_{w1}(s) = \frac{y_1(s)}{w(s)} = \frac{Z_1(s)\bar{Z}_f(s)}{\tilde{N}(s)\Delta_f(s)} \quad . \tag{4.215}$$

Für den Fall, daß $c_0^1 - 0$ ist, muß in (4.209) anstelle von $sN_w(s)$ nur $N_w(s)$ eingesetzt und in (4.213) berücksichtigt werden.

Bei der Formulierung der Entwurfsgleichungen (4.209) bzw. (4.213) wurde zugrundegelegt, daß im Führungskanal die nicht zur Realisierung des Führungsmodells im Regler benötigten Beobachterpole $\Delta_b(s)$ abzudecken sind. Es ist aber auch möglich, stattdessen andere Nullstellen im Führungskanal vorzusehen, um das Führungsverhalten zusätzlich zu beeinflussen. Faßt man diese Nullstellen im Polynom $Z_{fk}(s)$ zusammen, dann lautet die Führungsübertragungsfunktion des Reglers

$$F_{Rw}(s) = \bar{Z}_f(s)\,\frac{Z_{fk}(s)}{N_R(s)} \quad . \tag{4.216}$$

Die Entwurfsgleichung (4.210) erhält dann die Form

$$Z_1(s)\bar{Z}_f(s)Z_{fk}(s) + \tilde{Z}(s)sN_w(s) = \Delta(s)\tilde{N}(s) \quad , \tag{4.217}$$

die wiederum durch einen Koeffizientenvergleich in der Form (4.213) gelöst werden kann. Die resultierende Führungsübertragungsfunktion des Regelkreises lautet dann

$$F_{w1}(s) = \frac{y_1(s)}{w(s)} = \frac{Z_1(s)\bar{Z}_f(s)Z_{fk}(s)}{\tilde{N}(s)\Delta(s)} \quad . \tag{4.218}$$

Bei den obigen Überlegungen wurde vorausgesetzt, daß für unterschiedliche Führungssignale wie z.B. Sprung und Sinus ein gemeinsamer Kanal im Regler vorhanden ist. Sieht man für unterschiedliche Signalformen getrennte Führungskanäle im Regler vor, so kann man diese jeweils optimal an die entsprechende Signalform anpassen. So ist es z.B. denkbar, daß für rampen-, sprung- oder sinusförmige Führungssignale w_1, w_2 und w_3 unterschiedliche Einschwingformen erwünscht sind, die sich ohne weiteres durch getrennte Einspeisungen der Führungssignale über $Z_{f1}(s)$, $Z_{f2}(s)$ und $Z_{f3}(s)$ realisieren lassen.

4.2.9 Beispiel für einen Reglerentwurf mit Führungsmodell: Regeleinrichtung zum Tiefgefrieren von biologischem Material

Als Beispiel dient die Regelung eines Tiefgefriervorganges, bei dem die Führungsgröße aus Rampen unterschiedlicher Steigung besteht /D6/.

Das abzukühlende biologische Material befindet sich in kleinen Plastikröhrchen, die mit einer Gefrierschutzlösung aufgefüllt sind und nebeneinander auf einem Halter ruhen. Mit Hilfe eines Motors kann der Halter senkrecht bewegt, und dadurch in einen Behälter abgesenkt werden.

Am Boden dieses Behälters befindet sich flüssiger Stickstoff, der durch Verdampfen zwischen seiner Oberfläche und dem oberen Rand des Behälters ein Temperaturprofil erzeugt, in dem alle Temperaturen von -196°C bis Raumtemperatur verfügbar sind. In einem der Röhrchen befindet sich ein Temperaturmeßfühler, der zur Messung der Gefrierguttemperatur dient.

Die Aufgabe der Regelung besteht darin, die Abkühlung nach vorgegebenen Temperatur-Zeit-Profilen vorzunehmen. Diese Profile, die Führungsgrößen für die Regelung, bestehen aus Rampen unterschiedlicher Steigung, die durch ein Führungsmodell mit dem charakteristischen Polynom

$$N_W(s) = s^2 \qquad\qquad (4.219)$$

beschreibbar sind. Damit während des Abkühlvorgangs keine bleibende Regelabweichung auftritt, wird dieses Führungsmodell im Regler berücksichtigt.

Die Analyse der Strecke führt auf das in Bild 4.19 dargestellte vereinfachte lineare Streckenmodell.

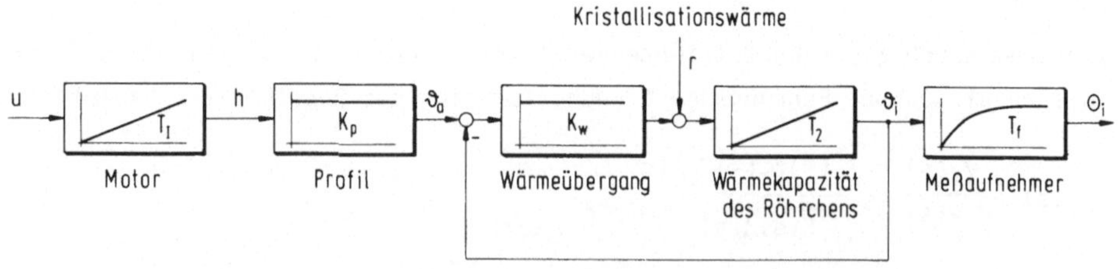

Bild 4.19 Blockschaltbild der Regelstrecke mit den Größen

ϑ_a: Temperatur am Ort des Röhrchens

ϑ_i: Temperatur im Innern des Röhrchens

Θ_i: Meßwert für die Innentemperatur ϑ_i

u: Stellgröße

h: Position des Röhrchens

Bei der Kristallisation der Gefrierschutzlösung wird Kristallisationswärme frei, die den gewünschten rampenförmigen Abkühlvorgang erheblich stört. Der zeitliche Verlauf dieser Störung kann in einem Störprozeß für sprungförmige Signale genügend genau modelliert werden. Damit die von der Störung hervorgerufene Temperaturerhöhung möglichst gut abgefangen wird, ist auch ein Störmodell für sprungförmige Störungen mit $N_r(s) = s$ vorzusehen.

Die Übertragungsfunktion der Strecke vom Stelleingriff zum Meßwert für die Gefrierguttemperatur lautet

$$F(s) = \frac{\theta_i(s)}{u(s)} = \frac{K_p}{sT_I(1 + sT_1)(1 + sT_f)} = \frac{c_0}{s^3 + a_2 s^2 + a_1 s} \tag{4.220}$$

mit $c_0 = K_p/(T_I T_1 T_f)$; $T_1 = T_2/K_W$,

$\qquad a_2 = (T_1 + T_f)/(T_1 T_f)$ und $a_1 = 1/(T_1 T_f)$.

Das Übertragungsverhalten zwischen der Störgröße r und dem Meßwert der Gefrierguttemperatur θ_i kann durch die Übertragungsfunktion

$$F_{St}(s) = \frac{\theta_i(s)}{r(s)} = \frac{T_I s}{sT_I K_W T_f T_1(s + 1/T_f)(s + 1/T_1)} = \tag{4.221}$$

$$= \frac{c_1^r s}{s^3 + a_2 s^2 + a_1 s} \quad \text{mit} \quad c_1^r = 1/(K_W T_1 T_f)$$

beschrieben werden. Als Zustandsgrößen seien $x_1 = \theta_i$, $x_2 = \vartheta_i$ und $x_3 = \vartheta_a$ verwendet, was auf die Zustandsgleichungen

$$\underline{\dot{x}} = \begin{bmatrix} -1/T_f & 1/T_f & 0 \\ 0 & -1/T_1 & 1/T_1 \\ 0 & 0 & 0 \end{bmatrix} \underline{x} + \begin{bmatrix} 0 \\ 0 \\ K_p/T_I \end{bmatrix} u + \begin{bmatrix} 0 \\ 1/T_2 \\ 0 \end{bmatrix} r \tag{4.222}$$

$$y = \begin{bmatrix} 1 & 0 & 0 \end{bmatrix} \underline{x}$$

für die Regelstrecke führt. Berücksichtigt man nun den Störprozeß für sprungförmige Signale

$$\dot{v} = 0 \tag{4.223}$$

$$r = v \quad ,$$

so lauten die Zustandsgleichungen der um den Störprozeß erweiterten Strecke

$$
\begin{bmatrix} \dot{x}_1 \\ \dot{x}_2 \\ \dot{x}_3 \\ \dot{v} \end{bmatrix} = \begin{bmatrix} -1/T_f & 1/T_f & 0 & 0 \\ 0 & -1/T_1 & 1/T_1 & 1/T_2 \\ 0 & 0 & 0 & 0 \\ 0 & 0 & 0 & 0 \end{bmatrix} \begin{bmatrix} x_1 \\ x_2 \\ x_3 \\ v \end{bmatrix} + \begin{bmatrix} 0 \\ 0 \\ K_p/T_I \\ 0 \end{bmatrix} u
$$

$$
y = \begin{bmatrix} 1 & 0 & 0 & 0 \end{bmatrix} \begin{bmatrix} \underline{x} \\ v \end{bmatrix} \quad .
$$

Diese um den Störprozeß erweiterte Strecke ist nicht vollständig beobachtbar. Eine Primzerlegung der Übertragungsmatrix (s. Abschn. 4.1.6, Gl.(4.100))

$$
\begin{bmatrix} Z(s) & Z_{St}(s) \end{bmatrix} \begin{bmatrix} N(s) & 0 \\ 0 & N_r(s)N(s) \end{bmatrix}^{-1} =
$$

$$
= \begin{bmatrix} c_0 & c_1^r s \end{bmatrix} \begin{bmatrix} s(s^2 + a_2 s + a_1) & 0 \\ 0 & s^2(s^2 + a_2 s + a_1) \end{bmatrix}^{-1}
$$

liefert

$$
\underline{\underline{Z}}_x(s)\underline{N}_x^{-1}(s) = \begin{bmatrix} c_0 & 0 \end{bmatrix} \begin{bmatrix} s(s^2 + a_2 s + a_1) & -c_1^r/c_0 \\ 0 & 1 \end{bmatrix}^{-1} \quad .
$$

Die Determinante von $\underline{N}_x(s)$ enthält lediglich die Eigenwerte der Strecke, was bedeutet, daß die sprungförmige Störgröße $r(t)$ am Ausgang nicht beobachtbar ist, obwohl sie sich - wie man aus dem Blockschaltbild 4.19 leicht erkennen kann - auf den Ausgang auswirkt. Da die Störung hinter dem Integrator in der Strecke angreift, läßt sie sich auch ohne die Einbringung eines Störmodells in den Regler asymptotisch kompensieren.

Die Ordnung des Reglers wird damit durch die Ordnung $n_B = 2$ des notwendigen Zustandsbeobachters bestimmt. Für den geschlossenen Regelkreis sei

$$
\tilde{N}(s) = (s + 1/T)^2(s + 1/T_f) = s^3 + \tilde{a}_2 s^2 + \tilde{a}_1 s + \tilde{a}_0 \tag{4.224}
$$

gefordert, so daß der Pol, der von der Verzögerung des Meßaufnehmers herrührt, unverändert liegen bleibt. Für das Führungsverhalten bezüglich der interessierenden Innentemperatur ϑ_i ergibt sich damit das Nennerpolynom $(s + 1/T)^2$.

Die Beobachterpole mögen bei $s_{B1} = -\varphi_1$ und $s_{B2} = -\varphi_2$ liegen. Damit ergibt sich das charakteristische Polynom des Beobachters zu

$$\Delta(s) = s^2 + \delta_1 s + \delta_0 \quad \text{mit} \quad \delta_1 = \varphi_1 + \varphi_2 \,, \quad \delta_0 = \varphi_1 \varphi_2 \;.$$

Die Reglerentwurfsgleichung (4.120) in der transponierten Form (4.123) lautet

$$
\begin{bmatrix}
1 & 0 & 0 & 0 & 0 & 0 \\
a_2 & 1 & 0 & 0 & 0 & 0 \\
a_1 & a_2 & 1 & 0 & 0 & 0 \\
0 & a_1 & a_2 & c_0 & 0 & 0 \\
0 & 0 & a_1 & 0 & c_0 & 0 \\
0 & 0 & 0 & 0 & 0 & c_0
\end{bmatrix}
\begin{bmatrix}
p_2 \\ p_1 \\ p_0 \\ 1_2 \\ 1_1 \\ 1_0
\end{bmatrix}
=
\begin{bmatrix}
1 & 0 & 0 \\
\tilde{a}_2 & 1 & 0 \\
\tilde{a}_1 & \tilde{a}_2 & 1 \\
\tilde{a}_0 & \tilde{a}_1 & \tilde{a}_2 \\
0 & \tilde{a}_0 & \tilde{a}_1 \\
0 & 0 & \tilde{a}_0
\end{bmatrix}
\begin{bmatrix}
1 \\ \delta_1 \\ \delta_0
\end{bmatrix} \;.
$$

Daraus ergibt sich direkt die Lösung

$$p_2 = 1 \; ; \; p_1 = \tilde{a}_2 - a_2 + \delta_1 \; ; \; p_0 = \tilde{a}_1 - a_1 + \delta_1 \tilde{a}_2 + \delta_0 - a_2 p_1$$

$$1_2 = \frac{1}{c_0}(\tilde{a}_0 + \delta_1 \tilde{a}_1 + \delta_0 \tilde{a}_2 - a_2 p_0 - a_1 p_1)$$

$$1_1 = \frac{1}{c_0}(\delta_1 \tilde{a}_0 + \delta_0 \tilde{a}_1 - a_1 p_0)$$

$$1_0 = \frac{1}{c_0}\delta_0 \tilde{a}_0 \;.$$

Da in dem Ansatz für das Führungsmodell in Abschnitt 4.2.8 automatisch eine Nullstelle bei $s = 0$ vorgesehen ist, genügt es beim Entwurf

$$N_w(s) = s$$

anzusetzen. Damit benötigt man nur einen Energiespeicher des Beobachters zur Realisierung des Führungsmodells, und man kann im Führungskanal einen Pol des Beobachters abdecken oder eine beliebige andere Nullstelle erzeugen. Deckt man den Beobachterpol bei $s = -\varphi_1$ ab, so ergibt sich

$$\Delta_b(s) = s + \varphi_1 \quad \text{und} \quad \Delta_f(s) = s + \varphi_2 \;.$$

Die Entwurfsgleichung (4.213) für das Führungsmodell lautet damit

$$
\begin{bmatrix}
0 & 0 & 1 & 0 & 0 \\
0 & 0 & 0 & 1 & 0 \\
0 & 0 & 0 & 0 & 1 \\
c_0 & 0 & 0 & 0 & 0 \\
0 & c_0 & 0 & 0 & 0
\end{bmatrix}
\begin{bmatrix}
\gamma_1 \\ \gamma_0 \\ \tilde{c}_2 \\ \tilde{c}_1 \\ \tilde{c}_0
\end{bmatrix}
=
\begin{bmatrix}
1 & 0 \\
\tilde{a}_2 & 1 \\
\tilde{a}_1 & \tilde{a}_2 \\
\tilde{a}_0 & \tilde{a}_1 \\
0 & \tilde{a}_0
\end{bmatrix}
\begin{bmatrix}
1 \\ \varphi_2
\end{bmatrix} \;.
$$

Als Lösung ergibt sich hieraus

$$\tilde{c}_2 = 1 \; ; \quad \tilde{c}_1 = \tilde{a}_2 + \varphi_2 \; ; \quad \tilde{c}_0 = \tilde{a}_1 + \tilde{a}_2\varphi_2$$

$$\gamma_1 = \frac{1}{c_0}(\tilde{a}_0 + \tilde{a}_1\varphi_2) \; ; \quad \gamma_0 = \frac{1}{c_0}\tilde{a}_0\varphi_2 \; .$$

Der Führungskanal des Reglers hat also die Übertragungsfunktion

$$F_{Rw}(s) = \frac{u(s)}{w(s)} = \frac{(\gamma_1 s + \gamma_0)(s + \varphi_1)}{s^2 + p_1 s + p_0} \; ,$$

woraus für das Führungsverhalten des Regelkreises

$$F_w(s) = \frac{\theta_i(s)}{w(s)} = \frac{c_0(\gamma_1 s + \gamma_0)}{(s^3 + \tilde{a}_2 s^2 + \tilde{a}_1 s + \tilde{a}_0)(s + \varphi_2)}$$

folgt. Bei einer konkret ausgeführten Anlage lauten die Zahlenwerte

$$T_f = 8s \; ; \quad T_1 = 420s \; ; \quad T_I = 9.75s \; ; \quad T = 10s \quad \text{und} \quad \varphi_1 = \varphi_2 = 1/T \; .$$

In Bild 4.20 ist ein Regelvorgang aufgezeichnet, bei dem der Sollwert von 1^0C
ausgehend mit konstanter Steigung bis auf 6^0C ansteigt, und dann wieder konstant
ist. Deutlich ist zu erkennen, daß die Regelgröße die Verzögerung aufholt und der
Führungsgröße ohne Abweichung folgt. Beim Einlaufen in den konstanten Endwert ergibt sich naturgemäß ein leichtes Überschwingen. In dem Moment, in dem der Sollwert
von der ansteigenden Rampe in die Horizontale übergeht, ist nämlich die Regelgröße
mit dem Sollwert identisch, so daß aufgrund der Verzögerung der Strecke ein Überschwingen unvermeidlich ist.

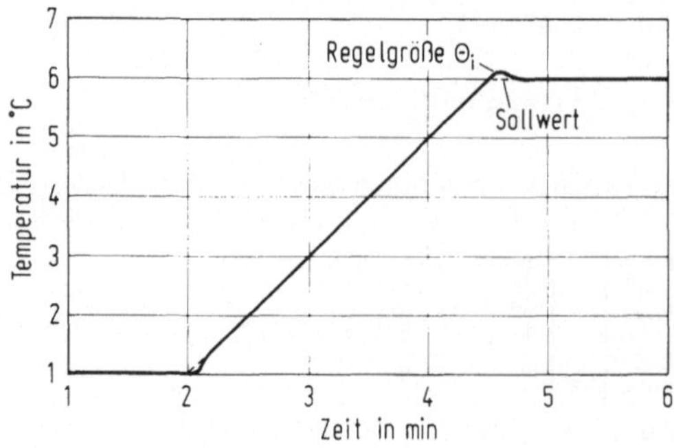

Bild 4.20 Antwort des Regelkreises auf ein rampenförmiges Führungssignal

4.3 Lösung der Entwurfsgleichung im Mehrgrößenfall

Mit der Festlegung der Eigenwerte des Beobachters und der geregelten Strecke ist im
Eingrößenfall das Entwurfsproblem gelöst, und die Reglerübertragungsfunktionen können berechnet werden. In völlig analoger Weise verläuft die Reglerberechnung im
Mehrgrößenfall. Die auftretenden Schwierigkeiten liegen hier wie im Eingrößenfall
nicht in der Berechnung des Reglers selbst, sondern in der Ermittlung der Vorgabe-
größen.

Die Rückführmatrix $\underline{K}_x$ ist im Mehrgrößenfall durch Vorgabe der gewünschten Eigenwerte für die geregelte Strecke nicht eindeutig festgelegt. Ebenso bestimmen die gewünschten Pole für die geregelte Strecke die Matrix $\underline{\tilde{N}}(s)$ nicht vollständig.

Wesentliche Eigenschaften des Regelkreises, wie vollständige oder teilweise Entkopplung oder die Lage der Nullstellen in bestimmten Übertragungskanälen, sind
über die verbleibenden Freiheitsgrade in den Matrizen $\underline{K}_x$ oder $\underline{\tilde{N}}(s)$ beeinflußbar.
Auf diese Probleme wird in Kapitel 5 eingegangen.

Auch die Beobachtermatrix $\underline{\Delta}(s)$ ist im Mehrgrößenfall durch die Vorgabe der Beobachtereigenwerte nicht vollständig festgelegt. Ein wesentlicher Gesichtspunkt bei der
Wahl von $\underline{\Delta}(s)$ wird im folgenden sein, daß die Reglerübertragungsmatrizen leicht bestimmt und realisiert werden können.

Aus dem Zeitbereichsentwurf ist bekannt, daß ein Beobachter der Ordnung (n-m) ausreicht, um den gesamten Zustand der Strecke zu rekonstruieren und damit die Basis
für eine vollständige Zustandsrückführung zu legen. Andererseits hat Wolovich in
/W4/ gezeigt, daß die als Lösung von Gleichung (4.25) bzw. (4.27) sich ergebenden
Reglerübertragungsmatrizen dann realisierbar sind, wenn die Determinante der Beobachtermatrix $\underline{\Delta}(s)$ die Ordnung $p(\nu-1)$ besitzt, wobei ν der Beobachtbarkeitsindex
der Strecke ist. Da allgemein

$$p(\nu - 1) \lesseqgtr n - m \qquad\qquad\qquad (4.225)$$

gilt, kann unter Umständen ein Beobachter höherer Ordnung als theoretisch nötig
resultieren.

Wenn die minimal mögliche Ordnung angestrebt wird, muß man z.B. bei der Lösung von
Gl.(4.27) darauf achten, daß in $\underline{Z}_y(s)$ und $\underline{N}_R(s)$ Primfaktoren entstehen, deren Kürzung dann auf eine Minimalrealisierung der Ordnung (n - m) führt. Auf diese im all-
gemeinen relativ aufwendige Prozedur geht Grübel in /G7/ ein.

Beim Verzicht auf die systematische Kürzung von Primfaktoren ergibt sich eine Reglerordnung von $p(\nu - 1)$, die unter bestimmten Umständen sogar geringer als (n - m)
sein kann.

Wolovich schlägt in /W4/ vor, den Beobachter in einer speziellen Struktur zu wählen, bei der die Matrix $\underline{\Delta}(s)$ die Form

$$\underline{\Delta}(s) = \begin{bmatrix} s^{n_B} & 0 \ldots \ldots 0 & q_{1p}(s) \\ -1 & s^{n_B} \ldots 0 & q_{2p}(s) \\ \ldots \ldots \ldots \ldots \ldots \ldots \\ 0 & 0 \ldots -1 & s^{n_B}+q_{pp}(s) \end{bmatrix} \tag{4.226}$$

besitzt. Mit den Polynomen

$$q_{ip}(s) = \sum_{k=0}^{n_B-1} s^k \delta_{(i-1)n_B+k} \quad ; \quad i = 1,2,\ldots p \tag{4.227}$$

wird die Lage der $pn_B \geqslant p(\nu - 1)$ Beobachtereigenwerte als Nullstellen des Polynoms

$$\det \underline{\Delta}(s) = s^{pn_B} + \delta_{pn_B-1} s^{pn_B-1} + \ldots + \delta_1 s + \delta_0 \tag{4.228}$$

festgelegt.

Ausgehend von der Idee einer speziellen Form der Beobachtermatrix $\underline{\Delta}(s)$ läßt sich
eine weitere Vereinfachung erzielen, wenn man zur Bildung jeder einzelnen Komponen-
te aus dem Rückführvektor $\underline{\tilde{u}}$ jeweils einen Beobachter mindestens $(\nu - 1)$-ter Ordnung
für ein lineares Funktional (siehe Abschn. 3.2.5) ansetzt /W10/. Damit ergibt sich
dieselbe Gesamtordnung für den Beobachter wie bei Wolovich, nämlich

$$n_{Bg} \geqslant p(\nu - 1) \ . \tag{4.229}$$

Die Beobachtermatrix erhält bei diesem Ansatz die Form

$$\underline{\Delta}(s) = \begin{bmatrix} \Delta_1(s) & & \underline{0} \\ & \Delta_2(s) & \\ & & \ddots \\ \underline{0} & & \Delta_p(s) \end{bmatrix} \tag{4.230}$$

wobei die $\Delta_i(s)$ die charakteristischen Polynome der Einzelbeobachter von der Ordnung $n_{Bi} \geqslant \nu - 1$ darstellen. Der daraus resultierende Regler setzt sich aus p Ein-
zelreglern mit den Eingängen $\underline{u}$ und $\underline{y}$ und einem Ausgang $\tilde{u}_i$ zusammen, die dieselbe
Struktur wie ein Eingrößenregler haben. Damit bietet sich die Möglichkeit, Stan-
dardbausteine einzusetzen, die auch in Eingrößenregelungen benötigt werden.

Es erscheint somit sinnvoll zu sein, den letztgenannten Ansatz zu verwenden, und
damit eventuell eine Ordnungserhöhung auf $n_{Bg} > (n - m)$ in Kauf zu nehmen, weil damit der Berechnungs- und Realisierungsaufwand gegenüber den anderen Ansätzen erheblich gesenkt wird.

4.3.1 Lösung der Entwurfsgleichung für Mehrgrößen-Zustandsregler mit Beobachter

Wie bei der Eingrößenregelung soll zunächst der einfachste Fall behandelt werden,
bei dem weder Stör- noch Führungsmodelle in die Zustandsregelung einbezogen werden.
Die Regelstrecke n-ter Ordnung ohne Durchgriff mit p Eingängen und $m \geqslant p$ Ausgängen
wird im Zeitbereich durch die Zustandsgleichungen

$$\dot{\underline{x}} = \underline{A}\underline{x} + \underline{B}\underline{u}$$
$$\underline{y} = \underline{C}\underline{x} \qquad , \tag{4.231}$$

und im Frequenzbereich durch ihre Übertragungsmatrix

$$\underline{F}(s) = \underline{Z}(s)\underline{N}^{-1}(s) \tag{4.232}$$

beschrieben. Die pxp-Polynommatrix $\tilde{\underline{N}}(s)$ sei z.B. durch ein in Kapitel 5 erläutertes
Verfahren ermittelt.   Die Matrizen $\underline{Z}(s)$, $\underline{N}(s)$ und $\tilde{\underline{N}}(s)$ mögen die in Abschn. 4.1.6
formulierten Bedingungen erfüllen, so daß $r\left[\tilde{\underline{N}}(s)\right] = r\left[\underline{N}(s)\right]$ gilt. Diese Polynommatrizen lassen sich in der Form

$$\underline{Z}(s) = \qquad \underline{C}_{x-1}s^{x-1} + \ldots \ldots + \underline{C}_1 s + \underline{C}_0 \tag{4.233}$$

$$\underline{N}(s) = \underline{A}_x s^x + \underline{A}_{x-1}s^{x-1} + \ldots \ldots + \underline{A}_1 s + \underline{A}_0 \tag{4.234}$$

$$\tilde{\underline{N}}(s) = \tilde{\underline{A}}_x s^x + \tilde{\underline{A}}_{x-1}s^{x-1} + \ldots \ldots + \tilde{\underline{A}}_1 s + \tilde{\underline{A}}_0 \tag{4.235}$$

schreiben, wobei x die höchste in $\underline{N}(s)$ auftretende Potenz von s ist. Wie bereits
erläutert, wird für die Beobachtermatrix $\underline{\Delta}(s)$ eine Diagonalform angesetzt, deren
Diagonalelemente die gewünschten charakteristischen Polynome der einzelnen Zustandsbeobachter n_{Bi}-ter Ordnung darstellen. Bezeichnet man mit n_B die höchste
Ordnung aller Teilbeobachter (meist sind alle n_{Bi} gleich), so erhält $\underline{\Delta}(s)$ die Gestalt

$$\underline{\Delta}(s) = \underline{I}s^{n_B} + \underline{\Delta}_{n_B-1}s^{n_B-1} + \ldots \ldots + \underline{\Delta}_1 s + \underline{\Delta}_0 \tag{4.236}$$

mit diagonalförmigen Koeffizientenmatrizen $\underline{\Delta}_i$. Damit liegt auch die Ordnung der
Polynome in der Zählermatrix des Reglers fest. Sie können maximal die Ordnung n_B
haben, so daß für die pxm-Polynommatrix $\underline{Z}_y(s)$ die Darstellung

$$\underline{Z}_y(s) = \underline{L}_{n_B} s^{n_B} + \underline{L}_{n_B-1}s^{n_B-1} + \ldots \ldots + \underline{L}_1 s + \underline{L}_0 \tag{4.237}$$

gewählt werden kann. Die pxp-Matrix $\underline{N}_R(s) = \underline{\Delta}(s) + \underline{Z}_u(s)$ (s. Gl.(4.26)) läßt sich
schließlich in der Form

$$\underline{N}_R(s) = \underline{P}_{n_B} s^{n_B} + \underline{P}_{n_B-1}s^{n_B-1} + \ldots \ldots + \underline{P}_1 s + \underline{P}_0 \tag{4.238}$$

ansetzen.

In Abschnitt 1.7 sind zwei unterschiedliche Verfahren zur Lösung der Entwurfsgleichung (4.27), nämlich

$$\underline{N}_R(s)\underline{N}(s) + \underline{Z}_y(s)\underline{Z}(s) = \underline{\Delta}(s)\underline{\tilde{N}}(s) \tag{4.239}$$

angegeben. Hier sei die Lösung durch Koeffizientenvergleich zwischen linker und rechter Seite betrachtet, die in Analogie zum Eingrößenfall durchgeführt werden kann. Anstelle der Koeffizienten a_i, $\tilde{a}_i$, c_i, 1_i, p_i und δ_i sind nun die Matrizen $\underline{A}_i$, $\underline{\tilde{A}}_i$, $\underline{C}_i$, $\underline{L}_i$, $\underline{P}_i$ und $\underline{\Delta}_i$ einzusetzen. Das zu Gleichung (4.120) analoge Gleichungssystem für den Mehrgrößenfall lautet

$$\underline{H}\underline{K}_H = \underline{\Delta}\underline{\tilde{A}} \ . \tag{4.240}$$

Die $px(n_B + 1)(m + p)$-dimensionale Matrix

$$\underline{H} = \left[\underline{P}_{n_B}\ \underline{P}_{n_B-1} \cdots \underline{P}_1\ \underline{P}_0 \mid \underline{L}_{n_B}\ \underline{L}_{n_B-1} \cdots \underline{L}_1\ \underline{L}_0\right] \tag{4.241}$$

enthält die gesuchten Koeffizienten der Reglerübertragungsmatrizen $\underline{N}_R(s)$ und $\underline{Z}_R(s)$. Die $(p + m)(n_B + 1)xp(x + n_B + 1)$-dimensionale Koeffizientenmatrix $\underline{K}_H$, gebildet aus den Koeffizientenmatrizen $\underline{A}_i$ und $\underline{C}_i$ der Streckenübertragungsmatrix hat die Gestalt

$$\underline{K}_H =
\left[\begin{array}{ccccccccc}
\underline{A}_x & \cdots & & & & \underline{A}_1 & \underline{A}_0 & & \underline{0}\\
& \underline{A}_x & \cdots & & & & \underline{A}_1 & \underline{A}_0 & \\
& & \ddots & & & & & \ddots & \\
\underline{0} & & & \underline{A}_x & \cdots & & & \underline{A}_1 & \underline{A}_0\\
\hline
\underline{0} & \underline{C}_{x-1} & \cdots & & \underline{C}_0 & & & & \underline{0}\\
& \underline{0} & \underline{C}_{x-1} & \cdots & & \underline{C}_0 & & & \\
& & \ddots & & & & \ddots & & \\
\underline{0} & & & \underline{0} & \underline{C}_{x-1} & \cdots & & & \underline{C}_0
\end{array}\right] , \tag{4.242}$$

und die $pxp(n_B+1)$-dimensionale Matrix $\underline{\Delta}$, gebildet aus den Koeffizientenmatrizen $\underline{\Delta}_i$ des Beobachters lautet

$$\underline{\Delta} = \left[\underline{I}\ \underline{\Delta}_{n_B-1} \cdots \underline{\Delta}_1\ \underline{\Delta}_0\right]\ . \tag{4.243}$$

Die $p(n_B+1) \times p(\varkappa + n_B + 1)$-dimensionale Matrix $\tilde{\underline{A}}$ auf der rechten Seite von Gl.(4.240) wird aus den Koeffizientenmatrizen der die Dynamik der geregelten Strecke charakterisierenden Matrix $\tilde{\underline{N}}(s)$ in der Form

$$
\tilde{\underline{A}} = \begin{bmatrix}
\tilde{\underline{A}}_\varkappa \cdots\cdots\cdots\cdots \tilde{\underline{A}}_1 \; \tilde{\underline{A}}_0 & & \underline{0} \\
\quad \tilde{\underline{A}}_\varkappa \cdots\cdots\cdots\cdots \tilde{\underline{A}}_1 \; \tilde{\underline{A}}_0 & & \\
& \ddots & \\
\underline{0} & & \tilde{\underline{A}}_\varkappa \cdots\cdots\cdots\cdots \tilde{\underline{A}}_1 \; \tilde{\underline{A}}_0
\end{bmatrix}
\qquad (4.244)
$$

aufgestellt. Die Matrix $\underline{K}_H$ entspricht genau der in Abschn. 1.4.3 eingeführten erweiterten Eliminante für $\underline{Z}(s)$ und $\underline{N}(s)$, und sie hat bei gegebener Ordnung n_B dann maximalen Rang, wenn $\underline{Z}(s)$ und $\underline{N}(s)$ rechtsprim sind (s. Satz 1.11).

Bei der Lösung des Gleichungssystems (4.240) empfiehlt sich folgendes Vorgehen. Beginnend bei $n_B = 0$ erhöht man sukzessiv die Beobachterordnung und prüft jeweils die entstehende rechte Seite auf Verträglichkeit. Auf diese Weise findet man die niedrigste Reglerordnung, mit der das konkrete Problem lösbar ist. Sie kann durchaus niedriger als $p(\nu-1)$ sein.

Jede Zeile der Reglerübertragungsmatrix ist unabhängig von den anderen, und pro Zeile können $m(n_B+1)-n$ Reglerkoeffizienten vorgegeben werden. Dabei muß natürlich darauf geachtet werden, daß das Gleichungssystem lösbar bleibt. Wie die Wahl der freien Parameter zu treffen ist, hängt vom jeweiligen Problem ab. Verschiedene Gesichtspunkte werden in Kapitel 5 behandelt.

Als Lösung von Gl.(4.240) erhält man die Koeffizientenmatrizen $\underline{L}_i$ und $\underline{P}_i$ des Reglers. Kehrt man mit Hilfe der Umrechnung

$$
\underline{Z}_u(s) = \underline{N}_R(s) - \underline{\Delta}(s) \qquad (4.245)
$$

zur "Beobachterstruktur" zurück, so lassen sich die Reglerübertragungsmatrizen

$$
\underline{F}_u(s) = \underline{\Delta}^{-1}(s)\underline{Z}_u(s) \qquad (4.246)
$$

und

$$
\underline{F}_y(s) = \underline{\Delta}^{-1}(s)\underline{Z}_y(s) \qquad (4.247)
$$

einfach zeilenweise in Teilreglern n_B-ter Ordnung realisieren, während bei nicht diagonalem $\underline{N}_R(s)$ erst die Inversion durchgeführt werden muß, um die Einzelübertragungsfunktionen zu ermitteln.

4.3.2 Beispiel für den Entwurf eines Zustandsreglers im Mehrgrößenfall

Um die Entwurfsschritte übersichtlich zu gestalten, wurde ein einfaches Beispiel
mit geradzahligen Koeffizienten gewählt, das aus /W4/ entnommen ist. Die Übertragungsmatrix $\underline{F}(s)$ der Strecke habe die Form

$$\underline{F}(s) = \frac{1}{s^3 - s^2}\begin{bmatrix} s^2 - 1 & 0 \\ s & -s^2 \end{bmatrix} \quad .$$

Eine rechtsprime Zerlegung führt z.B. auf das Ergebnis

$$\underline{F}(s) = \underline{Z}(s)\underline{N}^{-1}(s) = \begin{bmatrix} s + 1 & 0 \\ 1 & 1 \end{bmatrix}\begin{bmatrix} s^2 & 0 \\ 1 & -s + 1 \end{bmatrix}^{-1} \quad ,$$

woraus die Ordnung der Strecke über den Grad des Polynoms det $\underline{N}(s)$ zu n = 3 folgt.
Berücksichtigt man wie in Abschn. 4.1.1 nur sprungförmige Führungsgrößenänderungen, dann lautet die Beziehung zwischen $\underline{w}$ und $\underline{y}$

$$\underline{y}(s) = \underline{Z}(s)\underline{\tilde{N}}^{-1}(s)\underline{L}\underline{w}(s) \quad .$$

Für das Führungsverhalten wird

$$\underline{Z}(s)\underline{\tilde{N}}^{-1}(s)\underline{L} = \begin{bmatrix} \dfrac{2(s + 1)}{s^2 + 2s + 2} & 0 \\ 0 & \dfrac{1}{s + 1} \end{bmatrix}$$

gefordert, woraus man die Zerlegung

$$\underline{Z}(s)\underline{\tilde{N}}^{-1}(s)\underline{L} = \begin{bmatrix} s + 1 & 0 \\ 1 & 1 \end{bmatrix}\begin{bmatrix} s^2 + 2s + 2 & 0 \\ -(s + 1) & -(s + 1) \end{bmatrix}^{-1}\begin{bmatrix} 2 & 0 \\ 0 & -1 \end{bmatrix}$$

erhält. Die Bedingungen (4.97) und (4.98) aus Abschn. 4.1.6 sind erfüllt, so daß

$$\underline{\Gamma}\left[\underline{\tilde{N}}(s)\right] = \begin{bmatrix} 1 & 0 \\ 0 & -1 \end{bmatrix} = \underline{\Gamma}\left[\underline{N}(s)\right]$$

gilt. Die nach Potenzen von s geordnete Darstellung der Matrizen $\underline{Z}(s)$, $\underline{N}(s)$ und
$\underline{\tilde{N}}(s)$ hat damit die Gestalt

$$\underline{Z}(s) = s\begin{bmatrix} 1 & 0 \\ 0 & 0 \end{bmatrix} + \begin{bmatrix} 1 & 0 \\ 1 & 1 \end{bmatrix}$$

$$\underline{N}(s) = s^2\begin{bmatrix} 1 & 0 \\ 0 & 0 \end{bmatrix} + s\begin{bmatrix} 0 & 0 \\ 0 & -1 \end{bmatrix} + \begin{bmatrix} 0 & 0 \\ 1 & 1 \end{bmatrix}$$

$$\underline{\tilde{N}}(s) = s^2\begin{bmatrix} 1 & 0 \\ 0 & 0 \end{bmatrix} + s\begin{bmatrix} 2 & 0 \\ -1 & -1 \end{bmatrix} + \begin{bmatrix} 2 & 0 \\ -1 & -1 \end{bmatrix} \quad .$$

Mit der Ordnung $n_B = 1$ für den Beobachter und der Polynommatrix

$$\underline{\Delta}(s) = \begin{bmatrix} s + 10 & 0 \\ 0 & s + 10 \end{bmatrix} = s \begin{bmatrix} 1 & 0 \\ 0 & 1 \end{bmatrix} + \begin{bmatrix} 10 & 0 \\ 0 & 10 \end{bmatrix}$$

erhält man den Koeffizientenvergleich (4.240) zur Lösung von Gleichung (4.27) zu

$$\begin{bmatrix} \underline{P}_1 & \underline{P}_0 & \underline{L}_1 & \underline{L}_0 \end{bmatrix} \begin{bmatrix} 1 & 0 & 0 & 0 & 0 & 0 & 0 & 0 \\ 0 & 0 & 0 & -1 & 1 & 1 & 0 & 0 \\ 0 & 0 & 1 & 0 & 0 & 0 & 0 & 0 \\ 0 & 0 & 0 & 0 & 0 & -1 & 1 & 1 \\ 0 & 0 & 1 & 0 & 1 & 0 & 0 & 0 \\ 0 & 0 & 0 & 0 & 1 & 1 & 0 & 0 \\ 0 & 0 & 0 & 0 & 1 & 0 & 1 & 0 \\ 0 & 0 & 0 & 0 & 0 & 0 & 1 & 1 \end{bmatrix} =$$

$$= \begin{bmatrix} 1 & 0 & 10 & 0 \\ 0 & 1 & 0 & 10 \end{bmatrix} \begin{bmatrix} 1 & 0 & 2 & 0 & 2 & 0 & 0 & 0 \\ 0 & 0 & -1 & -1 & -1 & -1 & 0 & 0 \\ 0 & 0 & 1 & 0 & 2 & 0 & 2 & 0 \\ 0 & 0 & 0 & 0 & -1 & -1 & -1 & -1 \end{bmatrix} =$$

$$= \begin{bmatrix} 1 & 0 & 12 & 0 & 22 & 0 & 20 & 0 \\ 0 & 0 & -1 & -1 & -11 & -11 & -10 & -10 \end{bmatrix} .$$

Da $p(n_B + 1) - n = 1$ gilt, kann in jeder Zeile der Unbekanntenmatrix ein Koeffizient vorgegeben werden. Wählt man

$$\underline{P}_0 = \begin{bmatrix} \cdot & 0 \\ \cdot & 1 \end{bmatrix} ,$$

so ergibt sich als Lösung

$$\underline{N}_R(s) = s \begin{bmatrix} 1 & 0 \\ 0 & 1 \end{bmatrix} + \begin{bmatrix} 10 & 0 \\ 0 & 1 \end{bmatrix} = \begin{bmatrix} s + 10 & 0 \\ 0 & s + 1 \end{bmatrix}$$

und

$$\underline{Z}_y(s) = s \begin{bmatrix} 2 & 0 \\ -1 & -11 \end{bmatrix} + \begin{bmatrix} 20 & 0 \\ 0 & -11 \end{bmatrix} = \begin{bmatrix} 2(s + 10) & 0 \\ -s & -11(s + 1) \end{bmatrix} .$$

Die Reglerübertragungsmatrix von $\underline{y}$ nach $\underline{u}$ lautet damit

$$\underline{F}_{Ry}(s) = - \underline{N}_R^{-1}(s) \underline{Z}_y(s) = - \begin{bmatrix} 2 & 0 \\ -\dfrac{s}{s + 1} & -11 \end{bmatrix} .$$

Durch die günstige Wahl von $\underline{P}_0$ ergibt sich also ein Regler, der im Gegensatz zu dem in /W4/ berechneten mit nur einem Speicher realisierbar ist.

4.3.3 Mehrgrößen-Zustandsregelung mit asymptotischer Störgrößenkompensation

In Abschnitt 4.1.2 wurde gezeigt, daß asymptotische Störkompensation in den Regelgrößen $^p\underline{y}$ für beliebige Störeingriffe erzielt werden kann, wenn man den von Davison vorgeschlagenen Regleransatz verwendet. Die Reglerübertragungsmatrix $\underline{N}_R(s)$ und die letzten m-p Spalten der Matrix $\underline{Z}_y(s)$ haben dabei die Gestalt

$$\underline{N}_R(s) = \underline{\bar{N}}_R(s)N_r^0(s) \tag{4.248}$$

und

$$_{(m-p)}\underline{Z}_y(s) = {}_{(m-p)}\underline{\bar{Z}}_y(s)N_r^0(s) \quad . \tag{4.249}$$

Der Reglernenner enthält also das charakteristische Polynom $N_r^0(s)$ des gesamten Störprozesses als Teiler und ebenso die Zähler jener Reglerkanäle, welche die zusätzlichen Meßgrößen verarbeiten. Beim Reglerentwurf ist somit die grundlegende Entwurfsgleichung (4.27), nämlich

$$\underline{N}_R(s)\underline{N}(s) + \underline{Z}_y(s)\underline{Z}(s) = \underline{\Delta}(s)\underline{\tilde{N}}(s) \tag{4.250}$$

zusammen mit den Nebenbedingungen (4.248) und (4.249) zu lösen. Damit lautet die Reglerentwurfsgleichung

$$\underline{\bar{N}}_R(s)N_r^0(s)\underline{N}(s) + \left[{}_{(p)}\underline{Z}_y(s) \quad {}_{(m-p)}\underline{\bar{Z}}_y(s)\right]\left[\begin{array}{c} {}^p\underline{Z}(s) \\ N_r^0(s)\ {}^{m-p}\underline{Z}(s)\end{array}\right] = \underline{\Delta}(s)\underline{\tilde{N}}(s) \quad . \tag{4.251}$$

Den Reglerentwurf kann man folglich wie in Abschn. 4.3.1 durchführen, wobei jedoch die Matrix $\underline{N}(s)$ durch $N_r^0(s)\underline{N}(s)$ und die letzten m-p Zeilen der Matrix $\underline{Z}(s)$, nämlich $^{m-p}\underline{Z}(s)$, durch die Polynommatrix $N_r^0(s)^{m-p}\underline{Z}(s)$ zu ersetzen sind. Außerdem muß die geänderte Ordnung von $_{(p)}\underline{Z}_y(s)$ beachtet werden.

Für die Streckenübertragungsmatrizen wählt man jetzt die Darstellung

$$^p\underline{Z}(s) = {}^p\underline{C}_{x-1}s^{x-1} + \ldots\ldots + {}^p\underline{C}_1 s + {}^p\underline{C}_0 \tag{4.252}$$

$$^{m-p}\underline{Z}(s) = {}^{m-p}\underline{C}_{x-1}s^{x-1} + \ldots\ldots + {}^{m-p}\underline{C}_1 s + {}^{m-p}\underline{C}_0 \tag{4.253}$$

$$\underline{N}(s) = \underline{A}_x s^x + \ldots\ldots\ldots + \underline{A}_1 s + \underline{A}_0 \quad , \tag{4.254}$$

wobei x wiederum die höchste in $\underline{N}(s)$ auftretende Potenz in s ist. Für die Reglerübertragungsmatrizen kann folgender Ansatz gemacht werden:

$$_{(p)}\underline{Z}_y(s) = {}_{(p)}\underline{L}_{n_B+n_r}s^{n_B+n_r} + \ldots\ldots\ldots + {}_{(p)}\underline{L}_1 s + {}_{(p)}\underline{L}_0 \tag{4.255}$$

$$_{(m-p)}\underline{\bar{Z}}_y(s) = {}_{(m-p)}\underline{L}_{n_B}s^{n_B} + \ldots\ldots + {}_{(m-p)}\underline{L}_1 s + {}_{(m-p)}\underline{L}_0 \tag{4.256}$$

$$\underline{\bar{N}}_R(s) = \underline{P}_{n_B}s^{n_B} + \ldots\ldots\ldots + \underline{P}_1 s + \underline{P}_0 \quad . \tag{4.257}$$

Die Matrix $\underset{\sim}{\underline{N}}(s)$ der geregelten Strecke lautet

$$\underset{\sim}{\underline{N}}(s) = \underset{\sim}{\underline{A}}_x s^x + \ldots \ldots \ldots + \underset{\sim}{\underline{A}}_1 s + \underset{\sim}{\underline{A}}_0 \; . \tag{4.258}$$

Die Beobachtermatrix $\underline{\Delta}(s)$, die auf ihrer Diagonalen die charakteristischen Polynome $\underline{\Delta}_i(s)$ der Zustands- und Störbeobachter der Ordnung

$$n_\Delta = n_B + n_r \tag{4.259}$$

enthält, hat die Form

$$\underline{\Delta}(s) = \underline{I} s^{n_\Delta} + \underline{\Delta}_{n_\Delta-1} s^{n_\Delta-1} + \ldots \ldots + \underline{\Delta}_1 s + \underline{\Delta}_0 \; . \tag{4.260}$$

Setzt man die gegebenen Matrizen in Gl.(4.251) ein, so lassen sich die gesuchten Reglermatrizen aus dem Koeffizientenvergleich zwischen rechter und linker Seite bestimmen.

Diesen Koeffizientenvergleich kann man völlig analog zu Gl.(4.155) im Eingrößenfall anschreiben, wobei die Koeffizienten a_i, $\tilde{a}_i$, c_i, l_i, p_i, δ_i, α_i und ζ_i durch die entsprechenden Matrizen $\underline{A}_i$, $\underline{\tilde{A}}_i$, $\underline{C}_i$, $\underline{L}_i$, $\underline{P}_i$, $\underline{\Delta}_i$, $\underline{\alpha}_i$ und $\underline{\zeta}_i$ ersetzt werden müssen. Das zugehörige Gleichungssystem hat die Gestalt

$$\underline{H}\underline{K}_H = \underline{\Delta}\underline{\ddot{A}} \; . \tag{4.261}$$

In der $p \times \left[(n_B + 1)(m + p) + pn_r\right]$-dimensionalen Matrix

$$\underline{H} = \left[\underline{P}_n \cdots \underline{P}_1 \; \underline{P}_0 \; \vert \; (p)\underline{L}_{n_\Delta} \; \cdots \; (p)\underline{L}_1 \; (p)\underline{L}_0 \; \vert \; (m-p)\underline{L}_{n_B} \cdots (m-p)\underline{L}_1 \; (m-p)\underline{L}_0\right] \tag{4.262}$$

sind die gesuchten Reglerkoeffizientenmatrizen enthalten.

Zur Aufstellung der Matrix $\underline{K}_H$ werden die $p \times p$-dimensionalen Koeffizientenmatrizen $\underline{\alpha}_i$ des Produktes $N_r^0(s)\underline{N}(s)$ und die $(m-p) \times p$-dimensionalen Koeffizientenmatrizen $\underline{\zeta}_i$ benötigt, die sich aus dem Produkt $N_r^0(s)\,{}^{m-p}\underline{Z}(s)$ ergeben. Berücksichtigt man die Form des charakteristischen Polynoms des Störprozesses

$$N_r^0(s) = s^{n_r} + \psi_{n_r-1} s^{n_r-1} + \ldots \ldots + \psi_1 s + \psi_0 \; , \tag{4.263}$$

so ergeben sich die Matrizen $\underline{\alpha}_i$ aus

$$\left[\underline{\alpha}_{x+n_r} \cdot \ldots \ldots \underline{\alpha}_1 \quad \underline{\alpha}_0\right] = \tag{4.264}$$

$$= \left[\underline{I}_p \; \psi_{n_r-1}\underline{I}_p \cdots \cdots \psi_0\underline{I}_p\right]\begin{bmatrix} \underline{A}_x \cdots \cdots \cdots \underline{A}_1 & \underline{A}_0 & & & \underline{0} \\ & \underline{A}_x \cdots \cdots \cdots \underline{A}_1 & \underline{A}_0 & & \\ & & \ddots & \ddots & \ddots & \\ \underline{0} & & & \ddots & \ddots & \\ & & \underline{A}_x \cdots \cdots \cdots \underline{A}_1 & \underline{A}_0 \end{bmatrix} \; .$$

Die Koeffizientenmatrizen $\underline{\zeta}_i$ errechnet man zu

$$\left[\underline{\zeta}_{x+n_r-1} \cdot \cdot \cdot \cdot \cdot \cdot \underline{\zeta}_1 \quad \underline{\zeta}_0\right] = \tag{4.265}$$

$$= \left[\underline{I}_{m-p} \quad \psi_{n_r-1}\underline{I}_{m-p} \cdot \cdot \cdot \psi_0\underline{I}_{m-p}\right]\begin{bmatrix} {}^{m-p}\underline{C}_{x-1} \cdot \cdot \cdot \cdot {}^{m-p}\underline{C}_0 & & & \underline{0} \\ & {}^{m-p}\underline{C}_{x-1} \cdot \cdot \cdot \cdot {}^{m-p}\underline{C}_0 & & \cdot \\ & & \cdot \cdot & \cdot \cdot \cdot \\ \underline{0} & & {}^{m-p}\underline{C}_{x-1} \cdot \cdot \cdot \cdot {}^{m-p}\underline{C}_0 \end{bmatrix}.$$

Die $\left[(n_B + 1)(m + p) + pn_r\right] \times \left[p(x + n_r + n_B + 1)\right]$-dimensionale Koeffizientenmatrix $\underline{K}_H$ hat die Gestalt

$$\underline{K}_H = \begin{bmatrix}
\underline{\alpha}_{x+n_r} \cdot \cdot \cdot \cdot \cdot \cdot \cdot \cdot \cdot \cdot \cdot \underline{\alpha}_1 & \underline{\alpha}_0 & & \underline{0} \\
& \underline{\alpha}_{x+n_r} \cdot \cdot \cdot \cdot \cdot \cdot \cdot \cdot \cdot \cdot \cdot \underline{\alpha}_1 & \underline{\alpha}_0 & \\
\underline{0} & \cdot \cdot & \cdot & \cdot \\
& \underline{\alpha}_{x+n_r} \cdot \cdot \cdot \cdot \cdot \cdot \cdot \cdot \cdot \cdot \cdot \cdot \underline{\alpha}_1 & \underline{\alpha}_0 \\
\hline
\underline{0} & {}^p\underline{C}_{x-1} \cdot \cdot \cdot \cdot \cdot \cdot \cdot {}^p\underline{C}_1 & {}^p\underline{C}_0 & & \underline{0} \\
& \underline{0} \cdot {}^p\underline{C}_{x-1} \cdot \cdot \cdot \cdot \cdot \cdot {}^p\underline{C}_1 & {}^p\underline{C}_0 & \cdot \\
\underline{0} & \cdot \cdot & \cdot & \cdot \\
& \underline{0} \quad {}^p\underline{C}_{x-1} \cdot \cdot \cdot \cdot \cdot \cdot {}^p\underline{C}_1 & {}^p\underline{C}_0 \\
\hline
\underline{0} & \underline{\zeta}_{x+n_r-1} \cdot \cdot \cdot \cdot \cdot \cdot \cdot \underline{\zeta}_1 & \underline{\zeta}_0 & & \underline{0} \\
& \underline{0} \quad \underline{\zeta}_{x+n_r-1} \cdot \cdot \cdot \cdot \cdot \cdot \underline{\zeta}_1 & \underline{\zeta}_0 & \cdot \\
\underline{0} & \cdot \cdot & \cdot & \cdot \\
& \underline{0} \quad \underline{\zeta}_{x+n_r-1} \cdot \cdot \cdot \cdot \cdot \cdot \cdot \underline{\zeta}_1 & \underline{\zeta}_0
\end{bmatrix}. \tag{4.266}$$

Die $\left[p(n_B + n_r + 1)\right] \times \left[p(x + n_B + n_r + 1)\right]$-dimensionale Matrix $\underline{\tilde{A}}$ enthält die Koeffizientenmatrizen von $\underline{\tilde{N}}(s)$ in der Form

$$\underline{\tilde{A}} = \begin{bmatrix}
\underline{\tilde{A}}_x \cdot \cdot \cdot \cdot \cdot \cdot \cdot \cdot \underline{\tilde{A}}_1 & \underline{\tilde{A}}_0 & & \underline{0} \\
& \underline{\tilde{A}}_x \cdot \cdot \cdot \cdot \cdot \cdot \cdot \cdot \underline{\tilde{A}}_1 & \underline{\tilde{A}}_0 & \\
& \cdot & \cdot \cdot & \\
& \cdot & \cdot \cdot & \\
\underline{0} & & & \\
& \underline{\tilde{A}}_x \cdot \cdot \cdot \cdot \cdot \cdot \cdot \cdot \underline{\tilde{A}}_1 & \underline{\tilde{A}}_0
\end{bmatrix}. \tag{4.267}$$

Die pxp(n_B + n_r + 1)-dimensionale Matrix $\underline{\Delta}$ wird schließlich aus den Koeffizienten-matrizen $\underline{\Delta}_i$ des Zustands- und Störbeobachters (4.260) gemäß

$$\underline{\Delta} = \left[\, \underline{I} \quad \underline{\Delta}_{n_\Delta -1} \cdot \cdot \cdot \cdot \cdot \cdot \underline{\Delta}_1 \quad \underline{\Delta}_0 \right] \tag{4.268}$$

gebildet. Das Gleichungssystem (4.261) kann wiederum für jede Reglerzeile getrennt gelöst werden, wobei pro Zeile m(n_B+1)-n Koeffizienten vorgegeben werden können.

Damit läßt sich der Reglerentwurf für asymptotische Störkompensation genauso ein-fach durchführen, wie der Reglerentwurf für reine Zustandsregelung, solange die in Abschn. 4.1.2 und 4.1.6 angegebenen Bedingungen für einen Regleransatz nach Davison erfüllt sind.

Einen noch einfacher zu behandelnden Sonderfall stellen am Eingang der Strecke an-greifende Störungen dar. Wenn ihr Entstehungsprozeß durch die Matrix $\underline{N}_r(s)$ gemäß

$$\underline{r}(s) = \underline{N}_r^{-1}(s)\underline{r}_0(s) \tag{4.269}$$

beschrieben wird, reicht eine Gestaltung der "Nennermatrix" des Reglers in der Form

$$\underline{N}_R(s) - \bar{\bar{\underline{N}}}_R(s)\underline{N}_r(s) \tag{4.270}$$

für asymptotische Störkompensation in der gesamten Strecke aus. Die Entwurfsglei-chung für den Regler lautet bei eingangsseitigen Störungen somit

$$\bar{\bar{\underline{N}}}_R(s)\underline{N}_r(s)\underline{N}(s) + \underline{Z}_y(s)\underline{Z}(s) = \underline{\Delta}(s)\tilde{\underline{N}}(s) \quad . \tag{4.271}$$

Der Koeffizientenvergleich zur Lösung dieser Gleichung kann wiederum als lineares Gleichungssystem angeschrieben und zeilenweise gelöst werden.

Für den Fall, daß einige der Regelgrößen nicht meßbar sind, bzw. wenn die Ordnung des Reglers gegenüber dem Ansatz nach Davison reduziert werden soll, muß man die allgemeine Bedingungsgleichung (4.43) für Störkompensation

$$\left[(\tilde{\underline{N}}^*(s)\,\vdots\, \underline{0}) - {}^p\underline{Z}^*(s)\underline{Z}_y(s)\right]\underline{Z}_{St}(s) = \bar{\underline{Z}}(s)\underline{N}_r(s)\underline{N}_{St} \tag{4.272}$$

auswerten. Voraussetzung hierfür ist die Umfaktorisierung (4.37), nämlich

$$^p\underline{Z}(s)\tilde{\underline{N}}^{-1}(s)\underline{\Delta}^{-1}(s) = \tilde{\underline{N}}^{*-1}(s){}^p\underline{Z}^*(s) \quad . \tag{4.273}$$

Da in dieser Bedingungsgleichung die unbekannte Reglermatrix $\underline{Z}_y(s)$ von links und von rechts mit bekannten Matrizen multipliziert auftritt, ist die Aufstellung des Gleichungssystems zur Durchführung des Koeffizientenvergleichs nicht mehr so ein-fach wie in den bisher dargestellten Fällen. Erst nach Ausmultiplikation der Matrix $^p\underline{Z}^*(s)\underline{Z}_y(s)\underline{Z}_{St}(s)$ kann ein lineares Gleichungssystem aufgestellt werden, wobei zwischen den einzelnen Reglerzeilen Kopplungen entstehen, was die Lösung zusätzlich erschwert.

4.3.4 Beispiel für einen Reglerentwurf mit Störmodell im Mehrgrößenfall

In die Strecke, die in Abschn. 4.3.2 betrachtet wurde, möge eine sinusförmige Störgröße der Form $r(t) = r_0 \sin\omega_0 t$ angreifen. Da die Störkompensation mit dem in Abschnitt 4.3.3 dargestellten Verfahren unabhängig vom aktuellen Eingriffsort der
Störgröße gewährleistet ist, solange sie von $\underline{u}$ aus überhaupt möglich ist (s. dazu
Abschnitt 4.1.6), muß dieser Eingriffsort nicht definiert werden. Für die Untersuchung des Einschwingvorganges des Regelkreises auf Störungen muß er hingegen bekannt sein.

Bezüglich der Vorgaben für die geregelte Strecke mögen die Werte aus Abschn. 4.3.2
gelten. Damit erhält man

$$
{}^P\underline{Z}(s) = s\begin{bmatrix} 1 & 0 \\ 0 & 0 \end{bmatrix} + \begin{bmatrix} 1 & 0 \\ 1 & 1 \end{bmatrix} \; ,
$$

$$
\underline{N}(s) = s^2\begin{bmatrix} 1 & 0 \\ 0 & 0 \end{bmatrix} + s\begin{bmatrix} 0 & 0 \\ 0 & -1 \end{bmatrix} + \begin{bmatrix} 0 & 0 \\ 1 & 1 \end{bmatrix} \; ,
$$

$$
\underline{\tilde{N}}(s) = s^2\begin{bmatrix} 1 & 0 \\ 0 & 0 \end{bmatrix} + s\begin{bmatrix} 2 & 0 \\ -1 & -1 \end{bmatrix} + \begin{bmatrix} 2 & 0 \\ -1 & -1 \end{bmatrix}
$$

und

$$
N_r^0(s) = s^2 + \omega_0^2 \quad .
$$

Die minimal nötige Ordnung des Beobachters ergibt sich wegen $(\nu - 1) = 1$ und $n_r = 2$
zu $n_\Delta = 3$. Fordert man wiederum Beobachterpole bei $s_B = -10$, so lautet die Beobachtermatrix

$$
\underline{\Delta}(s) = (s + 10)^3\underline{I} = s^3\begin{bmatrix} 1 & 0 \\ 0 & 1 \end{bmatrix} + s^2\begin{bmatrix} 30 & 0 \\ 0 & 30 \end{bmatrix} + s\begin{bmatrix} 300 & 0 \\ 0 & 300 \end{bmatrix} + \begin{bmatrix} 1000 & 0 \\ 0 & 1000 \end{bmatrix} \quad .
$$

Die Koeffizientenmatrizen $\underline{\alpha}_i$ ergeben sich über die Beziehung (4.264) zu

$$
\begin{bmatrix} \underline{\alpha}_4 & \underline{\alpha}_3 & \underline{\alpha}_2 & \underline{\alpha}_1 & \underline{\alpha}_0 \end{bmatrix} =
$$

$$
= \begin{bmatrix} 1 & 0 & 0 & 0 & \omega_0^2 & 0 \\ 0 & 1 & 0 & 0 & 0 & \omega_0^2 \end{bmatrix}
\begin{bmatrix}
1 & 0 & 0 & 0 & 0 & 0 & 0 & 0 & 0 & 0 \\
0 & 0 & 0 & -1 & 1 & 1 & 0 & 0 & 0 & 0 \\
0 & 0 & 1 & 0 & 0 & 0 & 0 & 0 & 0 & 0 \\
0 & 0 & 0 & 0 & 0 & -1 & 1 & 1 & 0 & 0 \\
0 & 0 & 0 & 0 & 1 & 0 & 0 & 0 & 0 & 0 \\
0 & 0 & 0 & 0 & 0 & 0 & 0 & -1 & 1 & 1
\end{bmatrix} =
$$

$$
= \begin{bmatrix}
1 & 0 & 0 & 0 & \omega_0^2 & 0 & 0 & 0 & 0 & 0 \\
0 & 0 & 0 & -1 & 1 & 1 & 0 & -\omega_0^2 & \omega_0^2 & \omega_0^2
\end{bmatrix} \quad .
$$

Koeffizientenmatrizen $\underline{\zeta}_i$ existieren nicht, da außer den beiden Regelgrößen keine weiteren Meßgrößen vorhanden sind, und somit $^{m-p}\underline{Z}(s)$ verschwindet. Setzt man die gegebenen Werte in die Reglerentwurfsgleichung (4.261) ein, so erhält man

$$
\begin{bmatrix} \underline{P}_1 & \underline{P}_0 & \vdots & \underline{L}_3 & \underline{L}_2 & \underline{L}_1 & \underline{L}_0 \end{bmatrix}
\begin{bmatrix}
1 & 0 & 0 & 0 & \omega_0^2 & 0 & 0 & 0 & 0 & 0 & 0 & 0 \\
0 & 0 & 0 & -1 & 1 & 1 & 0 & -\omega_0^2 & \omega_0^2 & \omega_0^2 & 0 & 0 \\
0 & 0 & 1 & 0 & 0 & 0 & \omega_0^2 & 0 & 0 & 0 & 0 & 0 \\
0 & 0 & 0 & 0 & 0 & -1 & 1 & 1 & 0 & -\omega_0^2 & \omega_0^2 & \omega_0^2 \\
0 & 0 & 1 & 0 & 1 & 0 & 0 & 0 & 0 & 0 & 0 & 0 \\
0 & 0 & 0 & 0 & 1 & 1 & 0 & 0 & 0 & 0 & 0 & 0 \\
0 & 0 & 0 & 0 & 1 & 0 & 1 & 0 & 0 & 0 & 0 & 0 \\
0 & 0 & 0 & 0 & 0 & 0 & 1 & 1 & 0 & 0 & 0 & 0 \\
0 & 0 & 0 & 0 & 0 & 0 & 1 & 0 & 1 & 0 & 0 & 0 \\
0 & 0 & 0 & 0 & 0 & 0 & 0 & 0 & 1 & 1 & 0 & 0 \\
0 & 0 & 0 & 0 & 0 & 0 & 0 & 0 & 1 & 0 & 1 & 0 \\
0 & 0 & 0 & 0 & 0 & 0 & 0 & 0 & 0 & 0 & 1 & 1
\end{bmatrix} =
$$

$$
-\begin{bmatrix}
1 & 0 & 30 & 0 & 300 & 0 & 1000 & 0 \\
0 & 1 & 0 & 30 & 0 & 300 & 0 & 1000
\end{bmatrix}
\begin{bmatrix}
1 & 0 & 2 & 0 & 2 & 0 & 0 & 0 & 0 & 0 & 0 & 0 \\
0 & 0 & -1 & -1 & -1 & -1 & 0 & 0 & 0 & 0 & 0 & 0 \\
0 & 0 & 1 & 0 & 2 & 0 & 2 & 0 & 0 & 0 & 0 & 0 \\
0 & 0 & 0 & 0 & -1 & -1 & -1 & -1 & 0 & 0 & 0 & 0 \\
0 & 0 & 0 & 0 & 1 & 0 & 2 & 0 & 2 & 0 & 0 & 0 \\
0 & 0 & 0 & 0 & 0 & 0 & -1 & -1 & -1 & -1 & 0 & 0 \\
0 & 0 & 0 & 0 & 0 & 0 & 1 & 0 & 2 & 0 & 2 & 0 \\
0 & 0 & 0 & 0 & 0 & 0 & 0 & 0 & -1 & -1 & -1 & -1
\end{bmatrix} =
$$

$$
=\begin{bmatrix}
1 & 0 & 32 & 0 & 362 & 0 & 1660 & 0 & 2600 & 0 & 2000 & 0 \\
0 & 0 & -1 & -1 & -31 & -31 & -330 & -330 & -1300 & -1300 & -1000 & -1000
\end{bmatrix} \; .
$$

Für eine konkrete Lösung der Reglerentwurfsaufgabe wird $\omega_0 = 1$ gewählt. Betrachtet man die Koeffizientenmatrix $\underline{K}_H$, so fällt auf, daß die zweite Spalte eine Nullspalte ist. Sie entsteht deshalb, weil in der zweiten Spalte von $\underline{N}(s)$ nur Polynome geringeren Grades als in der ersten auftreten.

Die Bedingung $\underline{r}\left[\underline{\tilde{N}}(s)\right] = \underline{r}\left[\underline{N}(s)\right]$ sichert, daß an der entsprechenden Stelle auf der rechten Seite ebenfalls eine Nullspalte entsteht, und somit die Lösbarkeit des Gleichungssystems dadurch nicht gefährdet wird.

Der Rang der Koeffizientenmatrix $\underline{K}_H$ ist 11, so daß in der Unbekanntenmatrix $\underline{H}$ eine Spalte vorgebbar ist. Gibt man für die erste Spalte von $\underline{L}_3$ Nullkoeffizienten vor, so haben beide Teilregler zwischen der Meßgröße y_1 und den Stellgrößen u_1 und u_2 keinen Durchgriff. Dies führt auf eine Glättung des Meßsignals y_1.

Mit der Vorgabe für die Reglerkoeffizientenmatrix

$$\underline{L}_3 = \begin{bmatrix} 0 & \cdot \\ 0 & \cdot \end{bmatrix}$$

erhält man als Lösung die Koeffizientenmatrix $\underline{H}$ des Reglers zu

$$\begin{bmatrix} \underline{P}_1 & \underline{P}_0 & | & \underline{L}_3 & \underline{L}_2 & \underline{L}_1 & \underline{L}_0 \end{bmatrix} =$$

$$= \begin{bmatrix} 1 & 0 & 32 & -333.5 & | & 0 & -333.5 & 694.5 & 333.5 & 933.5 & -333.5 & 2000 & 333.5 \\ 0 & 1 & -1 & 0 & | & 0 & -32 & 0 & -329 & 0 & -1301 & 0 & -1000 \end{bmatrix} .$$

Die Koeffizienten der Reglermatrix $\underline{N}_R(s) = \bar{\underline{N}}_R(s)N_r^0(s)$ ergeben sich damit zu

$$\begin{bmatrix} 1 & 0 & 32 & -333.5 \\ 0 & 1 & -1 & 0 \end{bmatrix} \begin{bmatrix} 1 & 0 & 0 & 0 & 1 & 0 & 0 & 0 \\ 0 & 1 & 0 & 0 & 0 & 1 & 0 & 0 \\ 0 & 0 & 1 & 0 & 0 & 0 & 1 & 0 \\ 0 & 0 & 0 & 1 & 0 & 0 & 0 & 1 \end{bmatrix} =$$

$$= \begin{bmatrix} 1 & 0 & 32 & -333.5 & 1 & 0 & 32 & -333.5 \\ 0 & 1 & -1 & 0 & 0 & 1 & -1 & 0 \end{bmatrix} .$$

Aus $\underline{N}_R(s)$ und der Matrix $\underline{\Delta}(s)$ des Beobachters errechnet man mit Hilfe von Gleichung (4.245)

$$\underline{Z}_u(s) = \underline{N}_R(s) - \underline{\Delta}(s) = s^2 \begin{bmatrix} 2 & -333.5 \\ -1 & -30 \end{bmatrix} + s \begin{bmatrix} -299 & 0 \\ 0 & -299 \end{bmatrix} + \begin{bmatrix} -968 & -333.5 \\ -1 & -1000 \end{bmatrix} .$$

Die Polynommatrix $\underline{Z}_y(s)$ ergibt sich zu

$$\underline{Z}_y(s) = s^3 \begin{bmatrix} 0 & -333.5 \\ 0 & -32 \end{bmatrix} + s^2 \begin{bmatrix} 694.5 & 333.5 \\ 0 & -329 \end{bmatrix} + s \begin{bmatrix} 933.5 & -333.5 \\ 0 & -1301 \end{bmatrix} + \begin{bmatrix} 2000 & 333.5 \\ 0 & -1000 \end{bmatrix} .$$

Da die Beobachtermatrix $\underline{\Delta}(s)$ diagonal angesetzt wurde, kann man den Regler zeilenweise mit je drei Energiespeichern realisieren. Die Aufschaltmatrix der Führungsgröße (vgl. Abschn. 4.3.2)

$$\underline{L} = \begin{bmatrix} 2 & 0 \\ 0 & -1 \end{bmatrix}$$

stellt sicher, daß die Regelgrößen ohne bleibende Regelabweichung sprungförmigen Führungssignalen folgen. Das eingebrachte Störmodell sorgt für die asymptotische Unterdrückung von Sinusstörungen der Kreisfrequenz $\omega_0 = 1$, die irgendwo zwischen den Stellsignalen und den Meßstellen in die Strecke eingreifen.

4.4 Zusammenfassung

Die Methoden der Zustandsregelung lassen sich im Zeitbereich ohne Probleme auch für zeitvariante Systeme formulieren. Bei einem Übergang in den Frequenzbereich muß man sich dagegen auf zeitinvariante Regelstrecken beschränken. Unter diesem Aspekt sind die Zeitbereichsmethoden den Frequenzbereichsmethoden überlegen.

Bei der Behandlung von Zustandsregelungen im Frequenzbereich werden sowohl die Eigenschaften der Strecke als auch die Anforderungen an das Regelkreisverhalten mit Hilfe von Übertragungsfunktionen bzw. -Matrizen formuliert. Dabei geht die bei der Zeitbereichsdarstellung vorhandene Einsicht in die innere Struktur der Strecke und des Reglers teilweise verloren.

Dies ist besonders auffällig bei Regelstrecken, die nicht vollständig steuerbar bzw. beobachtbar sind. Hier liefert die Eingangs- Ausgangsbeschreibung mit Hilfe von Übertragungsfunktionen nach einer Pol- Nullstellenkompensation nur noch den vollständig steuerbaren und beobachtbaren Streckenteil. Da man aber nur diesen Teil mit einem Regler gezielt beeinflussen kann, ist der entstehende Informationsverlust nur insofern relevant, als man ihn zu einer Entscheidung über eine geänderte Ansteuerung bzw. Meßstellenanordnung zur Behebung eines eventuell auftretenden Steuer- bzw. Beobachtbarkeitsdefektes heranziehen könnte.

Auf der anderen Seite spielt bei der Auslegung des Reglers die innere Struktur der Regelstrecke nur dann eine Rolle, wenn z.B. sichergestellt werden soll, daß bestimmte Zustandsgrößen vorgegebene Extremwerte nicht überschreiten. Das Verhalten des linear arbeitenden Regelkreises wird lediglich durch das Eingangs- Ausgangsverhalten der Strecke beeinflußt, während ihre innere Struktur keinen Einfluß auf das Regelergebnis hat.

Darüber hinaus gewinnt man über die Formulierung der Regelungsaufgabe im Frequenzbereich Anschluß an die Denkweise der klassischen Regelungstechnik, die in starkem Maße von der Anwendung der Laplace-Transformation und der Interpretation von Frequenzgängen geprägt ist. Die dort gewonnenen Erfahrungen über die Auslegung von Regelkreisen können damit weitgehend auf Zustandsregelungen übertragen werden.

Die Entwurfsbeziehungen im Frequenzbereich wurden so gestaltet, daß der resultierende Regelkreis das aus den Zeitbereichsbetrachtungen in Kapitel 3 bekannte Verhalten besitzt. Dadurch können alle gewünschten Eigenschaften linearer, zeitinvarianter Zustandsregelkreise direkt durch Anforderungen an die Übertragungsfunktionen bzw. -Matrizen der Regler sichergestellt werden.

Die Tatsache, daß der Führungseingriff keinen Beobachtungsfehler anregt (siehe Kapitel 3), findet ihre Entsprechung im Frequenzbereich durch die Forderung, daß der Zähler des Führungskanals im Regler das charakteristische Polynom des Beobachters als Teiler enthält.

Ferner zeigt sich, daß die im Zeitbereich von Johnson oder Davison angegebenen Bedingungen für asymptotische Störkompensation nichts anderes sicherstellen, als daß im Zähler der Übertragungsfunktionen von den Störgrößen zu den Regelgrößen das charakteristische Polynom des zugehörigen Störprozesses als Teiler auftritt. Entsprechend wird asymptotisches Folgen auf Signale aus einem angenommenen Führungsprozeß im Regelkreis genau dann erreicht, wenn die Zähler der Übertragungsfunktionen von einer Führungsgröße zu den Regelabweichungen das charakteristische Polynom des Führungsprozesses als Teiler enthalten.

Diese Nullstellenbedingungen lassen sich im Frequenzbereich sehr elegant in Form von Polynommatrix-Gleichungen in den Reglerentwurf einbeziehen. Entsprechend einfach wird auch die Formulierung von darüber hinaus gehenden Anforderungen an das Regelungssystem.

Insbesondere bei Regelungen mit nur einer Stellgröße ist die Vereinfachung beim Übergang in den Frequenzbereich eklatant. Nach Vorgabe des Entwurfsziels in Form der charakteristischen Polynome für die geregelte Strecke, den Beobachter und die zu berücksichtigenden Stör- und Führungsprozesse kann der Reglerentwurf anhand der Lösung eines linearen Gleichungssystems durchgeführt werden, was lediglich einfachste Standardsoftware erfordert.

Hinzu kommt, daß die Ordnung dieses Gleichungssystems geringer ist als die des beim Beobachterentwurf im Zeitbereich zu lösenden. Die Ursache hierfür liegt in der Tatsache, daß der benötigte Zustandsbeobachter lediglich zur Erzeugung geeigneter Stellsignale benutzt wird.

Beim Zeitbereichsentwurf von Zustandsreglern wird dagegen im Laufe des Berechnungsganges der Zusammenhang zwischen den Beobachter- und Streckenzuständen explizit ermittelt, wodurch eine in der Regel nicht benötigte Information erzeugt wird. Sollte die Information über den Zusammenhang zwischen Strecken- und Beobachterzustandsgrößen erwünscht sein, kann sie nachträglich aus dem im Frequenzbereich entworfenen Zustandsregler gewonnen werden, wie die Überlegungen in Abschn. 4.2.2 zeigen. Dazu ist dann gerade der beim Frequenzbereichsentwurf eingesparte Rechenaufwand erforderlich.

Das Ergebnis der Reglerberechnung im Frequenzbereich sind die Übertragungsfunktionen bzw. -Matrizen der Zustandsregler und nicht wie beim Zeitbereichsentwurf, eine konkrete Realisierungsstruktur. Die dadurch gegebene Trennung zwischen Entwurf und Realisierung ermöglicht es, Gesichtspunkte wie die Verwendung von Standardbausteinen, die Reduktion der Reglerempfindlichkeit gegenüber Ungenauigkeiten in dessen Komponenten oder aufgrund begrenzter Wortlänge bei digitalen Reglern, etc. bei der Realisierung des Reglers zu berücksichten. Derartige Überlegungen sind im Verlauf der Reglerberechnung im Zeitbereich nur sehr schwer einzubringen.

Um die Systematik und die Flexibilität des Vorgehens im Frequenzbereich zu demonstrieren, wurden für den Eingrößenfall verschiedene Beispiele von der Problemformulierung bis zur Reglerberechnung ausführlich dargestellt (Abschn. 4.2). Dies geschah vor allem auch im Hinblick darauf, daß man bei Mehrgrößenregelungen in gleicher Weise vorgeht.

Die Reglerberechnung erfolgt anhand der immer zu erfüllenden Grundgleichung

$$\underline{N}_R(s)\underline{N}(s) + \underline{Z}_y(s)\underline{Z}(s) = \underline{\Delta}(s)\underline{\tilde{N}}(s) \quad .$$

Sie stellt sicher, daß die Dynamik des Regelkreises, gekennzeichnet durch die Dynamik der geregelten Strecke und des Beobachters in Form der Polynommatrizen $\underline{\tilde{N}}(s)$ und $\underline{\Delta}(s)$, in gewünschter Weise beeinflußt wird. Weitere Anforderungen an den Regelkreis wie z.B. asymptotische Störkompensation in den Regelgrößen oder andere - prinzipiell machbare - Eigenschaften der geregelten Strecke werden als Zusatzbedingungen zu dieser Grundgleichung hinzugefügt. Dadurch lassen sich die unterschiedlichsten Forderungen beim Reglerentwurf gleichzeitig berücksichtigen.

Viele Identifikationsverfahren liefern Streckenmodelle, die aus Eingangs- Ausgangs-Messungen der zu regelnden Strecke gewonnen werden. Hier bietet sich der Entwurf im Frequenzbereich besonders an, da keine Kenntnis über die innere Struktur der Regelstrecke vorausgesetzt wird, und damit auch nicht künstlich erzeugt werden muß, wie dies bei der Aufstellung von Zustandsgleichungen vor dem Reglerentwurf im Zeitbereich erforderlich ist.

Zu klären bleibt, welchen Einfluß ungenaue Streckenmodelle auf das Regelergebnis beim Einsatz von Zustandsregelungen haben. Vermutlich bestätigt sich hier eine Erfahrung aus der klassischen Regelungstechnik, daß nämlich für relativ träge Regelungen auch verhältnismäßig ungenaue Streckenmodelle ausreichen. Je höher die Anforderungen an die Dynamik des Regelkreisdynamik sind, um so genauer muß das Streckenverhalten bekannt sein. Hierzu werden in Abschn. 6.1 einige Überlegungen angestellt.

Die Berechnungsverfahren wurden bisher ausschließlich für kontinuierlich arbeitende Regler dargestellt. Sie können aber ohne Schwierigkeiten auf diskret arbeitende Regler, also Abtastregelungen übertragen werden. An Stelle der Streckenübertragungsfunktionen im s-Bereich sind dann die Übertragungsfunktionen im z-Bereich einzusetzen, die geeignet zu bestimmen sind. Ebenso muß für die Stör- und Führungsmodellpolynome eine Formulierung im z-Bereich zugrundegelegt werden.

Die Entwurfsgleichungen liefern dann ohne weitere Modifikation die z-Übertragungsfunktionen des Reglers, die in ein Digitalrechenprogramm umgesetzt werden können. Die wesentlichen Überlegungen hierzu sind in Kapitel 7 dargestellt.

5 Festlegung der Strecken- und Beobachterdynamik

Die in den Kapiteln 3 und 4 vorgestellten Verfahren zum Entwurf von Zustandsreglern gehen davon aus, daß der Anwender die wichtigste Frage, nämlich die nach dem gewünschten Stör- oder Führungsverhalten, den Entkopplungseigenschaften des Regelkreises und vieles mehr schon beantwortet hat.

Diese Eigenschaften hängen von der Rückführmatrix des Streckenzustandes, und mit wenigen Ausnahmen auch vom Beobachter ab. Wie dieser Zusammenhang jedoch im Einzelnen aussieht, ist in den seltensten Fällen einfach überschaubar.

Die eigentliche Entwurfsaufgabe besteht also nicht in der Lösung der Reglerentwurfsgleichungen, sondern in der gezielten Suche nach denjenigen Größen, die zu einem Regelkreisverhalten führen, das aufgrund der gegebenen Randbedingungen als optimal oder zumindest als zufriedenstellend angesehen werden kann. Die Reglerentwurfsverfahren stellen lediglich ein Handwerkszeug dar, das bei der Auslegung des Regelkreises den Zusammenhang zwischen den Vorgaben und den zur Erreichung dieser Zielvorstellungen erforderlichen Reglerparametern liefert.

Der Suchprozeß nach günstigen Reglerkonfigurationen kann auf unterschiedliche Arten erfolgen. Hierzu sollen in Kapitel 5 einige Vorgehensweisen diskutiert werden und zwar als erstes die unterschiedlichen Polvorgabe-Verfahren für Ein- und Mehrgrößensysteme im Zeit- und im Frequenzbereich (Abschn. 5.1).

Daran schließt sich die Festlegung der Zustandsrückführung über die Minimierung eines quadratischen Kostenfunktionals, die sogenannte optimale Zustandsregelung, im Zeit- und im Frequenzbereich an (Abschn. 5.2). Dabei wird auch auf die Sicherstellung eines minimalen Realteils für die Pole der geregelten Strecke eingegangen.

Abschnitt 5.3 widmet sich der Optimierung des Beobachters. Zunächst wird die Auslegung des Einheitsbeobachters als Kalman-Filter betrachtet. Daran schließt sich die Reduktion der Filter-Ordnung an, wenn man einige der Meßgrößen als nicht verrauscht ansehen kann.

Den Abschluß bildet die Darstellung der sogenannten Gütevektoroptimierung in Abschnitt 5.4, bei der eine systematische Approximation gewünschter Entwurfsziele durch Variation aller Reglerparameter durchgeführt wird.

5.1 Polvorgabeverfahren

5.1.1 Polvorgabe bei Eingrößensystemen im Zeitbereich

Bei Eingrößensystemen n-ter Ordnung, beschrieben durch ihre Zustandsgleichungen

$$\dot{\underline{x}}(t) = \underline{A}\underline{x}(t) + \underline{b}u(t) \tag{5.1}$$

existieren im Rückfürvektor $\underline{k}^T$ des Zustandsregelgesetzes

$$u = - \underline{k}^T\underline{x} = -\left[k_1 \quad k_2 \cdots k_n \right]\underline{x} \tag{5.2}$$

gerade n Freiheitsgrade, die bei gegebener Pollage für die geregelte Strecke so
bestimmt werden müssen, daß das charakteristische Polynom

$$\tilde{N}(s) = \det(s\underline{I} - \underline{A} + \underline{b}\underline{k}^T) = s^n + \tilde{a}_{n-1}s^{n-1} + \ldots + \tilde{a}_1 s + \tilde{a}_0 \tag{5.3}$$

die vorgegebenen Pole als Nullstellen enthält. Liegen die Zustandsgleichungen der
Strecke in Regelungsnormalform

$$\dot{\underline{x}}^* = \underline{A}^*\underline{x}^* + \underline{b}^*u \tag{5.4}$$

vor, die durch

$$\underline{A}^* = \begin{bmatrix} 0 & 1 & 0 & \ldots & 0 \\ 0 & 0 & 1 & \ldots & 0 \\ & \cdots & & \cdots & \\ 0 & 0 & 0 & \ldots & 1 \\ -a_0 & -a_1 & -a_2 & \ldots & -a_{n-1} \end{bmatrix}; \quad \underline{b}^* = \begin{bmatrix} 0 \\ 0 \\ \vdots \\ 0 \\ 1 \end{bmatrix}$$

gekennzeichnet ist, so treten die Koeffizienten a_i des charakteristischen Polynoms

$$N(s) = \det(s\underline{I} - \underline{A}) = s^n + a_{n-1}s^{n-1} + \ldots + a_1 s + a_0 \tag{5.5}$$

der ungeregelten Strecke gerade in der letzten Zeile der Matrix $\underline{A}^*$ auf. Nach einer
Zustandsrückführung

$$u = - \underline{k}^{*T}\underline{x}^* = -\left[k_1^* \quad k_2^* \ldots k_n^* \right]\underline{x}^* \tag{5.6}$$

sind die Elemente in der letzten Zeile von

$$(\underline{A}^* - \underline{b}^*\underline{k}^{*T}) = \begin{bmatrix} 0 & 1 & \ldots & 0 \\ 0 & 0 & \ldots & 0 \\ & \cdots & & \\ 0 & 0 & \ldots & 1 \\ -(a_0+k_1^*) & -(a_1+k_2^*) & \ldots & -(a_{n-1}+k_n^*) \end{bmatrix} \tag{5.7}$$

identisch mit den Koeffizienten $\tilde{a}_i$ des Polynoms $\tilde{N}(s)$ der geregelten Strecke.

Der Rückführvektor $\underline{k}^{*T}$ für eine Strecke in Regelungsnormalform berechnet sich demnach aus den Koeffizienten a_i von $N(s)$ und $\tilde{a}_i$ von $\tilde{N}(s)$ einfach zu

$$\underline{k}^{*T} = \left[(\tilde{a}_0 - a_0)\ \ (\tilde{a}_1 - a_1)\ \cdots\ (\tilde{a}_{n-1} - a_{n-1})\right] \ . \tag{5.8}$$

Die Zustandsgleichungen eines vollständig steuerbaren Eingrößensystems können ohne Beschränkung der Allgemeingültigkeit auf Regelungsnormalform gebracht werden. Dies ist besonders einfach, wenn man von der Übertragungsfunktion der Strecke ausgeht (s. Abschn. 1.2.2). Liegen die Zustandsgleichungen (5.1) der Strecke bereits in einer beliebigen Form vor, dann können sie über eine reguläre Transformation

$$\underline{x}^* = \underline{T}\underline{x} \tag{5.9}$$

auf Regelungsnormalform (5.4) gebracht werden, wobei die Beziehungen

$$\underline{T}\underline{A}\underline{T}^{-1} = \underline{A}^* \tag{5.10}$$
und
$$\underline{T}\underline{b} = \underline{b}^* \tag{5.11}$$

gelten. Die Zustandsrückführung (5.2) in allgemeiner Form ergibt sich damit aus der speziellen (5.8) für die Regelungsnormalform zu

$$\underline{k}^T = \underline{k}^{*T}\underline{T} \ , \tag{5.12}$$

wobei $\underline{k}^{*T}$ direkt aus den charakteristischen Polynomen für die geregelte und die ungeregelte Strecke gemäß (5.8) folgt. Betrachtet man die Steuerbarkeitsmatrizen

$$\underline{Q} = \left[\underline{b},\ \underline{A}\underline{b},\ \cdots\cdots,\ \underline{A}^{n-1}\underline{b}\right] \tag{5.13}$$

für eine allgemeine Zustandsdarstellung (5.1) und

$$\underline{Q}^* = \left[\underline{b}^*,\ \underline{A}^*\underline{b}^*,\ \cdots\cdots,\ (\underline{A}^*)^{n-1}\underline{b}^*\right] \tag{5.14}$$

für ein System (5.4) in Regelungsnormalform, dann zeigt sich, daß

$$\underline{Q}^* = \underline{T}\underline{Q} \tag{5.15}$$
oder
$$\underline{T} = \underline{Q}^*\underline{Q}^{-1} \tag{5.16}$$

gilt. Damit ist die gesuchte Transformation auf Regelungsnormalform bekannt und der Rückführvektor $\underline{k}^T$ für den Streckenzustand ergibt sich zu

$$\underline{k}^T = \underline{k}^{*T}\underline{Q}^*\underline{Q}^{-1} \ . \tag{5.17}$$

Eine modifizierte Form dieser Berechnungsvorschrift wurde von Ackermann in /A1,A5/ hergeleitet. Betrachtet man nämlich den Zusammenhang (5.10) unter Berücksichtigung von Gl.(5.16), so zeigt sich, daß

$$\underline{Q}^{-1}\underline{A}^j\underline{Q} = (\underline{Q}^*)^{-1}(\underline{A}^*)^j\underline{Q}^* \ , \quad j = 0,1,\ldots \tag{5.18}$$

gilt.

Ferner ist aufgrund der speziellen Form der Steuerbarkeitsmatrix $\underline{Q}^*$ überprüfbar,
daß die Beziehung

$$
\begin{bmatrix}
[0 \quad 0 \ldots 0 \quad 1](\underline{Q}^*)^{-1}(\underline{A}^*)^0\underline{Q}^* \\
[0 \quad 0 \ldots 0 \quad 1](\underline{Q}^*)^{-1}(\underline{A}^*)^1\underline{Q}^* \\
\cdots\cdots\cdots\cdots\cdots\cdots \\
[0 \quad 0 \ldots 0 \quad 1](\underline{Q}^*)^{-1}(\underline{A}^*)^{n-1}\underline{Q}^*
\end{bmatrix} = \underline{Q}^*
\tag{5.19}
$$

erfüllt ist. Multipliziert man nun die Beziehung (5.17) von rechts mit $\underline{Q}$, so erkennt man, daß unter Berücksichtigung von (5.19) und (5.18) der Zusammenhang

$$
\underline{k}^T\underline{Q} - \underline{k}^{*T}\underline{Q}^* - \underline{k}^{*T}
\begin{bmatrix}
[0 \quad 0 \ldots 0 \quad 1]\underline{Q}^{-1}\underline{A}^0\underline{Q} \\
[0 \quad 0 \ldots 0 \quad 1]\underline{Q}^{-1}\underline{A}^1\underline{Q} \\
\cdots\cdots\cdots\cdots\cdots \\
[0 \quad 0 \ldots 0 \quad 1]\underline{Q}^{-1}\underline{A}^{n-1}\underline{Q}
\end{bmatrix}
\tag{5.20}
$$

existiert. Nach Ausmultiplizieren und Rechtsmultiplikation mit $\underline{Q}^{-1}$ ergibt sich
daraus die "Formel von Ackermann" zu

$$
\underline{k}^T = \begin{bmatrix} 0 \quad 0 \ldots 0 \quad 1 \end{bmatrix}\underline{Q}^{-1}\tilde{N}(\underline{A}) \, ,
\tag{5.21}
$$

wobei $\tilde{N}(\underline{A})$ das Polynom

$$
\tilde{N}(\underline{A}) = (\tilde{a}_0-a_0)\underline{A}^0 + (\tilde{a}_1-a_1)\underline{A} + \ldots + (\tilde{a}_{n-1}-a_{n-1})\underline{A}^{n-1}
\tag{5.22}
$$

darstellt, das wegen des Satzes von Cayley-Hamilton (jede quadratische Matrix $\underline{A}$ erfüllt ihre eigene charakteristische Gleichung $N(\underline{A}) = 0$) auch gleich

$$
\tilde{N}(\underline{A}) = \tilde{a}_0\underline{A}^0 + \tilde{a}_1\underline{A} + \ldots + \tilde{a}_{n-1}\underline{A}^{n-1} + \underline{A}^n
\tag{5.23}
$$

ist. Die Vorschrift (5.21) zur Berechnung des Rückführvektors $\underline{k}^T$ lautet also:

Man bestimme die letzte Zeile der invertierten Steuerbarkeitsmatrix und multi-
pliziere sie von links an die Matrix, die durch Einsetzen der Streckenmatrix $\underline{A}$
anstelle von s in das gewünschte charakteristische Polynom $\tilde{N}(s)$ entsteht.

Bei Systemen niedriger Ordnung führt unter Umständen ein einfacher Koeffizientenvergleich anhand der Beziehung (5.3) am schnellsten auf das gesuchte $\underline{k}^T$.

Bei Mehrgrößensystemen wird die Transformation auf eine Normalform wesentlich komplizierter. Dazu sei z.B. auf die Darstellung von Ackermann in /A5/ verwiesen.
Darüber hinaus besteht auch nach der Kenntnis dieser Transformation das Problem,
über die nach der Polzuweisung verbleibenden Freiheitsgrade verfügen zu müssen. Im
folgenden wird deshalb ein allgemeines Polzuweisungsverfahren für Mehrgrößensysteme
dargestellt, das keine Transformation auf eine Normalform voraussetzt.

5.1.2 Polvorgabe bei Mehrgrößensystemen im Zeitbereich

Während bei Eingrößensystemen alle n Koeffizienten des Zustandsrückführvektors $\underline{k}^T$ durch die Polvorgabe festgelegt sind, verbleiben bei Mehrgrößensystemen mit p Eingängen in

$$\underline{u}(t) = - \underline{K}\underline{x}(t) \tag{5.24}$$

weitere n(p-1) Freiheitsgrade zur Festlegung von $\underline{K}$, die nach verschiedenen Gesichtspunkten bestimmt werden können. Um nach der Polzuweisung über die verbleibenden Freiheitsgrade sinnvoll verfügen zu können, ist es wünschenswert, eine Festlegung der Parameter in $\underline{K}$ so zu treffen, daß bei einer Ausschöpfung der zusätzlichen Freiheitsgrade die Polfestlegung erhalten bleibt. Roppenecker stellt in /R2/ ein Verfahren vor, das dies leistet, und das in /R3/ durch schrittweise Minimierung eines Gütemaßes weiter systematisiert wird.

Betrachtet sei das lineare, zeitinvariante System n-ter Ordnung mit p Eingängen

$$\underline{\dot{x}}(t) = \underline{A}\underline{x}(t) + \underline{B}\underline{u}(t) \quad , \tag{5.25}$$

das durch eine Zustandsrückführung (5.24) geregelt wird. Das geregelte System genügt den Zustandsgleichungen

$$\underline{\dot{x}}(t) = (\underline{A} - \underline{B}\underline{K})\underline{x}(t) \; . \tag{5.26}$$

Die Matrix $(\underline{A} - \underline{B}\underline{K})$ des Regelkreises soll vorgegebene Eigenwerte $s_{g1}, \ldots\ldots, s_{gn}$ erhalten. Dabei sei angenommen, daß die Eigenwerte einfach sind.

Die Rechtseigenvektoren $\underline{v}_{Ri}$ der geregelten Strecke sind die von Null verschiedenen Lösungen von

$$(\underline{A} - \underline{B}\underline{K} - s_{gi}\underline{I})\underline{v}_{Ri} = \underline{0} \; ; \; i=1,2,\ldots,n \; . \tag{5.27}$$

Führt man die Vektoren

$$\underline{p}_i = \underline{K}\underline{v}_{Ri} \; ; \; i=1,2,\ldots,n \tag{5.28}$$

ein, so lautet die Gleichung (5.27)

$$(\underline{A} - s_{gi}\underline{I})\underline{v}_{Ri} = \underline{B}\underline{p}_i \; ; \; i=1,2,\ldots,n \quad . \tag{5.29}$$

Nach Zusammenfassung der Rechtseigenvektoren in der Matrix

$$\underline{V}_R = \left[\underline{v}_{R1} \cdots \underline{v}_{Rn} \right]$$

und der Parametervektoren $\underline{p}_i$ in der Matrix

$$\underline{P} = \left[\underline{p}_1 \quad \underline{p}_2 \cdots \underline{p}_n \right]$$

lauten die Gleichungen (5.28)

$$\underline{P} = \underline{K}\underline{V}_R \; . \tag{5.30}$$

Unter der Voraussetzung einfacher Eigenwerte ist $\underline{V}_R$ invertierbar, und man erhält die Rückführmatrix $\underline{K}$ zu

$$\underline{K} = \underline{P}\underline{V}_R^{-1} \quad . \tag{5.31}$$

Wenn die Rechtseigenvektoren bekannt sind und für $\underline{P}$ eine bestimmte Form gewählt ist, kann die Rückführmatrix $\underline{K}$ über Gleichung (5.31) berechnet werden.

Wenn alle Eigenwerte des geregelten Systems von den Eigenwerten des ungeregelten verschieden sind, läßt sich Gl.(5.29) für die Berechnung der Rechtseigenvektoren verwenden, und man erhält

$$\underline{v}_{Ri} = (\underline{A} - s_{gi}\underline{I})^{-1}\underline{B}\underline{p}_i \quad . \tag{5.32}$$

Offenbar sind die Vektoren $\underline{p}_i$ dabei frei vorgebbar. Die Matrix $\underline{P}$ stellt damit die Matrix der Freiheitsgrade beim Reglerentwurf dar. Die Anzahl der Elemente von P ist gerade pn; in den Eingangsüberlegungen war aber festgestellt worden, daß nur n(p-1) Freiheitsgrade existieren. Dieser scheinbare Widerspruch löst sich auf, wenn man berücksichtigt, daß die Eigenvektoren $\underline{v}_{Ri}$ und damit auch die Parametervektoren $\underline{p}_i$ nur bis auf einen multiplikativen Faktor festgelegt sind. Diese Faktoren kürzen sich in Gl.(5.31) heraus, so daß durch $\underline{P}$ tatsächlich nur die wirklich existierenden Freiheitsgrade festgelegt werden.

Die Vorgabe von $\underline{P}$ muß so geschehen, daß $\underline{V}_R$ invertierbar ist und daß zu konjugiert komplexen Eigenwerten gehörende Parametervektoren auf ein reelles $\underline{K}$ führen.

Durch diese Parametrierung des Zustandsreglerentwurfes wird also erreicht, daß die Eigenwerte des Regelkreises gewünschte Werte annehmen. Die zusätzlich auftretenden Parameter können nun über eine gezielte Variation der Parametervektoren $\underline{p}_i$ so gewählt werden, daß Eigenschaften wie Nullstellenlage in bestimmten Übertragungskanälen, Entkoppelungseigenschaften des Führungsverhaltens oder die Konstanz interessierender Eigenvektorrichtungen gewährleistet sind.

Bei der Polfestlegung für den Einheitsbeobachter (s. Abschn. 3.2.2) tritt im Prinzip dasselbe Problem auf. Für ein Modell der Strecke

$$\begin{aligned}\dot{\underline{x}} &= \underline{A}\underline{x} + \underline{B}\underline{u} \\ \underline{y} &= \underline{C}\underline{x}\end{aligned} \tag{5.33}$$

wird eine Rückführung der Ausgangsgrößen so gesucht, daß das System

$$\begin{aligned}\dot{\hat{\underline{x}}} &= \underline{A}\hat{\underline{x}} + \underline{B}\underline{u} + \underline{D}(\underline{y} - \hat{\underline{y}}) \\ &= (\underline{A} - \underline{D}\underline{C})\hat{\underline{x}} + \underline{B}\underline{u} + \underline{D}\underline{y}\end{aligned} \tag{5.34}$$

vorgegebene Eigenwerte $s_{B1}, \ldots, s_{Bn}$ erhält.

Anstelle der Rechtseigenvektoren bestimmt man hier beim Beobachter die Linkseigen-
vektoren $\underline{v}_{Li}^T$ als Lösung von

$$\underline{v}_{Li}^T(\underline{A} - \underline{DC} - s_{Bi}\underline{I}) = \underline{0} \; ; \; i=1,2,\ldots,n \; . \tag{5.35}$$

Mit den Parametervektoren $\bar{\underline{p}}_i^T = \underline{v}_{Li}^T\underline{D}$ ergibt sich

$$\underline{v}_{Li}^T(\underline{A} - s_{Bi}\underline{I}) = \bar{\underline{p}}_i^T\underline{C} \quad , \tag{5.36}$$

was nach Zusammenfassung der Vektoren $\underline{v}_{Li}^T$ in $\underline{V}_L$ und $\bar{\underline{p}}_i^T$ in $\bar{\underline{P}}$ auf die Bestimmungsgleichung für $\underline{D}$ in der Form

$$\underline{D} = \underline{V}_L^{-1}\bar{\underline{P}} \tag{5.37}$$

führt. Damit kann die Polvorgabe für den Einheitsbeobachter analog zur Bestimmung
der Zustandsrückführung geschehen.

Ist nur eine Meßgröße y vorhanden, spielt wiederum nur die Lage der Eigenwerte von
$\underline{F} = (\underline{A} - \underline{dc}^T)$ eine Rolle. Man kann daher eine Beobachtermatrix $\underline{F}$ mit gewünschten
Eigenwerten wählen und das benötigte $\underline{d}$ über einen Koeffizientenvergleich bestimmen.
Wie bei der Zustandsrückführung durch die Wahl von $\underline{A}$ in Regelungsnormalform die Berechnung von $\underline{k}^T$ besonders einfach wurde, so vereinfacht sich die Bestimmung von $\underline{d}$,
wenn die Streckenbeschreibung in Beobachternormalform (s. Abschn. 1.2.2) vorliegt.

5.1.3 Polvorgabe beim Frequenzbereichsentwurf

Beim Frequenzbereichsentwurf von Zustandsreglern muß die Polynommatrix-Gleichung

$$\underline{N}_R(s)\underline{N}(s) + \underline{Z}_y(s)\underline{Z}(s) = \underline{\Delta}(s)\tilde{\underline{N}}(s) \tag{5.38}$$

gelöst werden. Die vorzugebende pxp-Polynommatrix $\tilde{\underline{N}}(s)$ bestimmt dabei das Führungsverhalten, während das Störverhalten sowohl von $\tilde{\underline{N}}(s)$ als auch durch die pxp-Polynommatrix $\underline{\Delta}(s)$ des Beobachters beeinflußt wird. Bei Eingrößensystemen sind $\tilde{\underline{N}}(s)$ und
$\underline{\Delta}(s)$ Polynome in s, die nach Vorgabe der Pole des Regelkreises eindeutig festgelegt
sind.

Bei Mehrgrößensystemen existieren dagegen zusätzliche Freiheitsgrade, über die bei
der Polvorgabe für $\tilde{\underline{N}}(s)$ und $\underline{\Delta}(s)$ verfügt werden muß. Die Wahl der Matrizen $\tilde{\underline{N}}(s)$ und
$\underline{\Delta}(s)$ muß so geschehen, daß die Nullstellen von det $\tilde{\underline{N}}(s)$ und von det $\underline{\Delta}(s)$ gerade mit
den gewünschten Polen übereinstimmen. Bei Vorgabe einer Diagonalmatrix für $\tilde{\underline{N}}(s)$ und
$\underline{\Delta}(s)$ treten die Pole somit als Nullstellen der Diagonalemente auf, so daß in $\tilde{\underline{N}}(s)$
und $\underline{\Delta}(s)$ keine freien Parameter mehr festzulegen sind.

Wie schon mehrfach erläutert, erscheint dieses Vorgehen im Hinblick auf einen einfachen Beobachterentwurf vorteilhaft. Durch diagonales $\underline{\Delta}(s)$ erhält die Realisierung
des Reglers eine übersichtliche Struktur, da jeder Stellgröße ein Beobachter zugeordnet werden kann, der für sich realisierbar ist.

Die Vorgabe von $\underset{\sim}{\underline{N}}(s)$ in Diagonalform bedeutet dagegen eine gravierende Einschränkung der Freiheitsgrade, so daß damit in vielen Fällen das gewünschte Regelkreisverhalten nicht erzielbar ist. Die Freiheitsgrade lassen sich dadurch berücksichtigen, daß man die Polvorgabe zwar anhand einer Diagonalmatrix $\underline{\Lambda}(s)$ durchführt, dann aber eine beliebige Form von $\underset{\sim}{\underline{N}}(s)$ durch unimodulare Umformungen erzeugt.

Jede Polynommatrix $\underset{\sim}{\underline{N}}(s)$ mit vorgegebenen Nullstellen von det $\underset{\sim}{\underline{N}}(s)$ kann durch unimodulare Umformungen auf die Form

$$\underline{U}_L(s)\underset{\sim}{\underline{N}}(s)\underline{U}_R(s) = \underline{\Lambda}(s) \tag{5.39}$$

gebracht werden, wobei det $\underline{\Lambda}(s)$ = det $\underset{\sim}{\underline{N}}(s)$ gilt. Da die Matrizen $\underline{U}_R(s)$ und $\underline{U}_L(s)$ unimodular sind, stellen ihre Inversen Polynommatrizen dar. Ihre Form ist bis auf geringe Einschränkungen frei wählbar.

Dadurch kann man über $\underline{\Lambda}(s)$ die gewünschten Eigenwerte der geregelten Strecke einfach vorgeben und über die Matrizen $\underline{U}_R(s)$ und $\underline{U}_L(s)$ weitere Regelkreiseigenschaften gezielt beeinflussen. Für die Lösbarkeit der Entwurfsgleichung (5.38) muß lediglich sichergestellt sein, daß

$$\underline{\Gamma}\left[\underset{\sim}{\underline{N}}(s)\right] = \underline{\Gamma}\left[\underline{N}(s)\right] \tag{5.40}$$

und

$$\partial_{si}\left[\underset{\sim}{\underline{N}}(s)\right] = \partial_{si}\left[\underline{N}(s)\right] \; ; \; i=1,2,\ldots,p \tag{5.41}$$

gilt, wobei $\underline{\Gamma}\left[\underline{P}(s)\right]$ die Matrix aus den Koeffizienten bei den höchsten Potenzen von s in in den Spalten von $\underline{P}(s)$ bezeichnet, und $\partial_{si}\left[\underline{P}(s)\right]$ den Grad des höchsten Polynoms in s in der i-ten Spalte von $\underline{P}(s)$ darstellt (vgl. Abschn. 1.4). Anstelle der Bedingung (5.40) genügt die Forderung

$$\text{Rang } \underline{\Gamma}\left[\underline{N}(s)\right] = \text{Rang}\begin{bmatrix} \underline{\Gamma}\left[\underline{N}(s)\right] \\ \hline \underline{\Gamma}\left[\underset{\sim}{\underline{N}}(s)\right] \end{bmatrix}, \tag{5.42}$$

weil bei sogenannten spaltenregulären Polynommatrizen, für die det $\underline{\Gamma}\left[\underset{\sim}{\underline{N}}(s)\right] \neq 0$ gilt, durch eine unimodulare Transformation

$$\underset{\sim}{\underline{N}}'(s) = \underline{\Gamma}\left[\underline{N}(s)\right]\underline{\Gamma}^{-1}\left[\underset{\sim}{\underline{N}}(s)\right]\underset{\sim}{\underline{N}}(s) \tag{5.43}$$

erreicht werden kann, daß $\underline{\Gamma}\left[\underset{\sim}{\underline{N}}'(s)\right] = \underline{\Gamma}\left[\underline{N}(s)\right]$ ist. Das Führungsverhalten ergibt sich mit $\underset{\sim}{\underline{N}}(s)$ nach Gl.(5.39) zu

$$\underline{P}\underline{y}(s) = \underline{F}_w(s)\underline{w}(s) = \underline{P}\underline{Z}(s)\underset{\sim}{\underline{N}}^{-1}(s)\underline{L}\underline{w}(s) =$$

$$= \underline{P}\underline{Z}(s)\underline{U}_R(s)\underline{\Lambda}^{-1}(s)\underline{U}_L(s)\underline{L}\underline{w}(s) \; . \tag{5.44}$$

Man kann nun so vorgehen, daß zunächst ein $\underline{U}_R(s)$ gesucht wird, mit dem $^P\underline{Z}(s)\underline{U}_R(s)$ eine Gestalt erhält, für die

$$^P\underline{Z}(s)\underline{U}_R(s)\underline{\Lambda}^{-1}(s)\underline{L}$$

das geforderte Führungsverhalten aufweist. Gelingt dies nicht, kann man mit Hilfe von $\underline{U}_L(s)$ versuchen, die gewünschte Form von $\underline{F}_w(s)$ zu erzielen.

In vielen Fällen wird angestrebt, das Führungsverhalten für die verschiedenen w_i zu entkoppeln, so daß nur die entsprechende Regelgröße auf eine Änderung eines Sollwertes reagiert und die anderen davon unbeeinflußt bleiben. Dies bedeutet, daß die Führungsübertragungsmatrix $\underline{F}_w(s)$ eine diagonale Gestalt aufweist. Wie dies mit dem obigen Vorgehen erreicht werden kann, mögen zwei einfache Beispiele demonstrieren.

Beispiel 5.1

Betrachtet wird eine Strecke mit der Übertragungsmatrix

$$\underline{F}(s) = \frac{1}{s^2 - s^3}\begin{bmatrix} -s^2 + 1 & 0 \\ -s & s^2 \end{bmatrix}. \tag{5.45}$$

Über den in Abschn. 1.6 dargestellten Algorithmus erhält man eine rechtsprime Zerlegung

$$\underline{F}(s) = \underline{Z}(s)\underline{N}^{-1}(s) = \begin{bmatrix} s+1 & 0 \\ 1 & 1 \end{bmatrix}\begin{bmatrix} s^2 & 0 \\ 1 & -s+1 \end{bmatrix}^{-1}. \tag{5.46}$$

Gelingt es nun, mit Hilfe einer unimodularen Matrix $\underline{U}_R(s)$ eine Diagonalisierung von $\underline{Z}(s)\underline{U}_R(s)$ durchzuführen, dann kann mit einer Diagonalmatrix $\underline{\Lambda}(s)$ und mit $\underline{U}_L(s) = \underline{I}$ ein diagonales (entkoppeltes) Führungsverhalten $\underline{y}(s) = \underline{F}_w(s)\underline{w}(s)$ erzielt werden. Mit

$$\underline{Z}(s)\underline{U}_R(s) = \begin{bmatrix} s+1 & 0 \\ 1 & 1 \end{bmatrix}\begin{bmatrix} 1 & 0 \\ -1 & 1 \end{bmatrix} = \begin{bmatrix} s+1 & 0 \\ 0 & 1 \end{bmatrix}$$

wird die gewünschte Diagonalisierung erreicht. Gibt man nun z.B.

$$\underline{\Lambda}(s) = \begin{bmatrix} (s+1)(s+5) & 0 \\ 0 & -(s+6) \end{bmatrix} \quad \text{und} \quad \underline{U}_L(s) = \begin{bmatrix} 1 & 0 \\ 0 & 1 \end{bmatrix}$$

vor, so erhält die Führungsübertragungsmatrix (5.44) des Regelkreises die Form

$$\underline{F}_w(s) = \underline{Z}(s)\underline{\tilde{N}}^{-1}(s)\underline{L} = \begin{bmatrix} s+1 & 0 \\ 0 & 1 \end{bmatrix}\begin{bmatrix} \frac{1}{(s+1)(s+5)} & 0 \\ 0 & -\frac{1}{(s+6)} \end{bmatrix}\begin{bmatrix} 1_{11} & 1_{12} \\ 1_{21} & 1_{22} \end{bmatrix}.$$

Mit der konstanten Matrix

$$\underline{L} = \begin{bmatrix} 5 & 0 \\ 0 & -6 \end{bmatrix}$$

wird schließlich sichergestellt, daß die Regelgrößen y_1 und y_2 sprungförmigen Führungsgrößen w_1 und w_2 im störungsfreien Fall ohne bleibende Regelabweichung folgen. Das resultierende Führungsverhalten lautet somit

$$\underline{y}(s) = \begin{bmatrix} \dfrac{5}{(s+5)} & 0 \\ 0 & \dfrac{6}{(s+6)} \end{bmatrix} \underline{w}(s) \quad .$$

Bei der Reglerberechnung muß also

$$\underline{\tilde{N}}(s) = \underline{U}_L^{-1}(s)\underline{\Lambda}(s)\underline{U}_R^{-1}(s) = \begin{bmatrix} (s+1)(s+5) & 0 \\ -(s+6) & -(s+6) \end{bmatrix}$$

in die Entwurfsgleichung (5.38) eingesetzt werden. Da

$$\underline{\Gamma}[\underline{\tilde{N}}(s)] = \begin{bmatrix} 1 & 0 \\ 0 & -1 \end{bmatrix} = \underline{\Gamma}[\underline{N}(s)]$$

gilt, ist die Lösbarkeit des Reglerentwurfes sichergestellt. Als Alternative zu Gl.(5.38) könnte auch die mit $\underline{U}_R(s)$ von rechts multiplizierte Gleichung

$$\underline{Z}_R(s)\underline{Z}(s)\underline{U}_R(s) + \underline{N}_R(s)\underline{N}(s)\underline{U}_R(s) - \underline{\Lambda}(s)\underline{U}_L^{-1}(s)\underline{\Lambda}(s) \tag{5.47}$$

zum Reglerentwurf herangezogen werden, wodurch die Notwendigkeit zur Inversion von $\underline{U}_R(s)$ entfiele.

Das Vorgehen für den Fall, daß $\underline{Z}(s)\underline{U}_R(s)$ nicht diagonalisierbar ist, kann durch eine leichte Modifikation des obigen Beispiels demonstriert werden.

Beispiel 5.2

Erhält man für eine gegebene Übertragungsmatrix $\underline{F}_1(s)$ nach der Primzerlegung die Gestalt

$$\underline{F}_1(s) = \underline{Z}_1(s)\underline{N}^{-1}(s) = \begin{bmatrix} s+1 & -2 \\ 1 & 1 \end{bmatrix} \begin{bmatrix} s^2 & 0 \\ 1 & -s+1 \end{bmatrix}^{-1} \tag{5.48}$$

so läßt sich der Ausdruck $\underline{Z}_1(s)\underline{U}_R(s)$ nicht mehr diagonalisieren. Durch unimodulare Rechtsoperationen kann man jedoch eine Dreiecksmatrix

$$\underline{Z}_1(s)\underline{U}_R(s) = \begin{bmatrix} s+1 & -2 \\ 1 & 1 \end{bmatrix} \begin{bmatrix} 1 & 0 \\ -1 & 1 \end{bmatrix} = \begin{bmatrix} s+3 & -2 \\ 0 & 1 \end{bmatrix} \tag{5.49}$$

erzeugen.

Um ein entkoppeltes Führungsverhalten

$$\underline{Z}_1(s)\underline{\tilde{N}}^{-1}(s) = \begin{bmatrix} \dfrac{Z_{11}^{*}(s)}{\tilde{n}_1(s)} & 0 \\[2em] 0 & \dfrac{Z_{22}^{*}(s)}{\tilde{n}_2(s)} \end{bmatrix} \qquad\qquad (5.50)$$

dennoch zu erreichen, müssen auch linke Operationen über $\underline{U}_L$ vorgenommen werden. Da mit Gl.(5.39) gilt

$$\underline{Z}_1(s)\underline{\tilde{N}}^{-1}(s) = \underline{Z}_1(s)\underline{U}_R(s)\underline{\Lambda}^{-1}(s)\underline{U}_L(s) \quad ,$$

erhält man nach Rechtsmultiplikation mit $\underline{U}_L^{-1}(s)\underline{\Lambda}(s)$ unter Berücksichtigung von Gl.(5.50)

$$\underline{Z}_1(s)\underline{U}_R(s) = \begin{bmatrix} \dfrac{Z_{11}^{*}(s)}{\tilde{n}_1(s)} & 0 \\[2em] 0 & \dfrac{Z_{22}^{*}(s)}{\tilde{n}_2(s)} \end{bmatrix}\underline{U}_L^{-1}(s)\underline{\Lambda}(s) \; . \qquad (5.51)$$

Setzt man

$$\underline{U}_L^{-1}(s) = \begin{bmatrix} 1 & P(s) \\[1em] 0 & 1 \end{bmatrix}$$

mit einem beliebigen Polynom $P(s)$ in Gl.(5.51) ein, so folgt

$$\underline{Z}_1(s)\underline{U}_R(s) = \begin{bmatrix} \dfrac{Z_{11}^{*}(s)}{\tilde{n}_1(s)} & \dfrac{Z_{11}^{*}(s)P(s)}{\tilde{n}_1(s)} \\[2em] 0 & \dfrac{Z_{22}^{*}(s)}{\tilde{n}_2(s)} \end{bmatrix}\underline{\Lambda}(s) \qquad (5.52)$$

Vergleicht man dies nun mit der entsprechenden Beziehung (5.49), so erkennt man, daß mit

$$\underline{\Lambda}(s) = \begin{bmatrix} \tilde{n}_1(s) & 0 \\[1em] 0 & \tilde{n}_2(s) \end{bmatrix}$$

offensichtlich die Bedingungen

$$Z_{11}^{*}(s) = s+3 \; ; \quad \frac{Z_{11}^{*}(s)P(s)\tilde{n}_2(s)}{\tilde{n}_1(s)} = -2 \; ; \quad Z_{22}^{*}(s) = 1$$

gelten müssen.

Mit der von Beispiel 5.1 abweichenden Wahl der Polynome

$$\tilde{n}_1(s) = (s+3)(s+5), \quad \tilde{n}_2(s) = -(s+5) \quad \text{und} \quad P(s) = 2$$

ist die Forderung nach entkoppeltem Führungsverhalten erfüllt. Die Führungs-übertragungsmatrix lautet damit

$$\underline{F}_W(s) = \underline{Z}_1(s)\underline{U}_R(s)\underline{\Lambda}^{-1}(s)\underline{U}_L(s)\underline{L} = \begin{bmatrix} \frac{1}{s+5} & 0 \\ 0 & \frac{-1}{s+5} \end{bmatrix}\begin{bmatrix} l_{11} & l_{12} \\ l_{21} & l_{22} \end{bmatrix}.$$

Man erkennt, daß ein Pol der Strecke unter die Nullstelle bei s = -3 gelegt wurde $\left[\det \underline{Z}_1(s) = s + 3\right]$. Durch die Wahl der Aufschaltmatrix $\underline{L}$ des Führungs-vektors $\underline{w}$ zu

$$\underline{L} = \begin{bmatrix} 5 & 0 \\ 0 & -5 \end{bmatrix}$$

wird wiederum erreicht, daß die Regelgrößen sprungförmigen Führungsgrößen ohne bleibende Regelabweichung folgen. Das tatsächliche $\underline{\tilde{N}}(s)$ ergibt sich nach den unimodularen Umformungen zu

$$\underline{\tilde{N}}(s) = \underline{U}_L^{-1}(s)\underline{\Lambda}(s)\underline{U}_R^{-1}(s) = \begin{bmatrix} (s+1)(s+5) & -2(s+5) \\ -(s+5) & -(s+5) \end{bmatrix}.$$

Damit ist

$$\underline{\Gamma}\left[\underline{\tilde{N}}(s)\right] = \begin{bmatrix} 1 & -2 \\ 0 & -1 \end{bmatrix} \neq \underline{\Gamma}\left[\underline{N}(s)\right] .$$

Ersetzt man jedoch $\underline{\tilde{N}}(s)$ durch

$$\underline{\tilde{N}}'(s) = \underline{\Gamma}\left[\underline{N}(s)\right]\underline{\Gamma}^{-1}\left[\underline{\tilde{N}}(s)\right]\underline{\tilde{N}}(s) , \tag{5.53}$$

dann ist die Entwurfsgleichung (5.38) lösbar. Das gewünschte Führungsverhalten wird nicht verändert, wenn man $\underline{L}$ ebenfalls modifiziert und zwar gemäß

$$\underline{L}' = \underline{\Gamma}\left[\underline{N}(s)\right]\underline{\Gamma}^{-1}\left[\underline{\tilde{N}}(s)\right]\underline{L} . \tag{5.54}$$

Damit lautet die Führungsübertragungsmatrix

$$\underline{F}_W(s) = \underline{Z}_1(s)\underline{\tilde{N}}'^{-1}(s)\underline{L}' = \underline{Z}_1(s)\underline{\tilde{N}}^{-1}(s)\underline{\Gamma}\left[\underline{\tilde{N}}(s)\right]\underline{\Gamma}^{-1}\left[\underline{N}(s)\right]\underline{\Gamma}\left[\underline{N}(s)\right]\underline{\Gamma}^{-1}\left[\underline{\tilde{N}}(s)\right]\underline{L} =$$

$$= \underline{Z}_1(s)\underline{\tilde{N}}^{-1}(s)\underline{L} .$$

Wenn die Strecke zwischen $\underline{u}$ und $^P\underline{y}$ nur Nullstellen in der linken s-Halbebene besitzt, wenn also alle s_i, für die

$$\det{}^P\underline{Z}(s_i) = 0 \tag{5.55}$$

gilt, negative Realteile aufweisen, dann läßt sich die Führungsübertragungsmatrix
durch folgendes Vorgehen festlegen, das in der Literatur mit "exact model matching"
bezeichnet wird /K1/. Man wählt

$$\underline{\tilde{N}}(s) = \underline{\tilde{N}}'(s){}^P\underline{Z}(s) \quad , \tag{5.56}$$

wodurch $^P\underline{Z}(s)$ im Führungsverhalten kompensiert wird (s. Gl.(4.10)) und sich

$$^P\underline{y}(s) = \underline{\tilde{N}}'^{-1}(s)\underline{L}w(s) \tag{5.57}$$

ergibt. Dieses Vorgehen entspricht bei Eingrößensystemen der Vorgabe von Polen für
die geregelte Strecke, die unter deren Nullstellen liegen.

Diese Art der Polvorgabe ist nur im Hinblick auf das Führungsverhalten interessant.
Da im Störverhalten in der Regel andere Nullstellen auftreten, findet dort die Pol-
Nullstellenkompensation nicht mehr statt, und bei Nullstellen von $\det{}^P\underline{Z}(s)$ in der
Nähe der imaginären Achse besteht somit die Gefahr, daß ein äußerst ungünstiges
Störverhalten resultiert.

Die Dimensionierung von Regelkreisen durch Polvorgabe erfordert insbesondere bei
der Festlegung der zusätzlichen Freiheitsgrade bei Mehrgrößensystemen sehr viel Ge-
schick. Selbst bei Eingrößensystemen kann die Polvorgabe problematisch sein. Einerseits wird die Reaktion des Regelkreises nicht nur durch die gewählten Pole, sondern auch durch die vorhandenen Nullstellen beeinflußt. Zum anderen existiert eine
Vielzahl stark unterschiedlicher Polverteilungen, die alle ein ähnliches Übergangsverhalten für die Regelgröße bewirken. Dies hat zur Folge, daß für die Erfüllung
einer bestimmten Regelaufgabe verschiedenste Regler verwendet werden können, die
sich unter Umständen in ihren Eigenschaften erheblich unterscheiden. Ein einfaches
Beispiel möge dies demonstrieren.

Beispiel 5.3

Gegeben sei eine Strecke mit den Zustandsgleichungen

$$\begin{bmatrix} \dot{x}_1 \\ \dot{x}_2 \\ \dot{x}_3 \end{bmatrix} = \begin{bmatrix} 0 & 1 & 0 \\ 0 & 0 & 1 \\ -6 & -11 & -6 \end{bmatrix} \begin{bmatrix} x_1 \\ x_2 \\ x_3 \end{bmatrix} + \begin{bmatrix} 0 \\ 0 \\ 1 \end{bmatrix} u \quad .$$

$$y = \begin{bmatrix} 11 & 10 & 0 \end{bmatrix} \begin{bmatrix} x_1 \\ x_2 \\ x_3 \end{bmatrix} \quad .$$

Die Eigenwerte dieser Strecke liegen bei $s_1 = -1$, $s_2 = -2$ und $s_3 = -3$. Durch
einen Zustandsregler sollen sie nach $\tilde{s}_1 = -2$, $\tilde{s}_2 = -3$ und $\tilde{s}_3 = -4$ geschoben
werden. Der Beobachter möge Pole bei $s = -5$ erhalten.

Damit ergibt sich die Übertragungsfunktion des zugehörigen Reglers zu

$$F_R^1(s) = \frac{-u(s)}{y(s)} = \frac{48s^2 + 240s + 288}{s^2 + 13s - 428} \quad .$$

Legt man den Regler dagegen über eine im nächsten Abschnitt dargestellte Riccati-Optimierung aus, wobei mit $\bar{q}' = 10$ und $\bar{r} = 1$ anhand des Kriteriums (5.94)
eine mit dem obigen Regler vergleichbare Anregelzeit erzielt wurde, dann erhält man als Pole für die geregelte Strecke (gerundet) $\tilde{s}_{1/2} = -4.4 \pm 3.6i$ und
$\tilde{s}_3 = -1.1$. Mit denselben Beobachterpolen wie oben resultiert die zugehörige
Reglerübertragungsfunktion zu

$$F_R^1(s) = \frac{-u(s)}{y(s)} = \frac{5.752s^2 + 39.64s + 73.12}{s^2 + 13.9s + 14.08} \quad .$$

Vergleicht man die beiden Reglerübertragungsfunktionen, so zeigt sich, daß der
erste Regler extrem instabil ist (ein Pol bei $s \simeq +15$), und daß er einen wesentlich größeren Durchgriff als der stabile Regler besitzt. Der instabile
Regler führt aufgrund seiner Mitkoppelung (im stationären Fall für $s = 0$) darüber hinaus auf ein unbefriedigendes Störverhalten des Regelkreises.

Der Grund für dieses ungünstige Ergebnis liegt darin, daß die Nullstelle der
Übertragungsfunktion bei $s = -1.1$ im ersten Fall unberücksichtigt blieb. Anders als im zweiten Fall wird der Streckenpol bei $s = -1$ nicht unter die
Nullstelle gelegt, wo er bei Ausgangsrückkoppelung "von selbst" hinlaufen
würde, sondern "über die Nullstelle hinweg" weiter in die linke s-Halbebene
geschoben. Dies erfordert offensichtlich einen weit stärkeren Zwang als die
Polplazierung, die mit dem zweiten Regler durchgeführt wird.

Selbst in diesem einfachen Beispiel sind die Auswirkungen der Polvorgabe auf den
Regler und das daraus resultierende Verhalten des Regelkreises nicht einfach überschaubar. Bei komplexeren Strecken trifft diese Aussage in viel stärkerem Maße zu.

Eine Möglichkeit, diese Schwierigkeiten in den Griff zu bekommen, stellt das im
folgenden dargestellte Verfahren der optimalen Regelung dar, das bereits in Beispiel 5.3 benutzt wurde, um eine geeignete Polverteilung für den Regelkreis zu
ermitteln.

5.2 Optimale Zustandsregelung

5.2.1 Vorbemerkungen

Wie schon mehrfach diskutiert, kann bei geeigneter Rückführung der Zustandsgrößen
eine beliebige Beeinflussung der Regelkreisdynamik erzielt werden. Hierbei liegt es
nahe, nach der "optimalen" und damit, wenn man sich am alltäglichen Sprachgebrauch
orientiert, der bestmöglichen Regelung schlechthin zu suchen.

Solch eine bestmögliche Regelung läßt sich jedoch nur dann angeben, wenn zuvor definiert ist, in welcher Hinsicht das Regelverhalten optimal gestaltet werden soll.

Eine analytisch auswertbare Formulierung wird im allgemeinen in Form des Gütefunktionals

$$J = \int_{t_0}^{T} f[\underline{x}(t),\underline{u}(t),t]dt + g[\underline{x}(T)] \tag{5.58}$$

angegeben. Die Optimierungsaufgabe besteht nun darin, für die Regelstrecke

$$\dot{\underline{x}}(t) = \underline{A}\underline{x}(t) + \underline{B}\underline{u}(t)$$
$$\underline{y}(t) = \underline{C}\underline{x}(t) \tag{5.59}$$

die Stellgröße $\underline{u}$ so zu bestimmen, daß für ein

$$\underline{u}(t) = \underline{u}^{*}(t) \tag{5.60}$$

das Gütefunktional (5.58) einen minimalen Wert annimmt.

Für die Wahl von $f(\underline{x},\underline{u},t)$ existiert eine Vielzahl von Möglichkeiten, die im Rahmen
der Optimierungstheorie ausführlich untersucht worden sind. Die gebräuchlichsten
Formen von f und die Bezeichnung der zugehörigen Optimierungsaufgabe sind

$$f(\underline{x},\underline{u},t) = 1 \qquad\qquad\qquad \text{zeitoptimal}$$

$$f(\underline{x},\underline{u},t) = \underline{\bar{r}}^{T}|\underline{u}| \qquad\qquad \text{verbrauchsoptimal}$$

$$f(\underline{x},\underline{u},t) = \underline{\bar{r}}^{T}|\underline{u}| + \lambda \qquad\quad \text{gemischt verbrauchs- und zeitoptimal}$$

$$f(\underline{x},\underline{u},t) = \underline{u}^{T}\underline{\bar{R}}\underline{u} \qquad\qquad \text{stellenergieoptimal}$$

$$f(\underline{x},\underline{u},t) = \underline{x}^{T}\underline{\bar{Q}}\underline{x} + \underline{u}^{T}\underline{\bar{R}}\underline{u} \qquad \text{allgemein quadratisch optimal}$$

mit $|\underline{u}| = \left[|u_1|\cdot\ \cdot\ \cdot\ \cdot\ |u_p|\right]^{T}$. Der Term $g[\underline{x}(T)]$ erlaubt dabei, die Abweichungen vom
Nullzustand zum Endzeitpunkt t = T geeignet zu bewerten.

Alle optimalen Steuerungen $\underline{u}^*(t)$, die aus den obigen Kriterien resultieren, sind Funktionen des Zustandsvektors der Strecke und setzen folglich seine Kenntnis voraus. Der Verlauf der optimalen Steuerung $\underline{u}^*(t)$ ist jedoch in so komplizierter Weise von den Zuständen der Strecke abhängig, daß ein einfacher Algorithmus für die Berechnung der Stellgrößen aus den Meßgrößen im allgemeinen nicht angegeben werden kann.

Eine deutliche Ausnahme bilden die quadratischen Gütekriterien, bei denen der Zusammenhang zwischen dem Zustandsvektor $\underline{x}$ der Regelstrecke und dem gesuchten optimalen Stellvektor $\underline{u}$ durch eine lineare Zuordnung gekennzeichnet ist. Daher besitzen diese Kriterien eine herausragende Bedeutung, zumal sie unter bestimmten Umständen gerade auf die konstante lineare Zustandsrückführung

$$\underline{u}(t) = - K\underline{x}(t) \tag{5.61}$$

führen. Damit kann das lineare Rückführgesetz (5.61), das einerseits beliebige Polzuweisung für vollständig steuerbare Strecken ermöglicht, optimal im Sinne der Minimierung eines quadratischen Gütefunktionals gestaltet werden. Diese Minimierung geschieht über die Lösung einer Matrix-Riccati-Gleichung, weshalb man den optimalen Zustandsregler auch gelegentlich als Riccati-Regler bezeichnet.

Im folgenden sollen die Grundzüge der optimalen Zustandsregelung kurz dargestellt werden.

5.2.2 Das optimale Regelungsproblem

Betrachtet wird die Regelung von linearen, zeitinvarianten Strecken n-ter Ordnung mit p Eingängen und m Ausgängen, die durch die Zustandsgleichungen (5.59) beschrieben werden. Für diese Strecken wird eine Stellgröße $\underline{u}(t) = \underline{u}^*(t)$ so gesucht, daß das quadratische Gütefunktional

$$J = \int_{t_0}^{T} \left[\underline{x}^T(t)\underline{\bar{Q}}\underline{x}(t) + \underline{u}^T(t)\underline{\bar{R}}\underline{u}(t) \right] dt + \underline{x}^T(T)\underline{S}\underline{x}(T) \tag{5.62}$$

einen minimalen Wert annimmt, wenn die Strecke von einer Anfangsauslenkung $\underline{x}(t_0) = \underline{x}_0$ aus mit $\underline{u}(t)$ angesteuert wird.

Die Bewertungsmatrizen $\underline{\bar{Q}}$, $\underline{\bar{R}}$ und $\underline{S}$ sind konstant, reell und symmetrisch, wobei die Zustandsbewertungsmatrizen $\underline{\bar{Q}}$ und $\underline{S}$ als mindestens positiv semidefinit, die Bewertungsmatrix $\underline{\bar{R}}$ des Stellvektors aber als positiv definit vorausgesetzt sind. Häufig wählt man für $\underline{\bar{Q}}$, $\underline{\bar{R}}$ und $\underline{S}$ Diagonalmatrizen, was aber, wie später diskutiert wird, unter Umständen zu einer Einschränkung der Entwurfsfreiheitsgrade führt.

Eine modifizierte Formulierung des Gütekriteriums erhält man, wenn man statt des
Zustandes $\underline{x}$ den Ausgangsvektor $\underline{y}$ gemäß

$$J' = \int_{t_0}^{T} \left[\underline{y}^T(t)\underline{\bar{Q}}'\underline{y}(t) + \underline{u}^T(t)\underline{\bar{R}}\underline{u}(t) \right] dt + \underline{y}^T(T)\underline{S}'\underline{y}(T) \tag{5.63}$$

berücksichtigt. Dieses Problem ist jedoch nur ein Sonderfall von (5.62), der durch

$$\underline{\bar{Q}} = \underline{C}^T\underline{\bar{Q}}'\underline{C}$$
und $\tag{5.64}$
$$\underline{S} = \underline{C}^T\underline{S}'\underline{C}$$

gekennzeichnet ist. Durch die Matrix $\underline{S}$ wird die Abweichung des Zustandes vom Nullpunkt am Ende des Steuervorganges bewertet.

Der Weg zur Lösung der betrachteten Optimierungsaufgabe, auf dessen Darstellung
hier verzichtet wird, kann in zahlreichen Büchern, z.B. in /A12/, /S1/ oder /A7/
gefunden werden.

Die optimale Steuerung $\underline{u}^*(t)$ hat die Form

$$\underline{u}^*(t) = - \underline{K}(t)\underline{x}(t) , \tag{5.65}$$
mit
$$\underline{K}(t) = \underline{\bar{R}}^{-1}\underline{B}^T\underline{\bar{P}}(t) . \tag{5.66}$$

Die Matrix $\underline{\bar{P}}(t)$ ist eine reelle, symmetrische nxn-Matrix, welche den Wert des
Kostenfunktionals gemäß

$$J = \underline{x}^T(t_0)\underline{\bar{P}}(t_0)\underline{x}(t_0) \tag{5.67}$$

angibt. Diese Matrix genügt der Matrix-Riccati-Differentialgleichung

$$- \underline{\dot{\bar{P}}}(t) = \underline{\bar{P}}(t)\underline{A} + \underline{A}^T\underline{\bar{P}}(t) - \underline{\bar{P}}(t)\underline{B}\underline{\bar{R}}^{-1}\underline{B}^T\underline{\bar{P}}(t) + \underline{\bar{Q}} , \tag{5.68}$$

deren Endbedingung

$$\underline{\bar{P}}(T) = \underline{S} \tag{5.69}$$

bekannt ist. Da die Lösungen von (5.68) instabiles Verhalten zeigen und der An-
fangswert $\underline{\bar{P}}(t_0)$ unbekannt ist, muß man die Lösung $\underline{\bar{P}}(t)$ durch Integration der Differentialgleichung (5.68) in negativer Zeitrichtung mit der Anfangsbedingung $\underline{\bar{P}}(T) = \underline{S}$
bestimmen.

Man kann nachweisen, daß das mit (5.65) gesteuerte System asymptotisch stabiles
Verhalten zeigt, wenn die Strecke schwach steuerbar ist und wenn alle instabilen
Eigenschwingungen im Gütefunktional berücksichtigt werden.

Dies ist sichergestellt, wenn das Paar $\left[\underline{A},\ \underline{\bar{Q}}_0\right]$ schwach beobachtbar ist, wobei $\underline{\bar{Q}}_0$ durch die Beziehung

$$\underline{\bar{Q}} = \underline{\bar{Q}}_0 \underline{\bar{Q}}_0^T \tag{5.70}$$

definiert ist. Da die asymptotische Stabilität des Regelkreises für die meisten praktischen Anwendungen eine zu schwache Anforderung darstellt, sollte die Strecke vollständig steuerbar und das Paar $\left[\underline{A},\ \underline{\bar{Q}}_0\right]$ vollständig beobachtbar sein. Dadurch wird sichergestellt, daß nicht nur die instabilen, sondern alle Eigenwerte der Strecke durch die optimale Regelung verschoben werden.

Bei asymptotisch stabilen, zeitinvarianten linearen Systemen strebt der Zustand $\underline{x}(t)$ gegen Null, allerdings theoretisch erst für $t \to \infty$. Wenn man die unendliche Dauer linearer Einschwingvorgänge zuläßt, kann für die obere Grenze des Integrals (5.62) der Wert $T = \infty$ angesetzt werden. Damit erübrigt sich die Bewertung des Endzustandes über die Matrix $\underline{S}$, es wird also $\underline{S} = \underline{0}$ gewählt.

Das Optimierungsproblem vereinfacht sich für $T = \infty$ dahingehend, daß das vereinfachte Gütefunktional

$$J = \int_{t_0}^{\infty} \left[\underline{x}^T(t) \underline{\bar{Q}} \underline{x}(t) + \underline{u}^T(t) \underline{\bar{R}} \underline{u}(t) \right] dt \tag{5.71}$$

betrachtet wird, dessen Wert durch die optimale Steuerung

$$\underline{u}^*(t) = -\underline{K}\underline{x}(t) \tag{5.72}$$

mit einer konstanten Rückführmatrix

$$\underline{K} = \underline{\bar{R}}^{-1} \underline{B}^T \underline{\bar{P}} \tag{5.73}$$

minimal wird. Die Matrix $\underline{\bar{P}}$ ist dabei die stationäre, konstante Lösung der Riccati-Differentialgleichung (5.68) für $\underline{\dot{\bar{P}}} = \underline{0}$. Damit ergibt sich das bekannte, zeitinvariante Zustandsregelgesetz, das optimal im Sinne des Kriteriums (5.71) ist.

Für die Berechnung der stationären Lösung der Riccatischen Differentialgleichung gibt es eine Reihe von Verfahren. Ein naheliegendes Vorgehen besteht in der Rückwärtsintegration der Differentialgleichung (5.68) von der Anfangsbedingung $\underline{\bar{P}}=\underline{0}$ aus, bis die Lösung für $\underline{\bar{P}}(t)$ stationäres Verhalten zeigt. Dies führt aber leicht zu numerischen Schwierigkeiten.

Stattdessen empfiehlt sich die Anwendung von Verfahren, welche die algebraische Riccati-Gleichung

$$\underline{\bar{P}}\underline{A} + \underline{A}^T\underline{\bar{P}} - \underline{\bar{P}}\underline{B}\underline{\bar{R}}^{-1}\underline{B}^T\underline{\bar{P}} + \underline{\bar{Q}} = \underline{0} \tag{5.74}$$

direkt lösen. Hierfür existieren ausgereifte Rechenprogramme /L7,H6,L5/.

Das resultierende Regelgesetz stellt sicher, daß der Übergang von einer Anfangsauslenkung $\underline{x}(t_0) = \underline{x}_0$ zum Endzustand $\underline{x}(t \rightarrow \infty) = \underline{0}$ optimal im Sinne des Gütekriteriums (5.71) verläuft.

Dasselbe gilt für den Führungsübergang des Kreises von einem Anfangszustand $\underline{x}_0 = \underline{0}$ aus zu einem von Null verschiedenen Endzustand $\underline{x}(t \rightarrow \infty) = \underline{x}_\infty$. Zur Aufrechterhaltung des Endzustandes $\underline{x}_\infty$ wird ein Stellsignal $\underline{u}_\infty$ benötigt, für das die Beziehung

$$\underline{0} = \underline{A}\underline{x}_\infty + \underline{B}\underline{u}_\infty \tag{5.75}$$

gilt. Dieses $\underline{u}_\infty$ wird im Regelkreis durch Aufschaltung einer konstanten Führungsgröße $\underline{w}_\infty$ gemäß

$$\underline{u}_\infty = - \underline{K}\underline{x}_\infty + \underline{L}\underline{w}_\infty \tag{5.76}$$

erreicht. Betrachtet man die Streckengleichungen um den neuen Gleichgewichtszustand $\underline{x}_\infty$, dann lauten sie mit $\underline{\xi} = \underline{x} - \underline{x}_\infty$ und $\underline{\bar{u}} = \underline{u} - \underline{u}_\infty$

$$\underline{\dot{\xi}} = \underline{\dot{x}} = \underline{A}\underline{\xi} + \underline{A}\underline{x}_\infty + \underline{B}\underline{\bar{u}} + \underline{B}\underline{u}_\infty \ , \ \text{oder}$$

$$\underline{\dot{\xi}} = \underline{A}\underline{\xi} + \underline{B}\underline{\bar{u}} \ . \tag{5.77}$$

Für dieses System wird gefordert, daß der Übergang von $\underline{\xi}(t_0) = \underline{x}_\infty$ nach $\underline{\xi}(t \rightarrow \infty) = \underline{0}$ optimal im Sinne des Gütekriteriums

$$J = \int_{t_0}^{\infty} \left[\underline{\xi}^T(t)\underline{\bar{Q}}\underline{\xi}(t) + \underline{\bar{u}}^T(t)\underline{\bar{R}}\underline{\bar{u}}(t) \right] dt \tag{5.78}$$

verläuft. Offensichtlich ergibt sich dasselbe optimale $\underline{K}$ wie bei Optimierung des Übergangs von einer Anfangsauslenkung $\underline{x}_0 \neq \underline{0}$ nach $\underline{x} = \underline{0}$, da dieselbe Systembeschreibung $[\underline{A}, \underline{B}]$ zugrunde liegt.

Die optimale Steuerung für das System (5.77) lautet damit

$$\underline{\bar{u}} = - \underline{K}\underline{\xi} = - \underline{K}\underline{x} + \underline{K}\underline{x}_\infty \ . \tag{5.79}$$

Das eigentliche System muß mit $\underline{u} = \underline{\bar{u}} + \underline{u}_\infty$ angesteuert werden, also mit

$$\underline{u} = - \underline{K}\underline{x} + \underline{K}\underline{x}_\infty - \underline{K}\underline{x}_\infty + \underline{L}\underline{w}_\infty \ . \tag{5.80}$$

Der optimale Riccati-Regler, der für einen optimalen Verlauf der Einschwingvorgänge des Regelkreises von einer Anfangsauslenkung in den Nullzustand ausgelegt ist, stellt folglich auch einen optimalen Führungsübergang von einem Zustand in den anderen sicher.

Das aktuelle Regelkreisverhalten hängt natürlich von der Wahl der

$$\left[n(n+1) + p(p+1)\right]/2$$

Gewichtsfaktoren in den symmetrischen Matrizen $\bar{Q}$ und $\bar{R}$ ab. Ihre Anzahl ist größer als die in der Rückführmatrix $\underline{K}$ vorhandenen pn Freiheitsgrade. In der Regel reduziert man deshalb die Menge der Gewichtsfaktoren, indem man diagonale Gewichtsmatrizen ansetzt, wodurch bei Zustandsvektor-Gewichtung (5.71) nur noch $(n + p)$ Entwurfsparameter zu wählen sind.

Bei Eingrößensystemen $(p=1)$ hängt dann die resultierende Polverteilung in eindeutiger - wenn auch nicht leicht erkennbarer - Weise von den Quotienten $\bar{q}_{ii}/\bar{r}$ ab, die aus den Diagonalelementen $\bar{q}_{ii}$ von $\bar{Q}$ und der bei Eingrößensystemen auf einen Skalar $\bar{r}$ reduzierten Gewichtsmatrix $\bar{R}$ gebildet werden. Für diesen Fall entsprechen sich Riccati-Optimierung und Polvorgabe weitgehend, wenngleich unterschiedliche Überlegungen auf die resultierenden Polverteilungen führen. Bei der Polvorgabe steht die gewünschte Dynamik des Regelkreises im Vordergrund, während bei der Optimierung eine Abwägung zwischen der benötigten Stellenergie und den Amplituden der einzelnen Zustandsgrößen stattfindet.

Bei Eingrößensystemen entspricht also die bei Zustandsgewichtung auftretende Anzahl von Freiheitsgraden der Anzahl der Koeffizienten im Zustandsrückführgesetz. Dennoch läßt sich nicht jeder beliebigen Polzuweisung ein quadratisch optimales Regelgesetz zuordnen (s. Abschn. 5.2.6).

Durch Ausgangsvektorgewichtung läßt sich die Anzahl der Freiheitsgrade im Optimierungskriterium auf $(m + p)$, also beträchtlich reduzieren, wodurch aber erhebliche Einschränkungen für die erzielbaren Pollagen resultieren. Diesen Einschränkungen steht jedoch auf der anderen Seite der Vorteil gegenüber, daß der Einfluß der Übertragungsnullstellen der Strecke bei Ausgangsvektor-Gewichtung "optimal" berücksichtigt wird.

Bei Zustandsvektor-Gewichtung ergäben sich in Beispiel 5.3 unter Umständen ebenfalls die beim ersten Regler auftretenden Probleme. Daraus könnte man folgern, daß die Ausgangsvektor-Gewichtung auf jeden Fall vorzuziehen ist. Es ist jedoch der Fall denkbar, daß aus wichtigen Gründen eine Regelkreisdynamik erforderlich ist, die nur durch Ausschöpfung aller Freiheitsgrade im Optimierungskriterium (5.71) oder bei beliebiger Polvorgabe erzielbar ist.

Für eine geeignete Wahl der Gewichtsmatrizen gibt es eine Fülle von Vorschlägen. Diese stellen aber lediglich indirekte Entwurfshilfen dar, weil das quadratische Optimierungskriterium keine selektive Beeinflussung der meisten Regelkreiseigenschaften erlaubt und somit der immer notwendige Iterationsprozeß zur Erzielung gewünschter Ergebnisse nur schwer systematisierbar ist.

5.2.3 Optimierung mit vorgeschriebenem Stabilitätsgrad

Bei der Dimensionierung von Regelkreisen besteht unter Umständen die Forderung, daß Übergangsvorgänge mit einer vorgeschriebenen Mindestgeschwindigkeit ablaufen. Diese Mindestgeschwindigkeit (= vorgeschriebener Stabilitätsgrad) wird durch die Realteile der Pole des Regelkreises bestimmt. Liegen alle Pole links von einer Grenze $\mathrm{Re}[s] = -\alpha$, dann klingen alle Eigenbewegungen schneller als $e^{-\alpha t}$ ab.

Dies kann als Zusatzbedingung bei der Riccati-Optimierung berücksichtigt werden. Ersetzt man im Gütefunktional (5.71) die Größen $\underline{x}(t)$ und $\underline{u}(t)$ durch ihre mit der anklingenden Exponentialfunktion $e^{\alpha t}$ multiplizierten Werte, so erhält man zunächst

$$J = \int_{t_0}^{\infty} \left[e^{\alpha t}\underline{x}^T(t)\underline{\underline{Q}}\underline{x}(t)e^{\alpha t} + e^{\alpha t}\underline{u}^T(t)\underline{\underline{R}}\underline{u}(t)e^{\alpha t} \right] dt \;,$$

oder nach einer trivialen Umformung

$$J = \int_{t_0}^{\infty} e^{2\alpha t}\left[\underline{x}^T(t)\underline{\underline{Q}}\underline{x}(t) + \underline{u}^T(t)\underline{\underline{R}}\underline{u}(t) \right] dt \;. \tag{5.81}$$

Bei Ausgangsgrößen-Gewichtung lautet das entsprechende Gütefunktional

$$J' = \int_{t_0}^{\infty} e^{2\alpha t}\left[\underline{y}^T(t)\underline{\underline{Q}}'\underline{y}(t) + \underline{u}^T(t)\underline{\underline{R}}\underline{u}(t) \right] dt \;. \tag{5.82}$$

Diese Integrale konvergieren, wenn alle Zeitfunktionen $\underline{x}(t)$, $\underline{y}(t)$ und $\underline{u}(t)$ schneller gegen Null streben als $e^{-\alpha t}$. Mit den Bezeichnungen

$$\bar{\underline{x}}(t) = \underline{x}(t)e^{\alpha t} \tag{5.83}$$

und

$$\bar{\underline{u}}(t) = \underline{u}(t)e^{\alpha t} \tag{5.84}$$

lautet das Gütefunktional (5.81)

$$J = \int_{t_0}^{\infty} \left[\bar{\underline{x}}^T(t)\underline{\underline{Q}}\bar{\underline{x}}(t) + \bar{\underline{u}}^T(t)\underline{\underline{R}}\bar{\underline{u}}(t) \right] dt \;. \tag{5.85}$$

Wenn eine Systembeschreibung

$$\dot{\bar{\underline{x}}}(t) = \underline{\underline{A}}\bar{\underline{x}}(t) + \underline{\underline{B}}\bar{\underline{u}}(t)$$

$$\bar{\underline{y}}(t) = \underline{\underline{C}}\bar{\underline{x}}(t) \tag{5.86}$$

in den modifizierten Größen (5.83) und (5.84) möglich ist, kann das Optimierungsproblem mit vorgeschriebenem Stabilitätsgrad auf das in Abschn. 5.2.2 behandelte Standardproblem zurückgeführt werden.

Dazu bildet man die zeitliche Ableitung von $\bar{\underline{x}}(t)$ und erhält

$$\dot{\bar{\underline{x}}}(t) = \alpha\underline{x}(t)e^{\alpha t} + \dot{\underline{x}}(t)e^{\alpha t}$$

$$= \alpha\bar{\underline{x}}(t) + \left[\underline{A}\underline{x}(t) + \underline{B}\underline{u}(t)\right]e^{\alpha t} \quad ,$$

oder

$$\dot{\bar{\underline{x}}}(t) = (\alpha\underline{I} + \underline{A})\bar{\underline{x}}(t) + \underline{B}\bar{\underline{u}}(t) \quad . \tag{5.87}$$

Mit $\bar{\underline{C}} = \underline{C}$ ist somit die gesuchte Systembeschreibung (5.86) gefunden. Das optimale $\bar{\underline{u}}^{*}(t)$ erhält man mit Hilfe der Riccati-Gleichung (5.74), in die lediglich anstelle von $\underline{A}$ die Matrix $\bar{\underline{A}} = (\alpha\underline{I} + \underline{A})$ einzusetzen ist, zu

$$\bar{\underline{u}}^{*}(t) = - \bar{\underline{R}}^{-1}\underline{B}^{T}\bar{\underline{P}}\bar{\underline{x}}(t) \quad . \tag{5.88}$$

Die eigentlich gesuchte Stellgröße $\underline{u}^{*}(t) = e^{-\alpha t}\bar{\underline{u}}^{*}(t)$ lautet damit

$$\underline{u}^{*}(t) = - \bar{\underline{R}}^{-1}\underline{B}^{T}\bar{\underline{P}}\underline{x}(t) \quad . \tag{5.89}$$

Daß die Realteile aller Eigenwerte des mit der Stellgröße (5.89) geregelten Systems (5.59) wie gefordert kleiner als $-\alpha$ sind, kann man wie folgt zeigen. Mit der optimalen Stellgröße (5.88) lautet die modifizierte Streckengleichung (5.86)

$$\dot{\bar{\underline{x}}}(t) = (\bar{\underline{A}} - \underline{B}\bar{\underline{R}}^{-1}\underline{B}^{T}\bar{\underline{P}})\bar{\underline{x}}(t) \quad . \tag{5.90}$$

Die Eigenwerte dieses Systems sind stabil, was durch die Optimierung sichergestellt wird, wenn $\left[\bar{\underline{A}}, \bar{\underline{Q}}_{0}\right]$ (vgl. Gl.(5.70)) ein vollständig beobachtbares Paar darstellen. Die optimale Steuerung (5.89) liefert für die eigentliche Strecke

$$\dot{\underline{x}}(t) = (\underline{A} - \underline{B}\bar{\underline{R}}^{-1}\underline{B}^{T}\bar{\underline{P}})\underline{x}(t)$$

oder

$$\dot{\underline{x}}(t) = (\bar{\underline{A}} - \alpha\underline{I} - \underline{B}\bar{\underline{R}}^{-1}\underline{B}^{T}\bar{\underline{P}})\underline{x}(t) \quad . \tag{5.91}$$

Die Eigenwerte des Systems (5.91) sind gegenüber dem System (5.90) um $-\alpha$ verschoben, haben also Realteile, die kleiner oder höchstens gleich $-\alpha$ sind, was man bei einem Vergleich der zugehörigen charakteristischen Polynome unmittelbar erkennt. Für das System (5.90) erhält man

$$\det(s\underline{I} - \bar{\underline{A}} + \underline{B}\bar{\underline{R}}^{-1}\underline{B}^{T}\bar{\underline{P}})$$

und für das System (5.91)

$$\det\left[(s + \alpha)\underline{I} - \underline{A} + \underline{B}\bar{\underline{R}}^{-1}\underline{B}^{T}\bar{\underline{P}}\right] \quad .$$

Das Standard-Optimierungsverfahren liefert also automatisch einen Riccati-Regler mit vorgeschriebenem Stabilitätsgrad α, wenn man anstelle von $\underline{A}$ die Matrix $(\underline{A} + \alpha\underline{I})$ in die Riccati-Gleichung einsetzt.

5.2.4 Ein einfaches Polfestlegungsverfahren für Eingrößensysteme

Die Berechnung der optimalen Zustandsrückführung geschieht über die Lösung der Riccati-Gleichung, die nur in einfachen Fällen ohne das Hilfsmittel Digitalrechner durchgeführt werden kann. In /L4/ haben Litz und Preuss ein Verfahren zur Polfestlegung vorgeschlagen, das einen Sonderfall der in Abschn. 5.2.3 diskutierten Optimierung mit vorgeschriebenem Stabilitätsgrad darstellt und die optimalen Pollagen ohne Rechenaufwand sofort liefert.

Betrachtet man das Gütefunktional

$$ J = \int_{t_0}^{\infty} \left[\rho \, \underline{x}^T(t) \underline{\underline{Q}} \underline{x}(t) + u^2(t) \bar{r} \right] dt \quad , \tag{5.92} $$

so erhält man im Grenzfall $\rho \to 0$ eine Regelung mit minimaler Stellenergie im Sinne des quadratischen Integralkriteriums.

Betrachtet man zunächst stabile Strecken, so ist offensichtlich, daß das Minimum für J im Grenzfall $\rho = 0$ gerade für $u(t) \equiv 0$ angenommen wird. Das bedeutet, daß alle stabilen Pole unverändert liegen bleiben. Besitzt die Strecke hingegen auch instabile Pole mit $\text{Re}[s] > 0$, so ergibt sich, wie z.B. in /K17/ gezeigt, für $\rho \to 0$ das Minimum für J gerade dann, wenn die stabilen Pole der Strecke liegen bleiben und die instabilen durch ihre Spiegelbilder bezüglich der imaginären Achse ersetzt werden.

Da dieses Vorgehen bei stabilen Strecken auf keinen sinnvollen Regler führt, empfiehlt sich die Berücksichtigung eines minimalen Stabilitätsgrades.

Optimiert man eine Strecke bezüglich des Gütefunktionals

$$ J = \int_{t_0}^{\infty} e^{2\alpha t} \left[\rho \underline{x}^T(t) \underline{\underline{Q}} \underline{x}(t) + u^2(t) \bar{r} \right] dt \tag{5.93} $$

mit $\rho \to 0$, so besitzt das resultierende u^* gerade die Eigenschaft, daß alle Pole, welche die Bedingung $\text{Re}[s] \leqslant - \alpha$ erfüllen, liegen bleiben und alle Pole mit einem $\text{Re}[s] > - \alpha$ durch ihre Spiegelbilder an der Linie $\text{Re}[s] = - \alpha$ ersetzt werden.

Somit können die Pole des Regelkreises, bei dem ein vorgeschriebener Stabilitätsgrad mit minimaler Stellenergie erzielt wird, ohne weiteres sofort angegeben werden. Aus den Polen folgt unmittelbar das charakteristische Polynom des Regelkreises, und der zugehörige Rückführvektor $\underline{k}^T$ läßt sich dann z.B. mit Hilfe des Polvorgabeverfahrens (Abschn. 5.1) ermitteln. Beim Frequenzbereichsentwurf ist das charakteristische Polynom direkt Eingabegröße zur Reglerberechnung.

Beispiel 5.4

Gesucht ist eine energieoptimale Regelung im Sinne des Gütekriteriums (5.93) für eine Strecke, die durch die Zustandsgleichungen

$$\dot{\underline{x}} = \underline{A}\,\underline{x} + \underline{b}\,u$$

$$\underline{y} = \underline{c}^T \underline{x}$$

mit

$$\underline{A} = \begin{bmatrix} 0 & 1 & 0 \\ 0 & 0 & 1 \\ -15 & -11 & -5 \end{bmatrix} \quad ; \quad \underline{b} = \begin{bmatrix} 0 \\ 0 \\ 1 \end{bmatrix} \quad ; \quad \underline{c} = \begin{bmatrix} 15 \\ 0 \\ 0 \end{bmatrix}$$

beschreibbar ist. Dabei soll kein Eigenwert der geregelten Strecke einen größeren Realteil als $s = -2$ besitzen.

In Bild 5.1a sind die Eigenwerte der ungeregelten Strecke und in Bild 5.1b die resultierenden Eigenwerte des Regelkreises eingetragen.

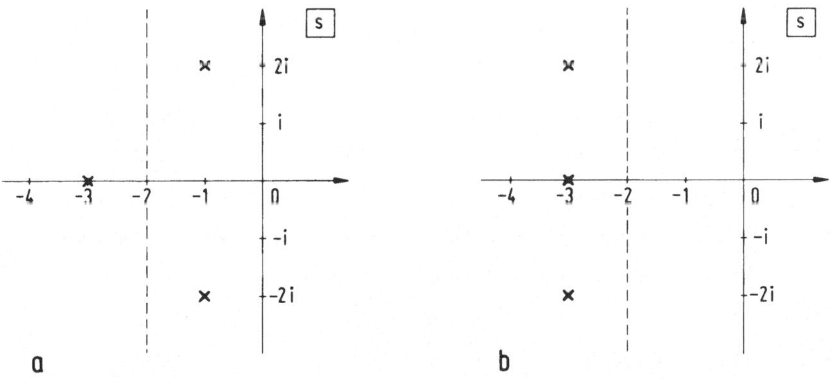

Bild 5.1 Eigenwerte der Regelstrecke (a) und des optimierten Regelkreises (b)

Da die Strecke in Regelungsnormalform vorliegt, ist das charakteristische Polynom der ungeregelten Strecke direkt aus der Matrix $\underline{A}$ zu

$$\det(s\underline{I} - \underline{A}) = s^3 + 5s^2 + 11s + 15$$

ablesbar. Für den Regelkreis lautet es mit den Pollagen $\tilde{s}_i$ aus Bild 5.1b

$$\det(s\underline{I} - \underline{A} + \underline{b}\underline{k}^T) = \prod_{i=1}^{3}(s - \tilde{s}_i) = s^3 + 9s^2 + 31s + 39 \;.$$

Daraus ergibt sich der gesuchte Rückführvektor direkt zu

$$\underline{k}^T = \begin{bmatrix} (\tilde{a}_0 - a_0) & (\tilde{a}_1 - a_1) & (\tilde{a}_2 - a_2) \end{bmatrix} = \begin{bmatrix} 24 & 20 & 4 \end{bmatrix}\;.$$

5.2.5 Optimierung im Frequenzbereich

Wie in Abschnitt 5.2.2 gezeigt wurde, verlaufen die Führungsübergänge des Regelkreises optimal im Sinne des Gütefunktionals

$$J' = \int_{t_0}^{\infty} \left[\underline{y}^T(t)\underline{\bar{Q}}'\underline{y}(t) + \underline{u}^T(t)\underline{\bar{R}}\underline{u}(t) \right] dt \quad , \tag{5.94}$$

wenn man die Strecke

$$\underline{\dot{x}}(t) = \underline{A}\underline{x}(t) + \underline{B}\underline{u}(t)$$
$$\underline{y}(t) = \underline{C}\underline{x}(t) \tag{5.95}$$

mit einer Stellgröße der Form

$$\underline{u}(t) = - \underline{K}\underline{x}(t) + \underline{L}\underline{w}(t) \tag{5.96}$$

ansteuert. Dabei ist die Rückführung $\underline{K}$ aus der zum Gütefunktional (5.94) gehörenden
Riccati-Gleichung

$$- \underline{\bar{P}}\underline{A} - \underline{A}^T\underline{\bar{P}} + \underline{\bar{P}}\underline{B}\underline{\bar{R}}^{-1}\underline{B}^T\underline{\bar{P}} = \underline{C}^T\underline{\bar{Q}}'\underline{C} \tag{5.97}$$

gemäß

$$\underline{K} = \underline{\bar{R}}^{-1}\underline{B}^T\underline{\bar{P}} \tag{5.98}$$

zu ermitteln. Für eine Betrachtung der optimalen Regelung im Frequenzbereich wird
zunächst der Zusammenhang zwischen den Zeitbereichskenngrößen und den in Kapitel 4
verwendeten Frequenzbereichsbezeichnungen benötigt. Durch Laplace-Transformation
des Stellvektors (5.96) erhält man

$$\underline{u}(s) = - \underline{K}\underline{x}(s) + \underline{L}\underline{w}(s) \quad . \tag{5.99}$$

Der Zustandsvektor $\underline{x}(s)$ ergibt sich nach Laplace-Transformation der Streckengleichungen (5.95) bei verschwindenden Anfangsbedingungen zu

$$\underline{x}(s) = (s\underline{I} - \underline{A})^{-1}\underline{B}\underline{u}(s) \quad . \tag{5.100}$$

Setzt man dies in die Beziehung (5.99) ein, so folgt nach einer einfachen Umformung

$$\underline{u}(s) = \left[\underline{I} + \underline{K}(s\underline{I} - \underline{A})^{-1}\underline{B} \right]^{-1}\underline{L}\underline{w}(s) \quad . \tag{5.101}$$

In Kapitel 4 wurde die Frequenzbereichsdarstellung der Strecke in der Form

$$\underline{y}(s) = \underline{Z}(s)\underline{N}^{-1}(s)\underline{u}(s) \tag{5.102}$$

verwendet. Vergleicht man dies mit der Ausgangsgröße

$$\underline{y}(s) = \underline{C}\underline{x}(s) = \underline{C}(s\underline{I} - \underline{A})^{-1}\underline{B}\underline{u}(s) \quad , \tag{5.103}$$

die aus der Zeitbereichsdarstellung folgt, so ergibt sich der Zusammenhang

$$\underline{C}(s\underline{I} - \underline{A})^{-1}\underline{B} = \underline{Z}(s)\underline{N}^{-1}(s) \quad . \tag{5.104}$$

Das Führungsverhalten wird im Frequenzbereich durch Gl.(4.10), nämlich

$$\underline{y}(s) = \underline{Z}(s)\underline{\tilde{N}}^{-1}(s)\underline{L}\underline{w}(s)$$

gekennzeichnet. Offensichtlich wird dieses Führungsverhalten durch das Stellsignal

$$\underline{u}(s) = \underline{N}(s)\underline{\tilde{N}}^{-1}(s)\underline{L}\underline{w}(s) \tag{5.105}$$

erzeugt. Wenn die Zeit- und Frequenzbereichsdarstellungen denselben Regelkreis beschreiben, muß für beliebiges $\underline{L}$

$$\underline{I} + \underline{K}(s\underline{I} - \underline{A})^{-1}\underline{B} = \underline{\tilde{N}}(s)\underline{N}^{-1}(s) \tag{5.106}$$

gelten (s.auch Gl.(4.16)). Mit den Beziehungen (5.104) und (5.106) ist es nun möglich, die Riccati-Gleichung (5.97) so umzuformen, daß sie nicht mehr das optimale $\underline{K}$, sondern direkt das optimale $\underline{\tilde{N}}(s)$ für die geregelte Strecke liefert. Dazu führt man zunächst eine identische Erweiterung mit $s\underline{\bar{P}} - s\underline{\bar{P}}$ durch und erhält

$$\underline{P}(s\underline{I} - \underline{A}) + (-s\underline{I} - \underline{A}^T)\underline{\bar{P}} + \underline{\bar{P}}\underline{D}\underline{\bar{R}}^{-1}\underline{D}^T\underline{\bar{P}} - \underline{C}^T\underline{\bar{Q}}'\underline{C} \quad . \tag{5.107}$$

Multipiziert man diese Gleichung von links mit $\underline{B}^T(-s\underline{I} - \underline{A}^T)^{-1}$ und von rechts mit $(s\underline{I} - \underline{A})^{-1}\underline{B}$ und berücksichtigt die Beziehung (5.98) für die optimale Rückführmatrix $\underline{K}$, so ergibt sich

$$\underline{B}^T(-s\underline{I} - \underline{A}^T)^{-1}\underline{K}^T\underline{\bar{R}} + \underline{\bar{R}}\underline{K}(s\underline{I} - \underline{A})^{-1}\underline{B} + \underline{B}^T(-s\underline{I} - \underline{A}^T)^{-1}\underline{K}^T\underline{\bar{R}}\underline{K}(s\underline{I} - \underline{A})^{-1}\underline{B} =$$

$$= \underline{B}^T(-s\underline{I} - \underline{A}^T)^{-1}\underline{C}^T\underline{\bar{Q}}'\underline{C}(s\underline{I} - \underline{A})^{-1}\underline{B} \quad . \tag{5.108}$$

Nach einer identischen Ergänzung mit $\underline{\bar{R}} - \underline{\bar{R}}$ kann dieser Ausdruck folgendermaßen umgeschrieben werden

$$\left[\underline{I} + \underline{B}^T(-s\underline{I} - \underline{A}^T)^{-1}\underline{K}^T\right]\underline{\bar{R}}\left[\underline{I} + \underline{K}(s\underline{I} - \underline{A})^{-1}\underline{B}\right] =$$

$$= \underline{B}^T(-s\underline{I} - \underline{A}^T)^{-1}\underline{C}^T\underline{\bar{Q}}'\underline{C}(s\underline{I} - \underline{A})^{-1}\underline{B} + \underline{\bar{R}} \quad . \tag{5.109}$$

Mit den Beziehungen (5.104) und (5.106) erhält Gl.(5.109) die Form

$$\left[\underline{N}^T(-s)\right]^{-1}\underline{\tilde{N}}^T(-s)\underline{\bar{R}}\underline{\tilde{N}}(s)\underline{N}^{-1}(s) = \left[\underline{N}^T(-s)\right]^{-1}\underline{Z}^T(-s)\underline{\bar{Q}}'\underline{Z}(s)\underline{N}^{-1}(s) + \underline{\bar{R}} \quad . \tag{5.110}$$

Wird diese Gleichung von links mit $\underline{N}^T(-s)$ und von rechts mit $\underline{N}(s)$ multipliziert, so ergibt sich schließlich die der Riccati-Gleichung (5.97) entsprechende Entwurfsbedingung im Frequenzbereich

$$\underline{\tilde{N}}^T(-s)\underline{\bar{R}}\underline{\tilde{N}}(s) = \underline{Z}^T(-s)\underline{\bar{Q}}'\underline{Z}(s) + \underline{N}^T(-s)\underline{\bar{R}}\underline{N}(s) \quad . \tag{5.111}$$

Die Berechnung von $\underset{\sim}{\underline{N}}(s)$ als Lösung dieser Gleichung läßt sich beispielsweise folgendermaßen durchführen. Da $\underline{\bar{R}}$ eine positiv definite symmetrische Matrix ist, existiert für sie die Aufteilung

$$\underline{\bar{R}} = \underline{\bar{R}}_0^T \underline{\bar{R}}_0 \tag{5.112}$$

mit det $\underline{\bar{R}}_0 \neq 0$, so daß Gl.(5.111) in der Form

$$\underset{\sim}{\underline{N}}^T(-s)\underline{\bar{R}}_0^T\underline{\bar{R}}_0\underset{\sim}{\underline{N}}(s) = \underline{Z}^T(-s)\underline{\bar{Q}}'\underline{Z}(s) + \underline{N}^T(-s)\underline{\bar{R}}\underline{N}(s) \tag{5.113}$$

angeschrieben werden kann. Durch elementare Umformungen, die einer Multiplikation
mit unimodularen Matrizen von rechts und links entsprechen, kann man die bekannte
rechte Seite von Gl.(5.113) auf Diagonalgestalt transformieren. Das Ergebnis ist

$$\underline{U}_L(s)\underset{\sim}{\underline{N}}^T(-s)\underline{\bar{R}}_0^T\underline{\bar{R}}_0\underset{\sim}{\underline{N}}(s)\underline{U}_R(s) = \underline{\Lambda}(s) \tag{5.114}$$

wobei $\underline{\Lambda}(s)$ eine Diagonalmatrix darstellt, deren Elemente aus Polynomen in s bestehen. Wegen der Symmetrieeigenschaften von Gl.(5.113) gilt $\underline{U}_L(s) = \underline{U}_R^T(-s)$. Die Eigenwerte der geregelten Strecke ergeben sich aus det $\underset{\sim}{\underline{N}}(s) = 0$. Die Nullstellen von
det $\underline{\Lambda}(s)$ liegen spiegelbildlich zur imaginären Achse, wobei diejenigen mit negativem Realteil gerade die (stabilen) Eigenwerte des optimierten Regelkreises darstellen. In der Diagonalmatrix $\underline{\Lambda}_0(s)$ werden nun die Polynome mit Nullstellen in der
linken s-Halbebene zusammengefaßt, wodurch für $\underline{\Lambda}(s)$ die Darstellung

$$\underline{\Lambda}(s) = \underline{\Lambda}_0^T(-s)\underline{\Lambda}_0(s) \tag{5.115}$$

möglich ist. Setzt man dies in Gl.(5.114) ein, so erkennt man, daß

$$\underline{\bar{R}}_0\underset{\sim}{\underline{N}}(s)\underline{U}_R(s) = \underline{\Lambda}_0(s) \tag{5.116}$$

gilt. Da $\underline{U}_R(s)$ eine unimodulare Matrix ist, stellt auch $\underline{U}_R^{-1}(s)$ eine Polynommatrix
dar, und man erhält als Lösung für die gesuchte Polynommatrix $\underset{\sim}{\underline{N}}(s)$ der geregelten
Strecke

$$\underset{\sim}{\underline{N}}(s) = \underline{\bar{R}}_0^{-1}\underline{\Lambda}_0(s)\underline{U}_R^{-1}(s) \quad . \tag{5.117}$$

Für Eingrößensysteme ist $\bar{R} = \bar{r}$ ein Skalar, und die Bestimmungsgleichung (5.113)
für das optimale $\underset{\sim}{N}$ vereinfacht sich zu

$$\underset{\sim}{N}(-s)\underset{\sim}{N}(s) = N(-s)N(s) + \frac{1}{\bar{r}}\,\underline{Z}^T(-s)\underline{\bar{Q}}'\underline{Z}(s) \quad . \tag{5.118}$$

Nach Vorgabe der Gewichtsfaktoren $\underline{\bar{Q}}'$ und $\bar{r}$ kann das Polynom auf der rechten Seite
von Gl.(5.118) berechnet werden. Die Nullstellen dieses Polynoms mit negativem Re-
alteil sind direkt die Nullstellen des optimierten $\underset{\sim}{N}(s)$, das sicherstellt, daß der
Regelvorgang optimal im Sinne des Gütefunktionals (5.94) verläuft.

Beispiel 5.5

In Beispiel 5.3 aus Abschn. 5.1.3 liegt die Streckenbeschreibung in Regelungs-normalform vor, aus der direkt die Polynome $N(s) = s^3 + 6s^2 + 11s + 6$ und $Z(s) = 10s + 11$ ablesbar sind. Mit den Gewichtsfaktoren $\bar{q}' = 10$ und $\bar{r} = 1$ lautet Gl.(5.118)

$$\tilde{N}(-s)\tilde{N}(s) = (- s^3 + 6s^2 - 11s + 6)(s^3 + 6s^2 + 11s + 6) +$$
$$+ 10(- 10s + 11)(10s + 11) =$$
$$= - s^6 + 14s^4 - 1049s^2 + 1246 \ .$$

Als Nullstellen dieses Polynoms mit negativem Realteil ergeben sich (gerundet) $\tilde{s}_{1/2} = -4.4 \pm 3.6i$ und $\tilde{s}_3 = -1.1$.

5.2.6 Interpretation der optimalen Regelung im Frequenzbereich

Optimale Zustandsregelungen haben eine bemerkenswerte Eigenschaft, auf die bereits Kalman /K4/ hingewiesen hat. Sie sei im folgenden kurz erläutert. Zur Beurteilung eines Regelkreises nach Bild 5.2 wird häufig das Nyquist-Verfahren /F4/ herangezogen.

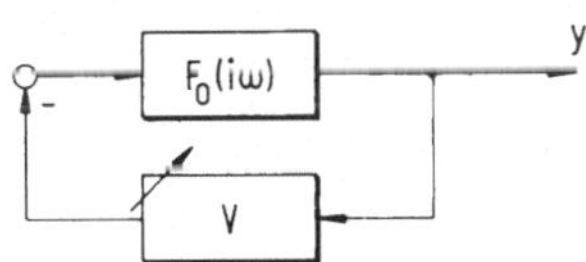

Bild 5.2 Einläufiger Regelkreis mit variabler Rückführverstärkung

Dabei sind in $F_0(i\omega)$ alle dynamischen Elemente des Regelkreises zusammengefaßt und der Verstärkungsfaktor V kennzeichnet eine einstellbare Kreisverstärkung.

Auch der optimale Zustandsregelkreis für Eingrößensysteme kann auf eine entsprechende Form gebracht werden, die in Bild 5.3 gezeigt ist.

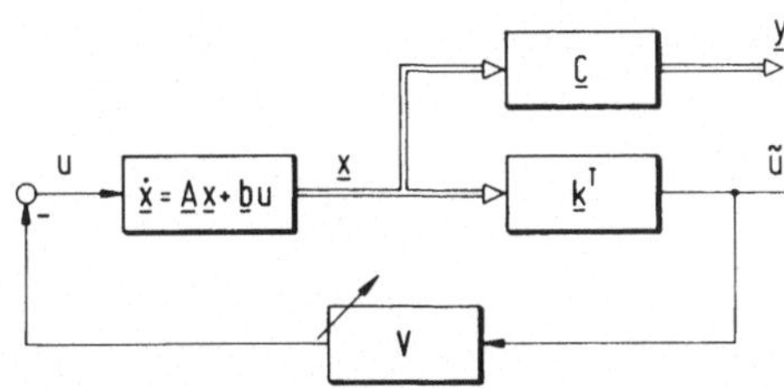

Bild 5.3 Eingrößen-Zustandsregelkreis mit variabler Rückführverstärkung V

Der Rückführfaktor V ist dabei zunächst V=1. Der Frequenzgang $F_0(i\omega)$ zwischen u und $\tilde{u}$ ergibt sich hier zu

$$F_0(i\omega) = \underline{k}^T(i\omega\underline{I} - \underline{A})^{-1}\underline{b} \tag{5.119}$$

was man mit den Polynomen

$$N(i\omega) = \det(i\omega\underline{I} - \underline{A}) \tag{5.120}$$

und

$$\tilde{N}(i\omega) = \det(i\omega\underline{I} - \underline{A} + \underline{b}\underline{k}^T) \tag{5.121}$$

in der Form

$$F_0(i\omega) = \frac{\tilde{N}(i\omega) - N(i\omega)}{N(i\omega)} \tag{5.122}$$

anschreiben kann (s. Abschn. 4.1.1, Gl.(4.15)). Wird die Rückführung $u = - \underline{k}^T\underline{x}$ des Zuṣtandsvektors durch Minimierung des Gütefunktionals

$$J' = \int_0^\infty \left[\underline{y}^T(t)\underline{\bar{Q}}'\underline{y}(t) + u^2(t)\bar{r}\right]dt \tag{1.123}$$

gewonnen, so besitzt der Regelkreis nach Bild 5.3 die interessante Eigenschaft, daß er für beliebige $V>1$ stabil bleibt. Dies läßt sich mit Hilfe der Beziehung (5.109) zeigen, die für Eingrößensysteme die Gestalt

$$\left[1 + \underline{b}^T(-s\underline{I} - \underline{A}^T)^{-1}\underline{k}\right]\left[1 + \underline{k}^T(s\underline{I} - \underline{A})^{-1}\underline{b}\right] = \tag{5.124}$$

$$= \underline{b}^T(-s\underline{I} - \underline{A}^T)^{-1}\underline{c}\frac{\underline{\bar{Q}}'}{\bar{r}}\underline{C}(s\underline{I} - \underline{A})^{-1}\underline{b} + 1$$

besitzt. Setzt man hier $s=i\omega$, so folgt unmittelbar

$$\left|1 + \underline{k}^T(i\omega\underline{I} - \underline{A})^{-1}\underline{b}\right|^2 = 1 + \underline{b}^T(-i\omega\underline{I} - \underline{A}^T)^{-1}\underline{c}\frac{\underline{\bar{Q}}'}{\bar{r}}\underline{C}(i\omega\underline{I} - \underline{A})^{-1}\underline{b} \tag{1.125}$$

oder

$$\left|1 + \underline{k}^T(i\omega\underline{I} - \underline{A})^{-1}\underline{b}\right| \geqslant 1 \; . \tag{5.126}$$

Mit Gl.(5.106), nämlich

$$1 + \underline{k}^T(s\underline{I} - \underline{A})^{-1}\underline{b} = \tilde{N}(s)/N(s) \tag{5.127}$$

gilt damit aber auch

$$\left|\frac{\tilde{N}(i\omega)}{N(i\omega)}\right| \geqslant 1 \; . \tag{5.128}$$

Das bedeutet, daß die Ortskurve des Frequenzganges $F_0(i\omega)$ bei optimaler Zustandsregelung stets außerhalb des um den Punkt (-1, i0) zentrierten Einheitskreises verläuft, wie das in Bild 5.4 für zwei verschiedene Ortskurven angedeutet ist.

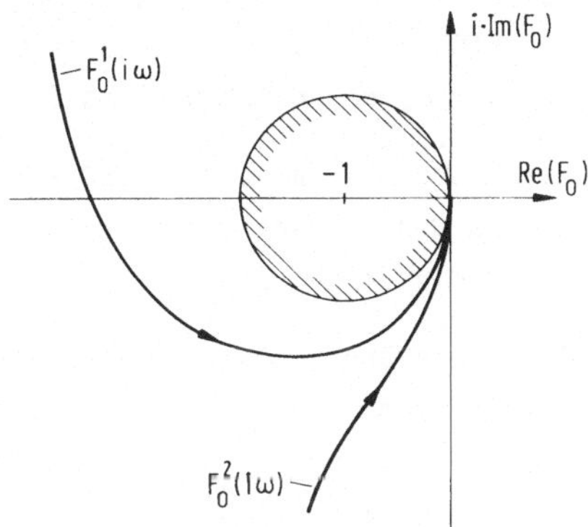

Bild 5.4   Ortskurven $F_0(i\omega) = \underline{k}^T(i\omega\underline{I} - \underline{A})^{-1}\underline{b} = \left[\tilde{N}(i\omega) - N(i\omega)\right]/N(i\omega)$ optimaler
           Zustandsregelkreise

Untersucht man jetzt die Stabilität des Regelkreises nach Bild 5.3 mit Hilfe des
Nyquist-Verfahrens, dann liegt der kritische Punkt in Bild 5.4 bei (-1/V, i0). Damit ergibt sich aber unmittelbar der z.B. in /A7/ bewiesene Satz:

<u>Satz 5.1</u> Ein quadratisch optimaler Regelkreis nach Bild 5.3 bleibt auch bei einer
           veränderten Rückführverstärkung $V \neq 1$ stabil, und zwar im Bereich $0.5 < V < \infty$.

Dies leuchtet unmittelbar ein, da durch die Optimierung sichergestellt ist, daß der
Regelkreis für V=1 stabil ist. Da andererseits $F_0(i\omega)$ außerhalb des um -1 zentrierten Kreises verläuft, gefährdet die durch Satz 5.1 angegebene Variation von V die
Stabilität nicht, da sie gerade die Grenzen angibt, für die der kritische Punkt bei
-1/V innerhalb des Kreises bleibt.

Bei einem Riccati-optimierten Zustandsregelkreis kann also die Rückführverstärkung
V theoretisch beliebig erhöht werden, ohne daß eine Instabilität des Regelkreises
resultiert.

Daß die Ortskurve $F_0(i\omega)$ eines optimalen Regelkreises außerhalb des um (-1, i0)
zentrierten Einheitskreises verläuft, ist für manche Anwendungen von Interesse.
Tritt auf der anderen Seite die Ortskurve $F_0(i\omega)$ eines durch beliebige Polzuweisung
gewonnenen Zustandsregelkreises in den Einheitskreis ein, dann folgt daraus, daß
das entsprechende Regelgesetz keiner quadratisch optimalen Regelung entspricht.

5.3 Kalman-Filter und optimale Beobachter

5.3.1 Vorbemerkungen

Beim Entwurf einer Zustandsregelung im Zeitbereich (vgl. Kap.3) muß neben der Suche nach einer günstigen Zustandsrückführung noch ein weiteres Problem gelöst werden, nämlich das der Konstruktion eines geeigneten Beobachters.

Die Bestimmung der Zustandsrückführung und damit die Festlegung der Dynamik der geregelten Strecke kann z.B. über die Minimierung eines quadratischen Kostenfunktionals geschehen, wie in Abschn. 5.2 diskutiert.

Für den Beobachterentwurf gibt es ein ähnliches Vorgehen, bei dem der Beobachter als stationäres Kalman-Filter (das einem Wiener-Filter entspricht) ausgelegt wird. Die Theorie der Kalman-Filter löst die Aufgabe, aus verrauschten Meßsignalen einer durch Eingangsrauschen erregten Strecke einen Schätzwert $\hat{x}$ für den Streckenzustand x so zu konstruieren, daß der Schätzfehler $\tilde{x} = x - \hat{x}$ minimale Varianz aufweist. Die Lösung dieser Filteraufgabe führt wie bei der optimalen Regelung auf eine Riccati-Gleichung, die mit denselben rechentechnischen Hilfsmitteln gelöst werden kann wie die optimale Regelungsaufgabe.

Das stationäre Kalman-Filter ist ein rückgeführtes Streckenmodell, dessen Modellnachführmatrix $\underline{D}$ (vgl. Abschnitt 3.2.2) so festgelegt wird, daß aus den verrauschten Meßsignalen ein optimaler Schätzwert im Sinne minimaler Schätzfehlervarianz gebildet wird. Eine so geartete Beobachterfestlegung ist immer dann sinnvoll, wenn aus verrauschten Meßdaten ein Schätzwert für den Streckenzustand gewonnen werden soll.

In Abschn. 5.3.2 ist das klassische Kalman-Filter dargestellt. Dieses Filter besitzt die Ordnung n und stellt somit einen Einheitsbeobachter mit bezüglich minimaler Schätzfehlervarianz optimierter Modellnachführung dar. Der Einheitsbeobachter läßt sich auch anhand anderer Gesichtspunkte als Filter für gestörte Meßsignale auslegen, wobei dann z.B. Störfrequenzgang-Überlegungen anstelle des Gesichtspunktes minimaler Schätzfehlervarianz im Vordergrund stehen.

Der Entwurf von Beobachtern reduzierter Ordnung kann ebenfalls "optimal" geschehen und zwar einmal durch Spezialisierung der Kalman-Filteraufgabe und zum anderen durch Anwendung der Theorie "optimaler Beobachter". Wie die Überlegungen in Abschn. 5.3.3 zeigen, können das reduzierte Kalman-Filter und die sogenannten optimalen Beobachter gemeinsam betrachtet werden.

Ein einfaches Beispiel für den Entwurf eines reduzierten Beobachters und die Diskussion der Ergebnisse im Frequenzbereich schließen Abschn. 5.3 ab.

5.3.2 Das stationäre Kalman-Filter

Betrachtet werden lineare, zeitinvariante, vollständig beobachtbare Systeme n-ter Ordnung mit p Eingängen und m Ausgängen, die durch die Zustandsgleichungen

$$\dot{\underline{x}}(t) = \underline{A}\underline{x}(t) + \underline{B}\underline{u}(t) + \bar{\underline{r}}(t)$$
$$\underline{y}(t) = \underline{C}\underline{x}(t) + \bar{\underline{v}}(t) \tag{5.129}$$

beschrieben werden. Der n-dimensionale Eingangsrauschvektor $\bar{\underline{r}}(t)$ und der m-dimensionale Meßrauschvektor $\bar{\underline{v}}(t)$ bestehen aus mittelwertfreien stationären "weißen" Zufallsprozessen mit den Kovarianzmatrizen

$$E\{\bar{\underline{r}}(t)\bar{\underline{r}}^T(\tau)\} = \underline{Q}\,\delta(t - \tau) \tag{5.130}$$

$$E\{\bar{\underline{v}}(t)\bar{\underline{v}}^T(\tau)\} = \underline{R}\,\delta(t - \tau)\ \ . \tag{5.131}$$

Dabei ist $\delta(t - \tau)$ die Diracsche Deltafunktion. Die reellen Matrizen $\underline{Q}$ und $\underline{R}$ sind symmetrisch und positiv definit, wobei für $\underline{Q}$ auch positiv semidefinite Matrizen zugelassen sind. Der Anfangszustand $\underline{x}(t_0) = x_0$ und die Eingangs- und Ausgangsrauschprozesse seien als unkorreliert vorausgesetzt, also

$$E\{\bar{\underline{r}}\bar{\underline{v}}^T\} = \underline{0}\ ;\ \ E\{\underline{x}_0\bar{\underline{v}}^T\} = \underline{0}\ ;\ \ E\{\underline{x}_0\bar{\underline{r}}^T\} = \underline{0}\ . \tag{5.132}$$

Gesucht wird der Schätzwert $\hat{\underline{x}}(t)$ für den Streckenzustand $\underline{x}(t)$, für den die Komponenten des Schätzfehlers

$$\tilde{\underline{x}}(t) = \underline{x}(t) - \hat{\underline{x}}(t) \tag{5.133}$$

minimale Varianz aufweisen, was bedeutet, daß die Spur der Kovarianzmatrix

$$\underline{P}(t) = E\{\tilde{\underline{x}}(t)\tilde{\underline{x}}^T(t)\} \tag{5.134}$$

minimal wird. Die Lösung dieses Problems führt auf das sogenannte Kalman-Filter (s. z.B. /B7/ oder /K17/). Der Schätzwert $\hat{\underline{x}}(t)$ genügt der Differentialgleichung

$$\dot{\hat{\underline{x}}}(t) = \underline{A}\hat{\underline{x}}(t) + \underline{D}^*\left[\underline{y}(t) - \hat{\underline{y}}(t)\right] + \underline{B}\underline{u}(t)$$
$$\hat{\underline{y}}(t) = \underline{C}\hat{\underline{x}}(t)\ , \tag{5.135}$$

wobei die Aufschaltung von $\underline{u}$ über $\underline{B}\underline{u}$ sicherstellt, daß von $\underline{u}$ aus kein Schätzfehler angeregt wird (s. auch Abschn. 3.2.2). Die Rückführmatrix $\underline{D}^*$ des Ausgangsschätzfehlers ist gegeben durch

$$\underline{D}^* = \underline{P}\underline{C}^T\underline{R}^{-1}\ , \tag{5.136}$$

wobei $\underline{P}$ die Lösung der Riccati-Differentialgleichung

$$\underline{A}\underline{P} + \underline{P}\underline{A}^T - \underline{P}\underline{C}^T\underline{R}^{-1}\underline{C}\underline{P} + \underline{Q} = \dot{\underline{P}} \tag{5.137}$$

darstellt.

Im folgenden soll nur der stationäre Fall $\dot{\underline{P}} = \underline{0}$ betrachtet werden, für den $\underline{P}$ und damit $\underline{D}^*$ konstante Matrizen sind. Das resultierende Filter wird als stationäres Kalman-Filter bezeichnet.

Zur numerischen Bestimmung der stationären Lösung von Gl.(5.137) sind dieselben Programme verwendbar wie für die Lösung der algebraischen Riccati-Gleichung für optimale Zustandsregler. Man muß bei der Dateneingabe lediglich $\underline{A}$ durch $\underline{A}^T$ und $\underline{B}$ durch $\underline{C}^T$ ersetzen und erhält statt der optimalen Rückführmatrix $\underline{K}$ die optimale Rückführmatrix $\underline{D}^*$ des Kalman-Filters.

Dieses Filter ist offensichtlich nichts anderes als ein Einheitsbeobachter, dessen Modellnachführung $\underline{D} = \underline{D}^*$ so gewählt wird, daß die Rekonstruktion des Systemzustandes unter den gegebenen Randbedingungen optimal im Sinne minimaler Schätzfehlervarianz erfolgt. Bild 5.5 zeigt ein Blockschaltbild des stationären Kalman-Filters.

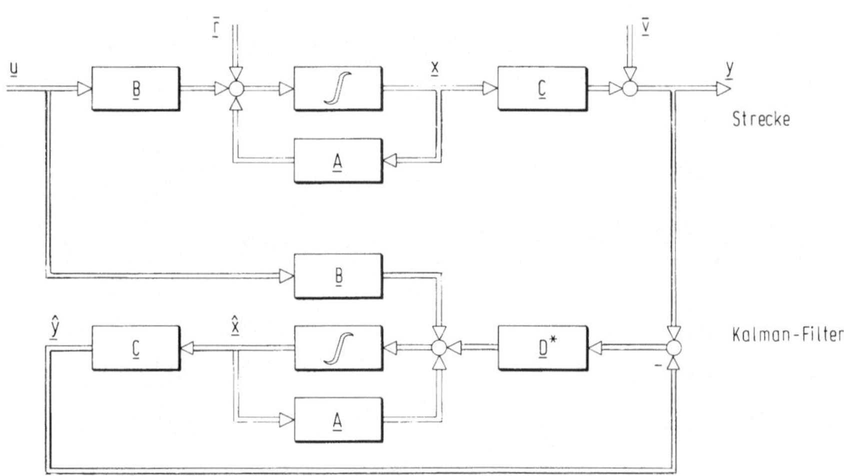

Bild 5.5   Gestörte Strecke und Kalman-Filter

Anhand der obigen Gleichungen (5.135) bis (5.137) lassen sich interessante Grenzfälle diskutieren.

1. Für starkes Eingangsrauschen und nahezu ideale Messung strebt die Lösung für $\underline{D}^*$ gegen sehr große Werte. Das bedeutet, daß die Modellnachführung sehr steif wird und der Beobachter unter Umständen differenzierend wirkt.

2. Für kleine Rauschanregung der Strecke bei starkem Meßrauschen strebt die Rückführverstärkung $\underline{D}^*$ gegen sehr kleine Werte und man erhält praktisch als Optimalfilter ein Parallelmodell zur Strecke, das mit denselben (deterministischen) Eingangsgrößen u_i wie diese angeregt wird.

Beide Grenzfälle, nämlich det $\underline{R} \to 0$ und det $\underline{R} \to \infty$ führen auf Beobachterstrukturen, die bei der Einführung des Beobachters in Kapitel 3 als nicht geeignet erkannt wurden. Trotzdem zeigt sich hier eine interessante Tendenz. Je ungestörter die vorhandenen Meßwerte sind, desto schneller kann der Beobachter ausgelegt werden.

Jeder Einheitsbeobachter ist also als Filter für die Verarbeitung gestörter Meßsignale verwendbar. In Anwendungsfällen mit starkem Meßrauschen werden häufig PT_1-Glieder in den Meßkanal eingebracht, und erst die geglätteten Meßwerte im Regler verarbeitet. Günstiger ist es, diese Glättung im Regler selbst durchzuführen, indem man den Beobachter als Filter für die verrauschten Meßgrößen auslegt. Dies hat den Vorteil, daß die Dynamik des Filters in wohldefinierter Weise in das Regelkreisverhalten eingeht, während beim Einsatz von Glättungsgliedern im Meßkanal die Gefahr besteht, daß ihre Dynamik die Eigenschaften der Regelung unkontrolliert verschlechtert, falls man sie beim Entwurf nicht berücksichtigt.

5.3.3 Das reduzierte Kalman-Filter und der "optimale Beobachter"

Beim klassischen Kalman Filter wird angenommen, daß alle Ausgänge y_i mit (weißem) Meßrauschen behaftet sind. Geht nun die Intensität des Meßrauschens für einen Teil der Meßgrößen (im Grenzfall für alle) gegen Null, dann wird die Kovarianzmatrix $\underline{R}$ des Meßrauschens singulär. Dies führt dazu, daß eine entsprechende Anzahl von Filterpolen gegen minus Unendlich strebt.

Ein reguläres Filter ergibt sich trotz singulärer Kovarianzmatrix des Meßrauschens, wenn man die Filterordnung um die Anzahl der nicht verrauschten Meßgrößen reduziert /G1/. Dieses sogenannte "reduzierte Kalman-Filter" geht für nicht verrauschte Messungen gerade in einen reduzierten Beobachter (n-m)-ter Ordnung über, dessen Eigenwerte und Struktur von den in die Strecke eingreifenden Störungen festgelegt werden. Unter bestimmten Bedingungen entsteht dabei ein "idealer Beobachter", der die Eigenschaft besitzt, daß die auf die Strecke einwirkenden, nicht meßbaren Störungen keine Beobachtungsfehler anregen.

Ausgehend von der Idee völlig störungsfreier Systeme wurde in den vergangenen Jahren eine Reihe von Untersuchungen über sogenannte optimale Beobachter veröffentlicht. Ausgangspunkt ist dabei ein optimaler Zustandsregelkreis, dessen Kostenfunktional einen minimalen Wert besitzt (s. Abschn. 5.2). Durch die Einführung eines Beobachters ergibt sich nun eine Erhöhung des Kostenfunktionals, es sei denn, der Beobachter liefert schon zum Einschaltzeitpunkt einen fehlerfreien Schätzwert. Man nimmt an, daß zum Einschaltzeitpunkt ein mittelwertfreier, mit einer bestimmten Varianz behafteter Schätzfehler auftritt. Durch Minimierung der durch den anfänglichen Schätzfehler bedingten Erhöhung des Kostenfunktionals ergibt sich eine Vorschrift zur Gestaltung des Beobachters.

Vergleicht man die Untersuchungen über optimale Beobachter aus /M9/, /M4/ oder /M3/ mit dem im folgenden beschriebenen Entwurf eines reduzierten Kalman-Filters, so zeigt sich, daß die Ergebnisse beider Entwurfsverfahren identisch sind, wenn die Kovarianzmatrix des Anfangsschätzfehlers beim optimalen Beobachter gleich der Kovarianzmatrix des Eingangsrauschens beim reduzierten Kalman-Filter ist.

Ein Beobachter sollte so entworfen werden, daß er in der weitaus längsten Zeit des Betriebes optimal arbeitet. Da die beim Einschalten des Beobachters auftretenden Schätzfehler nach kurzer Zeit abgeklungen sind, erscheint der Entwurf im Hinblick auf eine optimale Reaktion bei Störeingriffen in den meisten Fällen sinnvoller als der eines "optimalen Beobachters" im dargestellten Sinne. Im folgenden wird deshalb lediglich das reduzierte Kalman-Filter beschrieben.

Betrachtet werden wiederum lineare, zeitinvariante, vollständig beobachtbare Strecken n-ter Ordnung mit m Ausgängen, von denen

$$0 \leqslant x \leqslant m \tag{5.138}$$

Meßgrößen mit weißem Rauschen behaftet sind. Ordnet man die Ausgangsgrößen y_i so an, daß in $\underline{y}_1$ die (m - x) ungestörten und in $\underline{y}_2$ die x verrauschten Meßgrößen zusammengefaßt sind, dann läßt sich jedes System ohne Beschränkung der Allgemeingültigkeit und ohne Beeinflussung der Optimalität des Kalman-Filters so transformieren, daß die Zustandsgleichungen

$$\dot{\underline{x}}(t) = \underline{A}\underline{x}(t) + \underline{B}\underline{u}(t) + \underline{X}\underline{r}(t)$$
$$\underline{y}(t) = \underline{C}\underline{x}(t) + \underline{Y}\underline{v}(t) \tag{5.139}$$

die folgende Form besitzen

$$\begin{bmatrix} \dot{\underline{x}}_1 \\ \dot{\underline{x}}_2 \end{bmatrix} = \begin{bmatrix} \underline{A}_{11} & \underline{A}_{12} \\ \underline{A}_{21} & \underline{A}_{22} \end{bmatrix} \begin{bmatrix} \underline{x}_1 \\ \underline{x}_2 \end{bmatrix} + \begin{bmatrix} \underline{B}_1 \\ \underline{B}_2 \end{bmatrix} \underline{u} + \begin{bmatrix} \underline{X}_1 \\ \underline{X}_2 \end{bmatrix} \underline{r} \tag{5.140}$$

$$\begin{bmatrix} \underline{y}_1 \\ \underline{y}_2 \end{bmatrix} = \begin{bmatrix} \underline{C}_1 & \underline{0} \\ \underline{0} & \underline{C}_2 \end{bmatrix} \begin{bmatrix} \underline{x}_1 \\ \underline{x}_2 \end{bmatrix} + \begin{bmatrix} \underline{0} \\ \underline{Y} \end{bmatrix} \underline{v} \; .$$

Die einfachste Transformationsmatrix die dies leistet erhält man bei Verwendung der Ausgangsmatrix des ursprünglichen Systems, die durch Hinzunahme von ihr linear unabhängiger Zeilen zu einer regulären Matrix erweitert wird.

Die Vektoren $\underline{x}_1$ und $\underline{x}_2$ haben die Dimensionen (m - x) und (n + x - m), und die Matrizen $\underline{A}_{ij}$, $\underline{B}_i$, $\underline{C}_i$ und $\underline{X}_i$ haben dazu passende Dimensionen.

Wenn, was vorausgesetzt wurde, keine linear abhängigen Meßgrößen vorhanden sind,
dann gilt

$$\text{Rang } \underline{C}_1 = m - x$$

und

$$\text{Rang } \underline{C}_2 = x \quad .$$

Das Eingangs- und Ausgangsrauschen $\underline{r}(t)$ und $\underline{v}(t)$ bestehe wiederum aus mittelwert-
freiem weißen Rauschen mit

$$E\{\underline{r}(t)\underline{r}^T(\tau)\} = \hat{\underline{Q}}\ \delta(t - \tau)\ ;\quad E\{\underline{v}(t)\underline{v}^T(\tau)\} = \hat{\underline{R}}\ \delta(t - \tau)\quad \text{und}\quad E\{\underline{r}(t)\underline{v}^T(\tau)\} = \underline{0}\ .$$

Das Eingangsrauschen $\bar{\underline{r}}(t) = \underline{X}\underline{r}(t)$ wird hier durch die Kovarianzmatrix

$$E\{\bar{\underline{r}}(t)\bar{\underline{r}}^T(\tau)\} = \begin{bmatrix} \underline{X}_1 \\ \underline{X}_2 \end{bmatrix} E\{\underline{r}(t)\underline{r}^T(\tau)\} \begin{bmatrix} \underline{X}_1^T & \underline{X}_2^T \end{bmatrix} = \underline{Q}\ \delta(t - \tau)$$

mit

$$\underline{Q} = \begin{bmatrix} \underline{X}_1 \\ \underline{X}_2 \end{bmatrix} \hat{\underline{Q}} \begin{bmatrix} \underline{X}_1^T & \underline{X}_2^T \end{bmatrix} \tag{5.141}$$

gekennzeichnet, wobei $\underline{Q}$ folgendermaßen unterteilt sein möge

$$\underline{Q} = \begin{bmatrix} \underline{Q}_{11} & \underline{Q}_{12} \\ \underline{Q}_{21} & \underline{Q}_{22} \end{bmatrix} \begin{matrix} \}\ (m-x) \\ \}\ (n+x-m) \end{matrix} \tag{5.142}$$
$$\underbrace{\quad}_{(m-x)}\ \underbrace{\quad}_{(n+x-m)}$$

Für das Meßrauschen $\bar{\underline{v}} = \bar{\underline{Y}}\underline{v}$ erhält man die Kovarianzmatrix

$$E\{\bar{\underline{v}}(t)\bar{\underline{v}}^T(\tau)\} = \bar{\underline{Y}}E\{\underline{v}(t)\underline{v}^T(\tau)\}\bar{\underline{Y}}^T = \underline{R}\ \delta(t - \tau)$$

mit

$$\underline{R} = \bar{\underline{Y}}\ \hat{\underline{R}}\ \bar{\underline{Y}}^T\ . \tag{5.143}$$

Die Kovarianzmatrizen $\underline{Q}$ und $\underline{R}$ seien reell, symmetrisch und positiv definit. Der
Fall positiv semidefiniter Matrizen $\underline{Q}$ wird später diskutiert.

Gesucht ist nun ein Filter, das die Rekonstruktion des Streckenzustandes mit minimaler Schätzfehlervarianz erlaubt. Aus den unverrauschten Meßgrößen $\underline{y}_1$ läßt sich
der Zustandsvektor $\underline{x}_1$ direkt über

$$\underline{x}_1 = \underline{C}_1^{-1}\underline{y}_1 \tag{5.144}$$

berechnen. Es genügt folglich ein Filter der Ordnung

$$n - (m - x)\ , \tag{5.145}$$

die der Dimension des nicht direkt meßbaren Zustandes $\underline{x}_2$ entspricht, um einen Teil-
zustand

$$\underline{x}^* = \underline{T}\underline{x} \qquad\qquad (5.146)$$

zu rekonstruieren. Wenn

$$\text{Rang} \begin{bmatrix} \underline{C}_1 & \underline{0} \\ & \underline{T} \end{bmatrix} = n \qquad\qquad (5.147)$$

gilt, kann man den Zustandsvektor $\underline{x}$ direkt aus $\underline{y}_1$ und $\underline{x}^*$ gewinnen. Wählt man

$$\underline{T} = \begin{bmatrix} \underline{T}_1 & \underline{I}_{n+x-m} \end{bmatrix} , \qquad\qquad (5.148)$$

dann ist die Bedingung (5.147) für alle $\underline{T}_1$ erfüllt und $\underline{x}$ ergibt sich damit zu

$$\underline{x} = \begin{bmatrix} \underline{C}_1 & \underline{0} \\ \underline{T}_1 & \underline{I} \end{bmatrix}^{-1} \begin{bmatrix} \underline{y}_1 \\ \underline{x}^* \end{bmatrix}$$

oder

$$\underline{x} = \begin{bmatrix} \underline{C}_1^{-1} & \underline{0} \\ -\underline{T}_1\underline{C}_1^{-1} & \underline{I} \end{bmatrix} \begin{bmatrix} \underline{y}_1 \\ \underline{x}^* \end{bmatrix} . \qquad\qquad (5.149)$$

Steht statt $\underline{x}^*$ nur ein geschätzter Wert $\hat{\underline{x}}^*$ zur Verfügung, dann folgt der Schätzwert
$\hat{\underline{x}}$ für $\underline{x}$ zu

$$\hat{\underline{x}} = \begin{bmatrix} \underline{C}_1^{-1} & \underline{0} \\ -\underline{T}_1\underline{C}_1^{-1} & \underline{I} \end{bmatrix} \begin{bmatrix} \underline{y}_1 \\ \hat{\underline{x}}^* \end{bmatrix} . \qquad\qquad (5.150)$$

Der Schätzfehler $\tilde{\underline{x}} = \underline{x} - \hat{\underline{x}}$ hat damit die Form

$$\tilde{\underline{x}} = \underline{x} - \hat{\underline{x}} = \begin{bmatrix} \underline{x}_1 - \underline{x}_1 \\ \underline{x}_2 - (-\underline{T}_1\underline{x}_1 + \hat{\underline{x}}^*) \end{bmatrix} = \begin{bmatrix} \underline{0} \\ \underline{x}^* - \hat{\underline{x}}^* \end{bmatrix} . \qquad\qquad (5.151)$$

Ein Schätzfehler $\tilde{\underline{x}}$ minimaler Varianz ergibt sich also dann, wenn die Varianz des
Schätzfehlers $\tilde{\underline{x}}^* = \underline{x}^* - \hat{\underline{x}}^*$ minimal ist. Ein Kalman-Filter für $\underline{x}^*$ würde genau diesen
optimalen Schätzwert liefern. Um eine Differentialgleichung für $\underline{x}^*$ zu erhalten,
multipliziert man die Zustandsgleichungen (5.139) von links mit $\underline{T}$ und erhält

$$\underline{T}\dot{\underline{x}} = \dot{\underline{x}}^* = \underline{T}\underline{A}\underline{x} + \underline{T}\underline{B}\underline{u} + \underline{T}\underline{X}\underline{r} . \qquad\qquad (5.152)$$

Substituiert man nun $\underline{x}$ aus Gl.(5.149), so ergeben sich die Zustandsgleichungen für
$\underline{x}^*$ zu

$$\dot{\underline{x}}^* = \underline{T}\underline{A}\begin{bmatrix} \underline{0} \\ \underline{I} \end{bmatrix}\underline{x}^* + \underline{T}\underline{A}\begin{bmatrix} \underline{C}_1^{-1} \\ -\underline{T}_1\underline{C}_1^{-1} \end{bmatrix}\underline{y}_1 + \underline{T}\underline{B}\underline{u} + \underline{T}\underline{X}\underline{r} . \qquad\qquad (5.153)$$

Die zugehörige Ausgangsgleichung lautet

$$\underline{y}^* = \begin{bmatrix} \underline{y}_1^* \\ \underline{y}_2^* \end{bmatrix} = \begin{bmatrix} \underline{y}_1 \\ \underline{C}_2\underline{x}^* - \underline{C}_2\underline{T}_1\underline{C}_1^{-1}\underline{y}_1 + \underline{\overline{y}}v \end{bmatrix} = \begin{bmatrix} \underline{y}_1 \\ \underline{y}_2 \end{bmatrix} \quad . \tag{5.154}$$

Mit den Abkürzungen

$$\underline{A}^* = \underline{T}\underline{A}\begin{bmatrix} \underline{0} \\ \underline{I} \end{bmatrix} = \underline{T}_1\underline{A}_{12} + \underline{A}_{22} \tag{5.155}$$

und

$$\underline{D}_1' = \left[\underline{T}_1\underline{A}_{11} + \underline{A}_{21} - (\underline{T}_1\underline{A}_{12} + \underline{A}_{22})\underline{T}_1 \right]\underline{C}_1^{-1} \tag{5.156}$$

ergeben sich die Zustandsgleichungen für $\underline{x}^*$ zu

$$\dot{\underline{x}}^* = \underline{A}^*\underline{x}^* + \underline{D}_1'\underline{y}_1 + \underline{T}\underline{B}\underline{u} + \underline{T}\underline{X}r$$

$$\underline{y}_2 = \underline{C}_2\underline{x}^* - \underline{C}_2\underline{T}_1\underline{C}_1^{-1}\underline{y}_1 + \underline{\overline{y}}v \quad . \tag{5.157}$$

Diese Zustandsgleichungen beschreiben ein System (n+x-m)-ter Ordnung, das von dem unverrauschten $\underline{y}_1$ und von $\underline{u}$ angesteuert wird, und dessen x Ausgangsgrößen $\underline{y}_2^* = \underline{y}_2$ mit weißem Rauschen behaftet sind. Damit kann ein Kalman-Filter voller Ordnung für das System (5.157) entworfen werden. Die Ordnungsreduktion wird also durch die Modifikation des zu schätzenden Systems erzielt. Der Durchgriff von $\underline{y}_1$ auf den Ausgang $\underline{y}_2$ wird wie die deterministische Anregung über $\underline{B}\underline{u}$ in den Filtergleichungen berücksichtigt, die in Analogie zu den Beziehungen in Abschn. 5.3.2

$$\dot{\hat{\underline{x}}}^* = \underline{A}^*\hat{\underline{x}}^* + \underline{D}_2^*(\underline{y}_2 - \hat{\underline{y}}_2) + \underline{D}_1'\underline{y}_1 + \underline{T}\underline{B}\underline{u}$$

$$\hat{\underline{y}}_2 = \underline{C}_2\hat{\underline{x}}^* - \underline{C}_2\underline{T}_1\underline{C}_1^{-1}\underline{y}_1 \quad . \tag{5.158}$$

lauten. Die optimale Rückführmatrix hat die Form

$$\underline{D}_2^* = \underline{P}^*\underline{C}_2^T\underline{R}^{-1} \quad , \tag{5.159}$$

wobei $\underline{P}^*$ die Lösung der Riccati-Gleichung

$$\underline{A}^*\underline{P}^* + \underline{P}^*\underline{A}^{*T} - \underline{P}^*\underline{C}_2^T\underline{R}^{-1}\underline{C}_2\underline{P}^* + \underline{T}\underline{Q}\underline{T}^T = \underline{0} \tag{5.160}$$

darstellt. Für ein gegebenes $\underline{T}$ liefert dieses Filter einen Schätzwert minimaler Varianz für $\underline{x}^*$. Die Kovarianzmatrix

$$\underline{P}^* = E\{(\underline{x}^* - \hat{\underline{x}}^*)(\underline{x}^* - \hat{\underline{x}}^*)^T\}$$

des Schätzfehlers ist aber offensichtlich noch von $\underline{T}$ abhängig, wie die Gleichung (5.160) zeigt. Das optimale Filter ergibt sich erst dann, wenn $\underline{T}$ so gewählt wird, daß die Spur der Matrix $\underline{P}^*$ minimal wird.

Berücksichtigt man die Form der Matrizen $\underline{T}$, $\underline{Q}$ und $\underline{A}^*$, so lautet Gl.(5.160)

$$[\underline{T}_1\underline{A}_{12} + \underline{A}_{22}]\underline{P}^* + \underline{P}^*[\underline{T}_1\underline{A}_{12} + \underline{A}_{22}]^T - \underline{P}^*\underline{C}_2^T R^{-1}\underline{C}_2\underline{P}^* +$$

$$+ \underline{T}_1\underline{Q}_{11}\underline{T}_1^T + \underline{Q}_{21}\underline{T}_1^T + \underline{T}_1\underline{Q}_{12} + \underline{Q}_{22} = \underline{0} \ . \tag{5.161}$$

Die Spur von $\underline{P}^*$ wird genau dann minimal, wenn man $\underline{T}_1$ zu /G1/

$$\underline{T}_1 = - [\underline{Q}_{12} + \underline{A}_{12}\underline{P}^*]^T \underline{Q}_{11}^{-1} \tag{5.162}$$

wählt. Setzt man dieses optimale $\underline{T}_1$ in die Riccati-Gleichung (5.161) ein, so erhält man nach einer einfachen Zusammenfassung

$$[\underline{A}_{22} - \underline{Q}_{12}^T\underline{Q}_{11}^{-1}\underline{A}_{12}]\underline{P}^* + \underline{P}^*[\underline{A}_{22} - \underline{Q}_{12}^T\underline{Q}_{11}^{-1}\underline{A}_{12}]^T -$$

$$- \underline{P}^*[\underline{A}_{12}^T \quad \underline{C}_2^T]\begin{bmatrix}\underline{Q}_{11}^{-1} & \underline{0} \\ \underline{0} & R^{-1}\end{bmatrix}\begin{bmatrix}\underline{A}_{12} \\ \underline{C}_2\end{bmatrix}\underline{P}^* + [\underline{Q}_{22} - \underline{Q}_{12}^T\underline{Q}_{11}^{-1}\underline{Q}_{12}] = \underline{0} \ . \tag{5.163}$$

Die Lösung dieser Riccati-Gleichung liefert das optimale $\underline{P}^*$ und daraus folgen über die Gln.(5.162) und (5.159) die optimalen Werte für $\underline{T}_1$ und für $\underline{D}_2^*$. Bild 5.6 zeigt ein Blockschaltbild des reduzierten Kalman-Filters.

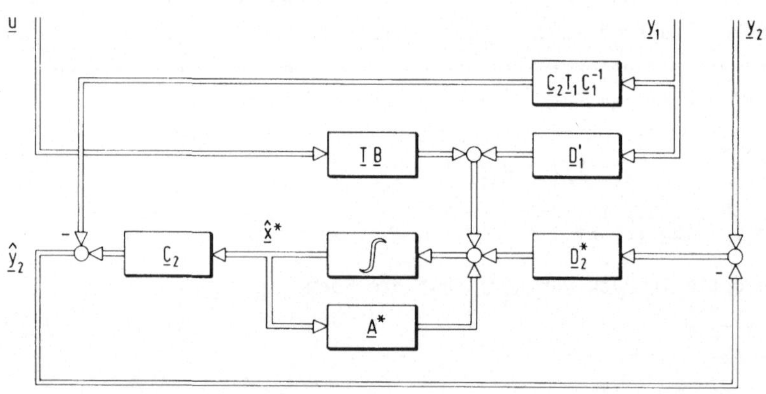

Bild 5.6   Reduziertes Kalman-Filter

Schreibt man die Gleichungen des Filters in der für Beobachter verwendeten Form

$$\dot{\hat{\underline{x}}}^*(t) = \underline{F}\hat{\underline{x}}^*(t) + \underline{D}\underline{y}(t) + \underline{T}\underline{B}\underline{u}(t) \tag{5.164}$$

so erhalten die Beobachter-Matrizen $\underline{F}$, $\underline{D}$ und $\underline{T}$ die Form

$$\underline{F} = \underline{A}^* - \underline{D}_2^*\underline{C}_2 \ , \tag{5.165}$$

$$\underline{D} = [\underline{D}_1 \quad \underline{D}_2^*] \tag{5.166}$$

wobei sich die Rückführmatrix $\underline{D}_1$ für die unverrauschten Meßgrößen zu

$$\underline{D}_1 = \underline{D}_1' + \underline{D}_2^{*}\underline{C}_2\underline{T}_1\underline{C}_1^{-1} = \left[\underline{T}_1\underline{A}_{11} + \underline{A}_{21} - (\underline{A}^{*} - \underline{D}_2^{*}\underline{C}_2)\underline{T}_1\right]\underline{C}_1^{-1} \qquad (5.167)$$

und die Transformationsmatrix $\underline{T}$ zu

$$\underline{T} = \left[\underline{T}_1 \quad \underline{I}\right] . \qquad (5.168)$$

ergeben. Die Gleichung $\underline{T}\underline{A} - \underline{F}\underline{T} = \underline{D}\underline{C}$, der alle Beobachter genügen müssen lautet hier

$$\left[\underline{T}_1\underline{A}_{11} + \underline{A}_{21} \mid \underline{A}^{*}\right] - \left[\underline{F}\underline{T}_1 \mid \underline{F}\right] = \left[\underline{D}_1\underline{C}_1 \mid \underline{D}_2^{*}\underline{C}_2\right] , \qquad (5.169)$$

und ein Vergleich mit (5.165) und (5.167) zeigt, daß das obige Filter diese Gleichung erfüllt. Das reduzierte Kalman-Filter stellt also einen reduzierten Beobachter dar, dessen Ordnung durch die Differenz zwischen Streckenordnung und Zahl der
unverrauschten Meßsignale festgelegt ist und dessen Ansteuerung und Eigenwerte so
gewählt sind, daß der Beobachtungsfehler minimale Varianz aufweist. Mit dem optimalen $\underline{T}_1$ nach Gl.(5.162) hat die Beobachtermatrix $\underline{F}$ die Form

$$\underline{F} = \underline{\Lambda}_{22} - \underline{Q}_{12}^{T}\underline{Q}_{11}^{-1}\underline{\Lambda}_{12} \quad \underline{P}^{*}\left[\underline{A}_{12}^{T} \quad \underline{C}_2^{T}\right]\begin{bmatrix} \underline{Q}_{11}^{-1} & \underline{0} \\ \underline{0} & \underline{R}^{-1} \end{bmatrix}\begin{bmatrix} \underline{A}_{12} \\ \underline{C}_2 \end{bmatrix} . \qquad (5.170)$$

Aus der Form der Riccati-Gleichung (5.163) kann man auf die Voraussetzungen für
den Entwurf eines stabilen Filters schließen. Das Paar

$$\left\{\left[\underline{A}_{22} - \underline{Q}_{12}^{T}\underline{Q}_{11}^{-1}\underline{A}_{12}\right] , \begin{bmatrix} \underline{A}_{12} \\ \underline{C}_2 \end{bmatrix}\right\} \quad \text{muß vollständig beobachtbar} \qquad (5.171)$$

und das Paar

$$\left[\underline{A}_{22} - \underline{Q}_{12}^{T}\underline{Q}_{11}^{-1}\underline{A}_{12} , \quad \underline{Q}_0\right] \quad \text{vollständig steuerbar} \qquad (5.172)$$

sein, wobei $\underline{Q}_0$ durch

$$\underline{Q}_{22} - \underline{Q}_{12}^{T}\underline{Q}_{11}^{-1}\underline{Q}_{12} = \underline{Q}_0\underline{Q}_0^{T} \qquad (5.173)$$

definiert ist. Voraussetzung für die Aufspaltung (5.173) ist, daß die Differenz auf
der linken Seite positiv semidefinit ist. Daß dies der Fall ist, läßt sich durch
Untersuchung der positiv semidefiniten Form

$$\left[\underline{U}^{T} \quad \underline{V}^{T}\right] \underline{Q} \begin{bmatrix} \underline{U} \\ \underline{V} \end{bmatrix}$$

zeigen, die für $\underline{U} = - \underline{Q}_{11}^{-1}\underline{Q}_{12}$ und $\underline{V} = \underline{I}$ gerade diese Differenz liefert. Die Stabilität des Filters ist natürlich auch schon sichergestellt, wenn die Steuer- und Beob-
achtbarkeitsbedingungen für alle instabilen Eigenwerte erfüllt sind (schwache
Steuer- und Beobachtbarkeit).

Der obige Entwurf für ein Filter beinhaltet eine Reihe von Sonderfällen und Möglichkeiten der Erweiterung auf zunächst ausgeschlossene Fälle.

a) **Alle Meßgrößen enthalten weißes Rauschen**

Dann gilt $\underline{C}_2 = \underline{C}$; $\underline{A}_{22} = \underline{A}$; $\underline{T} = \underline{I}$ und $\underline{Q}_{22} = \underline{Q}$, während alle anderen $\underline{C}_i$, $\underline{A}_{ij}$, $\underline{Q}_{ij}$ und $\underline{T}_1$ verschwinden. Die Gln.(5.158), (5.159) und (5.163) gehen damit in die Form für das n-dimensionale Kalman-Filter über.

b) **Alle Meßgrößen sind unverrauscht ($x = 0$)**

Hier gilt $\underline{C}_1 = \underline{C}$, während $\underline{C}_2$ und $\underline{R}$ verschwinden. Die resultierenden Filtergleichungen liefern dasselbe Resultat wie die "optimalen Beobachter" (n-m)-ter Ordnung von Miller /M4/ und Müller /M6/, vorausgesetzt, die dort eingeführte Kovarianzmatrix des Anfangsschätzfehlers hat denselben Wert wie die hier verwendete Kovarianzmatrix $\underline{Q}$ des Eingangsrauschens.

c) **Rang $\underline{Q} < n$**

Wenn weniger als n unabhängige Störgrößen r_i die Strecke anregen, ist $\underline{Q}_{11}$ nicht notwendigerweise regulär, so daß $\underline{Q}_{11}^{-1}$ nicht mehr existiert. Eine suboptimale Lösung erhält man in diesem Fall, wenn man $\underline{Q}_{11}$ durch

$$\tilde{\underline{Q}}_{11} = \underline{Q}_{11} + \rho\underline{I} \quad ; \text{ mit } \rho > 0 \tag{5.174}$$

ersetzt. Mit einem kleinen ρ stellt man einerseits invertierbares $\tilde{\underline{Q}}_{11}$ und damit endliche Filterverstärkungen und andererseits nicht zu große Abweichungen vom optimalen Filter sicher.

d) **Verschwindender Anregungsterm $\underline{Q}_0\underline{Q}_0^T$**

Wenn der Term $\underline{Q}_0\underline{Q}_0^T$ nach Gl.(5.173) verschwindet, ist die Steuerbarkeitsbedingung (5.172) nicht mehr erfüllt und die Stabilität des Filters folglich nicht mehr sichergestellt. Ersetzt man das verschwindende $\underline{Q}_0$ durch

$$\tilde{\underline{Q}}_0 = \rho\underline{I} \quad \text{mit } \rho \to 0 \, , \tag{5.175}$$

so sind die Eigenwerte des reduzierten Kalman-Filters identisch mit den stabilen Eigenwerten von

$$\tilde{\underline{A}} = \underline{A}_{22} - \underline{Q}_{12}^T\underline{Q}_{11}^{-1}\underline{A}_{12} \tag{5.176}$$

und den an der imaginären Achse gespiegelten instabilen Eigenwerten von $\tilde{\underline{A}}$.

Wenn alle Eigenwerte von $\tilde{\underline{A}}$ stabil sind, ist $\underline{P}^* = \underline{0}$ die optimale Lösung und man erhält einen Beobachter, den man als "idealen Beobachter" bezeichnen kann, da trotz angreifender Störungen die Schätzfehler im eingeschwungenen Zustand verschwinden. Dies sei etwas ausführlicher erläutert.

Für den Schätzfehler $\tilde{\underline{x}}^* = \underline{x}^* - \hat{\underline{x}}^*$ kann man mit Hilfe der Gleichungen (5.157) und (5.158) die Differentialgleichung

$$\dot{\tilde{\underline{x}}}^*(t) = \underline{F}\tilde{\underline{x}}^*(t) + \underline{T}\underline{X}\underline{r}(t) - \underline{D}_2^*\underline{\bar{Y}}\underline{v} \tag{5.177}$$

angeben. Läßt sich nun die Transformationsmatrix $\underline{T}$ so wählen, daß

$$\underline{T}\underline{X} = \underline{0} \tag{5.178}$$

gilt, dann werden über das Eingangsrauschen keine Schätzfehler angeregt. Berücksichtigt man, daß der "Anregungsterm" $\underline{T}\underline{Q}\underline{T}^T$ in der Riccati-Gleichung (5.160) die Form

$$\underline{T}\underline{Q}\underline{T}^T = \underline{T}\underline{X}\hat{\underline{Q}}\underline{X}^T\underline{T}^T \tag{5.179}$$

besitzt, so erkennt man, daß die Bedingung (5.178) zu einem Verschwinden dieses Anregungsterms führt, und daß dann $\underline{P}^* = \underline{0}$ eine Lösung der Riccati-Gleichung darstellt. Besitzt die Matrix $\tilde{\underline{A}}$ nach Gl.(5.176) ausschließlich stabile Eigenwerte, dann ist $\underline{P}^* = \underline{0}$ die optimale Lösung. Damit ergibt sich aber automatisch $\underline{D}_2^* = \underline{0}$ (s. Gl.(5.159)), und somit erhält die Schätzfehlergleichung (5.177) die Form

$$\dot{\tilde{\underline{x}}}^*(t) = \underline{F}\tilde{\underline{x}}^*(t) \tag{5.180}$$

in der weder über eingangs- noch ausgangsseitige Störungen ein Schätzfehler angeregt wird.

e)   <u>Beobachterordnung größer als n - (m - x)</u>

Die Ordnung des reduzierten Kalman-Filters wird automatisch durch die Streckenordnung n und die Anzahl (m-x) der nicht verrauschten Meßgrößen festgelegt. Müller hat in /M6/ einen Algorithmus zum Entwurf optimaler Beobachter n_B-ter Ordnung mit $n_B > (n-m)$ angegeben, bei dem (n_B+m-n) Beobachterpole in der s-Ebene nach minus Unendlich streben. Durch Einführung eines fiktiven Rauschens mit der Kovarianzmatrix

$$\underline{R}_{fiktiv} = \rho\underline{I} \tag{5.181}$$

für $(n_B-n-x+m)$ nicht verrauschte Meßgrößen lassen sich auch reduzierte Kalman-Filter der Ordnung $n_B > (n+x-m)$ entwerfen, wobei mit einem kleinen $\rho > 0$ sichergestellt werden kann, daß die $(n_B-n-x+m)$ zusätzlichen Filterpole endliche, zulässige Lagen einnehmen.

Beispiel 5.6

Als Beispiel für den Entwurf eines reduzierten Kalman-Filters sei folgendes Problem betrachtet. Gegeben ist eine Regelstrecke dritter Ordnung mit zwei Meßgrößen, von denen eine als ungestört betrachtet werden kann. Auf die Strekke wirke ein eindimensionales weißes Geräusch $r(t)$.

Die Zustandsgleichungen dieser Strecke lauten

$$\dot{\underline{x}} = \underline{A}\underline{x} + \underline{X}r$$

$$\underline{y} = \underline{C}\underline{x} + \underline{Y}v$$

mit

$$\underline{A} = \begin{bmatrix} -6 & 1 & 9 \\ 5 & -3 & -8 \\ -4 & 1 & 6 \end{bmatrix} ; \qquad \underline{X} = \begin{bmatrix} 1 \\ 1 \\ 1 \end{bmatrix} ;$$

$$\underline{C} = \begin{bmatrix} 1 & 0 & 0 \\ 0 & 1 & 0 \end{bmatrix} \quad \text{und} \quad \underline{Y} = \begin{bmatrix} 0 \\ 1 \end{bmatrix} .$$

Sowohl das Eingangs- als auch das Ausgangsrauschen seien skalare, mittelwertfreie weiße Rauschprozesse mit den Kovarianzen $\hat{q} = 2$ und $\hat{r} = 1$.

Da nur y_2 gestört ist, ergeben sich die Aufteilungen der Streckengleichungen und der Eingangs-Kovarianzmatrix $\underline{Q} = \underline{X}\hat{q}\underline{X}^T$ zu

$$A_{11} = -6 \;, \quad \underline{A}_{12} = \begin{bmatrix} 1 & 9 \end{bmatrix} , \quad \underline{A}_{21} = \begin{bmatrix} 5 \\ -4 \end{bmatrix} , \quad \underline{A}_{22} = \begin{bmatrix} -3 & -8 \\ 1 & 6 \end{bmatrix} ,$$

$$X_1 = 1 \;, \quad \underline{X}_2 = \begin{bmatrix} 1 & 1 \end{bmatrix}^T , \quad C_1 = 1 \;, \quad \underline{C}_2 = \begin{bmatrix} 1 & 0 \end{bmatrix} \quad \text{und}$$

$$Q_{11} = 2 \;, \quad \underline{Q}_{12} = \begin{bmatrix} 2 & 2 \end{bmatrix} , \quad \underline{Q}_{21} = \begin{bmatrix} 2 \\ 2 \end{bmatrix} , \quad \underline{Q}_{22} = \begin{bmatrix} 2 & 2 \\ 2 & 2 \end{bmatrix} .$$

Die Ordnung des reduzierten Kalman-Filters ist folglich $n+x-m=2$ und es besitzt die Zustandsgleichungen

$$\dot{\hat{\underline{x}}}^* = \underline{F}\hat{\underline{x}}^* + \underline{D}y$$

mit

$$\underline{F} = \underline{T}_1\underline{A}_{12} + \underline{A}_{22} - \underline{D}_2^*\underline{C}_2 \;, \qquad \underline{D} = \begin{bmatrix} \underline{D}_1 & \underline{D}_2^* \end{bmatrix} , \qquad \underline{D}_2^* = \underline{P}^*\underline{C}_2^T R^{-1} \;,$$

$$\underline{D}_1 = \begin{bmatrix} \underline{T}_1 A_{11} + \underline{A}_{21} - \underline{F}\underline{T}_1 \end{bmatrix} C_1^{-1} \quad \text{und} \quad \underline{T}_1 = -\begin{bmatrix} \underline{Q}_{12} + \underline{A}_{12}\underline{P}^* \end{bmatrix}^T Q_{11}^{-1} \;.$$

Dabei stellt $\underline{P}^*$ die Lösung der Riccati-Gleichung

$$[\underline{A}_{22} - \underline{Q}_{12}^T\underline{Q}_{11}^{-1}\underline{A}_{12}]\underline{P}^* + \underline{P}^*[\underline{A}_{22} - \underline{Q}_{12}^T\underline{Q}_{11}^{-1}\underline{A}_{12}]^T -$$

$$- \underline{P}^*[\underline{A}_{12}^T \quad \underline{C}_2^T]\begin{bmatrix} \underline{Q}_{11}^{-1} & 0 \\ 0 & r^{-1} \end{bmatrix}\begin{bmatrix} \underline{A}_{12} \\ \underline{C}_2 \end{bmatrix}\underline{P}^* + [\underline{Q}_{22} - \underline{Q}_{12}^T\underline{Q}_{11}^{-1}\underline{Q}_{12}] = \underline{0}$$

dar. Setzt man die gegebenen Matrizen in diese Gleichung ein, so folgt

$$\begin{bmatrix} -4 & -17 \\ 0 & -3 \end{bmatrix}\underline{P}^* + \underline{P}^*\begin{bmatrix} -4 & 0 \\ -17 & -3 \end{bmatrix} - \underline{P}^*\begin{bmatrix} 1 & 1 \\ 9 & 0 \end{bmatrix}\begin{bmatrix} 1/2 & 0 \\ 0 & 1 \end{bmatrix}\begin{bmatrix} 1 & 9 \\ 1 & 0 \end{bmatrix}\underline{P}^* + \begin{bmatrix} 0 & 0 \\ 0 & 0 \end{bmatrix} = \underline{0} \ .$$

Für die verschwindende Matrix $\underline{Q}_0$ wird stattdessen die Matrix

$$\tilde{\underline{Q}}_0 = \begin{bmatrix} \rho & 0 \\ 0 & \rho \end{bmatrix}$$

angesetzt und dann die Lösung der Riccati-Gleichung für $\rho \to 0$ bestimmt. Da die Matrix $\tilde{\underline{A}}$ nach Gl.(5.176) stabile Eigenwerte besitzt, ist $\underline{P}^* = \underline{0}$ die optimale Lösung und man erhält

$$\underline{P}^* = \begin{bmatrix} 0 & 0 \\ 0 & 0 \end{bmatrix}, \quad \underline{D}_2^* = \begin{bmatrix} 0 \\ 0 \end{bmatrix}, \quad \underline{T}_1 = \begin{bmatrix} -1 \\ -1 \end{bmatrix}, \quad \underline{D}_1 = \begin{bmatrix} -10 \\ -1 \end{bmatrix},$$

$$\underline{D} = \begin{bmatrix} -10 & 0 \\ -1 & 0 \end{bmatrix}, \quad \underline{F} = \begin{bmatrix} -4 & -17 \\ 0 & -3 \end{bmatrix} \ .$$

Der ideale Zustandsbeobachter besitzt damit die Zustandsgleichungen

$$\dot{\hat{\underline{x}}}^* = \begin{bmatrix} -4 & -17 \\ 0 & -3 \end{bmatrix}\hat{\underline{x}}^* + \begin{bmatrix} -10 & 0 \\ -1 & 0 \end{bmatrix}\underline{y} \ .$$

Trotz einwirkender, nicht meßbarer Störungen am Eingang und Ausgang der Strekke werden keine Beobachtungsfehler angeregt. Man erkennt andererseits, daß die
Bedingung für ideale Beobachtung, nämlich $\underline{T}\underline{X} = \underline{0}$ für das entstehende

$$\underline{T} = \begin{bmatrix} -1 & 1 & 0 \\ -1 & 0 & 1 \end{bmatrix}$$

erfüllt ist.

5.3.4 Interpretation des idealen Beobachters im Frequenzbereich

Im Gegensatz zum Führungsverhalten, in das der Zustandsbeobachter nicht eingeht,
weicht das Störverhalten des Regelkreises mit Beobachter mehr oder weniger stark
von demjenigen ab, das bei Rückführung des tatsächlichen Zustandsvektors resultieren würde. Je geringer der im Beobachter entstehende Schätzfehler ausfällt, desto
besser stimmen folglich auch die Störfrequenzgänge mit und ohne Beobachter überein.
Da in den Entwurf des reduzierten Kalman-Filters keine Frequenzbereichsüberlegungen
eingehen, ist die resultierende Abweichung zwischen Störfrequenzgängen mit und ohne
Beobachter nur im Sonderfall des "idealen Beobachters" direkt quantifizierbar. Dies
läßt sich am einfachsten im Falle eingangsseitiger Störungen bei skalaren Systemen
diskutieren. Bild 5.7 zeigt ein Blockschaltbild des betrachteten Regelkreises.

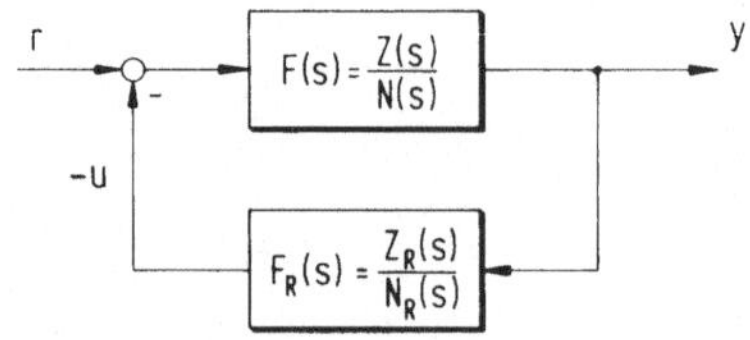

Bild 5.7 Einläufiger Zustandsregelkreis mit eingangsseitiger Störung

Die Störübertragungsfunktion dieses Regelkreises lautet

$$F_r(s) = \frac{y(s)}{r(s)} = \frac{Z(s)N_R(s)}{\tilde{N}(s)\,\Delta(s)} \qquad (5.182)$$

wobei sich die Reglerübertragungsfunktion nach Vorgabe der charakteristischen Polynome $\tilde{N}(s)$ für die geregelte Strecke und $\Delta(s)$ für den Beobachter als Lösung der
Gleichung

$$Z(s)Z_R(s) + N(s)N_R(s) = \Delta(s)\tilde{N}(s) \qquad (5.183)$$

ergibt. Wären alle Zustandsgrößen meßbar, könnte man auf den Einsatz eines Beobachters verzichten und die Störübertragungsfunktion des ideal geregelten Kreises lau-
tete

$$F_r^i(s) = \frac{y(s)}{r(s)} = \frac{Z(s)}{\tilde{N}(s)} \; . \qquad (5.184)$$

Vergleicht man die Übertragungsfunktionen (5.182) und (5.184), so erkennt man, daß
sich beide um den Faktor

$$BEF(s) = \frac{N_R(s)}{\Delta(s)} \qquad (5.185)$$

unterscheiden, für den Grübel in /G8/ den Begriff "Beobachtereinflußfaktor" geprägt hat. Es sei darauf hingewiesen, daß der Beobachtereinflußfaktor für nicht eingangs- seitige Störeingriffe modifiziert werden muß.

Da bei idealer Beobachtung der von den Störungen angeregte Beobachtungsfehler ver- schwindet, wird dieser Fall folglich durch einen Beobachtereinflußfaktor BEF(s) = 1 gekennzeichnet sein, woraus aber über Gl.(5.185) folgt, daß offensichtlich im Falle idealer Beobachtung für die Regelanordnung $N_R(s) = \Delta(s)$ gilt.

Dies kann nur dann Lösung der Reglerentwurfsgleichung (5.183) sein, wenn das Beob- achterpolynom zu $\Delta(s) = Z(s)$ gewählt wird. Tatsächlich ergibt sich für eingangssei- tige Störeingriffe und ungestörte Messungen bei skalaren Systemen als Lösung der optimalen Beobachteraufgabe nach Kapitel 5.3.3 gerade ein Beobachter, dessen Eigen- werte mit den Nullstellen des Streckenzählers Z(s) übereinstimmen. Wenn weniger als (n-1) Nullstellen in Z(s) vorhanden sind, tendiert bei Optimierung anhand von Gl.(5.163) eine entsprechende Anzahl von Beobachterpolen gegen minus Unendlich, was durch Ansatz eines endlichen ρ gemäß Gl.(5.174) begrenzt werden kann. Für endliche ρ gilt aber nicht mehr BEF(s) = 1.

Eine "ideale Beobachtung" gelingt folglich nur dann, wenn die Strecke (n-1) Null- stellen mit negativem Realteil besitzt. Dieses Ergebnis steht in engem Zusammenhang mit den Aussagen zum Störverhalten eines Regelkreises nach Bild 5.7 in /G8/. Einen Zustandsregler ohne Beobachter kann man grundsätzlich so auslegen, daß der Störfre- quenzgang der geregelten Strecke immer unterhalb desjenigen der ungeregelten Strek- ke verläuft. Diese Eigenschaft bleibt bei Zustandsreglern mit Beobachter nur dann erhalten, wenn die Pol-Nullstellen-Differenz der Strecke nicht größer als eins ist.

Für allgemeine Störeingriffe, bei denen eine ideale Beobachtung nicht mehr möglich ist, gibt es keinen einfach darstellbaren Zusammenhang zwischen dem Schätzfehler minimaler Varianz und der Gestalt der Störfrequenzgänge mit und ohne Beobachter. Wenn eine gezielte Unterdrückung von auftretenden Störungen in interessierenden Frequenzbereichen gewünscht wird, erscheint es sinnvoller, den Beobachter gezielt im Hinblick auf die gewünschten Frequenzgänge, statt optimal im Sinne minimaler Schätzfehlervarianz auszulegen.

5.3.5 Wertung der bisher vorgestellten Verfahren zur Reglerauslegung

Ein wesentliches Kennzeichen von Zustandsregelungen ist die Möglichkeit, sämtliche Streckeneigenwerte beliebig zu verändern. Es ist deshalb naheliegend, den Regler so zu entwerfen, daß gewünschte Eigenwerte im Regelkreis entstehen (Abschn. 5.1).

Bei Eingrößensystemen, deren Zustandsgleichungen in Regelungsnormalform angegeben werden können, ist die Festlegung des eine bestimmte Polverteilung festlegenden Rückführvektors sehr einfach aufgrund eines Koeffizientenvergleichs möglich.

Bei Mehrgrößensystemen besteht dagegen die Schwierigkeit, daß durch die Polvorgabe erst ein Teil der Freiheitsgrade im Zustandsregler festgelegt ist, und über die restlichen bei der konkreten Bestimmung der Rückführmatrix $\underline{K}$ bzw. des vorzugebenden $\underline{\tilde{N}}(s)$ noch verfügt werden muß. Wie die Überlegungen in Abschn. 5.1 zeigen, läßt sich dieses Problem durch eine geeignete Parametrierung lösen.

Die Polvorgabe ist ebenso beim Beobachterentwurf möglich, wobei auch hier unter Umständen Freiheitsgrade auftreten, die bei festgelegter Beobachterpollage die Eigenschaften des Regelkreises beeinflussen.

Alle Polvorgabeverfahren setzen voraus, daß der Anwender vorher einen sinnvollen Satz von Strecken- und Beobachtereigenwerten bestimmt hat, bzw. genau weiß, welche Eigenwerte zu dem von ihm gewünschten Regelkreisverhalten gehören. Die Eigenwerte bzw. Pole von Strecke und Beobachter beeinflussen aber nicht nur die Geschwindigkeit der Einschwingvorgänge, sondern auch Eigenschaften wie das Führungsübergangsverhalten, die Störunterdrückung oder das Empfindlichkeitsverhalten bei Parameteränderungen. Der Einfluß eines gewählten Satzes von Polen läßt sich aber in der Regel erst nach dem Entwurf des Reglers und einer anschließenden Simulation des Regelkreises beurteilen.

Damit liegt die Bedeutung der Polvorgabeverfahren im wesentlichen in der Tatsache, daß sie als Hilfsmittel im Rahmen eines Iterationsprozesses zur Erzielung eines gewünschten Regelverhaltens eingesetzt werden können (Syntheseproblem).

Die in Abschn. 5.2 vorgestellte Riccati-Optimierung löst scheinbar das Syntheseproblem, da der entstehende Zustandsregler optimal im Sinne des angesetzten Gütekriteriums ist. Legt man zusätzlich, wie in Abschn. 5.3 diskutiert, den Beobachter als stationäres Kalman-Filter oder als "optimalen Beobachter" aus, so ergibt sich ein in zweifacher Hinsicht optimaler Zustandsregler. Die wesentlichen Vorzüge dieses Vorgehens lassen sich wie folgt zusammenfassen.

1. Das Zustandsregelgesetz ist optimal bezüglich eines quadratischen Integralkriteriums, in das die Stellamplituden und die Systembewegungen eingehen.

2. Die optimale Zustandsrückführung kann nach Vorgabe der Gewichtsmatrizen durch Verwendung von Standard-Rechenprogrammen zur Lösung der Riccati-Gleichung gewonnen werden.

3. Bei Gewichtung des Ausgangsvektors im Gütefunktional werden die inneren Kopplungen der Strecke optimal berücksichtigt. Die bei beliebiger Polvorgabe sehr leicht auftretenden Probleme, wie z.B. das Erzwingen einer unsinnigen Regelkreisdynamik, lassen sich damit vermeiden.

4. Durch Ansatz diagonaler Gewichtsmatrizen wird vor allem bei Ausgangsvektorgewichtung die Anzahl der zu variierenden Entwurfsparameter erheblich reduziert.

5. Beim Auftreten stochastischer Störungen kann man den Beobachter so entwerfen,
    daß der entstehende Schätzfehler minimale Varianz besitzt. Dabei ist dasselbe
    Standard-Rechenprogramm zur Lösung der Riccati-Gleichung wie beim optimalen
    Regler verwendbar.

6. Wegen der Separierbarkeit von Regelungs- und Beobachtungsaufgabe ist die Kom-
    plexität des Entwurfes reduziert, da jeweils nur ein Teil des aus Zustands-
    rückführung und Beobachter bestehenden Reglers entworfen wird.

Diesen Vorteilen steht jedoch eine Reihe von Nachteilen gegenüber, deren wichtigste sich wie folgt zusammenfassen lassen.

1. Der Zusammenhang zwischen gewählten Bewertungsmatrizen im quadratischen Güte-
    kriterium und interessierenden Eigenschaften des Regelkreises wie Dämpfung des
    dominierenden Polpaares, Störunterdrückung in bestimmten Frequenzbereichen,
    Übergangsverhalten nach Führungssprüngen, Rauschüberhöhung im Stellsignal,
    Empfindlichkeitsverhalten bei Streckenparameteränderungen etc. ist nur in be-
    grenztem Umfang oder gar nicht erkennbar. Dadurch läßt sich eine iterative
    Veränderung der Gewichtsmatrizen zur Erzeugung gewünschter Regelkreiseigen-
    schaften nur sehr schwer systematisieren.

2. Durch die Reduktion der zu variierenden Entwurfsparameter wird auch die poten-
    tiell erreichbare Regelgüte eingeschränkt.

3. Vielfach ist die stochastische Betrachtungsweise des Beobachterentwurfes nicht
    adäquat, da deterministische Störanteile überwiegen. Außerdem sind häufig die
    stochastischen Eigenschaften der Störungen nicht bekannt. In solchen Fällen
    wäre eine Veränderung der Kovarianzmatrizen in Analogie zur Variation der Ge-
    wichtsmatrizen beim optimalen Riccati-Regler zwar denkbar, sie erscheint je-
    doch wegen der Loslösung von der zugrundeliegenden Filteraufgabe problema-
    tisch.

4. Die getrennte Auslegung von Zustandsrückführung und Beobachter ist im Hinblick
    auf das Führungsverhalten des Regelkreises durchaus sinnvoll, da hier die Be-
    obachterdynamik nicht eingeht. Das Störverhalten wird dagegen von Strecken-
    und Beobachterdynamik gleichermaßen beeinflußt, so daß eine Separation von
    Zustandsrückführung und Beobachterentwurf eine systematische Verbesserung des
    Störverhaltens erschwert.

Für eine zielgerichtete Reglerauslegung ist es wünschenswert, alle Entwurfsfreiheitsgrade des Zustandsreglers, bestehend aus Zustandsrückführung und Beobachter,
so zu optimieren, daß interessierende Regelkreiseigenschaften verbessert werden.
Ein solches Entwurfsverfahren wird im folgenden Abschnitt dargestellt.

5.4 Auslegung des Regelkreises durch Optimierung eines vektoriellen Gütekriteriums

5.4.1 Einleitende Bemerkungen

Aus der obigen Gegenüberstellung der Vor- und Nachteile einer Optimierung von Regelkreiseigenschaften anhand quadratischer Gütekriterien wird deutlich, daß neben zahlreichen Vorteilen ein entscheidender Nachteil festzustellen ist. Trotz ausgereifter numerischer Programme zur eleganten Lösung der Riccati-Gleichung ist die zielgerichtete Verbesserung einer Fülle interessierender Regelkreiseigenschaften nur sehr schwer durchführbar.

Dies liegt vor allem daran, daß die Mehrzahl geforderter Eigenschaften entweder gar nicht oder nur indirekt in die Minimierungsaufgabe eingebracht werden können. Eine Beeinflussung der Überschwingweite von Übergangsfunktionen läßt sich zwar durch geeignete Modifikation der Bewertungsmatrizen erreichen, ein leicht erkennbarer Zusammenhang zwischen beiden existiert aber nicht. Um relevante Eigenschaften des Regelkreises wie

- Störunterdrückung in bestimmten Frequenzbereichen

- geforderte Anregelzeiten

- möglichst geringe Empfindlichkeit gegenüber Parameterschwankungen

- gutes Führungsverhalten

und vieles andere mehr direkt berücksichtigen zu können, müssen Gütemaße für diese Eigenschaften in die Minimierungsaufgabe eingebracht werden.

Kanarachos schlägt in /K5/ einen Weg vor, der dieses erlaubt. Für jede Eigenschaft des Regelkreises wird ein Gütemaß so definiert, daß eine Veränderung in gewünschter Richtung zu einer Verringerung des Maßes führt. Als Funktional dient die gewichtete Summe dieser Maße, so daß eine Minimierung des Funktionals eine Verbesserung der interessierenden Regelkreiseigenschaften zur Folge hat. Durch eine entsprechende Wahl der Gewichtsfaktoren können wichtige Eigenschaften stärker bewertet werden als andere. Als Minimierungsparameter dienen die Reglerparameter.

Dieses Verfahren ermöglicht es, mehrere Anforderungen gleichzeitig zu erfüllen. Eine gezielte Verbesserung bestimmter Eigenschaften ist dennoch schwierig, weil die Erhöhung eines Gewichtsfaktors zwar zur Reduzierung des zugehörigen Gütemaßes führt, jedoch auf Kosten anderer und unter Umständen in unerwünschter Weise.

Diesen Nachteil konnten Kreisselmeier und Steinhauser /K9,K10/ durch Verwendung eines Gütevektors überwinden, dessen Komponenten die einzelnen Gütemaße bilden.

Obere Schranken für jede Komponente stellen dabei sicher, daß keine Regelkreiseigenschaft über diese Grenze hinaus verschlechtert wird. Damit ist eine zielgerichtete Beeinflussung unterschiedlicher Regelkreiseigenschaften möglich, ohne daß die
Verbesserung bestimmter Eigenschaften eine unkontrollierte Verschlechterung anderer
nach sich zieht.

Im folgenden wird zunächst auf die Konstruktion geeigneter Gütemaße eingegangen.
Daran schließt sich eine Beschreibung des Verfahrens der Optimierung mit Hilfe eines vektoriellen Gütekriteriums an.

Die Berechnung der einzelnen Gütemaße macht eine Simulation des Regelkreises erforderlich. Die Diskussion der damit verbundenen Probleme und ein Anwendungsbeispiel
schließen das Kapitel ab.

5.4.2 Konstruktion von Gütemaßen

Um in einem Minimierungsprozeß gewünschte Eigenschaften des Regelkreises gezielt
beeinflussen zu können, müssen Gütemaße definiert werden, deren Wert sich bei Verbesserung der betrachteten Eigenschaft verringert. In vielen Fällen eignet sich
hierfür der Abstand zwischen dem tatsächlichen und dem gewünschten Verlauf einer
Regelkreisfunktion.

Amplitudengänge des Regelkreises

Eine geeignete Funktion zur Beurteilung der Regelgüte stellt in linearen, zeitinvarianten Regelkreisen der Verlauf der Amplitudengänge für interessierende Eingangs-
Ausgangspaare dar.

Für den gewünschten Verlauf von Frequenzgängen des Regelkreises gibt es mehr oder
weniger deutliche Vorstellungen. Der Führungsfrequenzgang sollte z.B. in möglichst
breiten Frequenzbereichen den Betrag Eins und Störfrequenzgänge in allen Frequenzbereichen möglichst kleine Beträge besitzen. Zum einen widersprechen sich diese
Forderungen häufig und zum anderen läßt sich in vielen Fällen ein Störfrequenzgang
nur insofern beeinflussen, als eine bessere Störunterdrückung in einem Bereich
durch eine Störanhebung in einem anderen Bereich erkauft werden muß /B4/. Dadurch
liegt der "Wunschfrequenzgang" nicht von vornherein fest und sollte während des
Optimierungsvorganges, wenn die Grenzen des Machbaren klarer werden, modifizierbar
sein.

Bild 5.8 zeigt die Amplitudengänge eines Regelkreises, wobei mit $F_{ist}(i\omega)$ der sich
ergebende Verlauf des betrachteten Frequenzganges und mit $F_{soll}(i\omega)$ der zugehörige
gewünschte Frequenzgang bezeichnet sind.

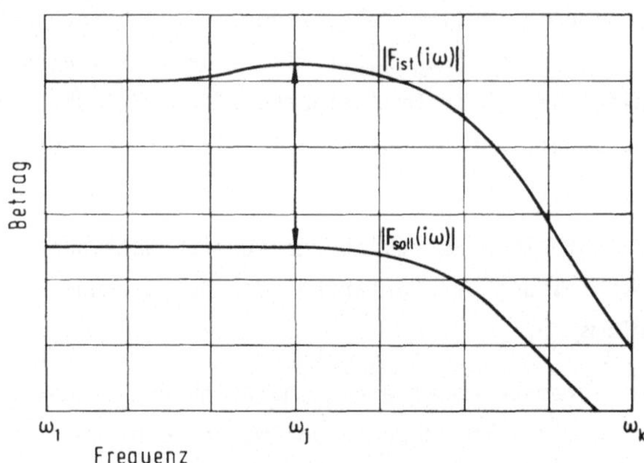

Bild 5.8 Ist- und Sollamplitudengang in einem interessierenden Frequenzbereich
$\omega_1 < \omega < \omega_{ki}$

Durch Definition eines Gütemaßes

$$g_{Fi} = \sum_{j=1}^{k_i} \Big| \, |F_{ist}(i\omega_j)| - |F_{soll}(i\omega_j)| \, \Big| \qquad (5.186)$$

mit der Anzahl k_i der betrachteten Frequenzstützstellen ergibt sich ein Maß, das
für zunehmende Approximation von F_{soll} durch F_{ist} im Wert abnimmt. Dadurch kann
durch Minimierung von g_{Fi} erreicht werden, daß der Amplitudengang $|F_{ist}(i\omega)|$ im
Rahmen des physikalisch Möglichen dem Verlauf von $|F_{soll}(i\omega)|$ angepaßt wird. Selek-
tivere Anpassung in bestimmten Frequenzbereichen ist dabei durch Definition eines
weiteren Gütemaßes im entsprechenden Frequenzbereich möglich.

Zeitverläufe verschiedener Funktionen

Entsprechend lassen sich Maße für die Annäherung bestimmter Systemantworten an geforderte Verläufe definieren. Möchte man z.B. erreichen, daß die Regelgröße y_1 einer vorgegebenen Zeitfunktion $y_s(t)$ im Bereich $T_1 \leqslant t \leqslant T_2$ möglichst gut folgt, so
kann die Summe der Beträge $|y_1(t_k) - y_s(t_k)|$ über eine Stützstellenzahl im Inter-
vall $T_1 \leqslant t \leqslant T_2$, das Integral über die Differenz beider Funktionen oder das Maximum
der Abweichungen gemäß

$$g_{zi} = \max_{T_1 \leqslant t \leqslant T_2} |y_1(t) - y_s(t)| \qquad (5.187)$$

als Maß verwendet werden. Denkbar sind auch die verschiedensten Integralkriterien
bis hin zum Gütefunktional der quadratischen Optimierung als Komponenten des Gütevektors.

Pollagen

Bei der Approximation von gewünschten Amplitudengängen muß sichergestellt werden,
daß die Pole des Regelkreises in einem zulässigen Bereich bleiben. Bei Optimierung
der Reglerfreiheitsgrade zur Erzielung eines minimalen Abstandes z.B. zwischen dem
Störamplitudengang und einem hierfür vorgegebenen Sollamplitudengang besteht nämlich die Gefahr, daß Pole der Strecke oder des Beobachters in die rechte s-Halbebene wandern bzw. unzulässig hohe negative Realteile erhalten (was zu sehr hohen Reg-
lerverstärkungen führt). Ferner entstehen unter Umständen stark entdämpfte Polpaare, die zwar zu einer guten Approximation des Sollamplitudenganges in den gewählten
Frequenzstützstellen, jedoch zu großen Abweichungen dazwischen führen. Man könnte
dieses Problem durch eine Erhöhung der Stützstellenzahl entschärfen; es ist jedoch
sinnvoller, eine vorgegebene Mindestdämpfung für die auftretenden konjugiert komplexen Polpaare zu fordern. Bild 5.9 deutet gestrichelt einen zulässigen Bereich
für die Pollagen des Regelkreises an.

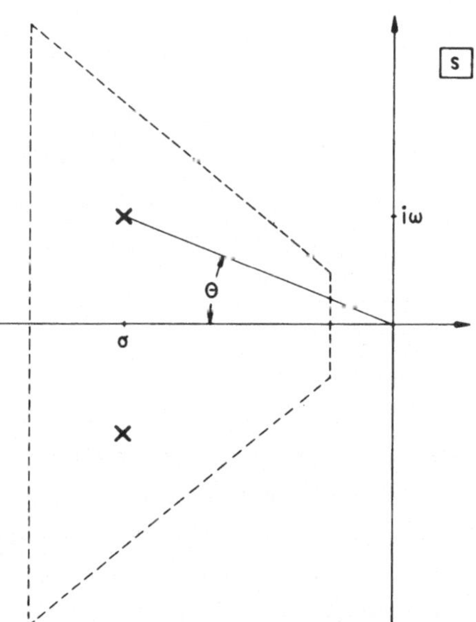

Bild 5.9 Kennzeichnung eines konju-
giert komplexen Polpaares $s_{1/2} = \sigma \pm i\omega$
und zulässiger Bereich für die Pole
des Regelkreises

Für die Bewertung von beliebigen Pollagen kann man nun folgende Gütemaße einführen

a) $g_{\sigma maxi} = \sigma_i$ um zu verhindern, daß die Pole zu weit nach rechts wandern. Da-
          bei ist σ_i der Realteil des i-ten Poles (oder Polpaares).

b) $g_{\sigma mini} = \dfrac{1}{\sigma_i}$ um zu verhindern, daß die Pole zu weit nach links wandern.

c) $g_{Dmini} = \dfrac{1}{\cos\theta_i}$ um eine gute Dämpfung der konjugiert komplexen Polpaare zu er-
          zielen. Dabei ist θ_i der zu einem Polpaar gehörende Winkel
          (vgl. Bild 5.9).

Man erkennt, daß die Gütemaße kleiner werden, wenn die Pole in die gewünschte Richtung wandern. Die Maße $g_{\sigma maxi}$ nehmen ab, wenn die Pole nach links, die Maße $g_{\sigma mini}$, wenn sie nach rechts wandern, und die Gütemaße g_{Dmini} verringern ihren Wert, wenn sich die Dämpfung des i-ten Polpaares erhöht (vorausgesetzt, die Pole liegen in der linken s-Halbebene).

In ähnlicher Weise lassen sich für die unterschiedlichsten Regelkreiseigenschaften Gütemaße definieren, wobei viele auf die dargestellten Grundtypen zurückgeführt werden können.

So kann man z.B. Empfindlichkeitsprobleme anhand der Amplitudengänge von Empfindlichkeitsfunktionen und Stellbegrenzungen anhand der maximal auftretenden Phasendrehung bestimmter Frequenzgangfunktionen einbeziehen (s. Abschn. 6.3.3).

Schließlich empfiehlt es sich auch, die Größe der Reglerkoeffizienten zu bewerten, um nicht zu hohe Verstärkungsfaktoren realisieren zu müssen.

5.4.3 Reglerauslegung durch das Verfahren der Gütevektoroptimierung nach Kreisselmeier und Steinhauser

Alle sinnvollen Gütemaße sind Funktionen der freien Parameter des Reglers, zusammengefaßt im Parametervektor $\underline{p}$. Jedes von $\underline{p}$ unabhängige Gütemaß würde keine sinnvolle Optimierung des Reglers erlauben.

Nachdem alle Entwurfsziele in Form von Gütemaßen erfaßt sind, besteht das Entwurfsproblem darin, denjenigen Parametervektor $\underline{p}$ zu finden, für den die Gütemaße $g_i(\underline{p})$ ein Minimum annehmen. Da die Gütemaße in der Regel sich widersprechende Forderungen wie z.B. gutes Führungsverhalten bei gleichzeitig möglichst vollständiger Störunterdrückung charakterisieren, können nicht alle Gütemaße gleichzeitig auf ihren kleinsten Wert gebracht werden. Gewisse Eigenschaften lassen sich nur auf Kosten anderer verbessern, so daß die Notwendigkeit eines gezielten Abwägens zwischen rivalisierenden Entwurfszielen besteht.

Die Minimierung einer gewichteten Summe von Gütemaßen würde in modifizierter Form auf dasselbe Problem wie bei der Riccati-Optimierung führen, daß nämlich die Wahl der Gewichtsfaktoren das Regelergebnis in nicht überschaubarer Weise beeinflußt.

Eine wesentliche Verbesserung dieses Vorgehens stellt die sogenannte Gütevektoroptimierung nach Kreisselmeier und Steinhauser /K9,K10/ dar. Hauptvorteil dieses Verfahrens ist die Möglichkeit, obere Schranken für jedes Gütemaß definieren zu können. Diese oberen Schranken stellen sicher, daß während der Optimierung keines der Gütemaße über diese Schranken hinaus ansteigt. Damit lassen sich einzelne Gütemaße gezielt verringern, ohne daß sich dabei andere in unkontrollierter Weise erhöhen.

Alle zu berücksichtigenden Gütemaße $g_i(\underline{p})$, $i=1,2,\ldots,L$ werden in einem Gütevektor

$$\underline{g}(\underline{p}) = \left[g_1(\underline{p})\ \ g_2(\underline{p}) \cdot\ \cdot\ \cdot\ \cdot\ g_L(\underline{p}) \right]^T \qquad\qquad (5.188)$$

zusammengefaßt. Diesem Gütevektor $\underline{g}$ ist ein Vektor $\underline{c}$ der oberen Schranken

$$\underline{c}(\underline{p}) = \left[c_1(\underline{p})\ \ c_2(\underline{p}) \cdot\ \cdot\ \cdot\ \cdot\ c_L(\underline{p}) \right]^T \qquad\qquad (5.189)$$

zugeordnet, wobei die Elemente c_i jeweils die obere Schranke für das zugehörige Element g_i darstellen, so daß

$$g_i(\underline{p}) \leqslant c_i(\underline{p})\ ,\ i=1,2,\ldots,L \qquad\qquad (5.190)$$

oder abgekürzt geschrieben

$$\underline{g}(\underline{p}) \leqslant \underline{c}(\underline{p}) \qquad\qquad (5.191)$$

gilt. Diese Schranken spielen während der Optimierung die Rolle von "Wächtern", die sicherstellen, daß keine Regelkreiseigenschaft über das durch diese Schranke festgelegte Maß hinaus verschlechtert wird.

Die Aufgabe der Minimierung ist es nun, ausgehend von einem willkürlich festgelegten oder auch aufgrund von Vorüberlegungen voroptimierten Parametervektor $\underline{p}^0$ einen neuen Vektor $\underline{p}$ so zu finden, daß alle Gütemaße möglichst weit unter die Anfangsschranken $\underline{c}(\underline{p}^0)$ gedrückt werden. Diese Forderung läßt sich in der Form

$$\underline{g}(\underline{p}) \leqslant \alpha\underline{c}(\underline{p}^0) \qquad\qquad (5.192)$$

anschreiben, woraus folgt

$$\alpha(\underline{p}) \geqslant \max_{1<i<L} \left[g_i(\underline{p})/c_i(\underline{p}^0) \right]\ . \qquad\qquad (5.193)$$

Daraus wird deutlich, daß derjenige Parametervektor $\underline{p}$ gesucht ist, für den α einen minimalen Wert annimmt. Die Funktion $\alpha(\underline{p})$ ist in dieser Form für eine Minimierung schlecht geeignet, da sie nicht überall stetig nach $\underline{p}$ differenzierbar ist. Ersetzt man $\alpha(\underline{p})$ nach Gl.(5.193) durch

$$\bar{\alpha}(\underline{p}) = \frac{1}{\rho}\ln\left[\sum_{i=1}^{L} \exp\{\rho g_i(\underline{p})/c_i(\underline{p}^0)\} \right]\ ;\ \rho>0\ , \qquad\qquad (5.194)$$

und formt diese Beziehung in die Gestalt

$$\bar{\alpha}(\underline{p}) = \alpha(\underline{p}) + \frac{1}{\rho}\ln\left[\sum_{i=1}^{L} \exp\rho\left\{ \frac{g_i(\underline{p})}{c_i(\underline{p}^0)} - \alpha(\underline{p}) \right\} \right] \qquad\qquad (5.195)$$

um, so erkennt man, daß

$$\bar{\alpha}(\underline{p}) > \alpha(\underline{p}) \qquad\qquad (5.196)$$

gilt.

Die Argumente der Exponentialfunktionen sind alle negativ oder Null, wie man anhand
des Ausdrucks (5.193) leicht erkennt. Damit läßt sich die Differenz zwischen $\bar{\alpha}$ und
α durch

$$\bar{\alpha} - \alpha \leqslant \frac{1}{\rho}\ln L \qquad\qquad (5.197)$$

nach oben abschätzen. Für genügend großes ρ kann somit die Minimierung von α durch
die Minimierung von $\bar{\alpha}$ ersetzt werden. In /S13/ wird vorgeschlagen, $\rho = 20$ zu wählen, was sich auch in anderen Anwendungen gut bewährt hat /H8/. Die Konstruktion
der Funktion $\bar{\alpha}(\underline{p})$ sichert also, daß keines der Einzelmaße $g_i(\underline{p})$ die vorgegebenen
Schranken überschreitet.

Im Allgemeinen erreicht man im ersten Optimierungsschritt noch nicht die geforder-
ten Eigenschaften, da $\underline{c}(\underline{p}^0)$ so gewählt werden muß, daß mit einem sicher nicht optimalen Startvektor $\underline{p}^0$ die Bedingung

$$\underline{g}(\underline{p}^0) \leqslant \underline{c}(\underline{p}^0) \qquad\qquad (5.198)$$

erfüllt ist. Die Verbesserung der Regelkreiseigenschaften verlangt daher ein itera-
tives Vorgehen, bis schließlich die gestellten Anforderungen erfüllt sind, bzw. der
beste Kompromiß im Rahmen des Möglichen erreicht ist.

Nach dem ersten Optimierungsschritt ergibt sich ein Parametervektor $\underline{p}^1$, für den

$$g_i(\underline{p}^1) \leqslant g_i(\underline{p}^0) \; , \; i=1,2,\dots,L \; . \qquad\qquad (5.199)$$

gilt. Damit kann man alle, oder zumindest einige der oberen Schranken herabsetzen
und einen neuen Optimierungslauf starten. Dies kann solange wiederholt werden, bis
sich im gegebenen Rahmen keine Verbesserung mehr erzielen läßt. Im Laufe der Optimierung stellt sich meist heraus, daß sich gewisse Eigenschaften gar nicht, oder
nur noch auf Kosten anderer weiter verbessern lassen. Durch Herabsetzen der einen
und Heraufsetzen der anderen Schranken ist es dann möglich, ein "optimales Abwägen"
zwischen rivalisierenden Entwurfszielen durchzuführen, da die Konstruktion der Mi-
nimierungsfunktion verhindert, daß sich bei gezielter Verbesserung einer Eigenschaft andere über das vom Benutzer gewählte Maß hinaus verschlechtern.

5.4.4 Zur Berechnung der Gütemaße

Die einzelnen Komponenten des Gütevektors charakterisieren die unterschiedlichsten
Eigenschaften des Regelkreises. Eine geschlossene Lösung für die Minimierungsaufgabe wie bei der Riccati-Optimierung ist nicht angebbar. Deshalb ist eine Simulation
des Regelkreises zur Gewinnung der Gütemaße unumgänglich. Da bei der Minimumsuche
für die Funktion $\bar{\alpha}(\underline{p})$ eine Vielzahl von Simulationsläufen erforderlich ist, sollte
die Simulation effektiv gestaltet werden, d.h. sie sollte möglichst wenig Rechen-
zeit beanspruchen.

Bei nichtlinearen Regelkreisen benötigt man numerische Integrationsprozeduren, die leider sehr rechenzeitintensiv sind. Unter Umständen ist die Auslagerung der Simulation in einen mit dem Digitalrechner gekoppelten Analogrechner günstiger /B3/.

Für die Berücksichtigung von Eigenwerten ist die Linearisierung in interessierenden Betriebspunkten erforderlich. Ein auf dieser Basis arbeitendes Optimierungsprogramm wird z.B. in /S13/ beschrieben.

Wesentlich schneller läßt sich eine Simulation von linearen, zeitinvarianten Regelungssystemen durchführen. Nach Transformation in den Frequenzbereich (Laplace-Transformation) besteht die Simulation aus der Berechnung der Übertragungsfunktionen zwischen den interessierenden Ein- und Ausgängen. Daraus lassen sich zugehörige Frequenzgänge und durch Rücktransformation in den Zeitbereich auch Zeitfunktionen erheblich schneller berechnen als aus den Differentialgleichungen durch numerische Integration. Programmpakete für die Gütevektoroptimierung im Frequenzbereich sind in /H8/ für Eingrößen-Zustandsregelungen und in /W12/ für die systematische Auslegung von Mehrgrößenregelkreisen beschrieben.

5.4.5 Beispiel für die Reglerauslegung durch Gütevektoroptimierung: Aktive Automobilfederung

Betrachtet wird die Regelung der in /L8/ untersuchten aktiven Sekundärfederung für eine Radaufhängung, deren Zweimassen-Ersatzmodell in Bild 5.10 dargestellt ist.

m_A ... Aufbaumasse
m_R ... Radmasse
c_R ... Reifen-Federkonstante
H   ... Hydraulisches Kraftstellglied
x_E ... Erregung durch Straßen-
      Unebenheiten

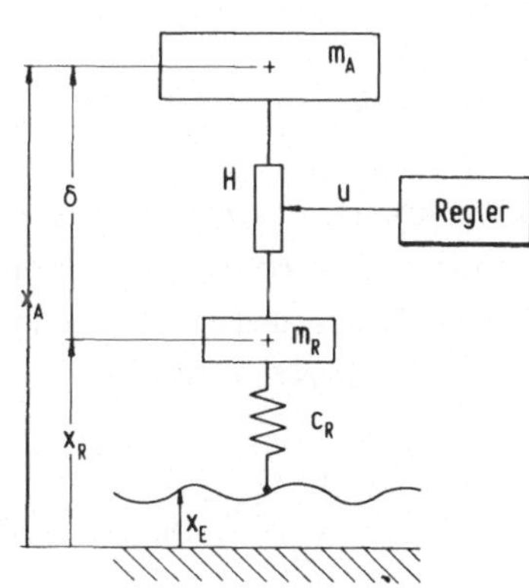

Bild 5.10 Zweimassen-Ersatzmodell für die Vertikalschwingung eines Fahrzeugs mit aktiver Sekundärfederung.

Regelgröße ist die Aufbaubeschleunigung $y_1 = \ddot{x}_A$, in der die Auswirkung von Unebenheiten x_E der Straße möglichst gut kompensiert werden soll. Als Meßgrößen stehen $y_2 = \delta$ und $y_3 = \dot{\delta}$ zur Verfügung. Bei der Auslegung der Regelung soll zusätzlich der Verlauf der dynamischen Radlast $y_4 = c_R(x_R - x_E)$ berücksichtigt werden.

Damit ergeben sich ausgehend von den in /L8/ angegebenen Zustandsgleichungen die Übertragungsvektoren $\underline{F}(s) = \underline{y}(s)\frac{1}{u(s)}$ und $\underline{F}_{St}(s) = \underline{y}(s)\frac{1}{s^2 x_E(s)}$ zu

$$\underline{F}(s) = \frac{1}{N(s)}\begin{bmatrix} Z_1(s) \\ Z_2(s) \\ Z_3(s) \\ Z_4(s) \end{bmatrix} = \frac{1}{s^2(s^2 + 4000)}\begin{bmatrix} -1.666...10^{-3}s^4 - 6.666...s^2 \\ -2.666...10^{-2}s^2 - 6.666... \\ -2.666...10^{-2}s^3 - 6.666...s \\ 4\cdot10^3 s^2 \end{bmatrix}$$

und

$$\underline{F}_{St}(s) = \frac{1}{N(s)}\begin{bmatrix} Z_{St1}(s) \\ Z_{St2}(s) \\ Z_{St3}(s) \\ Z_{St4}(s) \end{bmatrix} = \frac{1}{s^2(s^2 + 4000)}\begin{bmatrix} 0 \\ -4\cdot10^3 \\ -4\cdot10^3 s \\ -1.6\cdot10^5 s^2 \end{bmatrix} \begin{matrix} \text{Regelgröße } \ddot{x}_A \\ \text{Meßgröße} \\ \text{Meßgröße} \\ \text{Dyn. Radlast .} \end{matrix}$$

Der Regler soll so ausgelegt werden, daß er in $\ddot{x}_A$ die Auswirkung harmonischer Störanregungen $x_E(t)$ mit der Kreisfrequenz $\omega_0 = 1.25\text{s}^{-1}$ vollständig und die aller anderen Anteile möglichst gut unterdrückt. Dies stellt dann eine sinnvolle Forderung dar, wenn im Spektrum der Störanregung von der Straße gerade ein Maximum in der Nähe von ω_0 auftritt. Gleichzeitig soll die dynamische Radlast gering gehalten werden. Damit lautet das zu berücksichtigende charakteristische Störpolynom

$$N_r(s) = \det(s\underline{I} - \underline{S}) = s^2 + 1.25^2 .$$

Der Beobachtbarkeitsindex der Strecke ist 3, so daß man zur Zustandsbeobachtung und Störkompensation mindestens einen Regler vierter Ordnung ansetzen muß, um die Stellgröße u aus den beiden Meßgrößen y_2 und y_3 zu bilden. Der Regler wird durch seine Übertragungsfunktionen

$$F_{y2}(s) = -\frac{u(s)}{y_2(s)} = \frac{Z_{y2}(s)}{N_R(s)} \quad \text{und} \quad F_{y3}(s) = -\frac{u(s)}{y_3(s)} = \frac{Z_{y3}(s)}{N_R(s)}$$

beschrieben, die nun so zu wählen sind, daß die Störübertragungsfunktion

$$F_{r1}(s) = \frac{y_1(s)}{s^2 x_E(s)} = \frac{Z_{St1}(s)N_R(s)N(s) + \sum_{k=2}^{3} Z_{yk}(s)\left[Z_{St1}(s)Z_k(s) - Z_{Stk}(s)Z_1(s)\right]}{\Delta(s)\tilde{N}(s)N(s)}$$

des Regelkreises zum einen die zur Störkompensation erforderlichen Nullstellen bei $s_{1/2} = \pm 1.25i$ besitzt und zum anderen der zugehörige Amplitudengang eine möglichst geringen Betrag für alle Frequenzen aufweist.

Ferner soll der Verlauf des Amplitudengangs von

$$F_{r4}(s) = \frac{y_4(s)}{s^2 x_E(s)} = \frac{Z_{St4}(s)N_R(s)N(s) + \sum_{k=2}^{3} Z_{yk}(s)\left[Z_{St4}(s)Z_k(s) - Z_{Stk}(s)Z_4(s)\right]}{\Delta(s)\tilde{N}(s)N(s)} \quad ,$$

der für die dynamische Radlast entscheidend ist, ebenfalls einen möglichst geringen Betrag besitzen.

Setzt man die gegebenen Zahlenwerte aus $\underline{F}(s)$ und $\underline{F}_{St}(s)$ ein, so ergeben sich für die Aufbaubeschleunigung

$$F_{r1ist}(s) = \frac{y_1(s)}{s^2 x_E(s)} = \frac{-6.666\ldots\left[Z_{y2}(s) + sZ_{y3}(s)\right]}{\Delta(s)\tilde{N}(s)}$$

und für die dynamische Radlast

$$F_{r4ist}(s) = \frac{y_4(s)}{s^2 x_E(s)} = \frac{-1.6 \; 10^5\left\{s^2 N_R(s) - 0.02666\ldots\left[Z_{y2}(s) + sZ_{y3}(s)\right]\right\}}{\Delta(s)\tilde{N}(s)} \quad .$$

Der Entwurf des Reglers geschieht anhand des Gleichungssystems (4.123), wobei zwei zusätzliche Gleichungen sicherstellen, daß

$$Z_{y2}(s) + sZ_{y3}(s) = (s^2 + 1.25^2)\bar{Z}_{r1}(s)$$

gilt, also das charakteristische Polynom des angenommenen Störprozesses als Nullstelle in $F_{r1}(s)$ auftritt.

Das gewünschte Regelergebnis hängt von folgenden Freiheitsgraden ab:

1.   der Lage der vier Streckenpole (Nullstellen von $\tilde{N}(s)$)

2.   der Lage der vier Beobachterpole (Nullstellen von $\Delta(s)$) und

3.   der Größe der verbleibenden vier freien Reglerparameter, wobei z.B. alle Koeffizienten von $Z_{y2}(s)$ bis auf denjenigen bei s^0 als Vorgabeparameter verwendet werden können.

Dieses Regelungsproblem ist ein typischer Anwendungsfall für das Programm ZUROPT /H8/, wobei folgende Gütemaße definiert wurden:

1.   die summierten logarithmischen Abweichungen (in dB) zwischen $|F_{r1ist}(i\omega)|$ und einem Sollverlauf $|F_{r1soll}(i\omega)|$ für den Frequenzgang $F_{r1}(i\omega)$, gekennzeichnet durch

$$F_{r1soll}(s) = \frac{0.21333\ldots(s^2 + 1.25^2)}{(s + 0.5)^2(s + 3)}$$

im Frequenzbereich $0.1 < \omega < 100 \; s^{-1}$ an 35 Stützstellen,

2. die summierten Abweichungen zwischen $|F_{r4ist}(i\omega)|$ und einem Sollverlauf, ge-
    kennzeichnet durch

$$F_{r4soll}(s) = \frac{2.1333\ldots10^2 s^2 + 3.333\ldots10^2}{(s + 0.5)^2(s + 3)}$$

    im selben Frequenzintervall mit derselben Stützstellenzahl,

3. linke und rechte Polbegrenzung und eine Minimaldämpfung,

4. obere Schranken für die Zählerkoeffizienten l_j^i in $Z_{yi}(s)$, j=0,1,2,3,4 und
    i=2,3 .

Für die Wahl der Sollamplitudengänge gibt es keine festen Regeln. Grundsätzlich
sollten sie so gestaltet werden, daß sie unterhalb der mit dem Regler erzielbaren
Form der Ist-Amplitudengänge verlaufen. Da zu Beginn der Optimierung normalerweise
nicht bekannt ist, wo das erreichbare Optimum liegen wird, ergibt sich unter Umständen die Notwendigkeit, die Sollamplitudengänge in Abhängigkeit der Regeler-
gebnisse zu modifizieren. Dies macht einen gewissen Iterationsprozeß erforderlich,
der im konkreten Anwendungsfall relativ schnell "konvergiert", zumal der Feinver-
lauf der Sollamplitudengänge in der Regel keine kritische Einflußgröße ist. Im
vorliegenden Fall konnte man sich bei der Definition der Sollamplitudengänge direkt an den Ergebnissen aus /L8/ orientieren.

Bild 5.11 zeigt die Anfangskonfiguration bei der Optimierung.

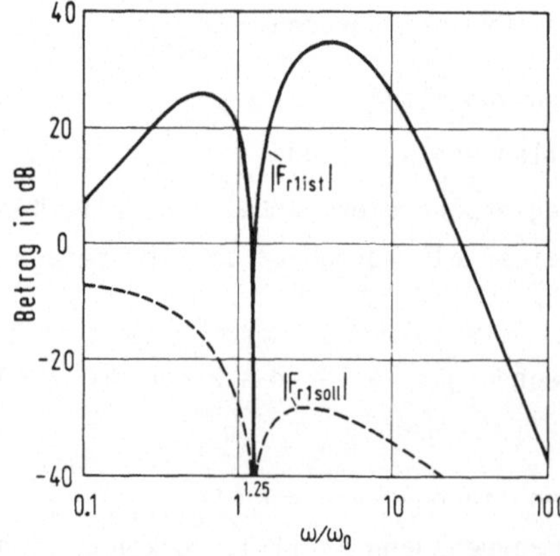

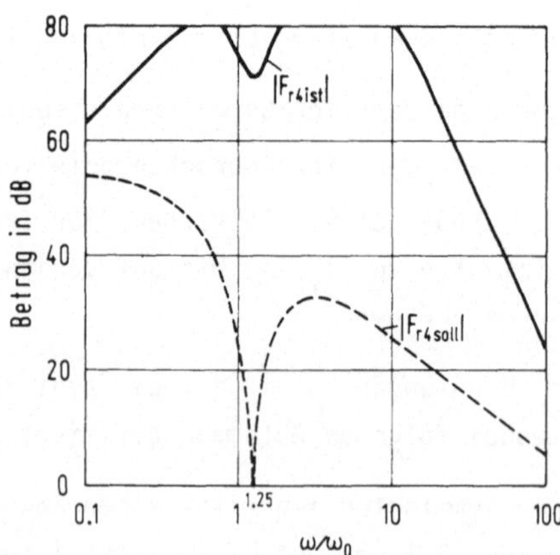

Amplitudengang der Aufbaubeschleunigung   Amplitudengang der dynamischen Radlast

Bild 5.11 Ergebnisse für die Startwerte der Reglerparameter

Dabei wurden folgende Startwerte verwendet:

$$\text{Nullstellen von } \Delta(s) : s_{1/2} = -1 , \quad s_{3/4} = -10$$

$$\text{Nullstellen von } \tilde{N}(s) : s_{1/2} = -1 , \quad s_{3/4} = -10 \text{ und}$$

$$\text{Reglerkoeffizienten } : l_j^2 = -10^3, \; j=1,2,3,4.$$

Mit diesen Startwerten haben die Gütevektorkomponenten g_i folgende Werte

$$g_{F1} = 1519.5 , \quad g_{F2} = 1402.05 , \quad g_{\sigma max} = -1 , \quad g_{\sigma min} = -10,$$

$g_{Dmin} = 1$ und der maximal auftretende Reglerkoeffizient hat den Betrag 203000.

Für den ersten Optimierungslauf wurden folgende obere Schranken vorgegeben

$$c_{F1} = 1520 , \quad c_{F2} = 2000 , \quad c_{\sigma max} = -0.1 , \quad c_{\sigma min} = -100 ,$$

$c_{Dmin} = 0.5$ und für die fünf Zählerkoeffizienten l_j^i (i=2,3) des Reglers $c_{1j} = 10^7$, j=0,1,2,3,4.

Nach dem ersten Optimierungsschritt war g_{F1} auf 682.6 abgesunken. Ein neuer Optimierungslauf wurde mit $c_{F1} = 683$ und ein dritter mit $c_{F1} = 457$ durchgeführt.

Bild 5.12 zeigt die Ergebnisse des dritten Optimierungslaufes.

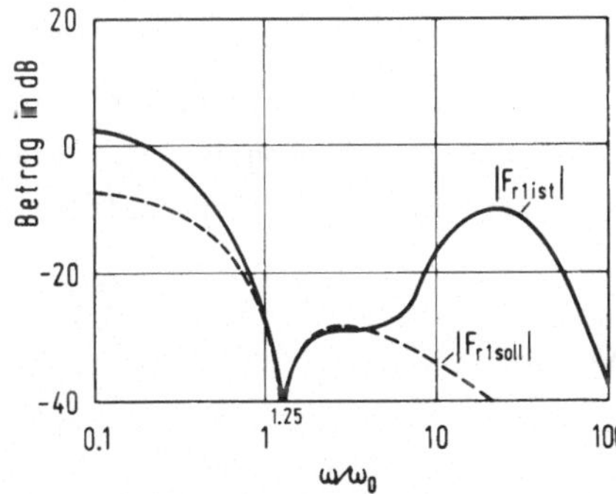

Amplitudengang der Aufbaubeschleunigung

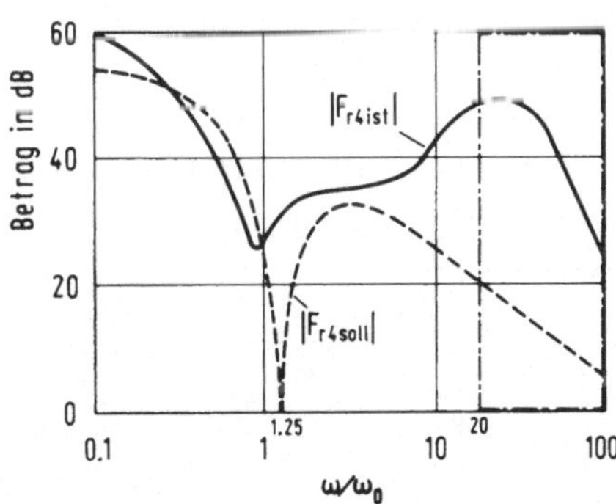

Amplitudengang der dynamischen Radlast

Bild 5.12 Ergebnisse nach dem dritten Optimierungsschritt

Ein Vergleich mit Bild 5.11 zeigt eine erhebliche Verbesserung der Amplitudengänge für die Aufbaubeschleunigung und die dynamische Radlast. Man erkennt jedoch, daß die Amplitudengänge im Frequenzbereich $20 < \omega < 100 s^{-1}$ eine relativ starke Überhöhung aufweisen. Durch Definition eines dritten Gütemaßes g_{F3} anhand der Ist- und Sollamplitudengänge für die dynamische Radlast in diesem Frequenzbereich, summiert über 10 Stützstellen, kann man die Überhöhung selektiv beeinflussen.

Ein Optimierungslauf mit

$$c_{F1} = 600 \quad , \quad c_{F2} = 1000 \text{ und } \quad c_{F3} = 270 \text{ als obere Schranke für } g_{F3}$$

(um die auftretende Überhöhung beeinflussen zu können, müssen die oberen Schranken für g_{F1} und g_{F2} etwas angehoben werden) und ein weiterer mit c_{F3} = 238 liefern schließlich das in Bild 5.13 gezeigte Endergebnis.

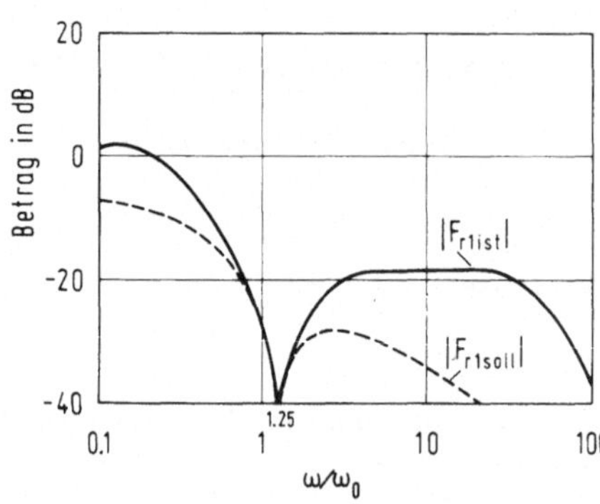

Amplitudengang der Aufbaubeschleunigung

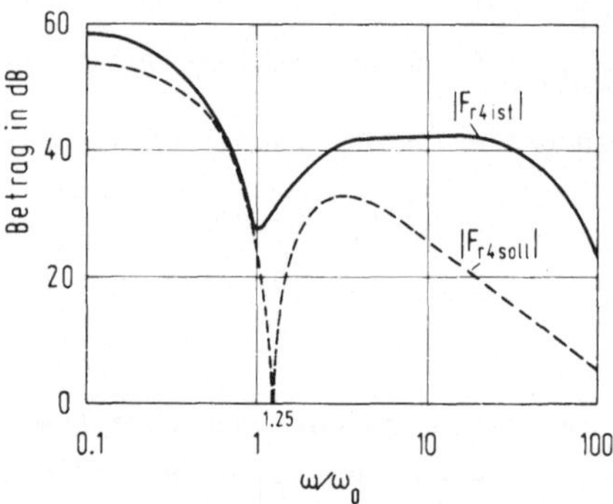

Amplitudengang der dynamischen Radlast

Bild 5.13 Endergebnis der Optimierung

Durch Einführung des in Bild 5.12 gestrichelt eingezeichneten "Fensters" im interessierenden Frequenzbereich konnte also die entstandene Überhöhung im Amplitudengang der geregelten Strecke selektiv unterdrückt werden. Der Regler besitzt den Übertragungsvektor

$$\underline{F}_y(s) = \frac{1}{N_R(s)}\underline{Z}_y(s) = \frac{1}{N_R(s)}\left[Z_{y2}(s) \quad Z_{y3}(s)\right]$$

mit

$$N_R(s) = s^4 + 614.35s^3 + 11720s^2 + 23334s + 7663.8$$

$$Z_{y2}(s) = 2265200s^4 + 3526900s^3 + 1658700s^2 + 5132700s - 54258$$

$$Z_{y3}(s) = 10408s^4 - 3276700s^3 - 4145300s^2 - 3273900s - 6124400 \ .$$

Durch Herabsetzen der oberen Schranken für die Reglerkoeffizienten lassen sich diese bei nahezu gleichbleibender Regelgüte fast um zwei Größenordnungen herabdrükken, wie die Ergebnisse in /H8/ zeigen.

Die Optimierung aller vorhandenen Freiheitsgrade im Regler zur Approximation vorgebbarer Regelkreisfunktionen erlaubt somit eine zielgerichtete, an praktischen Erfordernissen orientierte Regler-Auslegung.

6 Einbeziehung praktischer Randbedingungen

Bei den dargestellten Entwurfsverfahren wurde vorausgesetzt, daß eine exakte mathematische Beschreibung der Strecke vorliegt. Der Regelkreissynthese muß also eine Streckenanalyse vorausgehen, deren Ziel die Gewinnung der benötigten Systemgleichungen ist. In den meisten praktischen Anwendungen wird die Analyse ein nichtlineares und zeitveränderliches Modell ergeben. Da aber allgemeine Verfahren zur Regelungssynthese für solche Systeme nicht existieren, und spezielle Lösungen einen großen Berechnungs- und Realisierungsaufwand erfordern, ist man bestrebt, möglichst ein lineares und zeitinvariantes Modell zu finden, das das tatsächliche Streckenverhalten hinreichend genau approximiert. Um den Aufwand weiter zu reduzieren, versucht man außerdem, die Ordnung dieser Modelle so gering wie möglich zu halten. In Abschn. 6.1 werden die damit verbundenen Probleme kurz angedeutet, und auf die Literatur zu diesem umfangreichen Gebiet verwiesen.

Bei kleinen Abweichungen von einem bestimmten Betriebspunkt verhalten sich viele Strecken nahezu linear. Um diesen Betriebspunkt einhalten zu können, sind gewisse Maßnahmen zu ergreifen, die in Abschn. 6.2 erläutert werden.

Der entscheidende Vorteil von Zustandsregelungen besteht darin, daß die Dynamik linearer, zeitinvarianter Regelkreise beliebig beeinflußbar ist. Dies stößt jedoch bei der physikalischen Realisierung auf Grenzen. Schnelle Übergänge erfordern hohe Stellamplituden, welche die verwendeten Stellglieder meist nur beschränkt umsetzen. Wie man diese Begrenzungen in den Reglerentwurf einbeziehen kann, wird in Abschn. 6.3 dargelegt.

In vielen Regelkreisen muß darüber hinaus sichergestellt werden, daß bestimmte Zustandsgrößen gegebene Extremalwerte nicht überschreiten. In der klassischen Regelungstechnik löst man dieses Problem mit Hilfe von Kaskaden- und Ablöseregelungen. Die Übertragung dieser Konzepte auf Zustandsregelungen ist in Abschn. 6.4 durchgeführt.

Durch den Ansatz geeigneter Reglerstrukturen lassen sich somit die Methoden der linearen, zeitinvarianten Regelungstheorie in einer Reihe von Fällen auch dann noch einsetzen, wenn die Voraussetzungen der Linearität und der Zeitinvarianz nicht mehr erfüllt sind.

6.1 Ungenaue Streckenmodelle

6.1.1 Zur Modellbildung

Den Idealzustand für eine Streckenbeschreibung stellt der Fall dar, daß aufgrund
der Konstruktionsdaten exakt lineare und zeitinvariante Modelle hergeleitet werden
können. Als Beispiel sei die Rollstabilisierung eines Satelliten genannt, bei der
wegen der Abwesenheit jeglicher Reibung der Drallsatz in seiner reinen Form gilt.
In den meisten praktischen Anwendungen stellt sich jedoch das Problem, daß ein geeignetes und möglichst zeitinvariantes Modell für eine Strecke gesucht wird, obwohl
diese weder linear noch zeitinvariant ist, bzw. unter Umständen nur durch partielle
Differentialgleichungen exakt beschrieben werden kann. Eine zusätzliche Schwierigkeit ergibt sich dann, wenn über die Strecke nicht mehr bekannt ist, als ein Satz
von Eingangs- Ausgangsmessungen.

Die Aufstellung von für die Regelungssynthese angepaßten mathematischen Modellen
solcher Strecken fällt unter die Begriffe Modellbildung, Modellreduktion und Iden-
tifizierung. Dieser Problemkreis bildet ein großes und wichtiges Teilgebiet der
Regelungstechnik, das hier nur kurz andiskutiert werden soll.

Lineare Streckenmodelle gewinnt man häufig durch Linearisierung des nichtlinearen
Verhaltens an dem Punkt, um den herum die Strecke betrieben wird (siehe dazu auch
Abschn. 6.2). Dabei stellt sich die Frage, ob diese Linearisierung auch beim Auftreten von Störungen oder bei Änderung des Betriebspunktes eine hinreichend genaue
Beschreibung der Strecke liefert. Gegebenenfalls muß man für verschiedene Arbeits-
punkte unterschiedliche Modelle bestimmen, die dann die Grundlage für den Entwurf
entsprechend angepaßter Regler bilden.

Ein einfacheres Problem stellen die nichtlinearen Einflüsse durch Stellbegrenzungen
dar, die in Abschn. 6.3 ausführlich diskutiert werden.

Fast jedes System ändert sein Verhalten im Laufe der Zeit und ist somit streng
genommen zeitvariant. Selbst bei zunächst als zeitinvariant anzusehenden Strecken
kann es durch Alterung, Verschleiß, Verschmutzung, Temperatureinflüsse oder anderes
zu einer Veränderung der Eigenschaften kommen. Solange die zeitlichen Veränderungen
langsam vor sich gehen, gelingt eine Regelkreissynthese auch anhand zeitkonstanter
Modelle, die entweder die "im Mittel" zu erwartende Streckendynamik, den "ungünstigsten Fall" oder verschiedene Zeitabschnitte modellieren.

Welchen dieser Wege man geht, hängt vom konkreten Fall ab, wobei die in Abschnitt
6.1.2 diskutierten Vorschläge Anwendung finden können.

Eine Reihe praktischer Regelstrecken ist auch bei relativ grober Betrachtungsweise
nur durch partielle Differentialgleichungen zu beschreiben. Dennoch zeigt sich auch
hier, daß vielfach funktionstüchtige Regelungen konzipiert werden können, wenn man

vereinfachte Modelle mit konzentrierten Parametern verwendet, die die wesentlichen Zustandsänderungen geeignet erfassen. Als Beispiele hierfür seien die Regelungen chemischer Kolonnen /T2,H3/ oder das verblüffend einfache Modell für die Regelung der Brennzone eines katalytischen Festbettreaktors /B1/ genannt.

Eine theoretische Analyse komplexer technischer Systeme führt häufig auf beschreibende Differentialgleichungen relativ hoher Ordnung. Da die benötigte Ordnung der Zustandsregler direkt durch die Ordnung der Strecke beeinflußt wird, sind somit auch Regler hoher Ordnung erforderlich. Bei genauer Untersuchung zeigt sich jedoch, daß oft ein Modell (und damit ein Regler) erheblich geringerer Ordnung ausreicht, um ein befriedigendes Regelkreisverhalten zu erzielen. Für die Vielzahl von Verfahren zur systematischen Reduktion linearer, zeitinvarianter Systeme sei auf die Arbeiten von Genesio und Milanese /G2/, Gwinner /G9/, Bovin und Mellichamp /B5,B6/, Litz /L2/ und Bär /B2/ hingewiesen.

In vielen Fällen kann eine Modellbildung nur anhand gemessener Eingangs- Ausgangs-Beziehungen der Strecke erfolgen. Dieses häufig mit Systemidentifizierung bezeichnete Problem stellt für sich ein breit gefächertes Teilgebiet dar. Hierzu sei auf die Bücher /I1,I2,I3/ von Isermann und auf die einführende Übersicht von Aström und Eykhoff /A11/ verwiesen.

Ergebnis eines Modellbildungsprozesses ist eine mehr oder weniger genaue mathematische Beschreibung der tatsächlichen Strecke, wobei Vereinfachungen und Abweichungen bewußt in Kauf genommen werden. Aufgabe des Regelungstechnikers ist es, für ein konkretes Problem ein geeignetes Regelungskonzept und das hierfür benötigte Streckenmodell zu finden, so daß beim Einsatz der Regelung an der tatsächlichen Strecke ein befriedigendes Regelergebnis resultiert.

6.1.2 Zur Regelung bei ungenauen Streckenmodellen

Werden Regler unter Verwendung vereinfachter Modelle berechnet, so treten beim Einsatz der Regler an der tatsächlichen Strecke mehr oder weniger große Abweichungen vom gewünschten Verhalten auf. Eine Möglichkeit, diese Abweichung zu verringern, bieten Regelungssysteme, die unempfindlich auf Änderungen der Streckenparameter reagieren. Diese Art von Regelung wird auch "robust" genannt /A2/. Die Auslegung robuster Regelungen kann über die systematische Minimierung von Empfindlichkeitsfunktionen /F6,F7/ des Regelkreises oder über die Sicherstellung bestimmter Polgebiete bei ungenau modellierten oder sich ändernden Strecken /A6/ erfolgen.

Speziell im Hinblick auf veränderliche Streckenparameter bietet sich der Einsatz adaptierender Regler an, die für Zustandsregler mit Beobachter von Kreisselmeier in /K7,K8/ untersucht wurden. Allgemeine Verfahren sind z.B. in /E1,M5/ oder in /A9,A10/ dargestellt.

Eine weitere Möglichkeit für die Anpassung von Reglern an veränderliche Strecken
stellen die strukturvariablen Regelungen dar /K13/, auf die auch in Abschn. 6.4
eingegangen wird. Diese kann man wiederum mit den Verfahren zur Auslegung robuster
oder adaptiver Regelungen kombinieren.

Bei all diesen Verfahren geht es darum, den Einfluß von Abweichungen zwischen Modell und Strecke bzw. von Veränderungen des Streckenverhaltens auf das Regelergebnis so gering wie möglich zu halten. In einfach gelagerten Fällen wird man schon
dadurch ein zufriedenstellendes Ergebnis erzielen, daß man sich folgende Erfahrung
zunutze macht. Existieren Abweichungen zwischen Modell und Strecke, dann wird der
Unterschied zwischen dem tatsächlichen Regelkreisverhalten und dem Modellregelkreis
um so geringer sein, je geringer der Reglereingriff ausfällt. Für die Polfestlegung
kann man daraus ein in vielen Fällen günstiges Vorgehen ableiten.

Ist aufgrund der Identifikation nur bekannt, daß sich die Streckenpole in gewissen
Gebieten der s-Ebene befinden, wie dies in Bild 6.1 durch Schraffur angedeutet ist,
dann ist die von den unbekannten Pollagen herrührende Veränderung des gewünschten
Regelergebnisses dann am geringsten, wenn man beim Reglerentwurf die jeweils dem
Ursprung der s-Ebene am nächsten gele-
genen Pole zugrundelegt. Bei dem in
Bild 6.1 dargestellten Fall bedeutet
dies eine Verwendung der durch Quadra-
te gekennzeichneten Polverteilung.

Eine weitere Erfahrungstatsache steht
mit der obigen in Einklang. Der Stelleingriff ist umso geringer, je kleiner
die vom Regler geforderte Verschiebung
der Pole ausfällt. Kann die gefordete
Regelgüte schon mit geringfügigen Pol-
verschiebungen erreicht werden, so genügen einfache, d.h. relativ ungenaue
Streckenmodelle als Grundlage für die
Regelungssynthese.

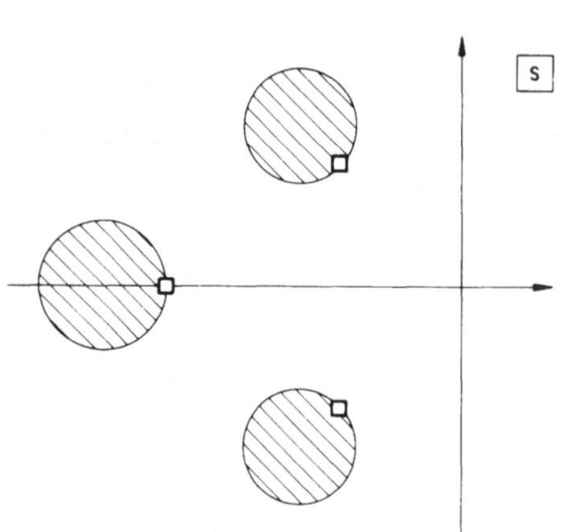

Bild 6.1 Ungenau bekannte Pollagen

So kann man mit einfachen Modellen Zustandsregler entwerfen, die weitgehend denen
mit klassischen PID-Reglern entsprechen. Der Vorteil gegenüber den klassischen
Regelungen besteht darin, daß mit dem gleichen Konzept, aber einem verfeinerten
Streckenmodell auch höhere Regelgüten erzielbar sind.

Damit bietet sich das im "Flußbild" (Bild 6.2) dargestellte Vorgehen zur Regelungssynthese an.

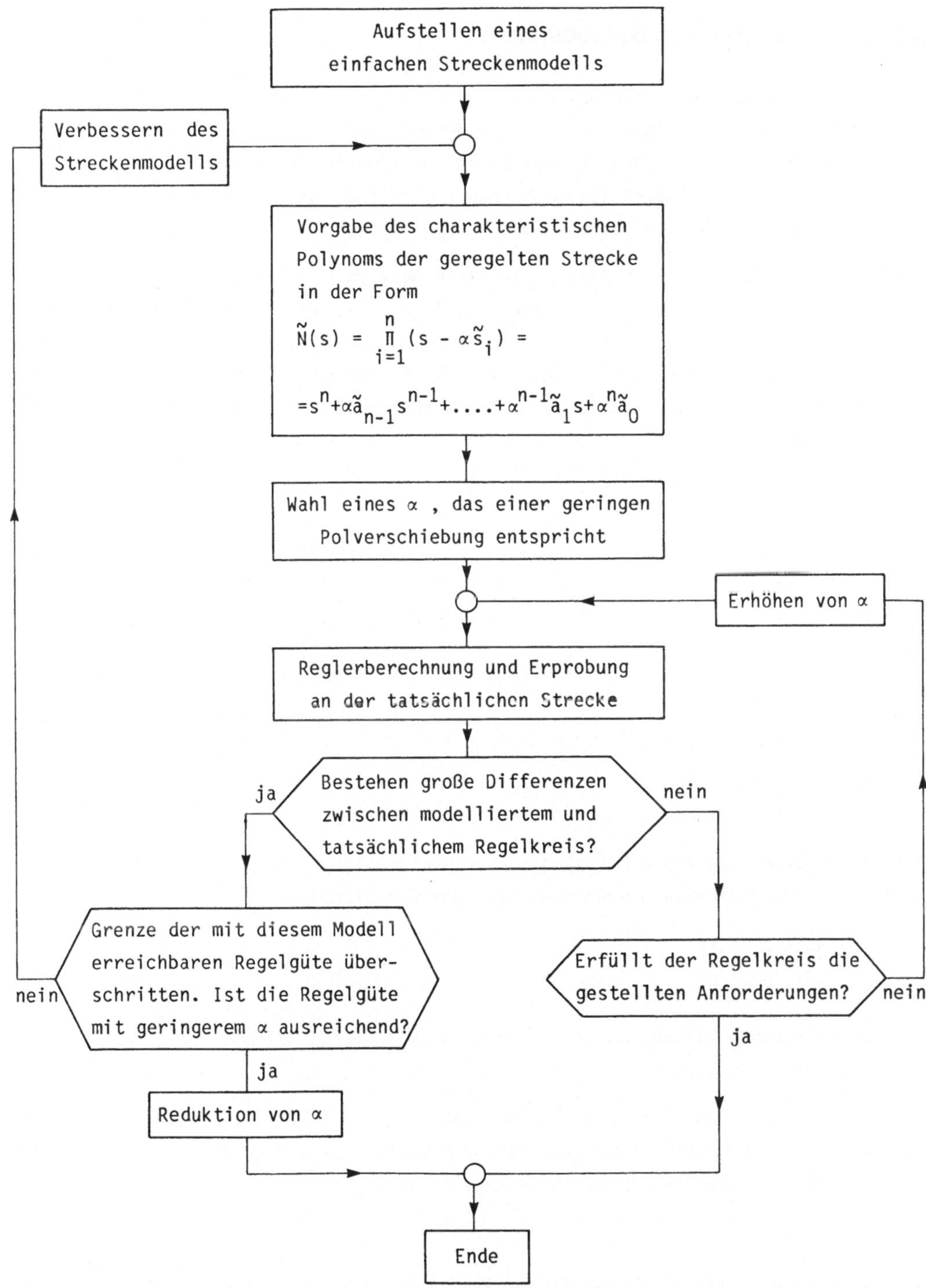

In the diagram the characteristic polynom is given as:

$$\tilde{N}(s) = \prod_{i=1}^{n} (s - \alpha \tilde{s}_i) =$$

$$= s^n + \alpha \tilde{a}_{n-1} s^{n-1} + \dots + \alpha^{n-1} \tilde{a}_1 s + \alpha^n \tilde{a}_0$$

Bild 6.2 Flußbild zur Anpassung von Reglern an ungenau identifizierte Strecken

6.2 Überlegungen zum Betriebspunkt

Kein System verhält sich für beliebige Amplituden streng linear. Zum einen müssen
die immer vorhandenen Stell- und Amplitudenbeschränkungen berücksichtigt werden
(auch im Hinblick auf zu hohe Beanspruchung bestimmter Systemkomponenten), und zum
anderen treten nichtlineare Zusammenhänge vielfältiger Art auch innerhalb des nor-
malen Betriebsbereiches der Strecke auf.

Geht man davon aus, daß die Strecke an einem bestimmten (festen) Betriebspunkt arbeitet, was der eingesetzte Regler sicherstellen soll, und verhält sich die Strecke
in der Umgebung dieses Punktes stetig, so kann man die linearen Streckengleichungen
z.B. durch Taylor-Reihenentwicklung und Abbruch nach dem linearen Glied gewinnen.
Solange sich die Strecke z.B. durch die Einwirkung von Störungen oder durch Änderung des Sollwertes nicht zu weit von diesem Punkt entfernt, gelten die linearen
Beziehungen relativ gut, und man kann den Regler anhand des linearen Streckenmodells dimensionieren.

Die Zustandsgrößen $\underline{X}_n$ des nichtlinearen Systems, die Meßgrößen $\underline{Y}_n$, die Stellgrößen
$\underline{U}_n$ und die Störgrößen $\underline{R}_n$ sind dann beschreibbar durch die konstanten Werte $\underline{X}_0$, $\underline{Y}_0$,
$\underline{U}_0$ und $\underline{R}_0$, die den Betriebspunkt charakterisieren, und kleine Änderungen $\underline{x}$, $\underline{y}$, $\underline{u}$
und $\underline{r}$ um diesen Punkt, so daß gilt

$$\underline{X}_n = \underline{X}_0 + \underline{x}$$
$$\underline{Y}_n = \underline{Y}_0 + \underline{y}$$
$$\underline{U}_n = \underline{U}_0 + \underline{u} \qquad\qquad (6.1)$$
$$\underline{R}_n = \underline{R}_0 + \underline{r} \;.$$

Für die Abweichungen vom Arbeitspunkt, auch Kleinsignale genannt, gelten die aufgrund der Linearisierung gewonnenen Differentialgleichungen

$$\dot{\underline{x}} = \underline{A}\underline{x} + \underline{B}\underline{u} + \underline{X}\underline{r}$$
$$\underline{y} = \underline{C}\underline{x} + \underline{Y}\underline{r} \quad, \qquad\qquad (6.2)$$

die das Streckenverhalten im Betriebspunkt approximieren und mit denen die Reglerauslegung erfolgen kann.

Bei der Inbetriebnahme des Regelkreises muß sichergestellt sein, daß das zum Auf-
rechterhalten des Betriebspunktes erforderliche Stellsignal $\underline{U}_0$ am Eingang der
Strecke anliegt, und daß dem linearen Regler das Signal

$$\underline{y} = \underline{Y}_n - \underline{Y}_0 \qquad\qquad (6.3)$$

zugeführt wird. Bild 6.3 zeigt ein Blockschaltbild des Regelkreises mit den erforderlichen Einspeisungen von $\underline{U}_0$ und $\underline{Y}_0$.

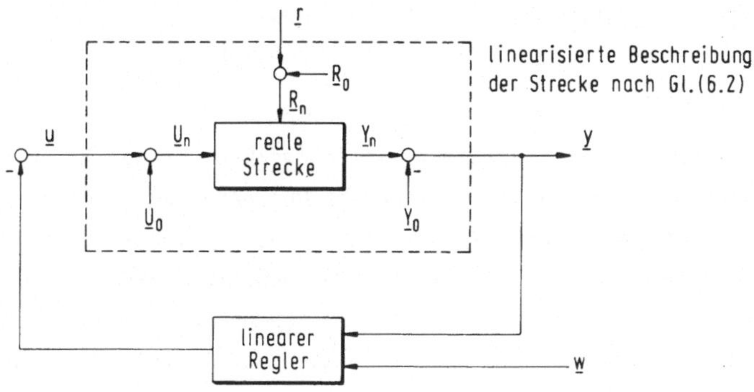

Bild 6.3   Regelkreis mit realer Strecke und linearem Regler

In klassischen Reglern wird die Regelabweichung y - w verarbeitet, so daß man durch
Einspeisung von Y und $W = w + Y_0$ anstelle von y und w die Subtraktionsstelle $Y - Y_0$
in den Regler hineinverlegen kann. Dies ist bei Zustandsreglern im allgemeinen
nicht möglich, da hier die Bildung von Y - W vor dem Regler zugunsten einer getrennten Verarbeitung beider Größen aufgegeben wird, um die vorhandenen Freiheitsgrade optimal ausschöpfen zu können.

Da das Streckenverhalten außerhalb des Arbeitspunktes weit vom linearen Ansatz ab-
weichen kann, müssen vor allem zum Anfahren des Regelkreises gegebenenfalls zusätzliche Maßnahmen ergriffen werden /K6/, um ein sicheres und dynamisch günstiges
Erreichen des Betriebspunktes zu gewährleisten. Entsprechendes gilt natürlich auch
beim Stillegen des Regelkreises.

Änderungen des Betriebspunktes lassen sich auf zweierlei Arten durchführen. Durch
geeignetes Verstellen von Y_0 und U_0 erreicht man, daß das Kleinsignalverhalten um
den neuen Arbeitspunkt abläuft. Eine Veränderung von w oder Y_0 allein bewirkt ebenfalls den Übergang zu anderen Arbeitspunkten. Dabei ist aber zu beachten, daß das
Übergangsverhalten bei Veränderung von Y_0 anders abläuft als bei Variation von w.
Das Übergangsverhalten bei Erregung von Y_0 aus ist festgelegt durch die Reaktion
des Regelkreises auf Störeingriffe. Dagegen bieten die durch die getrennte Einspeisung von y und w gewonnenen Freiheitsgrade die Möglichkeit, bezüglich des Führungs-
eingriffs w ein günstigeres Verhalten einzustellen als das bei Variation von Y_0
resultierende. Allerdings ist das gute Führungsverhalten nur so lange gewährleistet, wie die auf dem ursprünglichen Arbeitspunkt basierende lineare Streckenbeschreibung ausreichend genau ist.

Bei größeren Betriebspunktänderungen kann es daher erforderlich sein, die Reglerparameter an den neuen Arbeitspunkt anzupassen, um eine günstige Regelkreisdynamik
sicherzustellen (s. auch Abschn. 6.4.3).

6.3 Berücksichtigung von Stellgrößenbeschränkungen

6.3.1 Einführende Bemerkungen

Durch eine Zustandsrückführung ist die Dynamik eines Regelkreises bei einer steuerbaren Regelstrecke beliebig beeinflußbar. Um schnelle Übergänge zu erreichen, generiert der Regler z.B. nach einem Führungssprung sehr hohe Stellamplituden, die bei Annäherung der Regelgrößen an den neuen Sollwert zurückgenommen werden. Die Überhöhung der Stellsignale ist um so größer, je schneller der Übergangsvorgang ablaufen soll. Reale Stellglieder und in den meisten Fällen auch die Regler-Ausgangssignale (Normbereiche) besitzen jedoch einen begrenzten Amplitudenbereich. Dadurch hängt die erzielbare Übergangsgeschwindigkeit nicht vom Regler, sondern im wesentlichen von den vorhandenen Stellgliedern ab. Eingeschränkt werden die Möglichkeiten zusätzlich dadurch, daß beim Erreichen der Stellbegrenzungen eine Nichtlinearität in Erscheinung tritt, die das Regelkreisverhalten entscheidend beeinflussen kann.

Damit dies bei allen zu erwartenden Stör- und Führungssignalen zu keiner unzulässigen Verschlechterung der Übergangsvorgänge führt, muß man bestimmte Maßnahmen ergreifen. Nichtlineares Verhalten läßt sich vermeiden, wenn man die Regelkreisdynamik so festlegt, daß für alle auftretenden Signale ein Einlaufen in die Stellbegrenzung vermieden wird (Abschn. 6.3.2). Ein anderes Verfahren sichert günstige Übergangsvorgänge auch dann, wenn das Stellglied längere Zeit und unter Umständen mehrmals hintereinander in der Begrenzung arbeitet (Abschn. 6.3.3). Dadurch wird eine bessere Ausnutzung der Stellmöglichkeiten bei kleinen Anregungen und damit eine günstigere Regelkreisdynamik erzielt.

Noch besser läßt sich der vorhandene Stellhub mit Hilfe von speziellen strukturvariablen Reglern ausnutzen, die so ausgelegt sind, daß sie in dem ihnen zugewiesenen Arbeitsbereich die gegebenen Stellhübe voll ausschöpfen /K14/. Somit wird in jedem Aussteuerbereich die größtmögliche Regelgeschwindigkeit erreicht, ohne daß sich die Stellanschläge ungünstig auswirken. Dieses Vorgehen ist z.B. in /K13/ ausführlich dargestellt und wird hier nicht näher untersucht.

Bevor die verschiedenen Verfahren zur Auslegung von Zustandsreglern bei beschränkter Stellgröße dargestellt werden, sei kurz die Reaktion des Beobachters auf Stellbegrenzungen diskutiert.

Beobachter sind so konzipiert, daß sie aufgrund der Informationen über die Ein- und Ausgangssignale der Strecke einen Schätzwert für deren Zustand liefern. Sobald das Stellglied in die Begrenzung geht, stimmt das in den Regler eingespeiste Stellsignal nicht mehr mit dem auf die Strecke wirkenden überein. Hierdurch werden Beobachtungsfehler angeregt, die sich vor allem beim Einsatz von Störbeobachtern extrem ungünstig auswirken können. Das Weiterintegrieren ("wind-up") des I-Anteils im klassischen Regler sei hierzu als Beispiel genannt.

Die durch Stellbegrenzungen hervorgerufene Anregung von Beobachtungsfehlern kann
man jedoch verhindern, wenn man dem Beobachter die Information über das tatsächliche - nämlich begrenzte - Streckeneingangssignal zuführt. Bei Anwendung des in Kapitel 4 dargestellten Frequenzbereichsentwurfes für Zustandsregler muß man dazu die
Struktur wählen, bei der die Rückführschleife über $\underline{A}^{-1}(s)\underline{Z}_u(s)$ noch nicht aufgelöst
ist (siehe dazu die Bilder 4.3 und 4.5). In Bild 6.4 sind drei Möglichkeiten für
die Gewinnung der Information über das begrenzte Stellsignal dargestellt.

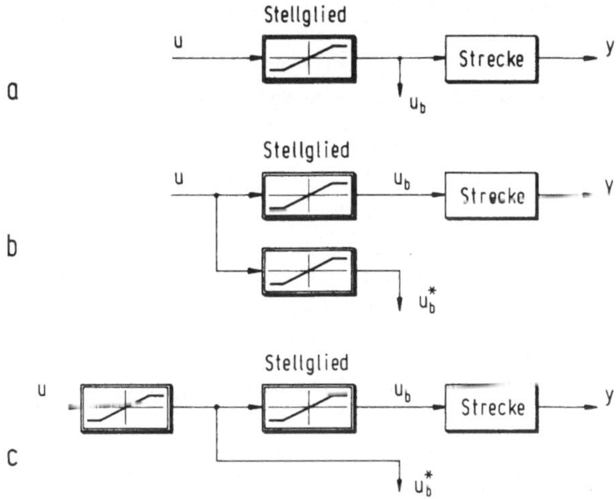

Bild 6.4 Gewinnung der begrenzten Stellgröße für die Beobachteransteuerung durch
          a) Messung hinter dem Stellglied
          b) Aufbau eines Parallelmodells zum Stellglied
          c) Vorschalten eines Begrenzers vor das Stellglied

Eine Messung der aktuellen Stellgröße, wie in Bild 6.4a gezeigt, ist nicht nur
wegen des zusätzlich benötigten Meßaufnehmers ungünstig. Einfacher erscheint die
Lösung b mit einem Parallelmodell, die auch bei anderen Nichtlinearitäten im Stellglied sinnvoll ist. Bei begrenzenden Stellgliedern erscheint die in Bild 6.4c gezeigte Anordnung am einfachsten, bei der die Begrenzung schon vor der Ausgabe des
Stellsignals auf das Stellglied erfolgt. Vorteilhaft ist diese Lösung auch deshalb,
weil man jeden Reglerausgang ohnehin auf bestimmte Extremwerte begrenzen muß.

Durch geeignete Maßnahmen kann man also die Anregung von Beobachtungsfehlern mit
ihren negativen Auswirkungen vermeiden, wenn das Stellsignal die vorhandenen Begrenzungswerte überschreitet. Die oben vorgeschlagene Beobachteransteuerung empfiehlt sich auch dann, wenn der Regelkreis im Hinblick auf Vermeidung der Stellanschläge ausgelegt wurde, da ein Überschreiten der Begrenzungen durch unvorhergese-
hene Störeinflüsse immer möglich ist.

6.3.2 Einhaltung maximaler Stellamplituden über Frequenzgangbetrachtungen

Ein von Schneider in /S5/ vorgestelltes Verfahren stellt sicher, daß die Stellgrößenbeschränkungen bei Führungssignaländerungen in fast allen Fällen nicht erreicht
werden. Diese Methode hat Grübel in /G8/ auf Zustandsregelungen übertragen, wobei
sich das Entwurfskriterium wesentlich vereinfacht. Litz und Preuss verknüpfen in
/L4/ die Einhaltung der Stellbegrenzung mit einer quadratisch optimalen Regelung.
Im folgenden wird das Vorgehen bei Eingrößensystemen dargestellt. Für eine Verallgemeinerung auf Mehrgrößensysteme sei auf /S5/ verwiesen.

Betrachtet werden lineare, zeitinvariante Strecken mit einem Eingang u und folglich
nur einer Regelgröße y_1, deren Zustandsgleichungen die Form

$$\dot{\underline{x}} = \underline{A}\underline{x} + \underline{b}u$$
$$y_1 = \underline{c}_1^T \underline{x} \tag{6.4}$$

besitzen. Das installierte Stellglied möge nur Stellsignale

$$|u| \leqslant u_m \quad ; \quad u_m > 0 \tag{6.5}$$

proportional umsetzen und größere Stellsignale auf u_m begrenzen. Gesucht wird eine
Zustandsrückführung

$$u = -\underline{k}^T\underline{x} + Lw \quad , \tag{6.6}$$

für welche die Stellgröße u bei allen Führungsübergängen des Regelkreises höchstens
den Betrag u_m erreicht. Da dies sicher nicht für alle Amplituden der Führungssignale möglich ist, wird angenommen, daß für die auftretenden Führungssignale die
Beschränkung

$$|w| \leqslant w_m \quad ; \quad w_m > 0 \tag{6.7}$$

gilt. Bild 6.5 zeigt den betrachteten Regelkreis, bei dem das begrenzende Stellglied als statische Nichtlinearität am Eingang der Strecke dargestellt ist.

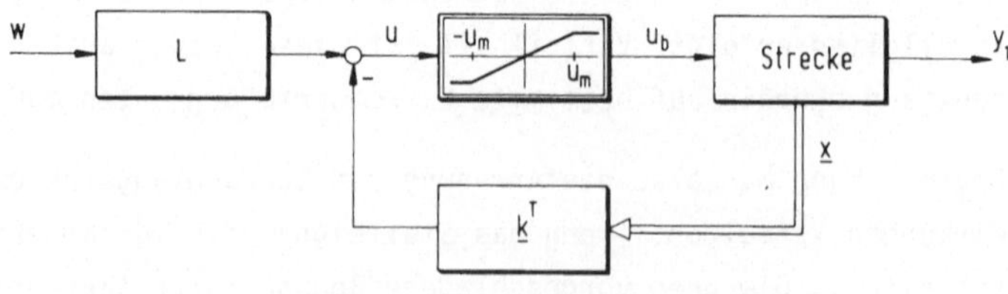

Bild 6.5 Zustandsregelkreis mit Stellgrößenbeschränkung

Die Amplituden der einzelnen Schwingungsanteile einer Fourier-Reihenentwicklung von Signalen sind in der Regel kleiner als die Maximalamplituden der Mustersignale selbst. Es bietet sich daher an, die auftretenden Stellamplituden im Regelkreis anhand des Betrages der Frequenzgangfunktion zwischen w und u zu untersuchen.

Wegen des Zusammenhangs

$$\underline{y}(s) = \underline{Z}(s)\tilde{N}^{-1}(s)Lw(s) = \underline{Z}(s)N^{-1}(s)u(s)$$

lautet die Übertragungsfunktion von w nach u im Regelkreis (Bild 6.5)

$$\frac{u(s)}{w(s)} = \frac{N(s)}{\tilde{N}(s)} L, \qquad (6.8)$$

wobei $N(s) = \det(s\underline{I} - \underline{A})$ und $\tilde{N}(s) = \det(s\underline{I} - \underline{A} + \underline{b}\underline{k}^T)$ die charakteristischen Polynome der ungeregelten und der geregelten Strecke darstellen. Durch die Wahl von

$$L = \frac{\tilde{N}(0)}{Z_1(0)} \quad , \quad \text{mit} \quad Z_1(0) = \underline{c}_1^T(-\underline{A}_{adj})\underline{b} \qquad (6.9)$$

wird dabei sichergestellt, daß die Regelgröße y_1 sprungförmigen Führungsgrößenänderungen ohne bleibende Regelabweichung folgt.

Für die Frequenzgangfunktion $u(i\omega)/w(i\omega)$ nach Gleichung (6.8) fordert man nun, daß für alle Frequenzen

$$\left| \frac{N(i\omega)\tilde{N}(0)}{\tilde{N}(i\omega)Z_1(0)} \right| w_m < u_m \qquad (6.10)$$

gilt. Durch diese Forderung wird in fast allen Fällen gesichert, daß die Amplitude des Stellsignals betragsmäßig kleiner ist als der Begrenzungswert u_m.

Wie in Abschn. 5.2.6 gezeigt, gilt für quadratisch optimale Regelungen

$$\left| \frac{N(i\omega)}{\tilde{N}(i\omega)} \right| = \left| \frac{\det(i\omega\underline{I} - \underline{A})}{\det(i\omega\underline{I} - \underline{A} + \underline{b}\underline{k}^T)} \right| \leq 1 \quad . \qquad (6.11)$$

Diese Bedingung ist auch dann erfüllt, wenn bei Festlegung von $\underline{k}^T$ über Polvorgabe die Pole des geregelten Systems in der s-Ebene "im wesentlichen weiter links" liegen als die zugehörigen Pole der ungeregelten Strecke /G8/. Damit kann aber die Bedingung (6.10) auf die einfache Ungleichung

$$|\tilde{N}(0)| \leq |Z_1(0)| u_m/w_m \qquad (6.12)$$

reduziert werden. Bei beliebiger Polvorgabe ist die Gültigkeit der Beziehung (6.11) nicht gesichert, und man muß deshalb im allgemeinen die ursprüngliche Bedingung (6.10) heranziehen.

Mit den Polen $\tilde{s}_i$ der geregelten Strecke läßt sich $\tilde{N}(s)$ in der Form

$$\tilde{N}(s) = \prod_{i=1}^{n} (s - \tilde{s}_i) \tag{6.13}$$

angeben, womit (6.12) identisch ist mit der Bedingung

$$\prod_{i=1}^{n} |\tilde{s}_i| < |Z_1(0)| u_m/w_m \tag{6.14}$$

für die Lage der Pole. Je kleiner also die maximal auftretenden Amplituden w_m des Führungssignals sind, desto schneller kann der Regelkreis bei gegebener Stellamplitudenbegrenzung u_m gemacht werden.

Bei dieser Auslegung des Regelkreises wird natürlich nur im absolut störungsfreien Fall verhindert, daß zu hohe Stellamplituden auftreten. Sollten die Störeinflüsse nicht zu vernachlässigen sein oder gar überwiegen, dann muß man dieselbe Abschätzung unter Berücksichtigung der zu erwartenden maximalen Störamplituden durchführen.

Bei einer Optimierung des Regelkreises ergeben sich bestimmte Pollagen, für die die Bedingung (6.14) überprüft werden muß. Eine einfache Möglichkeit zur systematischen Beeinflussung der optimalen Pollagen bietet die in Abschn. 5.2.3 beschriebene Optimierung mit vorgeschriebenem Stabilitätsgrad, die Litz und Preuss in /L4/ zur Polfestlegung unter Berücksichtigung von Stellgrößenbeschränkungen vorschlagen.

Auch andere Verfahren, die bei vorgegebenen Gebieten für die Lage der Pole des Regelkreises die Stellausschläge minimieren /K11,Z2,S3/ führen zu günstiger Ausnutzung der Stellorgane. Ein Berühren der Stellbegrenzungen kann aber nur vermieden werden, wenn man zur Dimensionierung der Stellglieder die Bedingung (6.10) heranzieht.

Allerdings sei vermerkt, daß diese Bedingung in vielen Fällen eine zu scharfe Beschränkung für die zulässigen Eingangssignale liefert, wie das Beispiel in Abschnitt 6.3.4 zeigen wird.

6.3.3 Festlegung einer Regelkreisdynamik, die das Einlaufen des Stellsignals in die Begrenzung erlaubt

Übersteigt das Stellsignal die vom Stellglied proportional umsetzbaren Amplituden, so läßt sich, wie in Abschn. 6.3.1 gezeigt, ein Auftreten von Beobachtungsfehlern durch geeignete Einspeisung des begrenzten Stellsignals vermeiden. Die vorhandene Nichtlinearität am Eingang der Strecke kann sich jedoch trotzdem ungünstig auf das Regelkreisverhalten auswirken. Dies sei an einem Beispiel demonstriert.

Beispiel 6.1

Für eine Strecke mit der Übertragungsfunktion

$$F(s) = \frac{1}{(s + 1)^3} \tag{6.15}$$

wird ein Zustandsregler entworfen, der das charakteristische Polynom

$$\tilde{N}(s) = (s + 20)^3 \tag{6.16}$$

für den linear arbeitenden Regelkreis sicherstellt. Das verwendete Stellglied möge eine begrenzende Wirkung ab $|u| = u_m$ besitzen und der Beobachter sei so angesteuert, daß auch durch die Amplitudenbegrenzung am Streckeneingang keine Beobachtungsfehler auftreten.

Bild 6.6 zeigt das Übergangsverhalten dieses Regelkreises bei sprungförmigem $w(t) = w_0 1(t)$ für unterschiedliche Amplituden w_0 der Führungsgröße.

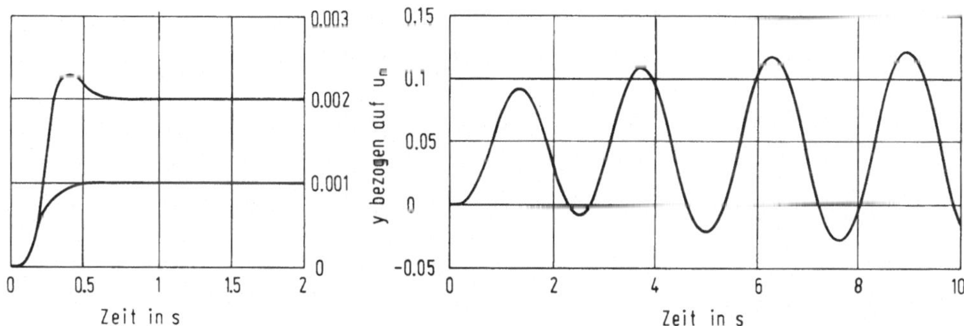

Bild 6.6 Auswirkung einer Stellbegrenzung bei verschiedenen Führungssprüngen
u_m : Begrenzungswert für die Stellgröße

Der Einfluß der Nichtlinearität auf das Verhalten des Regelkreises wird in diesem Beispiel besonders deutlich. Während für extrem kleine Ansteuerungen ($w_0 < 0.001 u_m$) näherungsweise das für den linearen Regelkreis konzipierte Verhalten resultiert, zeigen sich schon bei $w_0 = 0.002 u_m$ deutliche Überschwinger, und bei $w_0 = 0.05 u_m$ entwickelt sich eine nichtlineare Dauerschwingung im Regelkreis.

Auf dem Hintergrund dieses Ergebnisses scheint das Vorgehen aus Abschn. 6.3.2 in der Tat sinnvoll, bei dem die Regelkreisdynamik an die auftretenden Maximalamplituden des Führungssignals so angepaßt ist, daß die Stellbegrenzung nicht anspricht, und damit alle Übergangsvorgänge im Linearen verlaufen.

Dies führt aber zwangsläufig zu einer sehr schlechten Ausnutzung der Stellmöglichkeiten, da auf die unter Umständen äußerst selten auftretenden Maximalwerte ausgelegt werden muß.

Wesentlich besser lassen sich begrenzende Stellglieder durch strukturvariable Regelungen mit mehreren Reglern ausnutzen. Abhängig vom aktuellen Zustand übernimmt
derjenige Regler die Bildung der Stellgröße, der das betragsmäßig größte Stellsignal unter Einhaltung der Stellbegrenzung liefert /K14/.

Es zeigt sich aber, daß der damit verbundene Aufwand in vielen Fällen überflüssig
ist, da selbst ein längeres Ansprechen der Stellbegrenzungen zugelassen werden
kann, wenn die Regelkreisdynamik geeignet abgestimmt ist /W11/.

Gegenüber dem in Abschn. 6.3.2 dargestellten Verfahren bieten sich dadurch folgende
Vorteile. Zum einen läßt sich auch mit einem Regler konstanter Struktur eine bessere Ausnutzung der begrenzenden Stellglieder erzielen, was gleichbedeutend damit
ist, daß für gegebene Werte u_m und w_m eine deutliche Verbesserung der Regelkreisdynamik möglich ist. Zum andern lassen sich die bei unvorhergesehenen Störamplituden
möglichen Probleme automatisch vermeiden, da, wie sich zeigen wird, die Amplituden
der auftretenden Signale nicht in den Entwurf eingehen.

Der lineare Teil des in Bild 6.5 gezeigten Regelkreises ist durch seine Übertragungsfunktion

$$F_0(s) = \frac{u(s)}{u_b(s)} = \underline{k}^T(s\underline{I} - \underline{A})^{-1}\underline{b}$$
(6.17)

gekennzeichnet, wobei mit Gleichung (4.15) aus Kapitel 4 gilt

$$F_0(s) = \frac{\tilde{N}(s) - N(s)}{N(s)} \quad .$$
(6.18)

Hier sind wiederum $\tilde{N}(s)$ und $N(s)$ die charakteristischen Polynome der geregelten und
der ungeregelten Strecke. Einen günstigen Verlauf der Übergangsvorgänge im Regelkreis kann man trotz auftretender Stellbegrenzungen durch geeignete Gestaltung des
Frequenzgangs

$$F_0(i\omega) = \frac{\tilde{N}(i\omega) - N(i\omega)}{N(i\omega)}$$
(6.19)

sicherstellen. Dabei wird vorausgesetzt, daß das Nennerpolynom der Strecke nur
Nullstellen in der linken offenen s-Halbebene und einfache auf der imaginären Achse
besitzt. Auf der Basis zahlreicher experimenteller Untersuchungen kann ein gegenüber /W10/ modifiziertes Kriterium angegeben werden.

Einen günstigen Verlauf der Übergangsvorgänge im Regelkreis erhält man unabhängig von der Sprunghöhe von Führungs- und Störsignalen, wenn die Ortskurve
$F_0(i\omega)$ nach Gleichung (6.19) nicht in den in Bild 6.7 schraffiert eingezeichneten Bereich eintritt.

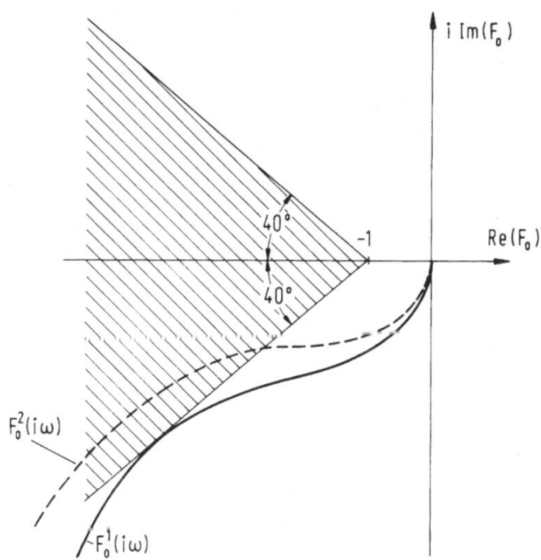

Bild 6.7   Verbotener Sektor für die Ortskurve $F_0(i\omega)$ bei Stellbegrenzung

In dieser Form kann das Kriterium auf beliebige Regelkreise (auch Abtastregelkreise) mit Begrenzer angewendet werden, wobei $F_0(i\omega)$ den entsprechenden Linearteil
des Kreises charakterisiert. Das in /W10,W11/ angegebene Kriterium setzt dagegen
optimale Zustandsrückführung voraus.

Obwohl für dieses Kriterium bisher keine strenge theoretische Begründung vorliegt,
liefert es bei allen Anwendungen gute Ergebnisse. Ein vergleichbares Kriterium hat
Horowitz formuliert. In /H13/ schlägt er vor, den Linearteil so zu gestalten, daß
er durch

$$F_0(s) \simeq k/s \qquad\qquad\qquad (6.20)$$

angenähert werden kann. Dies entspricht in etwa der Aufweitung des schraffierten
Sektors in Bild 6.7 auf 90°, was zu wesentlich stärker gedämpften Übergängen führt.

Wählt man im obigen Beispiel ein $\tilde{N}(s) = (s + 6.5)^3$ anstelle von (6.16), so
ergibt sich die in Bild 6.7 gezeigte Ortskurve $F_0^1(i\omega)$, die den verbotenen Sektor gerade berührt. Bild 6.8a zeigt die zugehörigen Führungsübergänge des Regelkreises, die für alle Ansteueramplituden ein gut gedämpftes Verhalten aufweisen.

Zum Vergleich hierzu sind in Bild 6.8b die Führungsübergangsfunktionen eingetragen, die sich für ein $\tilde{N}(s) = (s + 9)^3$ ergeben. Sie zeigen eine deutliche
Schwingneigung des Kreises, bedingt durch die Begrenzerwirkung des Stellgliedes. In Bild 6.7 ist die zu dieser Reglereinstellung gehörende Ortskurve
$F_0^2(i\omega)$ gestrichelt eingetragen, und man erkennt, daß sie in den schraffierten
Sektor eintritt.

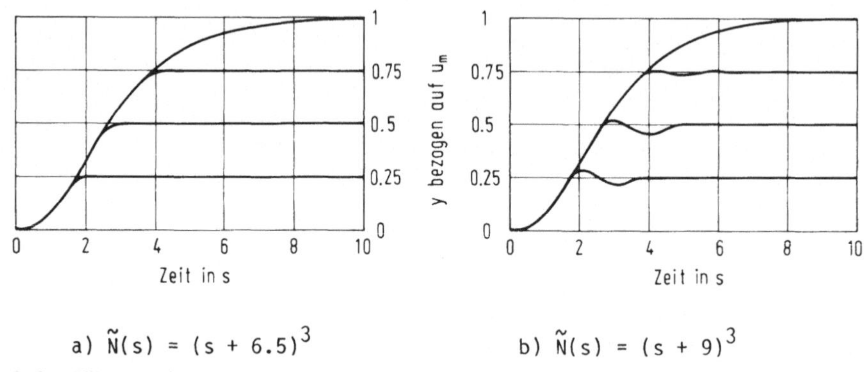

a) $\tilde{N}(s) = (s + 6.5)^3$ b) $\tilde{N}(s) = (s + 9)^3$

Bild 6.8   Führungsübergänge des betrachteten Regelkreises

Wegen der für große Eingangsamplituden einsetzenden Begrenzung von u verlaufen die
Übergänge zunächst wie die Sprungantwort der ungeregelten Strecke. Das Einlaufen in
den Endwert wird dagegen durch die über $\tilde{N}(s)$ festgelegte Dynamik bestimmt.

Für stabile Strecken, die höchstens Einfachpole auf der imaginären Achse der s-
Ebene besitzen, ergibt sich damit folgende Möglichkeit für eine systematische Festlegung der Regelkreisdynamik im Hinblick auf gute Ausnutzung eines begrenzenden
Stellgliedes.

• Vorgabe der Form des Übergangsverhaltens im linearen Regelkreis anhand des
  charakteristischen Polynoms $\tilde{N}(s)$ oder der Pole $\tilde{s}_i$ der geregelten Strecke gemäß

$$\tilde{N}(s) = s^n + \alpha \tilde{a}_{n-1} s^{n-1} + \ldots + \alpha^{n-1} \tilde{a}_1 s + \alpha^n \tilde{a}_0$$

$$= \prod_{i=1}^{n} (s - \alpha \tilde{s}_i) \, .$$

$$(6.21)$$

Mit dem freien Geschwindigkeitsparameter α kann bei gleichbleibender Form (bei
Strecken ohne Nullstellen) die Geschwindigkeit der Übergangsvorgänge variiert
werden.

• Erhöhung des Parameters α ausgehend von kleinen Werten, bis der verbotene Sektor (siehe Bild 6.7) gerade berührt wird.

Das Einhalten der Ortskurvenbedingung kann in eine Phasenbedingung für $\left[1 + F_0(i\omega)\right]$ umgeformt werden, die sich im Rahmen der Gütevektoroptimierung (Abschn. 5.4) berücksichtigen läßt.

Solange das angegebene Ortskurvenkriterium erfüllt ist, laufen alle Übergangsvorgänge des Regelkreises ohne nennenswert erhöhte Schwingneigung gegenüber dem linearen Fall ab. Dies gilt unabhängig davon, wo und mit welcher Amplitude die Signale in den Regelkreis eingreifen. Falls erwünscht, erreicht man eine stärkere Dämpfung durch Aufweiten des verbotenen Sektors, was allerdings durch eine schlechtere Ausnutzung des Stellgliedes erkauft wird.

Damit erlaubt dieses Verfahren im allgemeinen eine gegenüber dem Ansatz von Abschn. 6.3.2 verbesserte Ausnutzung des Stellorganes, und sichert auch bei unvorhergesehen hohen Führungs- oder Störsignalamplituden ein gut gedämpftes Verhalten.

6.3.4 Beispiel zur Regelung mit Stellbegrenzung

Ein Beispiel soll die Anwendung der beiden Verfahren zur Dimensionierung von Regelkreisen im Hinblick auf Stellbegrenzungen verdeutlichen und die unterschiedlichen Ergebnisse demonstrieren.

Bild 6.9 zeigt schematisch einen Drehantrieb, der eine elastisch angekoppelte Last antreibt. Regelgröße ist der Lastwinkel φ_L. Diese Konfiguration tritt in vielen Anwendungsfällen auf (Walzgerüst, Radarantenne usw.).

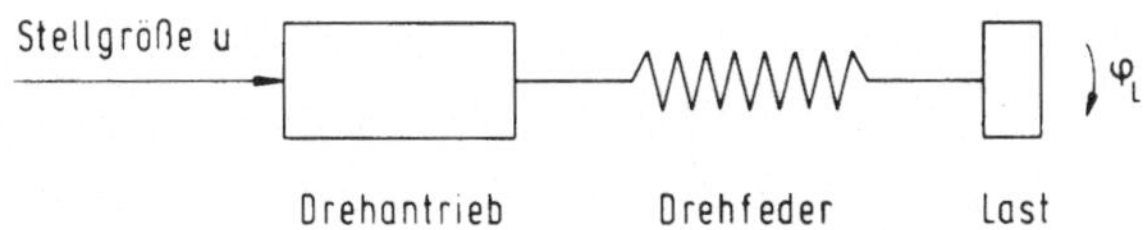

Bild 6.9 Antrieb mit elastisch angekoppelter Last

Mit gewissen Vernachlässigungen und Linearisierungen erhält man für dieses System die Übertragungsfunktion

$$\frac{\varphi_L(s)}{u(s)} = \frac{Z(s)}{N(s)} = \frac{b_0}{s^4 + a_3 s^3 + a_2 s^2 + a_1 s} \quad . \tag{6.22}$$

Ein konkretes System liefert die Zahlenwerte

$$Z(s) = 1.73$$
$$N(s) = s^4 + 0.825 s^3 + 7.83 s^2 + 4.82 s \quad .$$

Die Pole der Strecke liegen bei $s_1 = 0$, $s_2 = -0.625$ und $s_{3,4} = -0.1 \pm 2.775i$. Das Verhältnis der maximalen Stell- und Führungsamplituden möge durch

$$u_m/w_m = 5/4 \quad ; \quad u_m, w_m : \text{maximale Stellgröße bzw. Führungsgröße}$$

vorgegeben sein. Als charakteristisches Polynom für den linearen Regelkreis wird das Standardpolynom (nach dem ITAE-Kriterium /D6/)

$$\tilde{N}(s) = s^4 + \alpha 2.0s^3 + \alpha^2 3.35s^2 + \alpha^3 2.7s + \alpha^4$$

angesetzt. Aus der Bedingung (6.12)

$$\tilde{N}(0) \leqslant |Z(0)|u_m/w_m \quad ,$$

die optimale Regelung voraussetzt, ergibt sich für das Verfahren nach Abschn. 6.3.2 ein $\alpha = 1.21$. Das Ortskurvenkriterium nach Abschn. 6.3.3 liefert dagegen ein zulässiges $\alpha = 2.5$. In Bild 6.10 ist die zugehörige Ortskurve nach Gl.(6.19) gezeigt, die den verbotenen Sektor gerade noch nicht berührt.

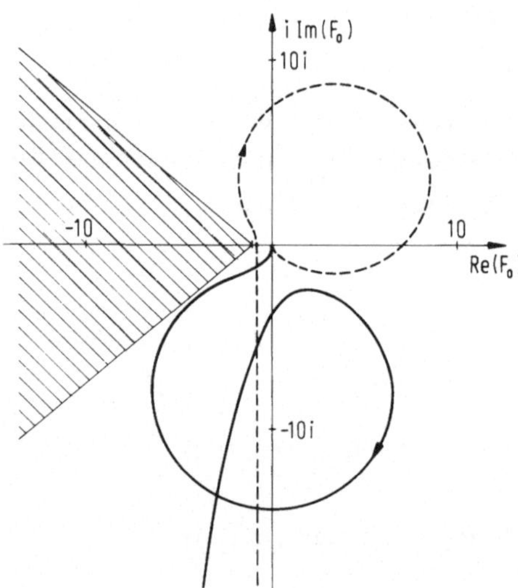

Bild 6.10 Ortskurven $F_o(i\omega)$ für den geregelten Drehantrieb

In diesem Bild ist die Ortskurve für $\alpha = 1.21$ gestrichelt eingetragen. Aus ihrem Verlauf wird deutlich, daß sie offensichtlich keiner quadratisch optimalen Regelung entspricht, da die Bedingung $|\tilde{N}(i\omega)/N(i\omega)| \geqslant 1$ nicht für alle Frequenzen erfüllt ist (s. Abschn. 5.2.6). Das minimal auftretende Verhältnis beträgt stattdessen

$$|\tilde{N}(i\omega)/N(i\omega)|_{min} = 1/3.27 \quad .$$

Daraus folgt aber über Gleichung (6.10), daß bei einer Dimensionierung nach dem
Verfahren aus Abschnitt 6.3.2 entweder die zulässigen Eingangsamplituden w_m um den
Faktor 1/3.27 herabgesetzt oder aber die Anforderungen an die Geschwindigkeit der
Übergangsvorgänge (Faktor α) zurückgenommen werden müßten, um ein Überschreiten der
Stellbegrenzungen zu vermeiden.

Betrachtet man andererseits die in Bild 6.11a gezeigten Übergangsfunktionen des Regelkreises für α = 1.21 so erkennt man, daß ein Einlaufen in die Begrenzung nicht
wie über die Bedingung (6.10) zu erwarten wäre ab w_m/u_m = 0.245, sondern erst für
$w_m/u_m \simeq$ 0.6 erfolgt. Die Anwendung der Auslegungsvorschrift von Abschn. 6.3.2 würde
also hier zu einer noch geringeren Ausnutzung der vorhandenen Stellmöglichkeiten
führen, als es für die Vermeidung der durch die Begrenzung bedingten Nichtlinearität erforderlich ist.

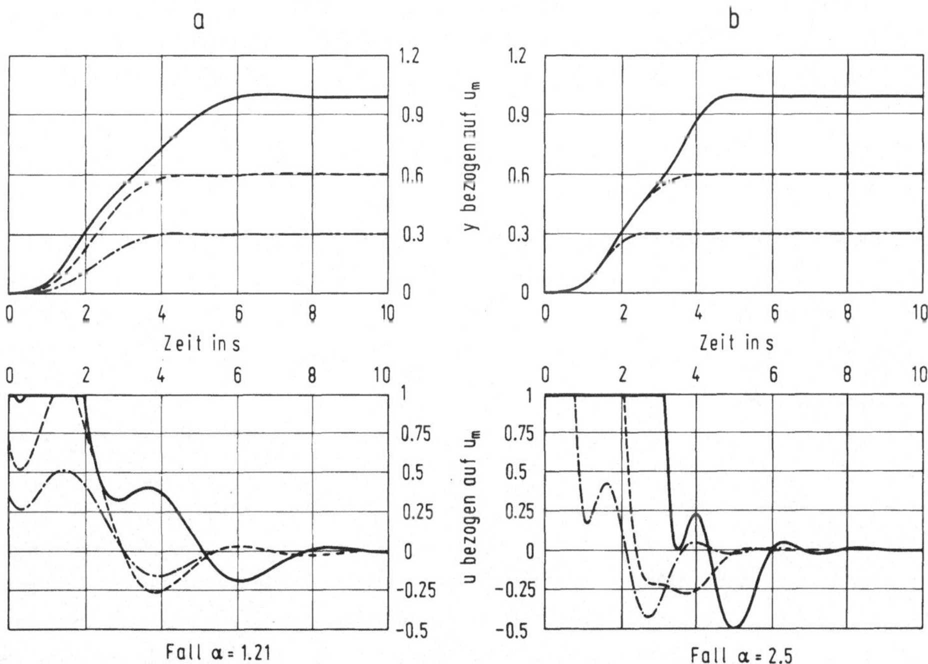

Bild 6.11 Führungsübergänge des geregelten Antriebes

Betrachtet man nun die Übergänge des nach Abschn. 6.3.3 dimensionierten Regelkreises (α = 2.5), so zeigt sich, daß die Stellbegrenzung für größere Ansteueramplituden längere Zeit ansprechen, ohne daß dies negative Folgen für den Regelkreis hat.
Dadurch sind deutlich schnellere Regelvorgänge erzielbar, wobei auch bei unerwartet
hohen Anregungsamplituden keine Stabilitätsprobleme durch die Begrenzung zu be-
fürchten sind.

6.4 Zustandsregelung mit Strukturumschaltung

6.4.1 Einführende Bemerkungen

Bei der Führung von Prozessen über größere Bereiche (Weitbereichsregelungen, An-
und Abfahrvorgänge) muß man neben den Begrenzungen durch die Stellglieder auch
Beschränkungen innerhalb der Strecke beachten. Diese Beschränkungen sind teilweise
durch die technische Realisierung bedingt, wie z.B. der Füllstand in Zwischenspei-
chern, oder ihre Einhaltung ist erforderlich, um eine Beschädigung oder gar eine
Zerstörung der Anlage zu vermeiden. So müssen z.B. der Ankerstrom bei Gleichstrom-
maschinen, der Druck in hydraulischen Anlagen, die Drehzahl von leistungsgeregelten
Turbinen bei Lastabwurf oder der Temperaturgradient im Turbinengehäuse beim Hoch-
fahren der Turbine aktiv begrenzt werden.

Das Überschreiten der Begrenzungswerte verhindert man entweder durch Überdruckven-
tile, Begrenzungsschaltungen oder aber durch den Einsatz strukturvariabler Regelungen. Sobald bestimmte Zustandsgrößen der Anlage kritische Werte erreichen, treten
spezielle Regler in Aktion, die ein Überschreiten der Schranken verhindern. Sie
beeinflussen die Stellgrößen so lange, bis die Regelung wieder gefahrlos vom Hauptregler übernommen werden kann.

Beim Entwurf solcher Regelungen sind im wesentlichen zwei Aufgaben zu lösen. Die
erste besteht in der Dimensionierung des Haupt- und der benötigten Extremwertreg-
ler, die zweite in der Festlegung einer geeigneten Umschaltstrategie zwischen den
verschiedenen Reglern.

Durch eine entsprechende Zustandsrückführung läßt sich ein überschwingfreies Einlaufen in den maximal zulässigen Wert sicherstellen. Für die Umschaltung auf die
jeweils erforderliche Zustandsrückführung kann man sich zwei aus der klassischen
Regelungstechnik bekannte Verfahren zunutze machen. In vielen Fällen gelingt das
Einhalten gegebener Maximalwerte durch Kaskadierung verschiedener Regler, und Begrenzen der einzelnen Sollwerte /L1,S2/. Eine andere Strategie bietet die sogenannte Ablöseregelung, bei der einzelne Regler parallel arbeiten, und nur der gerade
benötigte an den Streckeneingang geschaltet wird. Glattfelder gibt in /G4/ eine
ausführliche Übersicht über die verschiedenen Lösungsansätze mit klassischen Ablösereglern. Eine Übertragung dieser Verfahren auf Zustandsregelungen wird in den
Abschnitten 6.4.2 und 6.4.4 behandelt.

Strukturvariable Regelungen eignen sich aber auch zur Lösung anderer Probleme.
Treten z.B. während des Betriebes starke Parameteränderungen in der Strecke auf, so
stellen strukturvariable Regelungen ebenfalls einen möglichen Ansatz zur Beherr-
schung der dadurch bedingten Schwierigkeiten dar. Abschn.6.4.3 enthält Vorschläge
für das Vorgehen in solchen Fällen.

6.4.2 Ablöseregelungen zur Einhaltung von Beschränkungen

Die folgenden Überlegungen werden für Regelstrecken mit einem Eingang und einem oder mehreren Ausgängen durchgeführt. Das Verfahren läßt sich auch auf das Problem der Mehrgrößenregelungen übertragen. Die Bestimmung von Umschaltstrategien gestaltet sich dabei aber wesentlich komplizierter als im Eingrößenfall. Eine Darstellung des Entwurfes von Ablöseregelungen für Mehrgrößensysteme findet man z.B. bei Kreitner /K13/.

Betrachtet werden lineare, zeitinvariante Strecken n-ter Ordnung mit einem Eingang, die entweder durch ihre Zustandsgleichungen

$$\begin{aligned}
\dot{\underline{x}} &= \underline{A}\underline{x} + \underline{b}u + \underline{X}\underline{r} \\
\underline{y} &= \underline{C}\underline{x} + \underline{Y}\underline{r}
\end{aligned} \qquad (6.23)$$

oder durch ihr Übertragungsverhalten im Frequenzbereich gemäß

$$\underline{y}(s) = \underline{F}(s)u(s) + \underline{F}_{St}(s)\underline{r}(s) \qquad (6.24)$$

beschrieben sein mögen. Während des Regelvorganges sollen eine oder mehrere Größen gewisse Extremalwerte nicht überschreiten. Sie werden deshalb im weiteren ebenfalls als Regelgrößen betrachtet. Um die Begrenzungswerte mit Sicherheit einhalten zu können, wird die entsprechende Größe im Normalfall auch Meßgröße sein. Es ist aber ebenso möglich, den betrachteten Reglerentwurf für eine nicht meßbare Regelgröße durchzuführen.

Für jede Regelgröße wird nun ein geeigneter Regler bestimmt. Damit kein Überschreiten der Schranken auftritt, sollten die Begrenzungsregler so ausgelegt sein, daß die Regelgröße überschwingfreies Verhalten zeigt. Außerdem muß beachtet werden, daß auch das Ansprechen von Stellbegrenzungen zu keinem Überschwingen der Regelgröße führt, was sich durch die in Abschnitt 6.3.3 vorgestellte Auslegevorschrift vermeiden läßt.

Existieren x zu berücksichtigende Begrenzungsgrößen, so ergeben sich zusammen mit dem Hauptregler $(x + 1)$ verschiedene Zustandsregler, die jeweils ein lineares Funktional der Form

$$u_i = - \underline{k}_i^T \underline{x} + L_i w_i \quad , \quad i=1,2,\ldots,x+1 \, , \qquad (6.25)$$

bilden, wobei das Vorgehen bei Stör- und Führungsmodellen entsprechend verläuft. Da bei einem Streckeneingang nur eine Regelgröße auf einem gewünschten Wert gehalten werden kann, ist je nach Zustand des Regelkreises entweder der Hauptregler oder einer der Begrenzungsregler im Einsatz. Die Aufgabe einer geeigneten Auswahlstrategie ist das Umschalten auf denjenigen Regler, bei dem mit Sicherheit keine der interessierenden Größen den erlaubten Bereich verläßt.

Bevor diese Strategie entwickelt wird, sei zunächst die praktisch immer erforderliche Zustandsbeobachtung diskutiert.

Da unter Umständen eine Vielzahl von Rückführgesetzen (6.25) zu bilden sind, erscheint es sinnvoll, entweder einen Einheitsbeobachter oder einen reduzierten Beobachter zu verwenden, die ja beide den gesamten Streckenzustand rekonstruieren. Aus
dem Schätzwert für den Zustand lassen sich dann beliebig viele Regelgesetze der
Form (6.25) bilden.

In Bild 6.12 ist die entsprechende Regelkreisstruktur dargestellt.

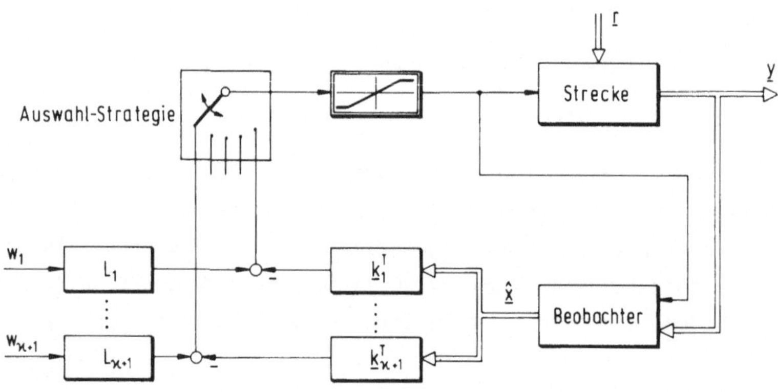

Bild 6.12 Ablöseregelkreis mit einem Zentralbeobachter

Eine Alternative hierzu stellt die Verwendung von (x + 1) Beobachtern für die Rekonstruktion je einer Rückführgröße der Form (6.25) dar. Dabei können entweder Beobachter minimaler Ordnung (Beobachter für ein lineares Funktional) oder auch Beobachter höherer Ordnung verwendet werden. Ein solcher Parallelaufbau strukturell
identischer Regler hat den Vorteil, daß sich zum einen die Beobachterdynamik dem
jeweiligen Begrenzungsfall anpassen läßt, und zum anderen jeder Regelkreis für sich
allein ohne die anderen funktionstüchtig ist.

Die Sicherheit und Flexibilität einer solchen Anlage wird dadurch wesentlich erhöht. Die Einzelbeobachter, die man am einfachsten im Frequenzbereich entwirft,
haben in der Regel eine geringere Ordnung als der "Zentralbeobachter" in Bild 6.12
und sie können in einer günstigen Normalform realisiert werden. Die entstehende
Regelkreisstruktur zeigt Bild 6.13.

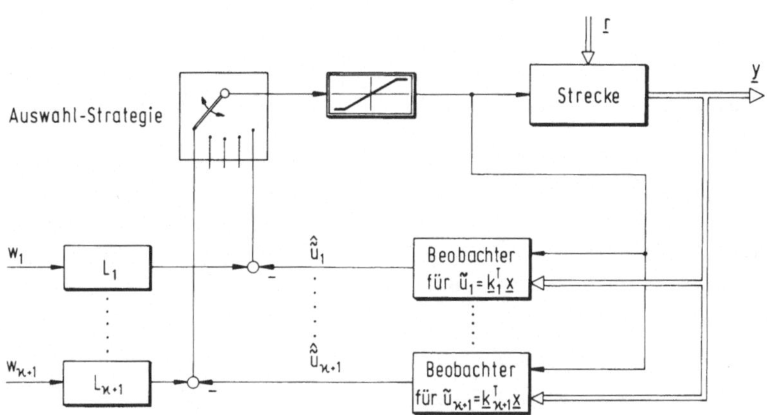

Bild 6.13 Ablöseregelkreis mit Einzelbeobachtern

Jeder der in Bild 6.12 bzw. 6.13 gezeigten Ablöseregler liefert ein Stellsignal $u_i(t)$, das für die Einhaltung des jeweiligen Regelungszieles sorgt. Das Problem einer geeigneten Auswahlstrategie besteht nun darin, daß die verschiedenen Regler so an der Bildung der Stellgröße beteiligt werden, daß der Hauptregler seine Aufgabe unter Einhaltung aller Beschränkungen erfüllt, und daß durch das Umschalten zwischen den verschiedenen Reglern keine Stabilitätsprobleme im Regelkreis entstehen. Für klassische Regelungen sind solche Auswahlstrategien bekannt (siehe z.B. /G4/).

Der Grundgedanke dabei ist folgender: liefert z.B. der Hauptregler zum Erreichen seines Regelzieles ein positives Stellsignal, dann stellt die Auswahl des jeweils kleinsten aller von den verschiedenen Reglern gelieferten Stellsignale gerade sicher, daß die "kritischste" der auftretenden Begrenzungen eingehalten wird. Sobald nämlich die Gefahr besteht, daß eine andere Schranke überschritten wird, ist das Ausgangssignal des entsprechenden Ablösereglers kleiner als dasjenige, das der gerade im Eingriff befindliche liefert. Das Umschalten auf den Regler mit der kleinsten Stellamplitude stellt somit sicher, daß keine der Begrenzungen überschritten wird.

Entsprechende Überlegungen lassen sich auch für negative Begrenzungswerte anstellen.

Prinzipiell ist diese Strategie als Kette variabler Begrenzer interpretierbar, deren Begrenzungswerte den Ausgangssignalen der verschiedenen Ablöseregler entsprechen. Bild 6.14 zeigt ein Prinzipschaltbild dieser Auswahlstrategie.

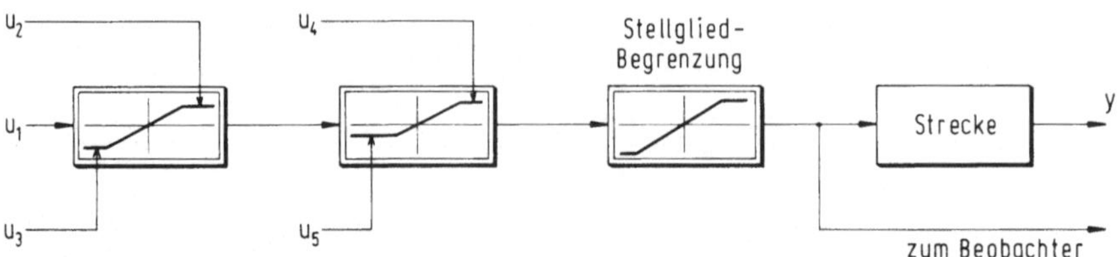

Bild 6.14   Auswahlstrategie als Kette variabler Begrenzer

u_1: Stellsignal des Hauptreglers

$u_2,\ldots,u_5$: Stellsignale der Begrenzungsregler

Die Größe u_1 sei dabei die vom Hauptregler gelieferte Stellgröße. Die Größen u_2 und u_4 werden von den Ablöasereglern für die positiven Begrenzungen, die Größen u_3 und u_5 von den Ablösereglern für die negativen Begrenzungen geliefert. Durch Veränderung der Stellanschlaghöhe in Abhängigkeit der von den zugehörigen Begrenzungsreglern gelieferten Ausgangssignale wird also gerade die oben beschriebene Auswahlstrategie realisiert.

Das geschilderte Vorgehen hat den entscheidenden Vorteil, daß Stöße durch das Umschalten von einem Regler auf den anderen nicht auftreten, das Stellsignal somit stetig verläuft. Der Einsatz von Zustandsreglern macht es darüber hinaus möglich, die Dynamik jedes einzelnen Kreises in weiten Grenzen an die gestellten Forderungen anzupassen.

Durch richtige Ansteuerung der Beobachter mit dem im allgemeinen begrenzten Stellsignal findet eine ununterbrochene Beobachtung auch der angreifenden Störungen in allen Reglern statt. In den parallel mitlaufenden Ablösereglern treten deshalb Probleme, wie z.B. das Vollaufen von Integratoren nicht auf, so daß jeder Regler zum richtigen Zeitpunkt eingreifen kann.

Bei klassischen Ablöseregelungen muß man dagegen durch Zusatzmaßnahmen verhindern, daß der I-Anteil eines nicht im Eingriff befindlichen Reglers weiter integriert, um die durch zu hohe Integrator-Ausgangssignale resultierenden ungünstigen Einschwingvorgänge des Regelkreises nach einem Umschalten auf diesen Regler zu vermeiden. Dadurch wird zwar eine günstigere Ablösung ermöglicht, eine zielgerichtete Berücksichtigung der aktuellen Störungen zum Umschaltzeitpunkt aber nicht.

Um die Begrenzungsregler zu dimensionieren, genügt unter Umständen ein einfaches Streckenmodell (siehe Abschn. 6.1), wodurch sich die Ordnung der ablösenden Regler verringern läßt. Dieser Aspekt legt die Realisierung mit getrennten Beobachtern nahe, mit denen für jeden Ablöseregelkreis ein anderes Streckenmodell berücksichtigt werden kann.

6.4.3 Ablösende Zustandsregler für Regelstrecken mit stark variierenden Parametern

Strukturvariable Zustandsregelungen, bei denen eine Reihe von im Voraus berechneten Rückführgesetzen nach einer geeigneten Strategie zum Einsatz kommt, eröffnen eine Vielzahl von Anwendungsmöglichkeiten. Das Hauptproblem dabei ist offensichtlich die Wahl der günstigsten Umschaltstrategie.

Um Begrenzungen einhalten zu können, konnte eine relativ einfache Auswahlschaltung angegeben werden (s. Abschn. 6.4.2). Hier seien nun kurz die Strategien diskutiert, die bei starken Änderungen der Streckenparameter während des Betriebes anwendbar sind. Gehen diese Änderungen langsam vor sich oder finden zu klar definierten Zeitpunkten bekannte Änderungen statt (Leerlauf ⟷ bekannte Belastung, kurze Seillänge ⟷ langes Seil bei einem Greifer, unterkritische ⟷ überkritische Strömungsverhältnisse usw.) ist folgende Lösung sinnvoll.

Für jeweils verschiedene Betriebszustände werden Zustandsregler entworfen, die gegenüber den zu erwartenden Parameteränderungen relativ unempfindlich sind. Sobald sich nun die Strecke zu weit von einem Betriebszustand entfernt hat, schaltet man auf den für den neuen Bereich angepaßten Zustandsregler um. Bild 6.15 zeigt den Fall, bei dem die Strecke von zwei variablen Parametern α_1 und α_2 abhängt.

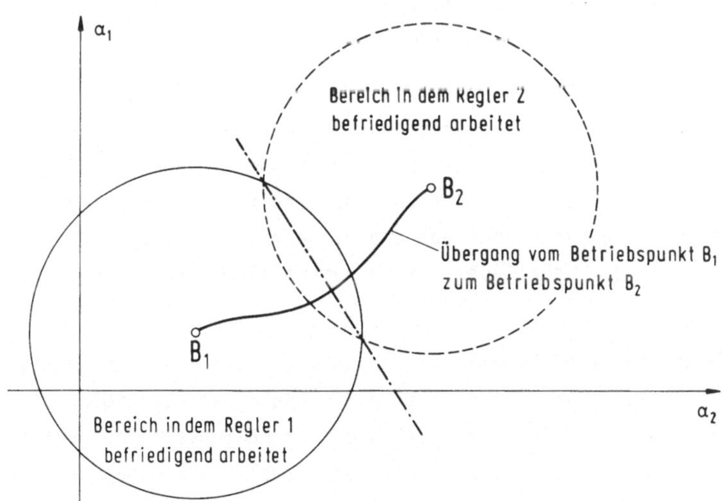

Bild 6.15   Strecke mit veränderlichen Parametern α_1 und α_2

Verläuft der Übergang von B_1 nach B_2 abrupt, beispielsweise beim Anheben eines vorher leer abgesetzten und anschließend gefüllten Greifers, so kann die Umschaltung von einem Regler auf den andern zum selben Zeitpunkt erfolgen. Bei einer langsamen, stetigen Veränderung der Parameter muß dagegen eine Umschaltbedingung gefunden werden, deren Erfüllung aus den vorhandenen Meßgrößen beurteilbar ist.

Letzteres Problem läßt sich unter Umständen nur durch Verwendung zusätzlicher Meß-
informationen lösen, deren Genauigkeit umso geringer sein darf, je stärker sich die
Bereiche überlappen, für die zwei benachbarte Regler zufriedenstellend arbeiten.

Dieses Vorgehen hat gegenüber dem Einsatz adaptierender Regler den Vorteil, daß für
jeden Arbeitspunkt ein konstanter Regler im Einsatz ist, und folglich die durch die
Adaptionsdynamik bedingten, und zum Teil erheblichen Verzögerungen der Anpaßvorgän-
ge /S4/ vermieden werden.

Während bei der Umschaltstrategie zur Einhaltung von Begrenzungen ein stoßfreies
Umschalten von einem Regler zum anderen stattfindet, besteht hier das Problem, daß
für einen bestimmten Zustand des Regelkreises die für verschiedene Betriebsbereiche
ausgelegten Regler auch zum Umschaltzeitpunkt unterschiedliche Stellamplituden liefern. Die Sprünge des Stellsignals, die dann beim Umschalten von einem Reglerausgang auf den anderen auftreten, können unter Umständen erhebliche Unruhe im Regelkreis hervorrufen.

Falls es erforderlich sein sollte, bieten Übergangsschaltungen eine Möglichkeit,
sanfte Ablösevorgänge zu erzeugen. Eine einfache Schaltung besteht aus einem Integrierer, der als Anfangswert zum Umschaltzeitpunkt t_0 gerade die Differenz zwischen
den beiden Stellsignalen erhält, und diese mit vorgegebener Integrierzeit auf Null
zurückintegriert. Wird das Ausgangssignal dieses Integrierers dem Stellsignal additiv überlagert, so ergeben sich stetige Stellsignalverläufe.

Die eigentliche Schwierigkeit beim Einsatz von strukturvariablen Reglern anstelle
von adaptierenden liegt in der Generierung von Informationen über den Umschaltzeitpunkt bzw. die Umschaltbedingung. Diese Informationen lassen sich in manchen Fällen
direkt aus Messungen (Seillänge, Beladung des Greifers, Geschwindigkeit des Flug-
zeuges, Belastungserkennung über Momentenwaage oder Kraftmeßdose etc.) gewinnen,
oder man versucht den Schaltpunkt mit einem parallel arbeitenden Beobachter zu
ermitteln /D7/.

Da der Aufwand mit jedem benötigten Regler steigt, ist man bestrebt, mit möglichst
wenigen Reglern auszukommen. Daher sollte die Auslegung der Regler für die einzelnen Betriebsbereiche so geschehen, daß die Empfindlichkeit des Kreises gegenüber
Veränderungen des Arbeitspunktes minimal ist. Zusätzlich haben empfindlichkeits-
minimale Regler den schon erwähnten Vorteil, daß die Umschaltpunkte nur relativ ungenau bekannt sein müssen.

Eine Minimierung von Empfindlichkeitsfunktionen kann beispielsweise im Rahmen der
in Abschn. 5.4 beschriebenen Gütevektoroptimierung durchgeführt werden. Als Beispiel sei die von Kreisselmeier und Steinhauser in /K12/ vorgestellte robuste Regelung eines Kampfflugzeuges genannt.

6.4.4 Kaskaden-Zustandsregelung

In Kapitel 2 wurde diskutiert, daß man die klassische Kaskadenregelung als Vorstufe
zur Zustandsregelung interpretieren kann. Es stellt sich daher die Frage, ob eine
Kaskadierung von Zustandsreglern überhaupt sinnvoll ist. Die klassischen Kaskadenregelungen werden sehr häufig nicht nur eingesetzt, um mehrere Meßgrößen verarbeiten zu können, sondern die Kaskadierung dient auch dazu, Größen innerhalb der Regelstrecke zu begrenzen. Für diesen Anwendungsfall ist es durchaus sinnvoll und er-
folgversprechend, Zustandsregler in Kaskadenstruktur anzuordnen.

Bei der Kaskadenstruktur sind die Regler so angeordnet, daß der Ausgang des Reglers
im "überlagerten" Kreis den Sollwert für den Regler im "unterlagerten" Kreis liefert. Bild 6.16 zeigt das Blockschaltbild einer klassischen Kaskadenregelung.

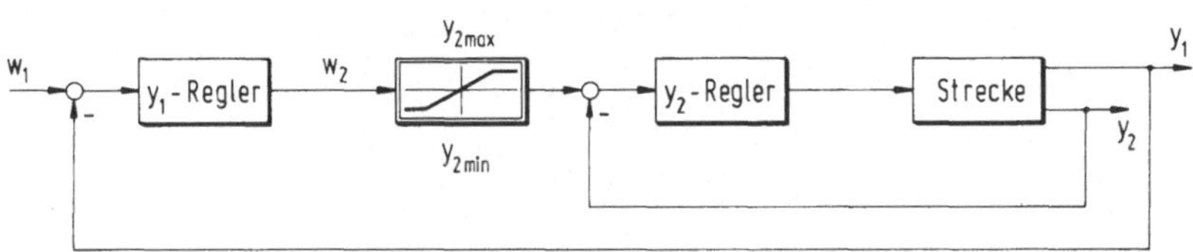

Bild 6.16 Klassischer Kaskadenregelkreis

Um zu verhindern, daß y_2 bestimmte Werte über- bzw. unterschreitet, begrenzt man
den Sollwert w_2 für den y_2-Regler und versieht den inneren Regelkreis mit gut
gedämpftem Verhalten (kein Überschwingen). Damit können beliebig viele Zwischengrö-
ßen begrenzt werden, indem man für jede dieser Größen eine Schleife vorsieht, und
Schranken für den zugehörigen Sollwert einführt. Spricht eine der Sollwertbegren-
zungen an, so sind alle überlagerten Regelkreise aufgetrennt, bis der Sollwert
unter die Schranke absinkt. Höchste Priorität besitzt folglich der innerste Regelkreis, also der Regler, der die Stellgröße für die Strecke liefert.

Der Hauptunterschied zu ablösenden Regelungen besteht darin, daß für den überlagerten Regelkreis eine Strecke vorliegt, die aus dem unterlagerten Regelkreis besteht,
während alle ablösenden Regler auf die ungeregelte Strecke einwirken. Deshalb wird
die Regelung bei Mehrfachkaskaden relativ langsam, da die unterlagerten Regelkreise
die Ordnung der "Strecke" für die überlagerten Regelkreise erhöhen. Dieser Nachteil
läßt sich vermeiden, wenn man anstelle der klassischen Regler Zustandsregler einsetzt. Im Führungsverhalten eines Zustandsregelkreises mit Beobachter werden bekanntlich die durch den Beobachter hinzukommenden Pole nicht angeregt, so daß jeder
unterlagerte Regelkreis für den überlagerten lediglich die Ordnung der Strecke
besitzt.

Im folgenden ist die Dimensionierung von Kaskadenregelungen mit Zustandsreglern auf der Grundlage des in Kapitel 4 behandelten Frequenzbereichsentwurfes dargestellt (siehe auch /W10/). Ansätze für ein Vorgehen im Zeitbereich, bei dem PI-Zustandsregler verwendet werden, finden sich in /S6/.

Ersetzt man die klassischen Regler in Bild 6.16 durch Zustandsregler mit Beobachter und gegebenenfalls Störbeobachter, so entsteht die in Bild 6.17 gezeigte Anordnung. In Anlehnung an die klassische Kaskadenregelung ist im folgenden vorausgesetzt, daß alle zu begrenzenden Größen auch Meßgrößen sind. Prinzipiell kann man jedoch auch Kaskaden für nicht meßbare Größen vorsehen (s. Abschn. 4.1.3).

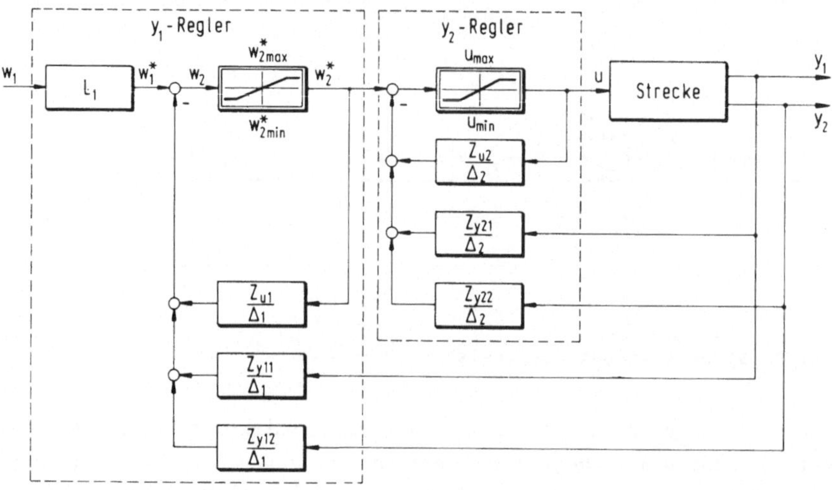

Bild 6.17 Kaskaden-Zustandsregelung

Zur Darstellung der Gleichungen einer x-fachen Kaskade wird der Vektor

$$\underline{z}_{yi}^{T}(s) = \begin{bmatrix} Z_{yi1}(s) & Z_{yi2}(s) & \cdots & Z_{yim}(s) \end{bmatrix} \; ; \quad i = 1,2,\ldots,x \tag{6.26}$$

der Zählerpolynome des i-ten Reglers eingeführt. Die Strecke mit dem Übertragungsvektor

$$\underline{F}(s) = \underline{Z}(s)N^{-1}(s) = \begin{bmatrix} Z_1(s) \\ Z_2(s) \\ \vdots \\ Z_m(s) \end{bmatrix} N^{-1}(s) \tag{6.27}$$

soll so geregelt werden, daß die Größen y_i, $i=2,3,\ldots,x$ vorgegebene maximale Werte nicht über-, bzw. minimale Werte nicht unterschreiten.

Durch Zustandsregelung kann man die Dynamik der innersten Schleife so festlegen, daß sich das Verhalten

$$\frac{y_x(s)}{\overset{*}{w}_x(s)} = Z_x(s)\tilde{N}_x^{-1}(s) \tag{6.28}$$

ergibt. Als konstanten Endwert $y_x(t \to \infty)$ erhält man bei konstanter Führungsgröße $\overset{*}{w}_x(t \to \infty) = \overset{*}{w}_{x0}$

$$y_x(t \to \infty) = Z_x(s=0)\tilde{N}_x^{-1}(s=0)\overset{*}{w}_{x0} \quad . \tag{6.29}$$

Die Größe y_x soll höchstens auf den Wert $y_{x\,max}$ ansteigen bzw. auf $y_{x\,min}$ absinken. Dies erreicht man durch Begrenzen des Sollwertes $\overset{*}{w}_x$. Als Begrenzungswerte sind

$$\overset{*}{w}_{x\,max} = y_{x\,max}\tilde{N}_x(s=0)Z_x^{-1}(s=0) = y_{x\,max}L_x$$
bzw.
$$\overset{*}{w}_{x\,min} = y_{x\,min}\tilde{N}_x(s=0)Z_x^{-1}(s=0) = y_{x\,min}L_x \;, \tag{6.30}$$

vorzusehen. Mit einem Beobachterpolynom $\Delta_x(s)$ berechnet man den zugehörigen Regler über die Gleichung

$$\left\lfloor Z_{ux}(s) \quad \underline{Z}_{yx}^T(s)\right\rfloor\begin{bmatrix} N(s) \\ \underline{Z}(s) \end{bmatrix} = \Delta_x(s)\left[\ddot{\tilde{N}}_x(s) - N(s)\right] \quad . \tag{6.31}$$

Für den überlagerten Kreis bildet der unterlagerte die Strecke. Damit ist $\overset{*}{w}_x$ die zugehörige Stellgröße, und die für den $(x-1)$-ten Regler vorliegende Strecke wird durch die Übertragungsfunktion

$$\tilde{\underline{F}}_x(s) = \underline{Z}(s)\tilde{N}_x^{-1}(s) \tag{6.32}$$

beschrieben. Für den überlagerten Regelkreis sei y_{x-1} die Regelgröße, und die gewünschte Dynamik durch das charakteristische Polynom $\tilde{N}_{x-1}$ vorgegeben. Damit sich das gewünschte Verhalten

$$\frac{y_{x-1}(s)}{\overset{*}{w}_{x-1}(s)} = Z_{x-1}(s)\tilde{N}_{x-1}^{-1}(s) \tag{6.33}$$

einstellt, müssen die Reglerpolynome die Gleichung

$$\left[Z_{ux-1}(s) \quad \underline{Z}_{yx-1}^T(s)\right]\begin{bmatrix} \tilde{N}_x(s) \\ \underline{Z}(s) \end{bmatrix} = \Delta_{x-1}(s)\left[\tilde{N}_{x-1}(s) - \tilde{N}_x(s)\right] \tag{6.34}$$

erfüllen. Hierbei ist $\Delta_{x-1}(s)$ das charakteristische Polynom des eingesetzten Zustandsbeobachters, das an die für diesen Kreis relevanten Bedingungen angepaßt werden kann.

Entsprechend verfährt man mit jeder weiteren Stufe, bis der äußerste, der Regelkreis für y_1 erreicht ist.

Führt man die Bezeichnung $\tilde{N}_{x+1}(s)$ für das Nennerpolynom der ungeregelten Strecke ein, d.h.

$$\tilde{N}_{x+1}(s) = N(s) \quad , \tag{6.35}$$

so erhalten die Bedingungsgleichungen für alle x Kaskadenregler die gleiche Form

$$\left[Z_{ui}(s) \quad \underline{Z}_{yi}^{T}(s) \right] \begin{bmatrix} \tilde{N}_{i+1}(s) \\ \underline{Z}(s) \end{bmatrix} = \Delta_i(s)\left[\tilde{N}_i(s) - \tilde{N}_{i+1}(s) \right], \tag{6.36}$$

$$i = x, x-1, \ldots, 1 \quad .$$

Der äußere Regelkreis mit der Nummer 1 dient zur Regelung der Hauptregelgröße y_1. Damit stationär die Führungs- und Regelgröße bei konstantem w_1 übereinstimmen, muß der Aufschaltfaktor L_1 für die Führungsgröße w_1 zu

$$L_1 = \tilde{N}_1(s=0)Z_1^{-1}(s=0) \tag{6.37}$$

gewählt werden. Alle inneren Regelkreise stellen die Einhaltung der Begrenzungen y_{imax} bzw. y_{imin} sicher, wenn man ihre Sollwerte w_i^* auf

$$w_{imax}^* = L_i y_{imax} \quad \text{bzw.} \quad w_{imin}^* = L_i y_{imin} \tag{6.38}$$

begrenzt, und sie für überschwingfreies Verhalten auslegt. Die Faktoren L_i sind dabei durch

$$L_i = \tilde{N}_i(s=0)Z_i^{-1}(s=0) \quad ; \quad i = 2,3,\ldots,x \tag{6.39}$$

definiert. Überschwingen aufgrund der Begrenzung vermeidet man natürlich nur dann, wenn man die Polvorgabe für jeden Kreis anhand eines der in Abschn. 6.3 angegebenen Verfahren zur Berücksichtigung von Stellbegrenzungen durchführt, denn die Begrenzung der Führungssignale im unterlagerten Kreis entspricht gerade einer Stellsignalbegrenzung im überlagerten Kreis.

Die Verwendung von Zustandsreglern anstelle der klassischen Regler in einer Kaskadenstruktur bietet in mehrfacher Hinsicht Verbesserungsmöglichkeiten. Durch die Zustandsregelung läßt sich die Dynamik jedes einzelnen Regelkreises gezielt beeinflussen. Während sich beim klassischen Kaskadenregelkreis die Ordnung der für den überlagerten Regelkreis vorliegenden Strecke von Kaskade zu Kaskade erhöht, liegt für jeden Kaskaden-Zustandsregler eine Strecke gleicher Ordnung vor, da die Reglerausgangssignale jeweils Führungssignale für den unterlagerten Kreis darstellen, die die Beobachter nicht anregen.

Damit taucht bei der Zustands-Kaskadenregelung ein wesentliches Problem der klassischen Kaskadenregelungen nicht auf, daß nämlich Anforderungen an die Regeldynamik mit zunehmender Zahl an Kaskaden wegen der Ordnungserhöhung durch die unterlagerten Regelkreise reduziert werden müssen.

Natürlich werden durch Störeinwirkungen die verschiedenen Beobachter angeregt, so daß die Beobachterdimensionierung auch hier im Hinblick auf das Störverhalten des Kreises geschehen sollte.

Da alle Meßgrößen in jedem Regler verarbeitet werden, ergibt sich eine vergleichsweise geringe Beobachterordnung, so daß die Ordnung der benötigten Regler im allgemeinen in der Größenordnung von klassischen Kaskadenreglern liegt.

Schließlich sei noch darauf hingewiesen, daß unter Umständen erhebliche Verbesserungen des Regelkreisverhaltens schon dadurch erzielbar sind, daß man die bereits dimensionierten klassischen PI- und PID-Regler auf eine Zustandsreglerstruktur mit gleichem Störverhalten aber geeigneter Struktur zur Berücksichtigung von Stellbegrenzungen umrechnet.

Vergleicht man die hier dargestellte Kaskadenregelung mit der in Abschnitt 6.4.2 behandelten Ablöseregelung zur Begrenzung von Streckenzustandsgrößen, so stellt man fest, daß mit beiden Stukturen gleich gute Führungsdynamik für die einzelnen Regelkreise einstellbar ist. Das Störverhalten unterscheidet sich allerdings. Während bei der Ablöseregelung immer nur ein Regler mit seinem Beobachter im Eingriff ist, sind bei der Kaskadenregelung im allgemeinen mehrere Regler gleichzeitig an der Bildung der Stellgröße beteiligt. Damit wirken sich die Reaktionen mehrerer Beobachter auf das Störverhalten aus, was von Fall zu Fall entweder günstig oder ungünstig sein kann.

Ein weiterer Punkt sollte bei der Auslegung eines Kaskaden-Zustandsreglers beachtet werden.

Aus der Struktur des Regelkreises nach Bild 6.17 wird deutlich, daß die Regelung nur dann günstig arbeitet, wenn alle Begrenzungen gleichzeitig oder nacheinander von außen (überlagerter Kreis zuerst) nach innen ansprechen, und das Ablösen von den Begrenzungen in umgekehrter Reihenfolge verläuft. Dasselbe gilt übrigens auch für die klassische Kaskadenregelung. Andernfalls wird das Auftreten einer Begrenzung im unterlagerten Kreis vom Beobachter des überlagerten Reglers als Störung interpretiert, was insbesondere bei der Verwendung von Störbeobachtern (z.B. bei einem I-Anteil) zu erheblichen Verschlechterungen des Regelkreisverhaltens führt, wie das Beispiel in Abschnitt 6.4.5 zeigt. Bei einer Ablöseregelung tritt dieses Problem nicht auf, da alle Beobachter das tatsächliche Eingangssignal der Strecke erhalten.

Bei der Anordnung der einzelnen Kaskaden sollte man also darauf achten, daß die Begrenzungen in der richtigen Reihenfolge ansprechen. Meist sichert man dies dadurch, daß die innerste Schleife für diejenige Begrenzungsaufgabe eingesetzt wird, bei der die geringste Verzögerung zwischen Stell- und Meßsignal auftritt. Die überlagerten Kreise werden nach demselben Gesichtspunkt angeordnet.

In manchen Fällen ist es jedoch nicht möglich, eine eindeutige Reihenfolge für das Ansprechen der Begrenzungen festzulegen.

Dann empfiehlt es sich, die in Bild 6.18 gezeigte Modifikation vorzunehmen. Durch Einspeisen der aktuell auf die Strecke einwirkenden Stellgröße in alle Regler wird die Anregung von Beobachtungsfehlern vermieden, und zwar unabhängig von der Reihenfolge, in der die einzelnen Begrenzungen ansprechen.

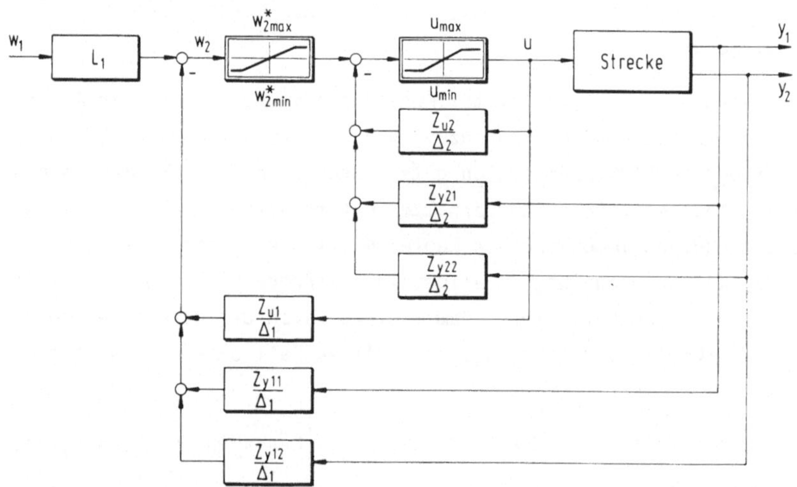

Bild 6.18 Kaskaden-Zustandsregelkreis mit günstiger Beobachteransteuerung

Eine Analyse des in Bild 6.18 dargestellten Kaskaden-Zustandsregelkreises ergibt, daß die einzelnen Regler anhand der Gleichung

$$\left[Z_{ui}(s) \quad Z_{yi}^T(s) \right] \begin{bmatrix} N(s) \\ \underline{Z}(s) \end{bmatrix} = \Delta_i(s) \left[\tilde{N}_i(s) - \tilde{N}_{i+1}(s) \right] , \qquad (6.40)$$

mit $\tilde{N}_{x+1}(s) = N(s)$; $i = x, x-1, \ldots, 1$,

berechnet werden können.

Die Einbeziehung von Störmodellen ist bei dieser Struktur nicht so einfach durchführbar wie bei der vorherigen, bei der für jede Schleife die in Kapitel 4 dargestellten Verfahren direkt anwendbar sind.

In /W10/ sind die für die modifizierte Struktur von Bild 6.18 benötigten Entwurfsgleichungen ausführlich diskutiert. Hier soll nur das Vorgehen für den häufig auftretenden Fall angegeben werden, bei dem die innerste Schleife ein Störmodell enthält (z.B. I-Anteil, also $N_r(s) = s$), das auch in den übrigen Kaskaden wirksam sein soll.

Der Regler-Nenner der innersten Schleife (Nummer x) enthält das Störmodell in Form des charakteristischen Polynoms $N_r(s)$, wenn gilt (s. Kapitel 4, Gl.(4.145))

$$Z_{ux}(s) + \Delta_x(s) = \bar{N}_{Rx}(s)N_r(s) \quad . \tag{6.41}$$

Unter Berücksichtigung des Zusammenhangs

$$N_{Rx}(s) = Z_{ux}(s) + \Delta_x(s) \tag{6.42}$$

läßt sich Gleichung (6.40) für die Schleife x umschreiben in die Beziehung

$$\begin{bmatrix} N_{Rx}(s) & \underline{z}^T_{yx}(s) \end{bmatrix}\begin{bmatrix} N(s) \\ \underline{Z}(s) \end{bmatrix} = \Delta_x(s)\tilde{N}_x(s) \quad , \tag{6.43}$$

in der die Bedingung (6.41) gemäß

$$\begin{bmatrix} \bar{N}_{Rx}(s) & \underline{z}^T_{yx}(s) \end{bmatrix}\begin{bmatrix} N_r(s)N(s) \\ \underline{Z}(s) \end{bmatrix} = \Delta_x(s)\tilde{N}_x(s) \tag{6.44}$$

einbezogen werden kann. Mit Hilfe von Gl.(6.42) läßt sich daraus das benötigte Z_{ux} zurückrechnen.

Damit dieses Störmodell auch in allen anderen Schleifen für Störkompensation sorgt, müssen die übrigen $Z_{ui}(s)$ die Bedingung

$$Z_{ui}(s) = N_r(s)\bar{Z}_{ui}(s) \quad , \quad i = x-1, x-2, \ldots, 1 \tag{6.45}$$

erfüllen. Dies führt auf die modifizierten Gleichungen

$$\begin{bmatrix} \bar{Z}_{ui}(s) & \underline{z}^T_{yi}(s) \end{bmatrix}\begin{bmatrix} N_r(s)N(s) \\ \underline{Z}(s) \end{bmatrix} = \Delta_i(s)\left[\tilde{N}_i(s) - \tilde{N}_{i+1}(s)\right] \tag{6.46}$$

$$i = x-1, x-2, \ldots, 1$$

zur Berechnung der übrigen Regler.

Für eine Kompensation beliebig angreifender Störungen, müssen auch alle Reglerpolynome Z_{yik} aus $Z_{-yi}^{T}(s)$ bis auf $Z_{yii}(s)$ das Störpolynom $N_r(s)$ als Teiler enthalten
(s. Kapitel 4, Gl.(4.146)), was durch

$$Z_{yik}(s) = N_r(s)\bar{Z}_{yik}(s) \;, \; \forall \, k \neq i \tag{6.47}$$

erreicht wird. Die Bedingung (6.41) stellt lediglich eine Kompensation eingangsseitiger Störungen sicher.

6.4.5 Beispiel zur Kaskadenregelung mit Zustandsreglern

Als Beispiel für die Kaskadierung von Zustandsreglern sei die Positionsregelung mit
einem fremderregten Gleichstrommotor betrachtet. Bild 6.19 zeigt ein vereinfachtes
Blockschaltbild zu dieser Regelstrecke.

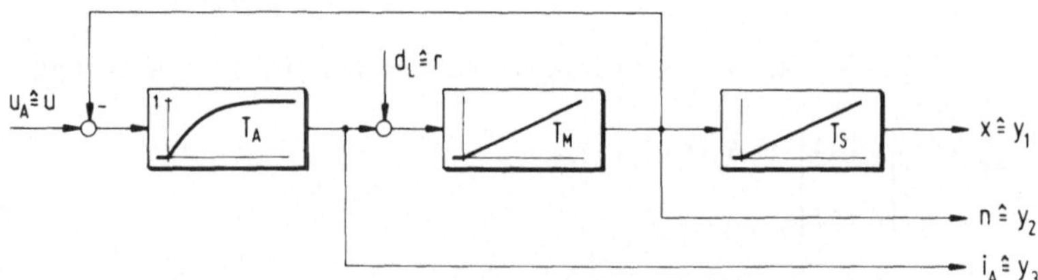

Bild 6.19   Positionierung mit einem fremderregten Gleichstrommotor

Eingangsgrößen: u_A ... Ankerspannung, d_L ... Lastmoment
Meßgrößen: x ... Position, n ... Drehzahl, i_a ... Ankerstrom

Mit den Bezeichnungen aus Bild 6.19 ergibt sich der Vektor $\underline{F}(s) = \underline{Z}(s)N^{-1}(s)$ der
Streckenübertragungsfunktionen zu

$$\begin{bmatrix} \dfrac{y_1(s)}{u(s)} \\[2ex] \dfrac{y_2(s)}{u(s)} \\[2ex] \dfrac{y_3(s)}{u(s)} \end{bmatrix} = \begin{bmatrix} Z_1(s) \\[2ex] Z_2(s) \\[2ex] Z_3(s) \end{bmatrix} N^{-1}(s) = \begin{bmatrix} \dfrac{1}{T_A T_M T_S} \\[2ex] \dfrac{s}{T_A T_M} \\[2ex] \dfrac{s^2}{T_A} \end{bmatrix} \dfrac{1}{s^3 + s^2/T_A + s/T_A T_M} \;\; .$$

Neben dem Hauptregler für die Position x sei jeweils ein Begrenzungsregler für die
Motordrehzahl n und den Ankerstrom i_A vorgesehen. Bild 6.20 zeigt die Anordnung der
drei Regler in der Kaskadenstruktur.

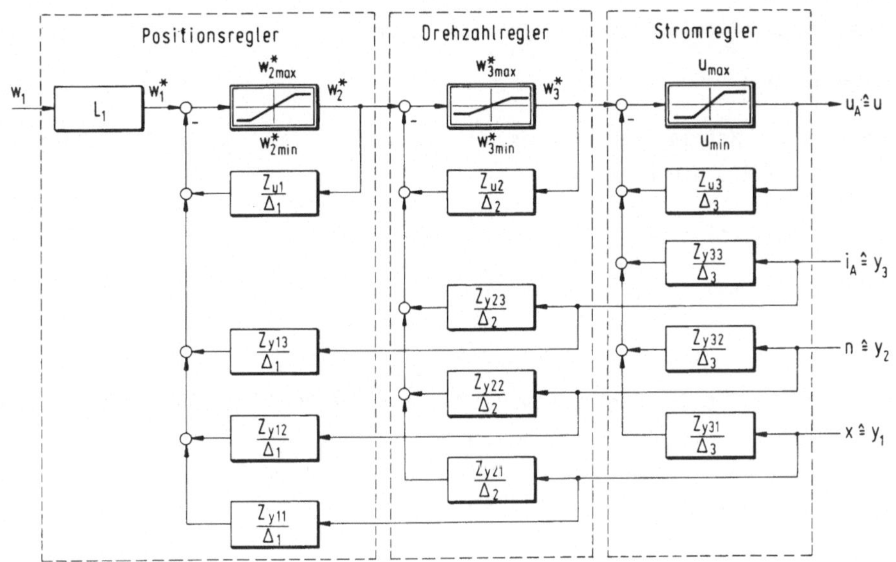

Bild 6.20 Kaskaden-Zustandsregler zur Einhaltung gegebener Drehzahl- und Anker-
           strombegrenzungen bei der Positionierung

w_1 : Sollwert für den Positionsregler

w_2^* : Sollwert für den Drehzahlregler

w_3^* : Sollwert für den Ankerstromregler

Stromregler

Die innerste Regelschleife dient zur Begrenzung des Ankerstroms i_A auf die Extremwerte $\pm i_{Amax}$. Es erweist sich als günstig, für diesen Regelkreis ein charakteristisches Polynom

$$\tilde{N}_3(s) = s^3 + \tilde{a}_{i2}s^2$$

zu fordern, weil dadurch ein PT_1-Verhalten für den Ankerstromregelkreis resultiert.

Weiterhin soll ein Störmodell mit $N_r(s) = s$ für sprungförmige Störungen einbezogen
werden. Dies bedeutet, daß $N_{R3}(s)$ gemäß

$$Z_{u3}(s) + \Delta_3(s) = s\bar{N}_{R3}(s) = sp_{i0}$$

zu gestalten ist.

Um dieses Störmodell realisieren zu können, wird ein Beobachter erster Ordnung benötigt, dessen charakteristisches Polynom die Gestalt

$$\Delta_3(s) = s + \delta_{i0}$$

haben möge. Da die Regelgröße für diesen Kreis $i_A = y_3$ ist, müssen die Zählerpolynome $Z_{y3k}(s)$; k=1,2,3 die Form

$$Z_{y31}(s) = s\bar{Z}_{y31}(s) = sl_{i0}^1$$

$$Z_{y32}(s) = s\bar{Z}_{y32}(s) = sl_{i0}^2$$

$$Z_{y33}(s) = sl_{i1}^3 + l_{i0}^3$$

erhalten. Damit lautet die Reglerentwurfsgleichung (6.36), in der die Beziehungen (6.41) und (6.47) für das Störmodell berücksichtigt sind

$$\begin{bmatrix} \bar{N}_{R3} & \bar{Z}_{y31} & \bar{Z}_{y32} & Z_{y33} \end{bmatrix} \begin{bmatrix} N_r N \\ N_r Z_1 \\ N_r Z_2 \\ Z_3 \end{bmatrix} = \Delta_3 \tilde{N}_3$$

oder in Form des Koeffizientenvergleichs angeschrieben

$$\begin{bmatrix} p_{i0} & l_{i0}^1 & l_{i0}^2 & l_{i1}^3 & l_{i0}^3 \end{bmatrix} \begin{bmatrix} 1 & 1/T_A & 1/T_A T_M & 0 & 0 \\ 0 & 0 & 0 & 1/T_A T_M T_S & 0 \\ 0 & 0 & 1/T_A T_M & 0 & 0 \\ 0 & 1/T_A & 0 & 0 & 0 \\ 0 & 0 & 1/T_A & 0 & 0 \end{bmatrix} = \begin{bmatrix} 1 & \delta_{i0} \end{bmatrix} \begin{bmatrix} 1 & \tilde{a}_{i2} & 0 & 0 & 0 \\ 0 & 1 & \tilde{a}_{i2} & 0 & 0 \end{bmatrix} .$$

Es wird deutlich, daß die Rückführung der Position im Stromregler verschwindet ($l_{i0}^1 = 0$). Dies ist eine Folge der speziellen Wahl von $\tilde{N}_3(s)$ mit einer Doppelnullstelle bei s=0.

Gibt man für den frei wählbaren Parameter l_{i0}^2 (Rückführung der Drehzahl) den Wert $l_{i0}^2 = -1$ vor, dann erhält man die restlichen Reglerkoeffizienten zu

$$p_{i0} = 1 \; ; \quad l_{i1}^3 = T_A(\tilde{a}_{i2} + \delta_{i0}) - 1 \; ; \quad l_{i0}^3 = T_A \delta_{i0} \tilde{a}_{i2} \; .$$

Die Zählerpolynome des Stromreglers lauten also

$$Z_{u3}(s) = s - (s + \delta_{i0}) = - \delta_{i0} \; ; \quad Z_{y31}(s) = 0 \; ; \quad Z_{y32}(s) = - s \; ;$$

$$Z_{y33}(s) = s[T_A(\tilde{a}_{i2} + \delta_{i0}) - 1] + T_A \delta_{i0} \tilde{a}_{i2} \; .$$

Die Begrenzungswerte für den Stromsollwert w_3^* errechnen sich über Gl.(6.38) zu

$$w_{3max}^* = T_A \tilde{a}_{i2} i_{Amax} \; ; \quad w_{3min}^* = - T_A \tilde{a}_{i2} i_{Amax} \; .$$

Drehzahlregler

Während eines Positioniervorganges über weitere Strecken darf die Drehzahl des Motors einen bestimmten Wert n_{max} nicht überschreiten, weshalb eine Kaskade für die Drehzahlregelung vorgesehen ist. Die zu regelnde Strecke für den Drehzahlregler hat den Eingang w_3^* und sie wird durch

$$
\begin{bmatrix} \dfrac{y_1(s)}{w_3^*(s)} \\[2ex] \dfrac{y_2(s)}{w_3^*(s)} \\[2ex] \dfrac{y_3(s)}{w_3^*(s)} \end{bmatrix}
=
\begin{bmatrix} Z_1(s) \\[2ex] Z_2(s) \\[2ex] Z_3(s) \end{bmatrix} \tilde{N}_3^{-1}(s)
=
\begin{bmatrix} \dfrac{1}{T_A T_M T_S} \\[2ex] \dfrac{s}{T_A T_M} \\[2ex] \dfrac{s^2}{T_A} \end{bmatrix} \dfrac{1}{s^3 + \tilde{a}_{i2} s^2}
$$

beschrieben. Ein überschwingungsfreies Übergangsverhalten für die Drehzahl y_2 läßt sich durch

$$
\tilde{N}_2(s) = s^3 + \tilde{a}_{n2} s^2 + \tilde{a}_{n1} s
$$

erzielen, wobei reelle Nullstellen unter Berücksichtigung der gegebenen Stellmöglichkeiten (s. Abschn. 6.3.3) vorzugeben sind. Auch hier ist das Ausregeln sprungförmiger Laststörungen erwünscht, so daß ein Störmodell mit $N_r(s) = s$ vorzusehen ist. Der benötigte Beobachter hat wiederum die Ordnung eins, und sein charakteristisches Polynom laute

$$
\Delta_2(s) = s + \delta_{n0} \quad .
$$

Für die Realisierung des I-Anteils muß diesmal gelten (s. Gln.(6.41) und (6.47))

$$
Z_{u2}(s) + \Delta_2(s) = s\bar{N}_{R2}(s) = s p_{n0}
$$

$$
Z_{y21}(s) = s\bar{Z}_{y21}(s) = s1_{n0}^1
$$

$$
Z_{y22}(s) = s1_{n1}^2 + 1_{n0}^2
$$

$$
Z_{y23}(s) = s\bar{Z}_{y23}(s) = s1_{n0}^3 \quad .
$$

Die Reglerentwurfsgleichung lautet hier

$$
\begin{bmatrix} \bar{N}_{R2} & \bar{Z}_{y21} & Z_{y22} & \bar{Z}_{y23} \end{bmatrix}
\begin{bmatrix} N_r \tilde{N}_3 \\ N_r Z_1 \\ Z_2 \\ N_r Z_3 \end{bmatrix}
= \Delta_2 \tilde{N}_2 \quad ,
$$

oder in Koeffizientenschreibweise

$$
\begin{bmatrix} p_{n0} & 1^1_{n0} & 1^2_{n1} & 1^2_{n0} & 1^3_{n0} \end{bmatrix}
\begin{bmatrix}
1 & \tilde{a}_{i2} & 0 & 0 & 0 \\
0 & 0 & 0 & 1/T_A T_M T_S & 0 \\
0 & 0 & 1/T_A T_M & 0 & 0 \\
0 & 0 & 0 & 1/T_A T_M & 0 \\
0 & 1/T_A & 0 & 0 & 0
\end{bmatrix}
= \begin{bmatrix} 1 & \delta_{n0} \end{bmatrix}
\begin{bmatrix}
1 & \tilde{a}_{n2} & \tilde{a}_{n1} & 0 & 0 \\
0 & 1 & \tilde{a}_{n2} & \tilde{a}_{n1} & 0
\end{bmatrix} .
$$

Der Rückführkoeffizient 1^1_{n0} für die Position x kann zu Null gewählt werden, was jedoch im Hinblick auf die Parameterempfindlichkeit der Regelung unter Umständen
ungünstig ist. Wählt man der Einfachheit halber dennoch $1^1_{n0} = 0$, so ergibt sich als
Lösung für den Drehzahlregler

$$
p_{n0} = 1 \; ; \quad 1^2_{n1} = T_A T_M (\tilde{a}_{n1} + \delta_{n0}\tilde{a}_{n2}) \; ; \quad 1^2_{n0} = T_A T_M \tilde{a}_{n1}\delta_{n0} \; ;
$$

$$
1^3_{n0} = T_A (\tilde{a}_{n2} + \delta_{n0} - \tilde{a}_{i2}) \; .
$$

Die Zählerpolynome des Drehzahlreglers lauten damit

$$
Z_{u2}(s) = -\delta_{n0} \; ; \quad Z_{y21}(s) = 0 \; ;
$$

$$
Z_{y22}(s) = T_A T_M \big[(\tilde{a}_{n1} + \delta_{n0}\tilde{a}_{n2})s + \tilde{a}_{n1}\delta_{n0} \big]
$$

$$
Z_{y23}(s) = T_A (\tilde{a}_{n2} + \delta_{n0} - \tilde{a}_{i2})s \; .
$$

Als Begrenzungswerte sind

$$
w^*_{2max} = \tilde{a}_{n1} T_A T_M n_{max} \quad \text{und} \quad w^*_{2min} = - w^*_{2max}
$$

vorzusehen.

Positionsregler

Für die eigentliche Regelaufgabe, das Anfahren der gewünschten Position $x = y_1$, hat
die "Strecke" nun den Eingang w^*_2, und sie wird durch

$$
\begin{bmatrix}
\dfrac{y_1(s)}{w^*_2(s)} \\[2ex]
\dfrac{y_2(s)}{w^*_2(s)} \\[2ex]
\dfrac{y_3(s)}{w^*_2(s)}
\end{bmatrix}
=
\begin{bmatrix}
Z_1(s) \\[2ex]
Z_2(s) \\[2ex]
Z_3(s)
\end{bmatrix}
\tilde{N}_2^{-1}(s) \cdot =
\begin{bmatrix}
\dfrac{1}{T_A T_M T_S} \\[2ex]
\dfrac{s}{T_A T_M} \\[2ex]
\dfrac{s^2}{T_A}
\end{bmatrix}
\frac{1}{s^3 + \tilde{a}_{n2}s^2 + \tilde{a}_{n1}s}
$$

beschrieben.

Das charakteristische Polynom des Positionsregelkreises sei zu

$$\tilde{N}_1(s) = s^3 + \tilde{a}_{x2}s^2 + \tilde{a}_{x1}s + \tilde{a}_{x0}$$

vorgegeben. Da auch hier ein I-Anteil vorzusehen ist, wird ein Beobachter erster Ordnung mit

$$\Delta_1(s) = s + \delta_{x0}$$

eingesetzt. Der Integralanteil bezüglich y_1 entsteht dann, wenn man die Reglerpolynome gemäß

$$Z_{u1}(s) + \Delta_1(s) = s\bar{N}_{R1}(s) = sp_{x0}$$
$$Z_{y11}(s) = sl^1_{x1} + l^1_{x0}$$
$$Z_{y12}(s) = s\bar{Z}_{y12}(s) = sl^2_{x0}$$
$$Z_{y13}(s) = s\bar{Z}_{y13}(s) = sl^3_{x0}$$

gestaltet. Die Reglerentwurfsgleichung lautet dann

$$\begin{bmatrix} \bar{N}_{R1} & \bar{Z}_{y11} & \bar{Z}_{y12} & \bar{Z}_{y13} \end{bmatrix} \begin{bmatrix} N_r\tilde{N}_2 \\ Z_1 \\ N_r Z_2 \\ N_r Z_3 \end{bmatrix} - \Delta_1 \tilde{N}_1$$

oder in Koeffizientenschreibweise

$$\begin{bmatrix} p_{x0} & l^1_{x1} & l^1_{x0} & l^2_{x0} & l^3_{x0} \end{bmatrix} \begin{bmatrix} 1 & \tilde{a}_{n2} & \tilde{a}_{n1} & 0 & 0 \\ 0 & 0 & 0 & 1/T_A T_M T_S & 0 \\ 0 & 0 & 0 & 0 & 1/T_A T_M T_S \\ 0 & 0 & 1/T_A T_M & 0 & 0 \\ 0 & 1/T_A & 0 & 0 & 0 \end{bmatrix} =$$

$$= \begin{bmatrix} 1 & \delta_{x0} \end{bmatrix} \begin{bmatrix} 1 & \tilde{a}_{x2} & \tilde{a}_{x1} & \tilde{a}_{x0} & 0 \\ 0 & 1 & \tilde{a}_{x2} & \tilde{a}_{x1} & \tilde{a}_{x0} \end{bmatrix}.$$

Daraus ergeben sich als eindeutige Lösung die Reglerkoeffizienten

$$p_{x0} = 1 \; ; \quad l^1_{x1} = T_A T_M T_S(\tilde{a}_{x0} + \delta_{x0}\tilde{a}_{x1}) \; ; \qquad l^1_{x0} = T_A T_M T_S \delta_{x0}\tilde{a}_{x0} \; ;$$
$$l^2_{x0} = T_A T_M(\tilde{a}_{x1} + \delta_{x0}\tilde{a}_{x2} - \tilde{a}_{n1}) \; ; \quad l^3_{x0} = T_A(\tilde{a}_{x2} + \delta_{x0} - \tilde{a}_{n2}) \; .$$

Die Zählerpolynome des Positionsreglers lauten somit

$$Z_{u1}(s) = -\delta_{x0} \;\; ; \;\; Z_{y11}(s) = T_A T_M T_S\left[(\tilde{a}_{x0} + \delta_{x0}\tilde{a}_{x1})s + \delta_{x0}\tilde{a}_{x0}\right]$$

$$Z_{y12}(s) = T_A T_M(\tilde{a}_{x1} + \delta_{x0}\tilde{a}_{x2} - \tilde{a}_{n1})s$$

$$Z_{y13}(s) = T_A(\tilde{a}_{x2} + \delta_{x0} - \tilde{a}_{n2})s \;\; .$$

Der Aufschaltfaktor L_1 für den Positionssollwert errechnet sich mit Gl.(6.37) zu

$$L_1 = T_A T_M T_S \tilde{a}_{x0} \;\; .$$

Günstige Regelvorgänge erhält man bei Wahl der charakteristischen Polynome zu

Stromregelung: $\qquad \tilde{N}_3(s) = s^3 + s^2 4/T_A$; $\qquad\qquad\qquad \Delta_3(s) = s + 8/T_A$

Drehzahlregelung: $\quad \tilde{N}_2(s) = s^3 + s^2 8/T_M + s16/T_M^2$; $\qquad \Delta_2(s) = s + 8/T_M$

Positionsregelung: $\quad \tilde{N}_1(s) = s^3 + s^2 6/T_M + s16/T_M^2 + 16/T_M^3$; $\Delta_1(s) = s + 4/T_M$.

Eine Simulation des Regelkreises bei sprungförmiger Sollwertänderung für die Position liefert mit den Parametern

$$T_A = 50 \text{ ms} \;\; , \;\; T_M = 200 \text{ ms} \;\; , \;\; \text{und } T_S = 1 \text{ s}$$

die in Bild 6.21 gezeigten Übergangsvorgänge.

Im Fall a nehmen die Sollwerte für die Drehzahl und den Ankerstrom (gestrichelt
gezeichnet) ihre Begrenzungswerte gleichzeitig an. Das Ablösen von der Begrenzung
erfolgt beim Stromregler früher als beim Drehzahlregler. Demzufolge ergibt sich
auch ein Einlaufen der Position in gewünschter Weise, obwohl der Drehzahlsollwert
lange Zeit am Anschlag liegt.

Wesentlich schlechteres Verhalten zeigt die Regelung im Fall b, in dem der Begrenzungswert für die Drehzahl doppelt so hoch liegt. Deutlich ist erkennbar, daß der
Stromsollwert bereits an der negativen Begrenzung liegt, während der Drehzahlsollwert seinen Begrenzungswert noch nicht erreicht hat. Die erforderliche Reihenfolge
für das Ansprechen der Begrenzungen wird hier also nicht eingehalten. Der I-Anteil
im Positionsregler interpretiert die Strombegrenzung als Störung, wodurch es zu
einem Überschwingen der Position kommt. Dies verursacht ein nochmaliges Einlaufen
des Stromsollwertes in die Begrenzung während der Drehzahlsollwert unbegrenzt ist,
was zu einem zusätzlichen Unterschwingen in der Position führt.

Für diesen Fall müßte man die modifizierte Struktur nach Bild 6.18 ansetzen, bei
der das Stellsignal allen Reglern zugeführt wird. Wie Fall a zeigt, führt auch ein
Zurücknehmen der Drehzahlbegrenzung zu überschwingungsfreiem Verhalten. Dies ist
allerdings mit einer Reduktion der Übergangsgeschwindigkeit verbunden.

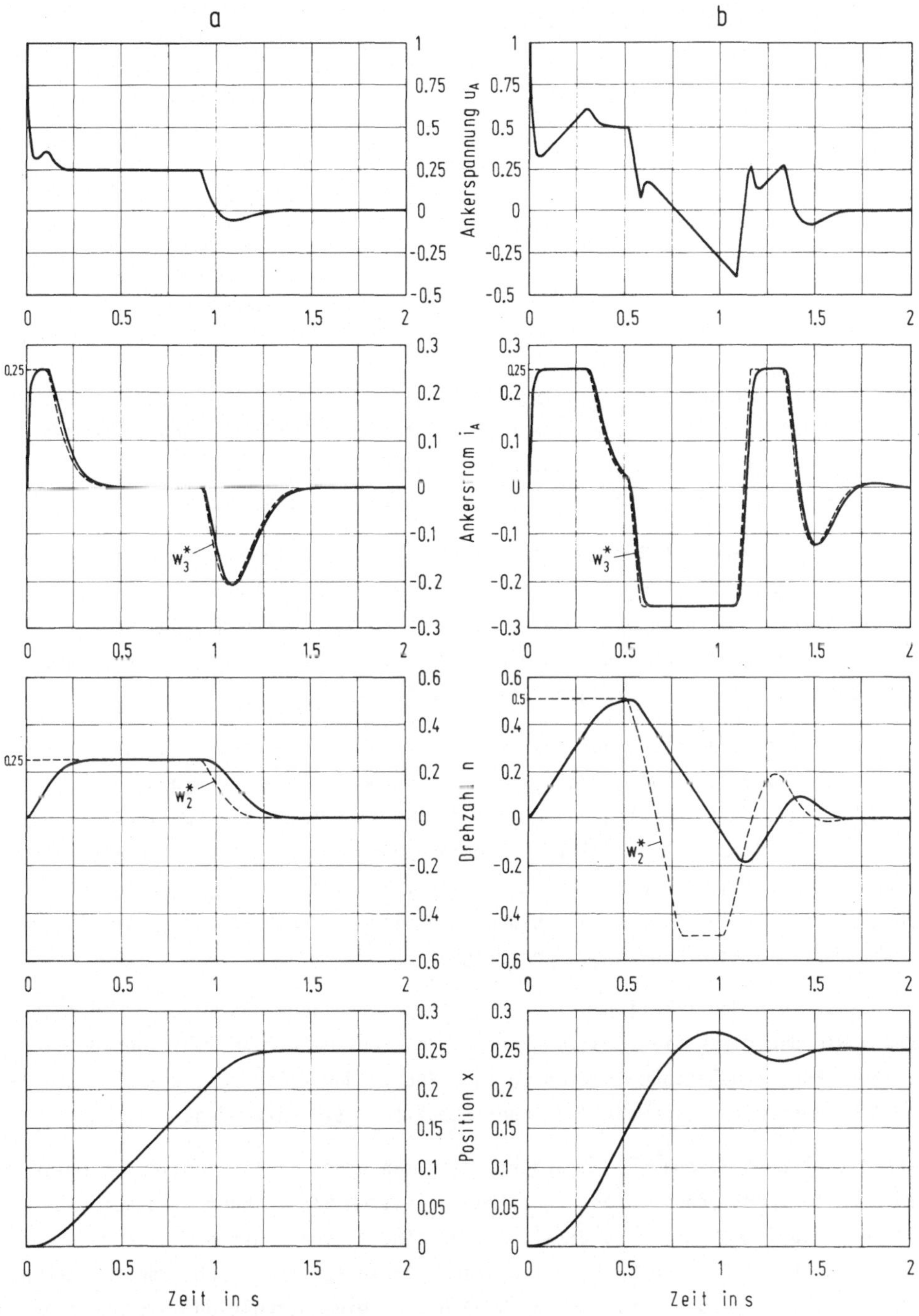

Bild 6.21   Positioniervorgang mit Kaskaden-Zustandsreglern

Fall a) Begrenzungswerte: i_{Amax} = 0.25 ; n_{max} = 0.25 ; u_{max} = 1.

Fall b) Begrenzungswerte: i_{Amax} = 0.25 ; n_{max} = 0.5 ; u_{max} = 1.

7 Digitale Zustandsregelung

7.1 Einführende Bemerkungen

Bedingt durch die technologische Entwicklung der letzten Jahre zeigt der Anteil der digital realisierten Regler eine ständig steigende Tendenz. Dabei werden immer häufiger die bisherigen, zeitkontinuierlich arbeitenden PID-Regler durch entsprechende PID-Algorithmen in einem Digitalrechner ersetzt.

Die hierfür verwendeten Rechner bzw. Mikroprozessoren bieten aber auch die Möglichkeit, ohne zusätzlichen Geräteaufwand komplexere Regelalgorithmen, wie z.B. Zustandsregler mit Beobachtern, einzusetzen. Im übrigen wurde die überwiegende Anzahl der bisher eingesetzten Zustandsregelungen z.B. in der Luft- und Raumfahrt oder auch bei Magnetschwebefahrzeugen digital realisiert.

Es stellt sich daher die Frage, warum der Darstellung analoger Regelalgorithmen ein so breiter Raum gewidmet worden ist. Die Begründung hierfür ergibt sich aus der Tatsache, daß die überwiegende Anzahl der Regelstrecken zeitkontinuierlich arbeitet, und die darauf zugeschnittenen Beschreibungsmethoden kontinuierlicher dynamischer Systeme allgemein am geläufigsten sind. Bei Verwendung geeigneter Streckenbeschreibungen lassen sich darüber hinaus die bisher dargestellten Entwurfsverfahren direkt auf digitale Regelungen übertragen.

Die notwendigen Modifikationen in der Systembeschreibung und in der Dynamikfestlegung sowie die durch die Abtastung bedingten Probleme werden im folgenden kurz diskutiert. Für grundlegende Studien sei auf Spezialdarstellungen, wie z.B. die Bücher von Ackermann /A1/, Isermann /I4/ oder Schüssler /S7/ verwiesen.

Zunächst wird in Abschn. 7.3 erörtert, wie man einen kontinuierlichen Regler durch einen zeitdiskret arbeitenden Algorithmus ersetzen kann. Dann wird auf eine alternative Entwurfsmethode für digitale Regler eingegangen, bei der Regler und Strecke als zeitdiskrete Systeme behandelt werden. Daran schließt sich eine Erörterung zur Wahl der Abtastfrequenz an. Den Abschluß bildet eine Diskussion verschiedener durch die Analog-Digital- bzw. Digital-Analog-Wandlung und die Realisierung des Regelalgorithmuses in einem Digitalrechner entstehenden Probleme im Regelkreis.

7.2 Der Abtastregelkreis

Wenn man einen Digitalrechner als Regler einsetzt, müssen die anstehenden Meßsignale in eine Zahlendarstellung umgeformt werden, die der Rechner verarbeiten kann.
Dies geschieht meist durch einen Analog-Digital-Wandler (A/D-Wandler), der das analoge Ausgangssignal des Meßumformers in eine digital kodierte Zahl umsetzt. Immer
häufiger liefern Meßaufnehmer selbst ein digitales Ausgangssignal. Dies wird entweder durch ein digitales Meßverfahren wie z.B. die Winkelmessung mit Kodierscheibe
ermöglicht oder dadurch, daß der A/D-Wandler in den Meßaufnehmer integriert ist.

Die vom digitalen Regler berechnete Stellgröße liegt ebenfalls als Zahl vor, die
ihrerseits in ein kontinuierliches analoges Stellsignal umzusetzen ist. Hierfür
sind Digital-Analog-Wandler (D/A-Wandler) geeignet, die im allgemeinen den Aus-
gangswert solange konstant halten, bis sie auf einen neuen Taktimpuls hin den nächsten Zahlenwert in ein Analogsignal wandeln. Das Übernehmen der Meßwerte in den digitalen Regler, das sogenannte Abtasten, und die Ausgabe der errechneten Stellsignale erfolgt in der Regel zu äquidistanten Zeitpunkten $t_{ab} = kT_{ab}$, k = 0, 1, ...
und zwar synchron zueinander. Bedingt durch die zur Berechnung der Stellgröße benötigte Rechenzeit, entstehen Verschiebungen zwischen Abtast- und Ausgabezeitpunkt,
deren Einfluß zunächst vernachlässigt werden soll.

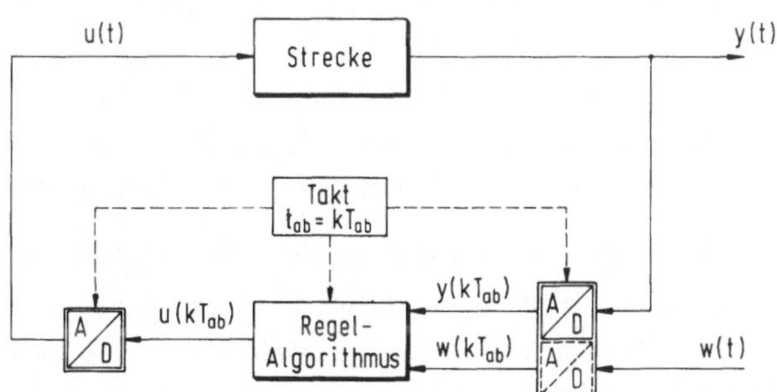

Bild 7.1 Abtastregelkreis

Bild 7.1 zeigt das Blockschaltbild eines Abtastregelkreises. Dabei ist angedeutet,
daß die A/D- und D/A-Wandler wie auch der Regelalgorithmus synchron arbeiten, und
das Zeitintervall zwischen zwei Abtastungen T_{ab} beträgt. Außerdem ist berücksichtigt, daß Sollwertänderungen nur zu den Abtastzeitpunkten verarbeitet werden, wobei
der Sollwert entweder digital erzeugt oder durch A/D-Wandlung aus einem kontinuierlichen Führungssignal gewonnen wird. Zusätzlich seien alle Effekte vernachlässigt,
die durch die notwendigerweise endliche Wortlänge der Zahlendarstellung und die
Amplitudendiskretisierung bei der A/D- bzw. D/A-Umsetzung entstehen.

Die wesentliche Frage lautet nun, wie der Regelalgorithmus beschaffen sein muß, damit der Regelkreis geforderte Eigenschaften aufweist.

7.3 Diskrete Realisierung des kontinuierlichen Reglers

Ein häufig gewählter Weg zur Auslegung von Abtastregelungen ist die Approximation
der Funktion des kontinuierlichen Reglers durch einen diskreten Regelalgorithmus.
Dabei kommen Verfahren zur Anwendung, die aus der digitalen Simulation kontinuierlicher Systeme bekannt sind.

Einen kontinuierlichen, zeitinvarianten Regler mit der Übertragungsfunktion

$$F_R(s) = \frac{l_1 s + l_0}{s^2 + p_1 s + p_0} \tag{7.1}$$

kann man z.B. in einem analogen Netzwerk realisieren, dessen Signalflußgraph in
Bild 7.2 dargestellt ist.

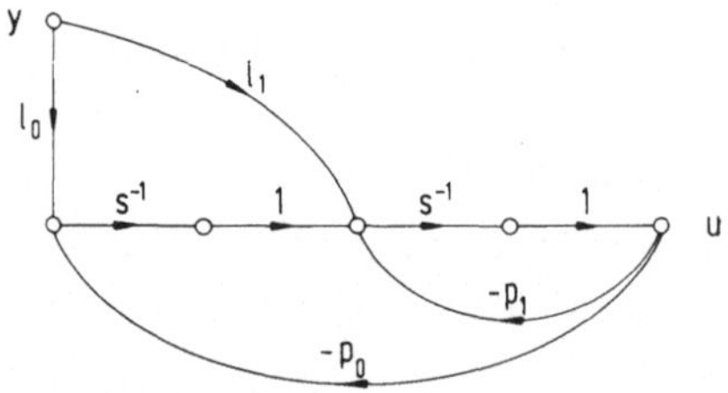

Bild 7.2 Signalflußgraph eines analog realisierten Reglers (1/s ≙ Integration)

Die zur Realisierung dieses Reglers erforderlichen Rechenoperationen sind Summation, Multiplikation und Integration, letztere gekennzeichnet durch die Übertragungsfunktion 1/s des idealen zeitkontinuierlich arbeitenden Integrierers. Während
die Umsetzung von Summation und Multiplikation in einen digitalen Algorithmus ohne
weiteres möglich ist, läßt sich die Integration nur näherungsweise durchführen.

Zur digitalen Approximation der Integration ist eine Vielzahl von Algorithmen entwickelt worden, von denen einige als lineare Differenzengleichungen niedriger Ordnung angebbar sind. Das einfachste dieser Verfahren, das sogenannte "Euler-Verfah-
ren" bzw. die "Rechteckregel", approximiert die Integration

$$x(t + \Delta t) = x(t) + \int_{t}^{t+\Delta t} f(\tau)d\tau \tag{7.2}$$

durch die Differenzengleichung (t = kΔt)

$$x(k\Delta t + \Delta t) = x(k\Delta t) + f(k\Delta t)\Delta t \ . \tag{7.3}$$

Bild 7.3 verdeutlicht die Bezeichnung "Rechteckregel".

Das Integral wird also durch die Rechteckfläche f(t)Δt approximiert. Ersetzt man im
Signalflußgraphen des kontinuierlichen Reglers die Integration durch einen diskreten Algorithmus zur numerischen Integration, dann ergibt sich direkt ein Signal-
flußplan für seine digitale Realisierung.

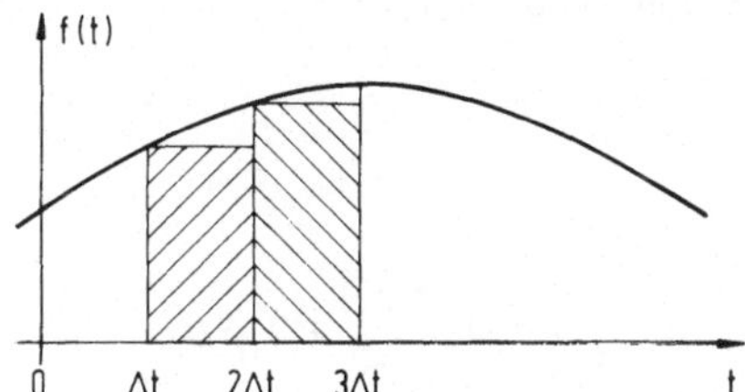

Bild 7.3 Approximation des Integrals durch Rechteckflächen

Durch Anwendung der für diskrete Systeme entwickelten z-Transformation auf die Differenzengleichung (7.3) der Rechteckregel erhält man für x(t=0) = 0

$$zx(z) = x(z) + f(z)\Delta t$$

oder

$$x(z) = \Delta t\, \frac{1}{z - 1}\, f(z) \quad .$$

Damit lautet die z-Übertragungsfunktion des digitalen Integrierers nach Gl.(7.3)

$$\frac{x(z)}{f(z)} = \Delta t\, \frac{1}{z - 1} \quad . \tag{7.5}$$

Aus der Übertragungsfunktion F(s) eines kontinuierlichen Systems gewinnt man damit sehr einfach die z-Übertragungsfunktion F(z) der digitalen Simulationsanordnung, indem man jeden Zweig mit der Übertragungsfunktion 1/s durch die entsprechende z-Übertragungsfunktion des verwendeten Integrationsalgorithmuses ersetzt. Bei Verwendung der Rechteck-Integration ist also ($\Delta t = T_{ab}$)

$$1/s \text{ durch } T_{ab}/(z - 1) \quad \text{bzw.} \quad s \text{ durch } (z - 1)/T_{ab} \tag{7.6}$$

zu ersetzen.

Die Rechteckregel ist allerdings nur für relativ kleine Schrittweiten T_{ab} hinreichend genau, so daß man die zu verarbeitenden Meßsignale sehr häufig abtasten muß. Einen genaueren digitalen Integrationsalgorithmus stellt die sogenannte "Trapezregel" dar, die aus verschiedenen Gründen eine besondere Bedeutung für die Reglerrealisierung besitzt. Die z-Übertragungsfunktion dieser Trapezregel ist ebenfalls von erster Ordnung und lautet

$$\frac{x(z)}{f(z)} = \frac{T_{ab}(z + 1)}{2\,(z - 1)} \quad . \tag{7.7}$$

Ersetzt man folglich die Variable s in der Übertragungsfunktion des analogen Reglers (7.1) durch

$$s = \frac{2\,(z - 1)}{T_{ab}(z + 1)} \quad , \tag{7.8}$$

dann ergibt sich die korrespondierende z-Übertragungsfunktion zu

$$F_R(z) = \frac{c_2 z^2 + c_1 z + c_0}{z^2 + d_1 + d_0} \tag{7.9}$$

mit

$$c_0 = (-2l_1/T_{ab} + l_0)/\delta \;\; ; \;\; c_1 = 2l_0/\delta \;\; ; \;\; c_2 = (2l_1/T_{ab} + l_0)/\delta$$

$$d_0 = (4/T_{ab}^2 - 2p_1/T_{ab} + p_0)/\delta \;\; ; \;\; d_1 = (-8/T_{ab}^2 + 2p_0)/\delta$$

$$\delta = 4/T_{ab}^2 + 2p_1/T_{ab} + p_0 \;\; .$$

Sie kennzeichnet die digitale Approximation des kontinuierlichen Reglers, wobei die
Integration durch die Trapezregel approximiert ist. Bild 7.4 zeigt einen Signal-
flußgraphen für eine digitale Realisierung des in Bild 7.2 dargestellten analogen
Reglers bei Verwendung der Trapez-Integration.

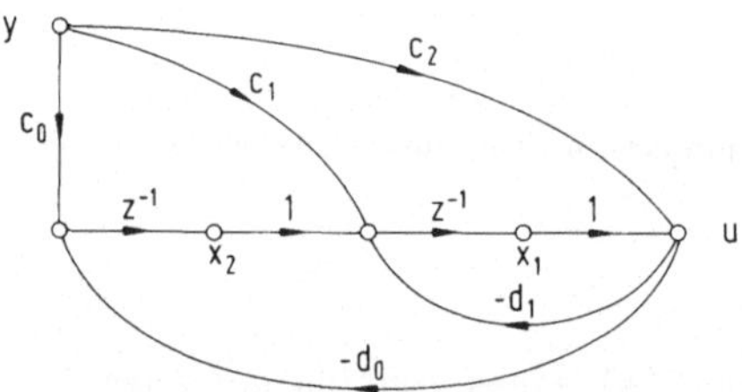

Bild 7.4   Signalflußgraph für eine digitale Realisierung des Reglers aus Bild 7.2
           (1/z ≙ Verzögerung um eine Abtastzeit)

Das zugehörige Rechenprogramm besteht aus wenigen Schritten:

    Meßgröße y abtasten
    Berechnen der Stellgröße: $u = c_2 y + x_1$
    Ausgeben der Stellgröße
    Vorbereiten der nächsten Ausgabe: $x_1 = c_1 y - d_1 u + x_2$; $x_2 = c_0 y - d_0 u$
    Warten auf den nächsten Abtastzeitpunkt.

Mit der Approximation (7.8) der Integration ist die Ordnung von F(s) mit der von
F(z) identisch, wobei sich eine bessere Approximation als mit der Rechteckregel
(7.6) ergibt. Eine weitere vorteilhafte Eigenschaft dieser "bilineare Transformation" genannten Substitution wird durch die Umkehrung von (7.8) deutlich. Ersetzt
man in der z-Übertragungsfunktion des diskreten Systems die Variable z durch

$$z = -\frac{s + 2/T_{ab}}{s - 2/T_{ab}} \;\; , \tag{7.10}$$

dann wird das Stabilitätsgebiet des diskreten Systems ($|z| < 1$) in die linke s-Halb-
ebene abgebildet. In Bild 7.5 ist dieser Übergang von der z-Ebene in die s-Ebene
und umgekehrt verdeutlicht.

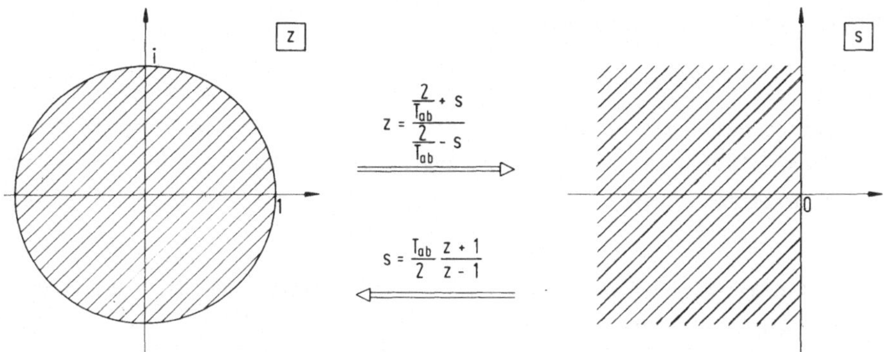

Bild 7.5   Abbildung der linken s-Halbebene auf das Innere des Einheitskreises
           in der z-Ebene und umgekehrt mit Hilfe der bilinearen Transformation

Die Stabilitätsuntersuchungen diskreter Systeme lassen sich mit Hilfe dieser Substitution mit den bekannten Verfahren für die s-Ebene durchführen.

Unabhängig davon, welchen diskreten Integrationsalgorithmus man wählt, liegt am Ausgang des digital realisierten Reglers die Stellgröße in Form einer Zahlenfolge $u(kT_{ab})$ vor. Diese Zahlenfolge ist nun in einem sogenannten Halteglied in ein zeitkontinuierliches Stellsignal umzuwandeln. Dabei wird in der Regel das Halteglied nullter Ordnung verwendet, das aus den Zahlenwerten $u(kT_{ab})$ eine Treppenfunktion bildet, die im Intervall $kT_{ab} \leqslant t < (k+1)T_{ab}$ den Wert $u(kT_{ab})$ besitzt. Eine derartige Umsetzung bewirkt gerade der oben beschriebene D/A-Wandler. Darüber hinaus sind interpolierende Halteglieder möglich, die statt der Treppenfunktion einen geglätteten Stellsignalverlauf liefern. Sie bewirken aber neben einer Amplitudenverzerrung eine zusätzliche Phasennacheilung, die mit der Ordnung des Halteglieds zunimmt /A1/. Dadurch kann es zu Stabilitätsproblemen im Regelkreis kommen, es sei denn, die Verformung wird bereits bei der Dimensionierung des digital zu realisierenden analogen Reglers in die Überlegungen einbezogen.

Die Auslegung eines digitalen Reglers kann also so erfolgen, daß man den im Kontinuierlichen entworfenen Regler durch einen digitalen Algorithmus approximiert. Da die Genauigkeit der Approximation mit zunehmender Schrittweite fällt, ist man gezwungen, die Abtastfrequenz an der erforderlichen Genauigkeit für die Realisierung des Reglers zu orientieren. Andererseits ist aber die Abtastzeit T_{ab} durch die vom Regelalgorithmus benötigte Rechenzeit nach unten begrenzt, so daß man in manchen Fällen gezwungen ist, die Anforderungen an die Dynamik des Regelkreises abzuschwächen, da sonst die ungenauere Approximation des Reglers zu stark ins Gewicht fällt.

Diese Schwierigkeiten umgeht das in den nächsten Abschnitten beschriebene Vorgehen zur Dimensionierung von Abtastregelungen, da man hier keine Approximation eines zeitkontinuierlichen Reglers vornimmt, sondern den gesamten Regelkreis als diskret arbeitendes System beschreibt.

7.4 Diskrete Streckenbeschreibung

Betrachtet man den in Bild 7.1 gezeigten Abtastregelkreis, so wird deutlich, daß es
für die Funktion des Regelkreises ohne Einfluß ist, ob die Verarbeitung der Folge
$u(kT_{ab})$ in einer mit Digital-Analog- und Analog-Digital-Wandlern ergänzten kontinuierlich arbeitenden oder in einer unmittelbar diskret arbeitenden Strecke erfolgt.

Kennt man also den Algorithmus, mit dem die Regelstrecke aus der vor dem D/A-
Wandler anliegenden Zahlenfolge $u(kT_{ab})$ die Folge $y(kT_{ab})$ nach dem A/D-Wandler
erzeugt, so kann man den gesamten Regelkreis unter Benutzung der hierfür entwickelten Methoden als diskret arbeitendes Gebilde behandeln.

Der erste Schritt ist also, die Beschreibung der Strecke zu ermitteln, die eine Be-
rechnung der Abtastwerte $y(kT_{ab})$ aus einer gegebenen Eingangsfolge $u(kT_{ab})$ erlaubt.
Es wird sich herausstellen, daß dann die Synthese des digitalen Reglers in völliger
Analogie zum kontinuierlichen Entwurf verläuft, wodurch die bisher dargestellten
Verfahren direkt übertragbar sind. Als Ergebnis des Entwurfes liegt der diskrete
Regelalgorithmus vor, der zusammen mit der "diskreten" Strecke das gewünschte Ver-
halten des Kreises sicherstellt.

In weiteren Schritten können dann die Auswirkungen von Modellungenauigkeiten, von
Quantisierungsfehlern in den Wandlern und im Rechner, sowie von im Rechner entstehenden Totzeiten untersucht werden.

Anders als bei der Diskretisierung eines kontinuierlichen Reglers hängt dabei die
Genauigkeit der Realisierung nicht von der Länge der Tastperiode T_{ab} ab. Diese kann
man hingegen so wählen, daß die im Regelkreis auftretenden Signale hinreichend genau verarbeitet werden. Dadurch sind Kompromisse möglich, ohne insbesondere die
Stabilität des Regelkreises zu gefährden.

Die zeitkontinuierlich arbeitende Strecke sei durch ihre Zustandsgleichungen

$$\dot{\underline{x}}(t) = \underline{A}\underline{x}(t) + \underline{B}\underline{u}(t)$$

$$\underline{y}(t) = \underline{C}\underline{x}(t)$$

$$(7.11)$$

beschrieben. Das Stellsignal $\underline{u}(t)$ wird vom D/A-Wandler geliefert und ist somit im
Intervall

$$kT_{ab} \leq t < (k+1)T_{ab} \qquad\qquad (7.12)$$

konstant. Zur Vereinfachung der Schreibweise sind im folgenden die Argumente kT_{ab}
durch k abgekürzt.

Aus Gl.(7.11) kann nun der Zustand $\underline{x}(t)$ zum nächsten Abtastzeitpunkt $t = (k+1)T_{ab}$ zu

$$\underline{x}(k+1) = e^{\underline{A}T_{ab}}\underline{x}(k) + \int\limits_{kT_{ab}}^{(k+1)T_{ab}}\left[e^{\underline{A}(kT_{ab}+T_{ab}-\tau)}\right]d\tau\,\underline{B}\underline{u}(k) \qquad (7.13)$$

berechnet werden. Die Ausgangsgröße $\underline{y}(k)$ zum Abtastzeitpunkt $t = kT_{ab}$ ergibt sich einfach zu

$$\underline{y}(k) = \underline{C}\underline{x}(k) \quad . \qquad (7.14)$$

Mit folgenden Abkürzungen für die in Gl.(7.13) auftretenden Matrizen

$$\underline{A}_d = e^{\underline{A}T_{ab}} \qquad (7.15)$$

und

$$\underline{B}_d = \int\limits_{kT_{ab}}^{(k+1)T_{ab}}\left[e^{\underline{A}[(k+1)T_{ab}-\tau]}\right]d\tau\,\underline{B} = \int\limits_{0}^{T_{ab}}e^{\underline{A}\tau}\,d\tau\,\underline{B} \qquad (7.16)$$

erhält man die Zustandsdifferenzengleichung

$$\underline{x}(k+1) = \underline{A}_d\underline{x}(k) + \underline{B}_d\underline{u}(k)$$
$$\underline{y}(k) = \underline{C}\underline{x}(k) \quad , \qquad (7.17)$$

welche die Reaktion der Strecke auf eine Folge am Eingang des D/A-Wandlers zu den Abtastzeitpunkten $t = kT_{ab}$ exakt beschreibt.

Die Eigenwerte z_i des diskreten Systems (7.17) kann man entweder aus der charakteristischen Gleichung

$$\det(z\underline{I} - \underline{A}_d) = 0 \qquad (7.18)$$

oder aus den Eigenwerten des kontinuierlichen Systems s_i über

$$z_i = e^{s_iT_{ab}} \qquad (7.19)$$

ermitteln.

Solange keine Störgrößen auf die Regelstrecke einwirken, ist die Abtastzeit T_{ab} beliebig wählbar, da durch die Zustandsbeschreibung in Gl.(7.17) sichergestellt ist, daß alle Zustands- und Ausgangsgrößen des diskreten Modells mit den Zustands- und Ausgangsgrößen des abgetasteten Systems in allen Abtastzeitpunkten exakt übereinstimmen.

Mit dieser Streckenbeschreibung können die als Zeitbereichsmethoden bezeichneten Reglerentwurfsverfahren, wie Zustandsrückführung und Beobachterentwurf, in völliger Analogie zum kontinuierlichen Fall durchgeführt werden. Der einzige Unterschied liegt in der Pollage, da das Stabilitätsgebiet statt in der linken s-Halbebene im Innern des Einheitskreises der z-Ebene liegt, was auch durch Gleichung (7.19) verdeutlicht wird.

Die Frequenzbereichsmethoden sind ebenfalls direkt anwendbar, wenn man die Zustandsgleichung (7.17) des diskreten Systems der z-Transformation unterwirft, die der Laplace-Transformation für kontinuierliche Systeme entspricht.

Über die z-Transformation ergibt sich aus Gleichung (7.17) für verschwindende Anfangsbedingungen ($\underline{x}(t=0) = \underline{0}$)

$$\underline{y}(z) = \underline{C}(z\underline{I} - \underline{A}_d)^{-1}\underline{B}_d\underline{u}(z) \quad . \tag{7.20}$$

Die z-Übertragungsmatrix der Strecke

$$\underline{F}(z) = \underline{C}(z\underline{I} - \underline{A}_d)^{-1}\underline{B}_d \tag{7.21}$$

ist wie im kontinuierlichen Fall durch rechts- bzw. linksprime Polynommatrizen

$$\underline{F}(z) = \underline{Z}(z)\underline{N}^{-1}(z) = \underline{N}^{*-1}(z)\underline{Z}^{*}(z) \tag{7.22}$$

darstellbar. Damit sind aber die Entwurfsverfahren im Frequenzbereich unmittelbar auf Abtastsysteme übertragbar. An die Stelle der Polynome in s treten jetzt Polynome in z. Die Rechenvorschriften sind dabei identisch.

Die z-Übertragungsmatrix $\underline{F}(z)$ der diskreten Beschreibung kann man auch aus der Übertragungsmatrix $\underline{F}(s)$ des kontinuierlichen Systems bestimmen. Das Verfahren beruht auf der Tatsache, daß die Strecke über die D/A-Wandler am Eingang mit Sprungfunktionen angeregt wird.

Für ein bestimmtes Eingangs- Ausgangspaar errechnet sich das kontinuierliche Signal y(t) am Ausgang der Strecke nach einem Eingangssprung u(t) = 1(t) durch Laplace-Rücktransformation zu

$$y(t) = \mathcal{L}^{-1}\left[F(s)\frac{1}{s}\right] \quad , \tag{7.23}$$

woraus die Ausgangsfolge

$$y(k) = \mathcal{L}^{-1}\left[F(s)\frac{1}{s}\right]\Bigg|_{t=kT_{ab}} \tag{7.24}$$

durch Abtastung entsteht.

Die z-Transformation dieser Folge liefert schließlich

$$y(z) = \mathcal{Z}\left[\mathcal{L}^{-1}\left[F(s)\frac{1}{s}\right]\bigg|_{t=kT_{ab}}\right]. \tag{7.25}$$

Auf der anderen Seite gilt nach Gleichung (7.20) für das Streckenverhalten der allgemeine Zusammenhang

$$y(z) = F(z)u(z) \quad . \tag{7.26}$$

Bei der Berechnung von y(z) nach Gl.(7.25) wurde angenommen, daß am Streckeneingang ein sprungförmiges u angreift. Dieser Sprung entsteht, wenn am Eingang des D/A-Wandlers die Folge

$$u(k) = \begin{cases} 0 & \text{für } k < 0 \\ 1 & \text{für } k \geqslant 0 \end{cases} \tag{7.27}$$

anliegt. Die z-Transformierte dieser Folge lautet

$$u(z) = \frac{z}{z-1} \, , \tag{7.28}$$

so daß für das Übertragungsverhalten von der Eingangsfolge $\underline{u}$(k) zu der Ausgangsfolge $\underline{y}$(k) die z-Übertragungsfunktion

$$F(z) = \mathcal{Z}\left[\mathcal{L}^{-1}\left[F(s)\frac{1}{s}\right]\bigg|_{t=kT_{ab}}\right]\frac{z-1}{z} \quad . \tag{7.29}$$

folgt. Bei Mehrgrößensystemen ist diese Berechnung für jedes Eingangs- Ausgangspaar durchzuführen, woraus dann sich die Übertragungsmatrix $\underline{F}$(z) ergibt.

Diese sogenannte "sprunginvariante" z-Übertragungsfunktion einer kontinuierlichen Strecke erhält man also, wenn man aus der Antwort auf eine sprungförmige Erregung u(t) = 1(t) die Folge y(k) entnimmt, diese der z-Transformation unterwirft, und das Ergebnis mit dem Kehrwert der z-Transformierten einer sprungförmigen Folge multipliziert.

Für die Ermittlung der z-Übertragungsfunktion aus der s-Übertragungsfunktion benutzt man vorteilhafterweise Korrespondenztabellen (siehe z.B. /A1/), in denen die z-Übertragungsfunktionen für einfache s-Übertragungsfunktionen zusammengestellt sind. Systeme höherer Ordnung können durch Partialbruchzerlegung in eine Darstellung gebracht werden, die eine Benutzung dieser Tabellen erlaubt.

7.5 Regelkreissynthese und Wahl der Abtastzeit

Die Behandlung von Regelkreisen mit zeitdiskret arbeitenden Reglern kann bei Verwendung der in Abschn. 7.4 dargestellten Streckenbeschreibung in völliger Analogie zum Vorgehen im kontinuierlichen Fall erfolgen. An die Stelle der Zustandsdifferentialgleichungen von Strecke und Regler treten die Zustandsdifferenzengleichungen der diskreten Systemdarstellungen.

Insbesondere gelten die Kriterien für Steuerbarkeit und Beobachtbarkeit ohne Modifikation, wenn anstelle der Größen aus der zeitkontinuierlichen Beschreibung die Matrizen der zeitdiskreten eingesetzt werden. Bei ungeeigneter Wahl der Abtastfrequenz $f_{ab} = 1/T_{ab}$ kann das durch Abtastung gewonnene diskrete System gegenüber dem kontinuierlichen einen Steuerbarkeits- oder/und Beobachtbarkeitsdefekt aufweisen /A1/. Bei der im folgenden vorgeschlagenen Wahl der Abtastfrequenz spielt dieser Aspekt aber nur eine untergeordnete Rolle.

Geht man von den z-Übertragungsmatrizen aus, so gelten für die Dimensionierung der Abtastregelkreise genau dieselben Polynomgleichungen wie beim Frequenzbereichsentwurf kontinuierlicher Regelkreise.

Der wesentliche Unterschied zwischen den Reglerentwürfen für zeitkontinuierliche und zeitdiskrete Systeme ist durch die unterschiedlichen Stabilitätsgebiete gekennzeichnet. Während zur Sicherstellung asymptotischer Stabilität für die Eigenwerte s_i des kontinuierlichen Systems die Bedingung

$$Re[s_i] < 0 \qquad\qquad\qquad (7.30)$$

erfüllt sein muß, lautet die entsprechende Forderung für die Eigenwerte z_i des zeitdiskreten Systems

$$|z_i| < 1 \quad . \qquad\qquad\qquad (7.31)$$

Unabhängig von der gewählten Abtastzeit ergibt sich also eine asymptotisch stabile Regelung, wenn aufgrund der Zustandsrückführung und des verwendeten Beobachters die Pole des geschlossenen Regelkreises die Bedingung (7.31) erfüllen. Dabei tritt die Schwierigkeit auf, daß durch die Vorgabe der Pole z_i (bei gegebenen Nullstellen) zwar die Form der Ausgangsfolge $y(k)$ als Reaktion auf eine Eingangsfolge $u(k)$ festliegt, der tatsächliche Zeitmaßstab für diese Verläufe sich aber erst über die Abtastzeit ergibt. Bei einer unter Umständen erforderlichen Veränderung der Abtastfrequenz verändert sich somit die Dynamik des Regelkreises, obwohl gleiche Pole in der z-Ebene vorgegeben werden.

Zumindest bei Eingrößensystemen erscheint es daher sinnvoll, zunächst die Regelkreissynthese im s-Bereich durchzuführen, und dann durch geeignete Umsetzung sicherzustellen, daß der Abtastregelkreis das gewünschte Verhalten zeigt.

Obwohl die benötigte Abtastrate von der geforderten Kreisdynamik abhängt, erlaubt
das folgende Vorgehen eine weitgehende Trennung zwischen der Regelkreissynthese und
der Festlegung der Abtastzeit T_{ab}.

Dazu werden nacheinander die folgenden Schritte unternommen:

(i)   Festlegung der Pollagen des Regelkreises anhand der zeitkontinuierli-
        chen Beschreibung z.B. mit einem der in Kap. 5 diskutierten Verfahren

(ii)   Wahl der geeigneten Abtastfrequenz und Berechnen der benötigten Strek-
        kenbeschreibung im z-Bereich

(iii)   Umsetzung der gewünschten Pole des Regelkreises in den z-Bereich über

$$\tilde{z}_i = e^{\tilde{s}_i T_{ab}} \quad , \tag{7.32}$$

womit das Nennerpolynom

$$\tilde{N}(s) = \prod_{i=1}^{n} (s - \tilde{s}_i) \quad \text{bzw.} \quad \tilde{N}(s) = \prod_{i=1}^{n} (s - \alpha \tilde{s}_i) \tag{7.33}$$

des geschlossenen Regelkreises übergeht in

$$\tilde{N}(z) = \prod_{i=1}^{n} (z - \tilde{z}_i) \quad \text{bzw.} \quad \tilde{N}(z) = \prod_{i=1}^{n} (z - \tilde{z}_i^{\alpha}) \quad . \tag{7.34}$$

(iv)   Berechnung des Abtastreglers im z-Bereich, wobei die resultierenden
        Zustandsdifferenzengleichungen oder z-Übertragungsfunktionen eine di-
        rekte Vorschrift für die Realisierung im Rechner liefern.

Mit diesem Vorgehen sind zwei Vorteile verbunden. Einerseits besteht die Möglichkeit, die Reglersynthese zunächst im vertrauten und physikalisch relevanten Bereich
kontinuierlicher Systeme durchzuführen, und andererseits werden die in Abschn. 7.3
diskutierten Genauigkeits- und Stabilitätsprobleme, die bei relativ niedrigen Abtastraten entstehen, automatisch vermieden.

Für eine Optimierung von Regelkreisen, deren Eigenschaften nicht nur von den Pollagen bestimmt werden, ist eine durchgehende Verwendung der diskreten Beschreibung
unumgänglich. Dabei muß man eventuell die Abtastzeit abhängig vom Verlauf der Optimierung anpassen. Dennoch besteht auch hier die Möglichkeit, die Zielvorstellungen
zunächst im s-Bereich vorzugeben, und sie dann in den z-Bereich umzurechnen.

Anders als bei der Approximation kontinuierlicher Regler durch diskrete Algorithmen
wird beim obigen Vorgehen die Wahl der Abtastrate nicht von der Genauigkeit eines
irgendwie gearteten Integrationsalgorithmus eingeschränkt. Stattdessen spielen bei
der Festlegung der Abtastfrequenz folgende Gesichtspunkte eine Rolle.

Die Behandlung des gesamten Regelkreises als diskretes System stellt zwar sicher,
daß die Ausgangsfolge y(k) die gewünschte Form besitzt.

Die interessierende Regelgröße ist aber nicht diese Folge, sondern die kontinuierliche Ausgangsgröße y(t), die zwar in den Abtastzeitpunkten mit y(k) übereinstimmt,
deren Verlauf zwischen den Abtastzeitpunkten jedoch nicht durch die diskrete Beschreibung erfaßt wird. Dieser Verlauf ist durch die Überlagerung von Sprungantwor-
ten der Strecke festgelegt, da das Stellsignal sich jeweils zu den Abtastzeitpunkten sprungförmig ändert. Bild 7.6a zeigt eine für den Regelkreis festgelegte Ausgangsfolge y(k) und die Bilder 7.6b und 7.6c mögliche Verläufe von y(t).

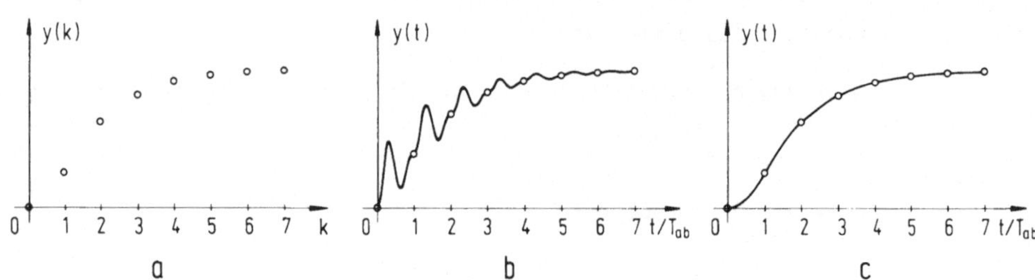

a   b   c

Bild 7.6 Ausgangsfolge y(k) und mögliche Verläufe von y(t)

In Bild 7.6b ist y(t) bei einer digitalen Regelung dargestellt, bei der der Übergangsvorgang der ungeregelten Strecke aufgrund einer sprungförmigen Änderung des
Stellsignals innerhalb einer Abtastperiode nahezu abgeschlossen ist, während die
ungeregelte Strecke in Bild 7.6c sehr viel träger ist.

In beiden Fällen stimmt das Ausgangssignal y(t) in den Abtastzeitpunkten mit der
gewünschten Folge y(k) überein, zwischen den Abtastpunkten unterscheiden sie sich
jedoch erheblich. Aus dieser Tatsache kann bereits ein erstes Kriterium für die
Festlegung der Abtastfrequenz abgeleitet werden:

   Einen "glatten" Verlauf der Regelgrößen erhält man dann, wenn innerhalb des
   Einschwingvorganges der ungeregelten Strecke mehrere Abtastungen erfolgen.

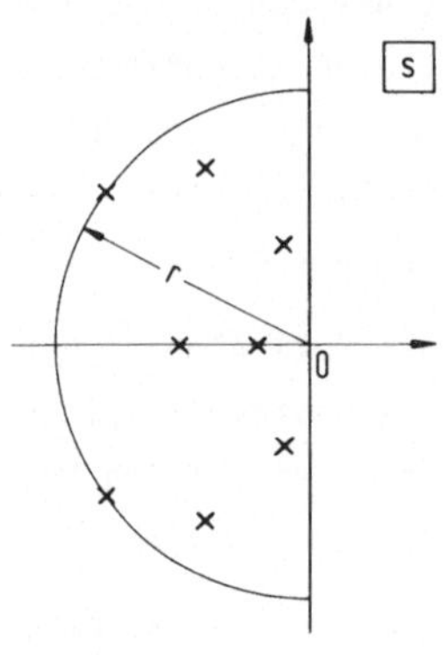

Die Festlegung der Abtastfrequenz, bei die
Strecke eine zufriedenstellende Interpolation
zwischen den Abtastpunkten liefert, ist auch
anhand der Pollagen des kontinuierlichen Systems
möglich. Schlägt man, wie in Bild 7.7 angedeutet, einen Kreis um den Nullpunkt der s-Ebene,
so daß sich gerade alle Pole der ungeregelten
Strecke innerhalb dieses Kreises befinden, dann
ergibt sich ein "glatter" Verlauf der Regelgröße
bei der Wahl von

Bild 7.7

$$T_{ab} = 1/r \quad .$$

(7.35)

Diese Wahl läßt sich damit begründen, daß in der Sprungantwort der Strecke enthaltene Schwingungsanteile dann mindestens eine Periodendauer von $2\pi T_{ab}$ besitzen, sich innerhalb einer Abtastperiode folglich nicht ausbilden können. Für Anteile, die von reellen Polen herrühren, gilt entsprechendes.

Ackermann /A1/ kommt aufgrund von Steuerbarkeitsüberlegungen auf eine Abtastzeit von

$$T_{ab} = \pi/4r \quad , \tag{7.36}$$

die gegenüber (7.35) etwas kürzer ist.

Bei der Festlegung der Abtastzeit muß aber ein weiteres Problem berücksichtigt werden, das bei Nichtbeachtung zu überraschenden Effekten führen kann. Die auf den Regelkreis einwirkenden (kontinuierlichen) Stör- und Führungssignale werden durch die Abtastung in diskrete Zahlenfolgen gewandelt, deren Spektren nicht mehr mit den Spektren der zeitkontinuierlichen Signale übereinstimmen.

Das Spektrum $F_T(f)$ eines abgetasteten Signals (dabei ist f die Frequenz in Hz) ist periodisch und ergibt sich aus der phasenrichtigen Überlagerung der durch Verschiebung um Vielfache ν/T_{ab}; $\nu = 0, \pm 1, \ldots, \pm\infty$ der Abtastfrequenz aus F(f) entstehenden Spektren. In Bild 7.8 ist dieser Sachverhalt graphisch dargestellt.

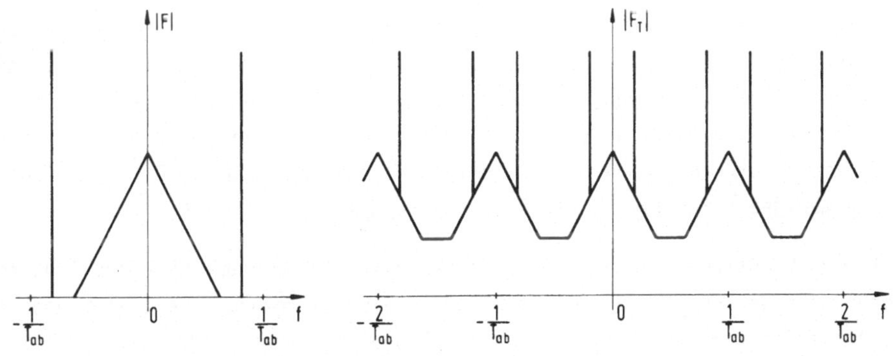

Bild 7.8 Amplitudenspektrum $|F|$ des kontinuierlichen und $|F_T|$ des abgetasteten
          Signals

Die Abweichungen zwischen den Spektren des kontinuierlichen und des abgetasteten Signals im Grundbereich $-f_{ab}/2 \leqslant f \leqslant f_{ab}/2$ werden umso größer, je größer der Wert von $|F|$ in der Nähe der Abtastfrequenz $f_{ab} = 1/T_{ab}$ ist. Besonders gravierend wirkt sich die Einspiegelung anderer Anteile des Spektrums durch die periodische Wiederholung, das sogenannte "Aliasing", dann aus, wenn deutliche Resonanzen in der Nähe der Abtastfrequenz auftreten (s. Bild 7.8).

Diese wirken sich im Spektrum des abgetasteten Signals wie niederfrequente Signalanteile aus, auf die der Regler mit entsprechenden Stellbewegungen reagiert, obwohl
diese im kontinuierlichen, nicht abgetasteten Signal überhaupt nicht vorhanden
sind. Dadurch kann es bei prinzipiell günstig ausgelegtem Regelkreisverhalten zu
erheblichen Regelabweichungen kommen.

Die Abtastfrequenz f_{ab} sollte deshalb so gewählt werden, daß das Spektrum der abgetasteten Signale im Grundfrequenzband

$$0 \leq |f| \leq f_{ab}/2 \tag{7.37}$$

mit dem Spektrum der kontinuierlichen Signale übereinstimmt. Bei exakt bandbegrenz-
ten Signalen mit der oberen Grenzfrequenz f_g erreicht man dies dadurch, daß man die
Abtastfrequenz mindestens doppelt so hoch wie f_g wählt.

Die im Regelkreis auftretenden Signale sind normalerweise nicht exakt bandbegrenzt.
Sie besitzen stattdessen kontinuierliche Amplitudenspektren, und obwohl sie für
steigende Frequenzen im allgemeinen abfallen, läßt sich eine Übereinstimmung der
Spektren von kontinuierlichem und abgetastetem Signal auch für sehr hohe Abtastfre-
quenzen nur näherungsweise erzielen. Eine konkrete Festlegung der Abtastfrequenz
muß sich deshalb an der gewünschten Regelgenauigkeit orientieren. Überlegungen
hierzu findet man z.B. bei Isermann /I4/.

Führungssignale kann man entweder vor der Abtastung in ihrer Bandbreite begrenzen
oder direkt digital erzeugen, so daß von daher die Wahl der Abtastfrequenz nicht
eingeschränkt ist. Sie wird jedoch insofern von den Führungssignalen beeinflußt,
als die Regelung sicherstellen soll, daß die Regelgrößen den Führungsgrößen bis zu
einer bestimmten Frequenz ohne nennenswerte Abweichungen folgen. Dies erreicht man
durch eine geeignete Festlegung der Regelkreisdynamik.

Die Wahl der Abtastfrequenz kann folglich gleichwertig nach dem Führungssignalspek-
trum oder der gewünschten Dynamik des Regelkreises erfolgen. Letzteres bedeutet,
daß die Abtastfrequenz nach Gl.(7.35) festzulegen ist, wobei jedoch der in Bild 7.7
eingezeichnete Kreis die Pole der Strecke und die gewünschten Pole des Regelkreises
einschließt. Sicherheitshalber sollte man vor der Abtastung kontinuierlicher Führungssignale auf jeden Fall eine Bandbegrenzung vorsehen.

Im Gegensatz zu den Führungsgrößen besteht bei den Störgrößen i.a. keine Möglichkeit, vor deren Einwirken in den Regelkreis eine Bandbegrenzung vorzunehmen. Hoch-
frequente Störanteile können oder sollen häufig durch die Regelung nicht bekämpft
werden, so daß eine niederfrequente Abtastung ausreichen würde. Wegen der Einspiegelungen bei der Abtastung (Aliasing) entstehen jedoch "Phantomstörungen", die
äußerst unangenehme Folgen haben können.

Am Beispiel einer sinusförmigen Störgröße der Frequenz f_{ab} läßt sich dieser Effekt besonders deutlich demonstrieren. Durch die Abtastung wird die entsprechende Spektrallinie der Sinusstörung nach $f=0$ gespiegelt, die der Abtastregler als konstante Störung erkennt und zu bekämpfen sucht. Dies führt dann zu einer bleibenden Regelabweichung, die sich der nicht kompensierbaren Auswirkung der hochfrequenten Störgröße mit der Frequenz f_{ab} überlagert.

Die unerwünschten Einflüsse durch Einspiegelungen könnte man durch eine entsprechend hohe Abtastfrequenz vermeiden, was jedoch zu unnötig oder sogar nicht realisierbar kurzen Abtastzeiten führen kann.

Abhilfe schafft hier der Einsatz eines analogen Tiefpaßfilters mit der Eckfrequenz $f_e < f_{ab}/2$, das im Meßkanal vor dem A/D-Wandler liegt (Anti-Aliasing-Filter). Es senkt die Spektralanteile des kontinuierlichen Meßsignals oberhalb von f_e stark ab, so daß durch das Abtasten nur geringfügige Fehler durch Einspiegelungen entstehen.

Bei der Regelkreissynthese ist dieses Filter natürlich zu berücksichtigen /A1/. Sein Einsatz ist unbedingt angezeigt, wenn die Form des Störspektrums unbekannt und somit die Gefahr von Aliasing-Effekten nicht auszuschließen ist.

Ähnlich wie die Einspiegelung hochfrequenter Störanteile wirken sich auch bei der Modellbildung vernachlässigte, weit links in der s-Ebene liegende Streckenpole aus. Die dadurch entstehenden Probleme können ebenfalls, wie z.B. in /A1/ diskutiert, durch ein geeignetes Anti-Aliasing-Filter vermieden werden.

Bei der Wahl der Abtastrate sind also zwei Gesichtspunkte relevant.

1. Die Abtastfrequenz sollte so gewählt werden, daß die Regelgrößen zwischen den Abtastpunkten einen hinreichend glatten Verlauf aufweisen, und diese den Führungsgrößen mit geforderter Dynamik folgen. Um dies zu erreichen, schlägt man in der s-Ebene einen Kreis mit dem Radius r so, daß alle Pole des Regelkreises (ungeregelt und geregelt) eingeschlossen sind. Der Radius gibt die benötigte Abtastfrequenz $f_{ab} = r$ an.

2. Die Abtastfrequenz sollte so gewählt werden, daß das Spektrum der abgetasteten Signale im Grundband $0 \leqslant |f| \leqslant f_{ab}/2$ mit dem Spektrum der zugrundeliegenden kontinuierlichen Signale übereinstimmt. Bei scharf bandbegrenzten Signalen mit der oberen Grenzfrequenz f_g erreicht man dies durch die Wahl von $f_{ab} > 2f_g$. Bei nicht scharf bandbegrenzten Signalen muß man höhere Abtastfrequenzen wählen, wobei es gewisse Erfahrungswerte gibt /I4/. Gegebenenfalls ist zur Bandbegrenzung der Meßsignale ein Anti-Aliasing-Filter im Meßkanal vorzusehen, dessen Dynamik bei der Regelkreissynthese in der Streckenbeschreibung berücksichtigt werden muß.

7.6 Verschiedene Fehlereinflüsse

Bei der praktischen Realisierung zeitdiskret arbeitender Regler treten zwischen den theoretisch berechneten und den tatsächlich erzielten Regelergebnissen Abweichungen auf, deren wesentliche Ursachen kurz besprochen werden sollen.

Die bisher als exakt angesetzte A/D-Wandlung erfolgt amplitudendiskret, so daß die vom Regler übernommenen Meßwerte eine beschränkte Genauigkeit besitzen. Entsprechendes gilt auch für die Umsetzung der berechneten Stellfolgen in das tatsächliche analoge Stellsignal. Bedingt durch die endliche Stufenzahl der Wandler stellen diese eine in Bild 7.9 gezeigte Nichtlinearität dar, deren Auswirkung auf den Regelkreis beachtet werden muß. Nur bei genügend feiner Stufung (hohe Auflösung der Wandler) ist dieser Effekt vernachlässigbar.

Eine relativ ausführliche Diskussion des durch die Amplitudendiskretisierung entstehenden sogenannten Quantisierungsrauschens findet man z.B. in /I4/.

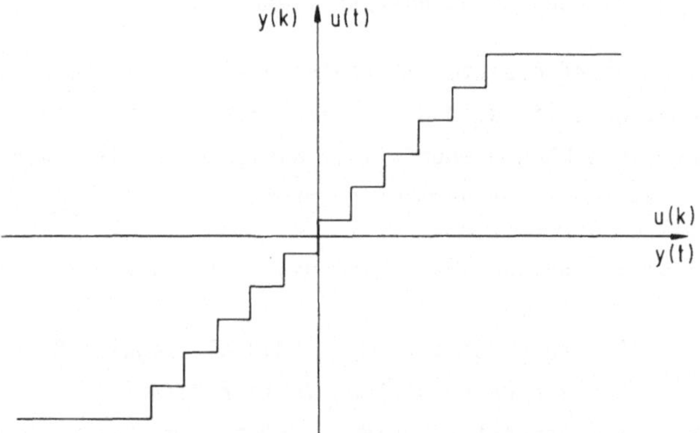

Bild 7.9 Diskretisierungskennlinie eines Wandlers

Prinzipiell tritt der gleiche Effekt bei jeder Rechenoperation im Regelalgorithmus durch die endlichen Wortlänge digitaler Zahlendarstellungen auf. Außerdem bedingt die endliche Wortlänge Ungenauigkeiten bei der Realisierung der Reglerparameter.

Die z.B. in /H5/ untersuchte Empfindlichkeit des Regelkreises auf Parameterungenauigkeiten im (analogen) Regler könnte sinngemäß auf die Auswirkung endlicher Wortlängen übertragen werden. Werden die Regelalgorithmen in Prozeßrechnern verarbeitet, kann man im allgemeinen davon ausgehen, daß die Einflüsse endlicher Wortlängen vernachlässigbar sind. Probleme mit begrenzter Bit-Zahl treten bisher vor allem bei der Verwendung von Mikroprozessoren als Regler auf, jedoch läuft auch hier die Entwicklung hin zu größeren Wortlängen.

In diesem Zusammenhang muß jedoch ein Effekt beachtet werden, der trotz hoher Wortlängen zu Genauigkeitsproblemen führen kann. Wird bei vorgegebener Dynamik, gekennzeichnet durch Pollagen $\tilde{s}_i$ des kontinuierlichen Regelkreises, die Abtastrate z.B.
zur Erzielung einer quasikontinuierlichen Regelung erhöht, dann wandern die Pole
und Nullstellen des Reglers in der z-Ebene in Richtung von z=1. Dies hat zur Folge,
daß bei relativ hohen Abtastraten im Regler Differenzen etwa gleich großer Zahlen
gebildet werden müssen. Bei gegebener Wortlänge wachsen damit die relativen Fehler
in dem Maße an, in dem die Abtastfrequenz steigt. Dadurch besteht die Gefahr, daß
trotz großer Wortlängen (16 Bit und mehr) Genauigkeitsprobleme durch die Wahl einer
zu kurzen Abtastperiode im Regelkreis auftreten.

Eine weitere Fehlerquelle kann zu erheblichen Abweichungen vom gewünschten Verhalten des Regelkreises führen. Bisher wurde angenommen, daß das Stellsignal u(k)
genau zu dem Zeitpunkt ausgegeben wird, zu dem der Rechner den Meßwert y(k) übernimmt. Da im Regler zumeist ein direkter Durchgriff von der Meßgröße zur Stellgröße
auftritt, wird zur Bildung der Stellgröße u(k) der Wert von y(k) benötigt. Es
dauert folglich eine gewisse Zeit T_R, bis der abgetastete Wert y(k) in die Stellgröße u(k) eingerechnet und vom D/A-Wandler ausgegeben ist. Dieser Zeitverzug hat
dieselbe Auswirkung wie eine nicht berücksichtigte Totzeit am Eingang der kontinuierlichen Strecke. Bild 7.10 zeigt die betrachtete Situation in zwei sich entsprechenden Blockdiagrammen.

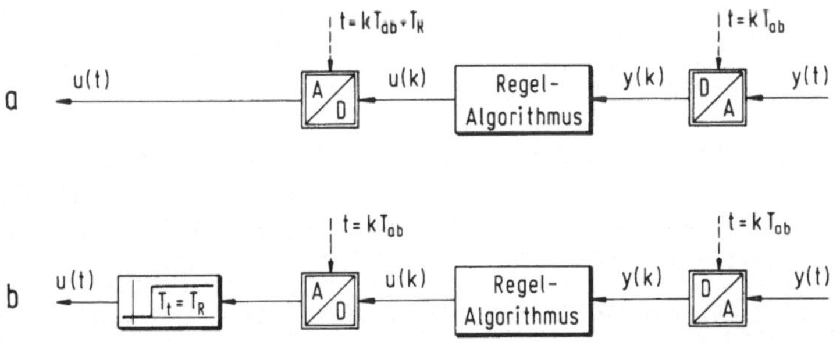

Bild 7.10 Berücksichtigung der Rechnertotzeit T_R zwischen der Übernahme des Meß-
           wertes und der Ausgabe der Stellgröße

Mit der in Bild 7.10b gezeigten Anordnung läßt sich der Einfluß der Rechnertotzeit
auf das Regelkreisverhalten untersuchen. Ist dieser Einfluß nicht vernachlässigbar,
sollte man die Rechnertotzeit T_R in die Streckenbeschreibung einbeziehen, so daß
sie bei der Reglerauslegung berücksichtigt wird. Dadurch ist wieder eine exakte
Beschreibung des Abtastregelkreises möglich, was jedoch durch eine Ordnungserhöhung
in den Streckengleichungen erkauft werden muß /A1/.

Literaturverzeichnis

A1   Ackermann, J: Abtastregelung Bd.I, 2.Auflage. Berlin: Springer 1983.

A2   —: Abtastregelung Bd.II. Springer: Berlin 1983.

A3   —: Der Entwurf linearer Regelungssysteme im Zustandsraum. Regelungstechnik 20 (1972), 297-300.

A4   —: Einführung in die Theorie der Beobachter. Regelungstechnik 24 (1976), 217-226.

A5   —: Entwurf durch Polvorgabe. Regelungstechnik 25 (1977), 173-179 und 209-215.

A6   —: Parameter space design of robust control systems. IEEE Trans. Autom. Control, AC-25 (1980), 1058-1072.

A7   Anderson, B.D.O.; Moore, J.B.: Linear optimal control. Englewood Cliffs N.J.: Prentice Hall 1971.

A8   Aracil, J.; Montes, C.G.: External description of multivariable systems. Int. J. Control 23 (1976), 409-420.

A9   Asher, R.B. et al.: Bibliography on adaptive control systems. Proc. IEEE 64 (1976), 1226-1240.

A10   Aström, K.J.: Theory and applications of adaptive control - a survey. Automatica 19 (1983), 471-486.

A11   Aström, K.J.; Eykhoff, P.: System identification - a survey. Automatica 7 (1971), 123-162.

A12   Athans, M.; Falb, P.L.: Optimal control. New York: MacGraw Hill 1966.

B1   Bär, W.: A simple linear model for controlling the reaction zone of a fixed-bed catalytic reactor. German Chemical Engineering 3 (1980), 21-25.

B2   —: Simulation kontinuierlicher technischer Systeme. Erlangen: Erlanger Forschungen, Reihe B, Bd.13, 1982.

B3   Björnsson, B.; Cuno, B.: Implementierung des Reglerentwurfsverfahrens mit vektoriellem Gütekriterium auf dem Hybridrechner. Carl-Cranz-Gesellschaft, Lehrgang R1.03 "Entwurf von Regelsystemen mit Optimierungsmethoden - Gütevektoroptimierung", Oberpfaffenhofen, 5.-7.4.1982.

B4   Bode, H.W.: Network analysis and feedback amplifier design. New York: Van Nostrand 1945.

B5   Bonvin, D.; Mellichamp, D.A.: A generalized structural dominance method for the analysis of large scale systems. Int. J. Control 35 (1982), 807-827.

B6   —: A unified derivation and critical review of modal approaches to model reduction. Int. J. Control 35 (1982), 829-848.

B7   Brammer, K.; Siffling, G.: Kalman-Bucy-Filter. München: Oldenbourg 1975.

C1   Chen, C.-T.: Design of compensators for a class of multivariable linear optimum regulators. Preprints 2nd IFAC Symposium on Multivariable Technical Control Systems, Düsseldorf 1971.

C2   Csaki, F.: Die Zustandsraummethode in der Regelungstechnik. Düsseldorf: VDI-Verlag 1973.

D1   Daly, K.C.: Transfer - function evaluation in reduced form. Proc. IEE 121 (1974), 1433-1434.

D2   Davison, E.J.: The robust control of a servomechanism problem for linear time-invariant multivariable systems. IEEE Trans. Autom. Control, AC-21 (1976), 25-34.

D3   Davison, E.J.; Goldenberg, A.: Robust control of a general servomechanism problem: the servo compensator. Automatica 11 (1975), 461-471.

D4   Davison, E.J.; Wang, S.H.: New results on the controllability and observability of general composite systems. IEEE Trans. Autom. Control, AC-20 (1975), 123-128.

D5   DeRusso, P.M.; Roy, R.J.; Close, C.M.: State variables for engineers. New York: J. Wiley 1965.

D6   Dittrich, F.; Wilking, H.: Korrigierte ITAE - Standardformen. Regelungstechnik 28 (1980), 136-137.

D7   Dittrich, F.; Wurmthaler, Ch.: Adaptive control device for freezing biological material. Proc. 2nd IASTED Symposium on Modelling, Identification and Control, Davos 1982.

E1   Eveleigh, V.W.: Adaptive control and optimization techniques. New York: MacGraw Hill 1967.

F1   Faddejew, D.K.; Faddejewa, W.N.: Numerische Methoden der linearen Algebra. München: Oldenbourg 1970.

F2   Fallside, F.: Control system design by pole-zero assignment. London: Academic Press 1977.

F3   Ferreira, P.G.: The servomechanism problem and the method of the state-space in the frequency domain. Int. J. Control 23 (1976), 245-255.

F4   Föllinger, O.: Regelungstechnik, 3. Auflage. Berlin: Elitera Verlag 1980.

F5   Föllinger, O.; Franke, D.: Einführung in die Zustandsbeschreibung dynamischer Systeme. München: Oldenbourg 1982.

F6   Frank, P.M.: Empfindlichkeitsanalyse dynamischer Systeme. München: Oldenbourg 1976.

F7   —: Introduction to system sensitivity theory. New York: Academic Press 1978.

G1   Gelb, A.: Applied optimal estimation. Cambridge Mass.: MIT Press 1974.

G2   Genesio, R.; Milanese, M.: A note on the derivation and use of reduced - order models. IEEE Trans. Autom. Control, AC-21 (1976), 118-122.

G3   Gilbert, E.G.: Controllability and observability in multivariable control systems. SIAM J. Control 2 (1963), 128-151.

G4   Glattfelder, A.H.: Regelungssysteme mit Begrenzungen. München: Oldenbourg 1974.

G5   Gopinath, B.: On the control of linear multi input-output systems. Bell Syst. Tech. J., Mar. 1971.

G6   Grübel, G.: Separationseigenschaften und Freiheitsgrade beim Entwurf von Kontrollbeobachtern. TU Berlin: Kursmaterialien zur Automatisierung, "Analyse und Synthese dynamischer Systeme" (1976), 140-197.

G7   —: Beobachter zur Reglersynthese. Habilitationsschrift, Ruhr-Universität Bochum, Juli 1977.

G8   —: Reglersynthese durch Verknüpfung von Zustandsraum und Frequenzbereich. VDI/VDE-Aussprachetag "Regelungssynthese im Zustandsraum" 14.-15.2.1977, Frankfurt/M.

G9   Gwinner, K.: Modellbildung technischer Prozesse unter besonderer Berücksichtigung der bei der Regelung und Überwachung benötigten Modellvereinfachung. Karlsruhe: PDV-Bericht Nr. PDV - E51 (1975).

H1   Hautus, M.L.J.: Controllability and observability conditions of linear autono-
     mous systems. Indagationes Mathematicae 31 (1969), 443-448.

H2   Hayton, G.E.: The generalized resultant matrix. Int. J. Control 32 (1980),
     567-579.

H3   Heckle, M.; Seid, B.: Modellbildung und modale Regelung einer Zweistoff-De-
     stillationskolonne. Regelungstechnik 21 (1973), 250-261.

H4   Hippe, P.: Über die Empfindlichkeit von Zustandsreglern. Köln: DFVLR, "Deut-
     sche Luft- und Raumfahrt", Forschungsbericht 75-32 (1975).

H5   —: Der Entwurf von Zustandsreglern unter dem Gesichtspunkt minimaler Regler-
     empfindlichkeit. Dissertation Erlangen 1976.

H6   —: Optimale Zustandsregelung. Institut für Regelungstechnik, Univ. Erlangen-
     Nürnberg, Bericht 79/1.

H7   —: Ein modales Regelbarkeitsmaß für lineare, zeitinvariante Systeme. Rege-
     lungstechnik 30 (1982), 96-101.

H8   Hippe, P.; Birke, Ch.: Systematische Auslegung von Zustandsregelkreisen im
     Frequenzbereich. Regelungstechnik 31 (1983), 403-409.

H9   Hippe, P.; Wurmthaler, Ch.: Entwurf von Zustandsreglern im Frequenzbereich.
     Regelungstechnik 24 (1976), 47-52.

H10 —: Ein einfaches Verfahren zum Entwurf von Zustandsreglern mit Störgrößenkom-
     pensation. Regelungstechnik 29 (1981), 91-96 und 131-136.

H11 —: Ein Verfahren zum Entwurf von Zustandsreglern minimaler Ordnung mit Stör-
     und Führungsmodell. Regelungstechnik 29 (1981), 155-164.

H12 —: Reduced-order observers for linear multivariable systems with disturbance
     and tracking signal accommodation. Int. J. Control 38 (1983), 831-842.

H13 Horowitz, I.: A synthesis theory for a class of saturating systems. Int. J.
     Control 38 (1983), 169-187.

I1   Isermann, R.: Experimentelle Analyse der Dynamik von Regelsystemen - Iden-
     tifikation I. Mannheim: Bibliographisches Institut 1971.

I2   —: Theoretische Analyse der Dynamik industrieller Prozesse - Identifika-
     tion II. Mannheim: Bilbliographisches Institut 1971.

I3   —: Prozeßidentifikation. Berlin: Springer 1974.

I4   —: Digitale Regelsysteme. Berlin: Springer 1977.

J1   Johnson, C.D.: Accommodation of external disturbances in linear regulator and
     servomechanism problems. IEEE Trans. Autom. Control, AC-16 (1971), 635-644.

J2   —: Accommodation of disturbances in optimal control problems. Int. J. Control
     15 (1972), 209-231.

K1   Kaczorek, T.: Polynomial equation approach to exact model matching problem in
     multivariable linear systems. Int. J. Control 36 (1982), 531-539.

K2   Kalman, R.E.: Contributions to the theory of optimal control. Bol. Soc. Matem.
     Mex. (1960), 102-119.

K3   —: A new approach to linear filtering and prediction problems. Trans. ASME,
     J. Basic Engrg., Ser. D., Vol. 82 (1960), 35-45.

K4   —: When is a linear control system optimal? Trans. ASME, J. Basic Engrg.,
     Ser. D., Vol. 86 (1964), 1-10.

K5   Kanarachos, A.: Rechnergestützte Auslegung von Regelkreisen mit Parameteropti-
     mierungsmethoden. Regelungstechnik 26 (1978), 220-226.

K6   Kollmann, E.: Maßnahmen zur Verbesserung des Anfahrens einschleifiger Regel-
     kreise. Regelungstechnische Praxis 13 (1971), 67-72 und 96-102.

K7   Kreisselmeier, G.: Adaptive observers with exponential rate of convergence.
     IEEE Trans. Autom. Control, AC-22 (1977), 2-8.

K8   —: On adaptive state regulation.   IEEE Trans. Autom. Control, AC-27 (1982),
     3-17.

K9   Kreisselmeier, G.; Steinhauser, R.: Systematische Auslegung von Reglern durch
     Optimierung eines vektoriellen Gütekriteriums mit Demonstrationsbeispiel.
     DFVLR Oberpfaffenhofen, Interner Bericht 552 - 78/17 (1978).

K10 —: Systematische Auslegung von Reglern durch Optimierung eines vektoriellen
     Gütekriteriums. Regelungstechnik 27 (1979), 76-79.

K11 —: Zur Berücksichtigung der Stellausschläge bei der Anwendung des Polvorgabe-
     Verfahrens. Regelungstechnik 27 (1979), 209-212.

K12 —: Application of vector performance optimization to a robust control loop
     design for a fighter aircraft. Int. J. Control 37 (1983), 251-284.

K13 Kreitner, H.: Synthese strukturvariabler Mehrgrößenregelungssysteme unter Be-
     rücksichtigung von Steuer- und Zustandsgrößenbeschränkungen. Hochschulverlag
     Freiburg 1980.

K14 —: Suboptimaler Entwurf strukturvariabler Mehrgrößensysteme mit Beschränkun-
     gen. Regelungstechnik 30 (1982), 45-53.

K15 Kucera, V.: Discrete linear control - the polynomial equation approach. Chi-
     chester: J. Wiley 1979.

K16 —: Disturbance rejection: a polynomial approach. IEEE Trans. Autom. Control,
     AC-28 (1983), 508-511.

K17 Kwakernaak, H.: Sivan, R.: Linear optimal control systems. New York: J. Wiley
     1972.

L1   Leonhard, W.: Einführung in die Regelungstechnik. Braunschweig: Vieweg 1969.

L2   Litz, L.: Reduktion der Ordnung linearer Zustandsraummodelle mittels modaler Verfahren. Hochschulverlag Freiburg 1979.

L3   —: Modale Maße für Steuerbarkeit, Beobachtbarkeit, Regelbarkeit und Dominanz-Zusammenhänge, Schwachstellen, neue Wege. Regelungstechnik 31 (1983), 148-158.

L4   Litz, L.; Preuss, H.-P.: Ein Vorschlag zur Wahl der Pole beim Verfahren der Polvorgabe. Regelungstechnik 25 (1977), 318-323.

L5   Lückel, J.: Rechnergestützter Regelkreisentwurf im Zustandsraum mit Software-moduln der linearen Systemtheorie. VDI/VDE-Aussprachetag "Rechnergestützter Regelkreisentwurf", Frankfurt/M, September 1983.

L6   Lückel, J.; Kasper, R.: Strukturkriterien für die Steuer-, Stör- und Beobacht-barkeit linearer, zeitinvarianter, dynamischer Systeme. Regelungstechnik 29 (1981), 357-362.

L7   Lückel, J.; Müller, P.C.: Berechnung des linearen optimalen Riccati-Reglers. Lehrstuhl B für Mechanik, TU München, Bericht I 12 (1973).

L8   —: Verallgemeinerte Störgrößenaufschaltung bei unvollständiger Zustandskom-pensation am Beispiel einer aktiven Federung. Regelungstechnik 27 (1979), 281-288.

L9   Luenberger, D.G.: Observing the state of a linear system. IEEE Trans. Military Electronics, MIL-8 (1964), 74-80.

L10   —: Invertible solutions of the operator equation TA - BT = C. Proc. Am. Math. Soc. 16 (1965), 1226-1229.

L11   —: Observers for multivariable systems. IEEE Trans. Autom. Control, AC-11 (1966), 190-197.

L12   —: Canonical forms for linear multivariable systems. IEEE Trans. Autom. Con-trol, AC-12 (1967), 290-293.

L13   —: An introduction to observers. IEEE Trans. Autom. Control, AC-16 (1971), 596-602.

M1   MacDuffee, C.C.: The theory of matrices. New York: Chelsea 1946.

M2   MacFarlane, A.G.J.; Karcanias, N.: Poles and zeros of linear multivariable systems: a survey of the algebraic, geometric and complex-variable theory. Int. J. Control 24 (1976), 33-74.

M3   Maeda, H.; Hino, H.: Design of optimal observers for linear time-invariant systems. Int. J. Control 19 (1974), 993-1004.

M4   Miller, R.A.: Specific optimal control of the linear regulator using a minimal order observer. Int. J. Control 18 (1973), 139-159.

M5   Mischkin, E.; Braun, L.; ed.: Adaptive control systems. New York: MacGraw Hill 1961.

M6   Müller, P.C.: Design of optimal state-observers and its application to maglev vehicle suspension control. IFAC Symposium on Multivariable Technological Systems. Fredericton, N.B., Canada 1977.

M7   Müller, P.C.; Lückel, J.: Modale Maße für Steuerbarkeit, Beobachtbarkeit und Störbarkeit dynamischer Systeme. ZAMM 54 (1974), T57-T58.

M8   —: Zur Theorie der Störgrößenaufschaltung in linearen Mehrgrößenregelsystemen. Regelungstechnik 25 (1977), 54-59.

M9   Müller, P.C.; Truckenbrodt, A.: Entwurf eines optimalen Beobachters. Regelungstechnik 25 (1977), 381-387.

O1   Ogata, K.: State space analysis of control systems. Englewood Cliffs N.J.: Prentice Hall 1967.

O2   Oppelt, W.: Kleines Handbuch technischer Regelvorgänge, 5.Auflage. Weinheim: Verlag Chemie 1972.

P1   Pestel, E.; Kollmann, E.: Grundlagen der Regelungstechnik. Braunschweig: Vieweg 1961.

P2   Popov, V.M.: Some properties of the control system with irreducible matrix transfer function. Lecture Notes in Mathematics, 144, Seminar on Differential Equations and Dynamical Systems II, S.169-180. New York: Springer 1969.

R1   Rörentrop, K.: Entwicklung der modernen Regelungstechnik. München: Oldenbourg 1971.

R2   Roppenecker, G.: Polvorgabe durch Zustandsrückführung. Regelungstechnik 29 (1981), 228-233.

R3   —: Reglerentwurf durch sukzessive Polvorgabe. Regelungstechnik 31 (1983), 283-288.

R4   Roppenecker, G.; Preuss, H.-P.: Nullstellen und Pole linearer Mehrgrößensysteme. Regelungstechnik 30 (1982), 219-225 und 255-263.

R5   Rosenbrock, H.H.: State-space and multivariable theory. London: Nelson 1970.

S1   Sage, A.P.: Optimum systems control. Englewood Cliffs N.J.: Prentice Hall 1968.

S2   Schlitt, H.: Regelungstechnik in Verfahrenstechnik und Chemie. Würzburg: Vogel Verlag 1978.

S3   Schmidt, J.: Verallgemeinerung eines Verfahrens zur Minimierung der Stellvariable bei der Polvorgabe. Regelungstechnik 31 (1983), 375-378 und 409-413.

S4   Schmidt, U.: Ein adaptiver Beobachter für einen Brückenkran. Regelungstechnik 28 (1980), 304-310.

S5   Schneider, G.: Reglersynthese für Systeme mit Begrenzungen. Regelungstechnik 25 (1977), A1-A19.

S6   Schnieder, E.: Entwurf von Zustands-Kaskadenregelungen. Regelungstechnik 31 (1983), 346-350.

S7   Schüssler, H.W.: Digitale Systeme zur Signalverarbeitung. Berlin: Springer 1973.

S8   Schultz, D.G.; Melsa, J.L.: State functions and linear control systems. New York: MacGraw Hill 1967.

S9   Schulz, G.; Kreisselmeier, G.: Aktive Schwingungsisolation bei einem Hubschrauber. VDI/VDE-Aussprachetag "Regelungssynthese im Zustandsraum", 14.-15.2.77 Frankfurt/M.

S10   Schwarz, H.: Mehrfachregelungen Bd.I. Berlin: Springer 1967.

S11   —: Einführung in die moderne Systemtheorie. Braunschweig: Vieweg 1969.

S12   —: Mehrfachregelungen Bd.II. Berlin: Springer 1971.

S13   Steinhauser, R.: Systematische Auslegung von Reglern durch Optimierung eines vektoriellen Gütekriteriums. Durchführung des Reglerentwurfes mit dem Programm REMVG. DFVLR Oberpfaffenhofen, DFVLR - Mitteilung 80-18 (1980).

T1   Thoma, M.: Theorie linearer Regelungssysteme. Braunschweig: Vieweg 1973.

T2   Trilling, U.; Klein, H.-J.: Erfahrungen bei der Reduktion der Ordnung linearer dynamischer Prozeßmodelle hoher Ordnung mit Hilfe von modalen Verfahren. Regelungstechnik 27 (1979), 37-45.

U1   Unbehauen, R.: Systemtheorie. München: Oldenbourg 1980.

W1   Weber, W.: Ein systematisches Verfahren zum Entwurf linearer und adaptiver Re-
      gelungssysteme. ETZA 88 (1967), 138-144.

W2   Weihrich, G.: Optimale Regelung linearer deterministischer Prozesse. München:
      Oldenbourg 1973.

W3   Wolovich, W.A.: The application of state feedback invariants to exact model
      matching. Proc. 5th Annual Princeton Conference on Information Sciences and
      Systems, Princeton N.J. (1971), 387-392.

W4   —: Frequency domain state feedback and estimation. Int. J. Control 17 (1973),
      417-428.

W5   —: On the numerators and zeros of rational transfer matrices. IEEE Trans.
      Autom. Control, AC-18 (1973), 544-546.

W6   —: Linear multivariable systems. New York: Springer 1974.

W7   —: Multivariable system zeros in control system design by pole-zero assign-
      ment. F. Fallside, editor. London: Academic Press 1977.

W8   —: Multipurpose controllers for multivariable systems. IEEE Trans. Autom.
      Control, AC-26 (1981), 162-170.

W9   Wonham, W.M.: On a matrix Riccati equation of stochastic control. SIAM J.
      Control 6 (1968), 681-697.

W10   Wurmthaler, Ch.: Ein Beitrag zum Entwurf von Zustandsreglern und deren Einsatz
      unter praxisnahen Randbedingungen. Dissertation Erlangen 1979.

W11   —: Zustandsregler mit Störbeobachtern bei begrenzter Stellgröße. Regelungs-
      technik 28 (1980), 380-383.

W12   Wurmthaler, Ch.; Birke, Ch.: Auslegung linearer Mehrgrößenregelungen durch Gü-
      tevektoroptimierung basierend auf Frequenzbereichsmethoden. Regelungstechnik
      32 (1984), 164-165.

Z1   Zadeh, L.A.; Desoer, C.A.: Linear system theory. New York: MacGraw Hill 1963.

Z2   Zeiske, K.: Minimierung der Stellvariable bei der Polvorgabe. Regelungstechnik
      31 (1983), 289-295.

Sachverzeichnis

Ablöseregelung 265, 285ff, 289f

Abtasten 307

Abtastfrequenz 316, 318, 321

Abtastregelkreis 307

Abtastzeit, Wahl der - 316, 318f

Aliasing 319f

Amplituden
    -begrenzung 265, 272ff, 284ff
    -diskretisierung 307, 322

Analog-Digital-Wandler 307

Anti-Aliasing-Filter 321

Arbeitspunkt 270f

Ausgangs-Matrix 2
    -Rauschen 235, 239
    -Vektor 2

Auswahlstrategie 285, 287f

Begrenzung
    -des Stellsignals 144, 159, 265,
      272ff, 284ff
    -innerhalb der Strecke 284ff

Begrenzungsregler 288

Beobachtbarkeit 9
    Kriterien zur Überprüfung der-
      11, 13, 14
    schwache- 11

Beobachtbarkeitsindex 12, 26

Beobachter
    -Ansteuerung bei Stellbegrenzun-
      gen 144, 159, 273, 296
    Benutzung des im Frequenzbereich
      entworfenen Reglers als- 155ff
    Einheits- 61ff

Beobachter
    -Entwurf im Frequenzbereich 118ff
    Führungs- 95ff, 99,
    -für lineare Funktionale 69ff,
      101f, 118ff
    idealer- 237, 245, 248f
    -im Regelkreis 74ff
    optimaler- 234, 237f
    -Ordnung 63, 70, 97f, 100, 101f,
      143, 151, 156, 162, 178, 187f,
      191
    -reduzierter Ordnung 63
    Stör- 95ff, 106

Beobachtereinflußfaktor 249

Beobachternormalform 8

Beobachtung 60ff

Beobachtungsfehler 62f, 64, 75f,
    144, 201, 272f, 296
    Differentialgleichung für den-
      62, 64

Beschränkungen 272, 285ff

Betriebspunkt 270f

Bewertungsmatrizen 219f

Bilineare Transformation 310f

Charakteristisches Polynom
    -der geregelten Strecke 76, 132
    -der Strecke 3
    -des Beobachters 76, 119, 151,
      162, 178f, 188f
    -des Führungsprozesses 43, 45
    -des Signalprozesses 43
    -des Störprozesses 42, 44, 45

Davison-Entwurf 106ff, 137ff, 160ff,
 194ff
Determinantenformeln 16
Diagonalform 5, 6
    Transformation auf- 4
Differenzengleichung 308, 313
Differentialoperatordarstellung 27ff,
 44
Digitale Regelung 306
    Synthese einer- 316ff
Diskrete Realisierung eines kon-
    tinuierlichen Reglers 308ff
Diskrete Streckenbeschreibung 313
Dreiecksform 19, 20
Durchgangsmatrix 2

Eigenwerte
    -der geregelten Strecke 58, 132
    -des diskreten Systems 313
Eingangs
    -Matrix 2
    -Rauschen 235, 239
    -Vektor 2
Eingrößensystem 3
Einheitsbeobachter 61ff
Elementare Umformungen einer Polynom-
    matrix 17
Eliminante 25f
Entkopplung 147, 212
Entwurfsgleichungen für
    -Beobachter für lineare Funktio-
    nale 70, 101
    -Beobachter im Frequenzbereich
    120ff
    -Beobachter im Zeitbereich 60ff,
    95ff
    -Beobachter reduzierter Ordnung
    64f, 97f
    -Einheitsbeobachter 62
    -Führungsbeobachter 96, 98, 99,
    101
    -Störbeobachter 96, 98, 101

Entwurfsgleichungen für
    -Zustandsregler im Frequenzbe-
    reich 35, 133, 145, 146, 152,
    190
        -bei nicht meßbarer Regel-
        größe 140, 172f
        -Lösbarkeitsbedingungen
        146ff, 165
        -Lösung bei Eingrößensystemen
        150ff
            -mit Führungsmodell 179f
            -mit Störmodell 162f
        -Lösung bei Mehrgrößensyste-
        men 189ff
            -mit Störmodell 194ff
        -mit Führungsmodell 142,
        145, 179, 181
        -mit Störgrößenkompensation
        136, 138, 162ff, 194
            -Ansatz nach Davison
            138, 145, 162, 194
            -Störeingriff am Ein-
            gang der Strecke 137,
            145
    Zusammenstellung der- 145

Faktorisierung einer Übertragungsma-
    trix 27ff
Fehlereinflüsse bei digitaler Rege-
    lung 322f
Folgen, asymptotisches 91ff, 106ff,
    112, 141ff, 178ff
    Voraussetzungen für- 93, 109, 181
Freiheitsgrade bei
    -Beobachterentwurf 65, 70f
    -Lösung von Polynommatrix-Glei-
    chungen 39, 210
    -Polvorgabe 205, 208, 210
    -Reglerentwurf im Frequenzbereich
    153, 165, 191, 197
    -Riccati-Optimierung 223

Führungsbeobachtung 95ff, 99
    Ausnutzung des Zustands- und
    Störbeobachters zur- 99f, 101f
Führungs
    -größe 43, 46, 58, 91ff, 106ff,
     130ff
    -kanäle, getrennte im Regler 181
    -modell/prozeß 43, 45, 91, 107,
     141, 145, 178ff
Führungsgrößenaufschaltung
    -mit Führungsmodell 91ff
    -ohne Führungsmodell 58, 130, 134
Führungsverhalten
    -bei Zustandsregelung 58
        -mit Führungsmodell 93
        -mit Führungsmodell nach Da-
         vison 107ff, 143, 145
    -beim Reglerentwurf im Frequenz-
     bereich 131, 141ff, 164, 166,
     178ff, 181
Funktional
    -lineares 69, 101
    -quadratisches 52, 218ff

Genauigkeit
    -von Integrationsalgorithmen 309f
    -von D/A und A/D-Wandlern 322
Gleichung
    -charakteristische 3
    -des Regelkreises
        -im Frequenzbereich 130,
         135ff, 140, 141, 143, 145
        -im Zeitbereich 58, 76, 92f,
         108
    Polynommatrix- 35ff
Grad einer Polynommatrix 18
Gütefunktional 218ff, 221ff
Gütemaß 252ff, 258
Gütevektor 252, 257
Gütevektoroptimierung 252, 257

Identifikation 266f
Inbetriebnahme 270
Integralanteil im Zustandsregler
    77, 106, 168, 295, 297, 299ff
Integrationsalgorithmus 309f

Kalman-Filter 234
    -stationäres 235f
        -reduzierter Ordnung 237ff,
         242
        Spezialfälle für- 244ff
Kaskadenregelung 50, 291
Kaskadenzustandsregelung 292ff
    -mit günstiger Beobachteran-
     steuerung 296f
Kaskadenzustandsregelkreis 292, 296
Kontrollbeobachter 118ff
Kostenfunktional 220

Lineare Zustandsrückführung 51ff,
    58, 74f, 130, 205ff
Linksoperationen 19
Linksteiler 20
Lösbarkeitsbedingungen für
    -Frequenzbereichsentwurf 146ff,
     165
    -Zeitbereichsentwurf 58, 59,
     63, 65, 89, 93, 107, 109

Matrix
    Ausgangs- 2
    Durchgangs- 2
    Eingangs- 2
    Polynom- 17
    -Riccati-Differentialgleichung
     220, 235
    Rosenbrock- 14
    Steuer- 2
    System- 2

Mehrgrößensystem 3
Meßgrößen 57, 140
Meßrauschen 235, 238
Modell
    Führungs- 43, 45, 91, 107, 141
    Signal- 41, 43f, 107
    Stör- 42, 83, 136
    Strecken- 266ff
        Regelung mit ungenauem- 267ff
        ungenaues- 267
Modellbildung 266f
Modellierung von Signalprozessen 41ff
Modellnachführung 62
Modellreduktion 267

Nebenbedingungen beim Reglerentwurf
 167
Nichtlinearität 272ff, 322
Normalform
    Beobachter- 8
    Jordansche- 4
    Regelungs- 7
    Transformation auf- 4
Nullstellen 15, 27
    invariante- 16

Operationen für Polynommatrizen 17ff
Optimale Zustandsregelung 218, 219ff
Optimaler Beobachter 234, 237f, 250
Optimierung 218
    -im Frequenzbereich 228ff
    -mit minimaler Stellenergie 226f
    -mit vorgegebenem Stabilitätsgrad
     224ff
    Vorteile/Nachteile der- 250f
Ordnung des Beobachters 63, 70, 97,
 100, 101, 114, 172, 187

Parameter
    -Änderungen 154, 289
    -Vektor 208, 210, 256f
Partialzustand 27, 130
    Rückführung des- 130
Pollagen, Bewertung von- 255
Polvorgabe für
    -Beobachter 209f
    -Eingrößensysteme 205ff
    -Mehrgrößensysteme 208f, 210f
    Probleme bei- 216f
Polynommatrix
    -Gleichung 35ff
    Grad einer- 18
    Rang einer- 15
    spaltenreguläre- 19
    unimodulare- 17
    zeilenreguläre- 19
Polynommatrizen 17ff
    äquivalente- 18
    Multiplikation von- 23
    relativ links/rechts-prime- 22,
     26
Polynomoperationen 17ff
Primzerlegung 28, 29ff

Quadratisches Gütefunktional 52,
 218ff

Rang einer Polynommatrix 15
Rauschen, weißes 235, 238, 241
Rechnertotzeit 323
Rechts
    -Operationen 20
    -Teiler 20
Regelbarkeit 10
    Kriterien zur Prüfung der- 12, 28
Regelgröße 57, 107, 134, 140, 154,
 162

Regelung
   -bei ungenauen Streckenmodellen
    267ff
   digitale- 306ff
   -mit Ablösereglern 285ff, 289
   -mit Führungsmodell
      -im Frequenzbereich 141ff,
       178ff
      -im Zeitbereich 91ff, 95ff,
       106ff
   -mit Kaskadenreglern 291ff
   -mit Störmodell
      -im Frequenzbereich 135ff,
       160ff, 194ff
      -im Zeitbereich 77ff, 83ff,
       95ff, 106ff
   -mit Strukturumschaltung 284ff
Regelungsnormalform 7, 205
Regelkreis 46
Regelkreisdynamik 204ff
   -Festlegung bei Stellbegrenzung
    276ff, 280
Regelkreisynthese 47ff
Reglerentwurf
   -im Frequenzbereich 125ff
   -im Zeitbereich 56ff
Reglerkoeffizienten 152, 163, 179,
   190, 195
Riccati
   -Differentialgleichung 220, 235
   -Gleichung 221, 228f, 241f
     -im Frequenzbereich 229f, 232
   -Optimierung 219, 250
   -Regler 219
Rosenbrock-Matrix 14

Schätz
   -Fehler 235, 240
   -Wert 63, 74, 97, 234, 235

Schranke, obere 256f
Separierbarkeit 75
Signalmodell/prozeß 41, 43f, 107
Spalten
   -Grad 18
   -Operationen 17
Spaltenregulär 19
Stabilisierbarkeit 11
   Kriterium für die Überprüfung
   der- 12
Stabilitätsgebiet 311, 316
Stabilitätsgrad, minimaler 226
   Optimierung mit vorgeschriebe-
   nem- 224
Stellsignalbegrenzung 144, 272ff,
   274, 276
   Beobachteransteuerung bei- 273
   Reglerauslegung bei- 272ff
Stellenergie, minimale 226
Stellgröße 46, 57
   rekonstruierte- 69, 118
Stellvektor 2
Steuerbarkeit 9
   Kriterien zur Überprüfung der-
   11, 13
   Schwache- 11, 13
Steuermatrix 2
Steuervektor 2
Störbeobachter 95
Störgrößen 61, 83, 95, 107, 135
   -Aufschaltung 77ff
     Einfluß von- 78ff
   -Kompensation 77ff, 83ff, 106ff,
   111, 135ff, 139f, 160ff, 172,
   194ff
      Bedingung für- 88, 89, 109
       -im Frequenzbereich
       147ff, 165
Störmodell/Prozeß 42, 44, 83, 136f
   Beobachtbarkeit des- 80, 85,
   107, 147

Störunterdrückung
   asymptotische- 77ff, 83ff,
    106ff, 135ff, 139ff, 160ff,
    172ff, 194ff
   vollständige- 90
Störverhalten 76, 108, 136, 154, 165f,
 172ff
Stoßfreies Umschalten 288, 290
Strukturumschaltung 284ff
System
   -Darstellung 2, 27, 28
   Eingrößen- 3
   -Matrix 2
   Mehrgrößen- 3
   skalares- 3

Teiler, gemeinsamer 20f
Totzeit 323
Transformation
   -auf Diagonalform 4
   -auf Regelungsnormalform 206
   bilineare- 310f
   -der Zustandsgleichungen 4
Trapezregel 309

Übertragungsmatrix 13, 27, 28f, 35
   -des Beobachters 118f
   faktorisierte Darstellung einer-
    27ff
   Führungs- 58, 108, 112, 131, 143
   Primzerlegung einer- 29ff
   Regler- 35, 132f, 138
   Stör- 76, 108, 111, 136
   Umfaktorisierung einer- 29ff,
Übertragungsfunktionen
   -des Zustandsreglers 151, 162,
    166, 181
   -der Strecke 150, 160
   Führungs- 154, 181
   Stör- 80, 82, 154, 165f, 172
   Realisierung von Regler- 154

Umfaktorisierung 32
Umschalten, stoßfreies 288, 290
Umschaltstrategie 284, 290
Umschaltzeitpunkt 290

Vektor
   Ausgangs- 2
   Eingangs- 2
   Stell- 2
   Zustands- 2

Wortlänge 322

Zeilen
   -Grad 18
   -Operation 17
Zeilenreguläre Polynommatrix 19
Zerlegung, prime 28, 29ff
z-Übertragungsmatrix 314
Zufallsprozeß 235
Zusatzbedingungen bei
   -Reglerberechnung 167, 203
   -Riccati-Optimierung 224
Zustands-
   -Beobachtung 60ff, 95ff, 113
   -Differenzengleichung 313
   -Gleichungen 2
    -des Regelkreises 58, 75,
     108
   -Regelkreis 57f, 74, 108, 113,
    119, 126ff, 132f, 135, 139,
    143, 151, 161, 231, 248, 274
   -Regelung mit
    -Führungsmodell 91ff, 95ff,
     106ff, 141ff, 178ff
    -Störmodell 83ff, 106ff,
     135ff, 139, 160ff, 172ff,
     194ff
   -Rückführung 51ff, 58, 74f, 130,
    205ff